辛의 한 수

매트랩과 함께 하는 신호 그리고 시스템

신윤기 지음

GS인터비전

머리말

신호와 시스템은 그 단어가 의미하듯이 매우 광범위한 내용을 함축하고 있다. 즉 신호란 그 종류가 매우 많으며 시스템이란 비단 전기적인 시스템에만 국한되는 것이 아니라 기계적인 시스템, 화학적인 시스템 등 모든 시스템을 포괄하는 내용이기 때문이다. 특히 근자에는 디지털 시스템의 발전으로 기존의 연속(소위 아날로그) 신호를 디지털 시스템에 적합하게 변형하여 처리하게 됨으로써 이산(소위 디지털) 신호 및 시스템에 관한 이론이 학부 수업에서도 적극적으로 도입되게 되었다. 따라서 기존에는 연속 신호 및 시스템 경우에 대한 이론만 취급하면 되었지만 지금은 이산 신호 및 시스템에 대한 이론까지 필수화되고 있다. 기실 이산 신호 및 시스템은 연속 신호 및 시스템과 별개의 것이 아니라 모두 연속 이론에 뿌리를 두고 있다. 그러나 자칫 잘못하면 이산 경우에 대한 여러 가지 이론들, 특히 그 중에서도 여러 가지 이산 변환들은 마치 연속의 경우와는 별개의 형태로 보임으로써 공부하는 학생들에게 부담을 줄 수 있었다. 이 책에서는 이러한 문제점을 잘 파악하여 모든 신호 및 시스템 이론이 단절되지 않는 하나의 흐름으로 이해될 수 있도록 구성하고자 하였다.

1장은 기본적인 연속 및 이산 신호에 대해 설명하고 있다. 특히 자연계에 존재하는 신호의 형태는 근원적으로 연속 형태이며 이산 형태는 이를 표본화한 2차적인 형태이므로 1장에서는 연속 및 이산 신호를 병행하여 설명함으로써 두 개념 사이의 거리감을 없애고자 하였다.

2장은 선형 시스템의 시간상 해석에서 가장 근본이 되는 컨벌류션에 대해 설명한다. 컨벌류션 개념은 시스템의 충격 응답과 관련이 있으며, 충격 응답이나 컨벌류션 같은 개념은 초보자들에게 거북할 수 있기 때문에 집중적으로 설명하여 친근감이 들도록 하였다.

3장에서는 연속 시스템에 관한 모든 이론을 종합하였다. 즉 시간상에서의 표현 방법인 미분 방정식과 충격 응답을 먼저 설명하고 다음 단계로 라플라스 변환을 이용한 s-영역상의 해석에 대해 설명한다. 특히 라플라스 변환은 양측 라플라스 변환으로 확대하였다. 양측 라플라스 변환은 채널 등화 같은 역시스템 해석에 유리하다. 여러 가지 해석 방법에 대해 설명한 다음에 시스템 구현에 대해 설명하였다.

4장에서는 이산 시스템에 관한 것을 종합하였다. 먼저 시간상에서의 표현 방법인 차분 방정식과 충격 응답을 먼저 설명한다. 학생들은 대체적으로 미분 방정식에는 익숙해

있지만 차분 방정식에는 익숙하지 않다. 4장에서는 특히 지연-연산자법을 소개하여 차분 방정식을 편하게 풀 수 있게 하였다. 그 다음으로 z-변환을 이용한 z-영역상의 해석에 대해 설명하였으며 z-변환도 양측 z-변환으로 확대하였다.

5장에서는 시스템을 상태 공간에서 표현하는 방법에 대해 설명한다. 특히 상태 방정식은 일계 미분 방정식 또는 차분 방정식의 연립이므로 컴퓨터 해석에 적합하며 특히 비선형 시스템에도 적용할 수 있어 유용하다. 상태 공간에 익숙해지기 위해서는 무엇보다도 행렬 이론에 대한 지식이 갖춰져야 한다.

6장에서는 주파수 영역에서의 해석 방법인 푸리에 변환에 대해 설명한다. 특히 이 책에서는 연속과 이산 변환간의 연계성을 이해할 수 있는데 중점을 두고 있다. 먼저 주기적인 연속 신호에 대한 푸리에 급수(FS)에 대해 설명한 다음 비주기로 확대한 푸리에 변환(FT)을 소개한다. 그리고 푸리에 변환으로부터 비주기적인 이산 신호를 위한 시이산 푸리에 변환(DTFT)을 유도하고, 다시 이로부터 주기적인 이산 신호를 위한 이산 푸리에 급수(DFS)를 유도한다. 마지막 단계로 컴퓨터 해석에 적합한 이산 푸리에 변환(DFT) 및 고속 푸리에 변환(FFT)을 소개함으로써 끝을 맺는다.

7장에서는 연속 신호처리의 대표적인 분야들에 대해 설명한다. 여기에는 회로망 해석의 기본이 되는 RLC 회로 해석 및 기계계 해석이 포함되며, 그 외에 신호처리 분야의 필터와 통신 분야의 변조와 제어 분야의 궤환이 포함되어 있다.

8장에서는 이산 신호처리(일명 디지털 신호처리)의 대표적인 분야에 대해 설명하며 디지털 필터와 음성 신호처리 분야가 손꼽힌다. 다음으로 좀 더 구체적으로 디지털 필터의 설계에 대해 설명하며 특수한 필터인 격자 필터에 대해서도 설명하였다. 그리고 마지막으로 적응 필터에 대해 소개하였으며 이는 적응 신호처리 분야에 대한 기본 개념을 알리기 위해서이다.

이 책은 각 장 말미에 매트랩 프로그램을 소개하고 있다. 따라서 원하는 문제나 실습을 즉석에서 시뮬레이션할 수 있게 하여 학생들의 학업의욕을 이끌어 낼 수 있게 하였다. 끝으로 이 책이 나오기까지 수고를 아끼지 않으신 GS인터비전의 송 기수 사장님께 감사드리며 무엇보다도 사랑하는 아내 김 미림과 딸 신 지원 그리고 사위 김 대희에게 이 책을 바친다.

2015년 왕방산 대진대학교에서 저자 신 윤기

차 례

1

신호

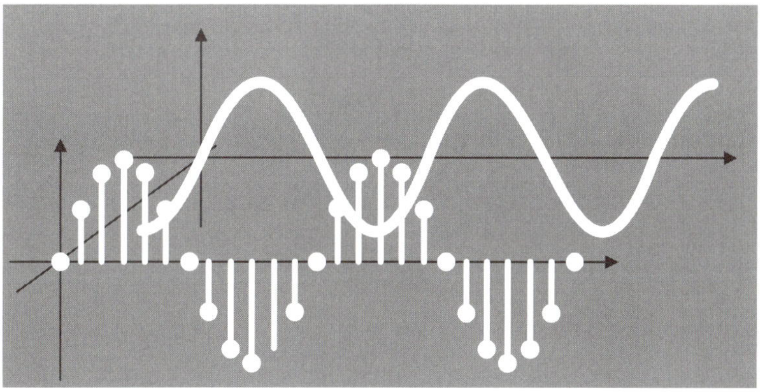

1.1 신호와 시스템

1.2 연속 신호

1.3 이산 신호

1.4 매트랩

1.1 신호와 시스템

1.1.1 신호란 무엇인가?

신호(signal)라는 것은 하나 이상의 특정 독립 변수에 대한 함수로 정의할 수 있으며, 자연계의 바탕이 되는 기본 요소가 시간(time)과 공간(space)이므로 자연계에서 일어나는 모든 신호는 시간과 공간의 함수라 말할 수 있다. 예를 들어 음성 신호는 시간에 따른 공기의 밀도 변화이므로 변수는 시간이 되며, 영상 신호는 위치에 따라 변하는 빛의 세기이므로 변수는 공간이 되는 것이다. 시간의 함수인 경우 $f(t)$와 같이 표현할 수 있으며 이차원 공간의 함수인 경우 $f(x, y)$ 등과 같이 표현할 수 있다.

만일 어떤 신호가 단일 변수의 함수로 표현된다면 이를 일차원 신호라 하며 두 개 이상의 변수에 종속될 경우는 다차원 신호라 한다. 예를 들어 음성 신호에 의한 공기 밀도의 변화나 시간에 따른 온도의 변화, 날짜에 따른 강우량의 변화 등은 모두 시간이라는 단일 변수에 종속되므로 일차원 신호가 된다. 정지된 영상 신호의 경우는 위치 (x, y)의 함수이므로 이차원 신호가 되며 동영상은 주어진 시점과 위치로 이루어진 (x, y, t)의 함수이므로 3차원 신호가 되는 것이다. 이 책에서는 시간의 함수로 표현되는 일차원 신호만 다루기로 하며 모든 함수는 시간 t의 변수로 한다.

시간에 따라 변한다 해서 모두 신호가 되는 것은 아니며 신호 자체에는 어떤 물리적인 현상에 대한 정보(information)가 포함되어 있어야 한다. 예를 들어 잡음(noise)의 경우는 시간에 따라 변하는 것은 사실이지만 그 자체에는 정보라고 판단할 수 있는 내용이 없으므로 신호라 하지 않고 잡음이라 하는 것이다.

우리는 주위에서 대단히 많은 신호를 관찰할 수 있고 또한 일상 접하면서 살고 있다. 예를 들면 일기 예보를 통한 매일 매일의 온도 변화, 심장 박동이나 뇌파 등과 같은 생체 신호, 시간에 따른 주가 변동 등등이다. 여기서 매시, 매일, 매월 매분기 또는 매년과 같이 일정한 시점에서만 정의되는 신호를 시이산 신호(discrete-time signal), 간단히 이산신호라 한다. 이와 반대로 시간의 연속적인 구간에 걸쳐 정의되는 신호를 시연속 신호(continuoue-time signal),

간단히 연속신호라 한다. 그러나 시간 자체는 연속적으로 흐르므로 모든 신호는 원천적으로 연속 신호이다. 다만 고정적인 시간 간격을 두고 신호를 관찰 또는 수집하므로 이산 신호라 하는 것이며 이와 같이 고정적인 시간 간격을 두고 일정한 시점에서만 수집된 신호 값을 표본(sample)이라 한다. 현대는 디지털 시스템이 주도하고 있으며 디지털 시스템은 그 정확성과 다양성에도 불구하고 신호를 시간에 따라 연속적으로 처리할 수 없는 한계가 있다. 따라서 연속 신호를 디지털 시스템으로 처리하기 위해서는 일단 이산 신호 형태로 변환하지 않을 수 없으며 이로부터 이산 신호의 필요성이 대두되는 것이다. 연속 신호를 표본화하여 이산 신호를 얻는 과정에서 표본 간격은 일정하게 하는 것이 보통이다

1.1.2 시스템이란 무엇인가?

신호에 포함된 필요한 정보를 추출한다거나 신호의 형태를 변화시키는 장치나 처리 과정 또는 알고리즘을 통칭하여 시스템(system)이라 한다. 시스템이 처리하기 위해 받아들이는 신호를 입력 신호라 하며 처리된 입력 신호를 외부로 내보낼 때 이를 출력 신호라 한다. 그림 1-1은 신호와 시스템의 개념도로서 시스템이 입력 신호 $x(t)$를 받아들여 적절히 처리한 다음 출력 신호 $y(t)$로 내보내는 과정을 보이고 있다. 시스템은 독립 변수 t에 작용하여 함수 $x(t)$를 또 다른 함수 $y(t)$로 변형시키는 하나의 연산자 $T[\cdot]$로 볼 수 있으므로 이를 식으로 나타내면

$$y(t) = T[x(t)] \tag{1.1-1}$$

와 같다. 시스템은 매우 다양하여 이 거대한 우주도 하나의 시스템으로 볼 수 있을뿐더러 그 속에 존재하는 무수한 자연적, 인위적 존재들 개개도 모두 고유한 특성을 가진 시스템으로 볼 수 있다. 그러나 이 책에서 취급하는 시스템은 주로 전기적인 시스템으로 국한한다.

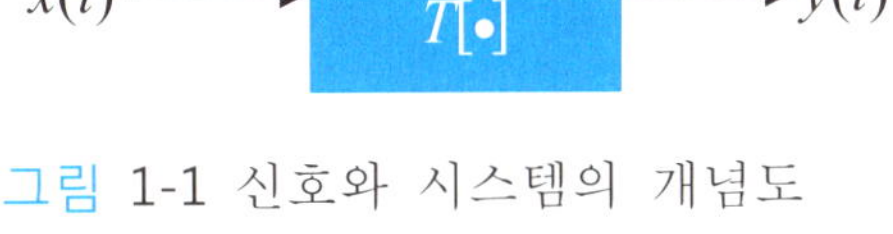

그림 1-1 신호와 시스템의 개념도

시스템은 그 기능과 목적에 따라 크게 몇 가지 범주로 나눌 수 있다. 주어진 신호로부터 원하는 정보를 캐내는 분석기(analyzer)로서의 기능과, 원하는 신호를 생성시키는 합성기(synthesizer)로서의 기능이 있으며 하나의 물리적인 형태를 가진 신호를 또 다른 물리적인 형태로 변환시키는 변환기(transducer)로서의 기능이 있다. 이외에도 통신에서 전송 채널의 경우와 같이 신호의 형태에는 아무런 변화가 없이 단순히 신호 전송만 목적인 시스템도 있다.

시스템은 입력과 출력의 관계식에 의해 선형(linear) 및 비선형(nonlinear) 시스템으로 분류할 수 있다. 그림 1-1에서 입력 $x_1(t)$에 대한 출력이 $y_1(t)$이며 또 다른 입력 $x_2(t)$에 대한 출력이 $y_2(t)$라면

$$\begin{cases} y_1(t) = T[x_1(t)] \\ y_2(t) = T[x_2(t)] \end{cases} \tag{1.1-2}$$

이다. 이 때 이 시스템이

$$\begin{aligned} T[a_1x_1(t) + a_2x_2(t)] &= T[a_1x_1(t)] + T[a_2x_2(t)] \\ &= a_1T[x_1(t)] + a_2T[x_2(t)] \\ &= a_1y_1(t) + a_2y_2(t) \end{aligned} \tag{1.1-3}$$

를 만족하면 선형 시스템이라 한다. 위의 식이 의미하는 바는 두 입력의 선형합에 대한 출력은 각각의 입력에 대한 출력의 선형합과 같다는 것이며 이를 일명 중첩 원리라 한다. 따라서 중첩의 원리를 만족하지 않는 시스템은 비선형 시스템이라 한다. 식 (1.1-2)를 두 개 이상의 신호에 대해 일반적인 형태로 확장하면 입력 신호

$$x(t) = \sum_k a_k x_k(t) \tag{1.1-4}$$

에 대해 출력 신호는

$$y(t) = \sum_k a_k y_k(t) \tag{1.1-5}$$

를 만족한다. 예를 들어

$$T[x(t)] = a\frac{dx(t)}{dt} + bx(t)$$

인 시스템은 선형 시스템이지만

$$T[x(t)] = \sin[x(t)], \quad T[x(t)] = x^2(t)$$

등은 비선형 시스템임을 알 수 있다.

시스템의 또 하나의 분류 방법은 시불변(time-invariant) 및 시변(time-varying) 시스템이다. 간단히 말해서 시불변 시스템은 시스템의 특성이 시간에 따라 변하지 않는 경우를 가리키며 시변 시스템은 시간에 따라 시스템의 특성이 변하는 경우를 가리킨다. 즉 입력 $x(t)$가 출력 $y(t)$를 생성하면 임의의 시간 t_0가 지난 후의 입력 $x(t-t_0)$에 대한 출력은 $y(t-t_0)$가 되어야 시불변 시스템이다. 예를 들어

$$y(t) = T[x(t)] = tx(t)$$

인 경우

$$T[x(t-t_o)] = tx(t-t_o) \neq y(t-t_o)$$

이므로 이 시스템은 시불변성이 없음을 알 수 있다. 그러나

$$y(t) = T[x(t)] = x(t) + a\int_{-\infty}^{t} x(\tau)d\tau$$

인 경우를 예로 들면

$$\begin{aligned} T[x(t-t_o)] &= x(t-t_o) + a\int_{-\infty}^{t} x(\tau-t_o)d\tau \\ &= x(t-t_o) + a\int_{-\infty}^{t-t_o} x(\tau)d\tau \\ &= y(t-t_o) \end{aligned}$$

이므로 시불변 시스템이 된다. 시스템이 선형이면서 시불변성일 경우를 선형 시불변(linear time-invariant: LTI) 시스템이라 하며 이 책에서 다루는 시스템은 모두 LTI 시스템으로 국한한다.

1.1.3 해석 영역

신호와 시스템 해석에서 주 관심사가 되는 것은 신호와 시스템의 특성, 신호와 시스템의 상호 작용이며 이들을 통틀어 신호 처리(signal processing)라 한다. 그러나 신호와 시스템의 특성 및 상호 작용은 시간 영역상에서 보다는 다른 영역상에서 더 잘 드러나거나 또는 해석 방법이 더 용이한 경우가 많다.

신호 해석의 대표적인 예인 필터(filter)를 예로 들어보자. 백색광을 프리즘을 통해 분해하면 실제로는 파장이 다른 무수한 광선의 합임을 알 수 있으며 광학 필터를 통해 특정 파장의 빛을 취사 선택할 수 있다. 이와 마찬가지로 신호 역시 서로 주파수가 다른 무수한 정현파의 합으로 구성되며 이 중 원하는 대역(band)의 성분만 취사 선택하는 것이 전기적인 필터이다. 따라서 필터의 경우 시간 영역에서 보다는 주파수 영역에서 신호와 시스템을 해석하는 것이 훨씬 효과적이다.

주어진 신호를 단순히 처리만 하는 것 외에 그 신호를 발생시키는 근원적 시스템 자체를 신호로부터 추정해내는 방법이 있으며 이를 추정(estimation)이라 한다. 추정의 대표적인 응용 분야가 음성 신호 처리이다. 즉 입으로부터 출력된 음성을 바탕으로 그 음성을 생성시키는 발성 모델을 시스템으로 등가화하여 시스템을 묘사하는 몇 가지 파라미터만을 해석하는 것이다.

시간 영역의 신호를 다른 영역으로 변환할 경우 그 영역을 변환 영역이라 한다. 시간 영역을 변환 영역으로 옮기는 변환 방법에는 푸리에(Fourier) 변환, 라플라스(Laplace) 변환, z-변환 등이 있으며 이들은 신호 해석에서 대단히 중요한 비중을 차지한다. 실제로 이들 변환 영역은 시간 영역과 상호 보완적인 관계를 맺으면서 사용되는데 그 이유는 어느 한 영역이 다른 영역에 비해 신호와 시스템의 특성을 더 명확히 설명할 수 있거나 또는 연산 과정이 상대적으로 간단하기 때문이다.

그림 1-2는 해석 영역의 변환 과정을 나타낸다. 먼저 시간 영역에서의 입력 $x(t)$와 출력 $y(t)$를 변환 영역으로 옮기면

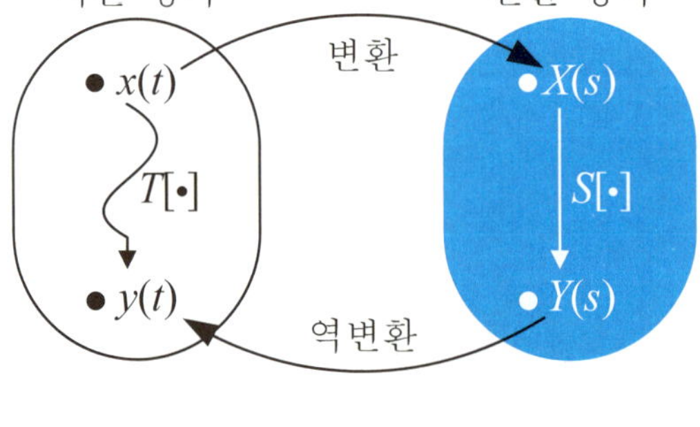

그림 1-2 신호와 시스템의 해석 영역.

$$x(t) \to X(s), \quad y(t) \to Y(s) \tag{1.1-6}$$

로 표현되며 여기서 s는 변환 영역상의 독립 변수로서 시간 영역상의 독립 변수 t에 대응된다. 시간 영역상에서 식 (1.1-1)과 같은 관계가 있는 입력과 출력은 변환 영역상에서는 연산자 $T[\cdot]$와 다른 또 다른 연산자인 $S[\cdot]$에 의해

$$Y(s) = S[X(s)] \tag{1.1-7}$$

의 관계로 표현된다. 여기서 변환이 갖는 중요한 의미는, 입력과 출력의 특징이 $x(t)$와 $y(t)$에서 보다는 $X(s)$와 $Y(s)$에서 더 잘 드러나거나 또는 연산자 $T[\cdot]$에 비해 연산자 $S[\cdot]$에 의한 계산 과정이 훨씬 간단하다는데 있다. 만일 전자의 경우라면 변환 영역에서 신호를 관측하거나 해석하는 것으로 그치고 어떤 결과를 다시 시간 영역으로 역변환시킬 필요가 없을 것이며 여기에 해당하는 것이 푸리에 변환이다. 그러나 후자의 경우는 결과 $Y(s)$를 다시 시간 영역상의 $y(t)$로 역변환시켜야 하며 여기에 적합한 것이 연속 신호에 대한 라플라스 변환 및 이산 신호에 대한 z-변환이다.

1.2 연속 신호

무수히 많은 형태의 신호가 있을 수 있지만 그 중에서 수학적으로 쉽게 표현할 수 있는 몇 가지 기본 신호들에 대해 알아본다. 기본 신호들은 단순히 수학적으로 간단히 표현할 수 있다는 점 외에도, 임의의 파형을 가진 신호를 기본 신호들의 선형합으로 나타낼 수 있다는 점과 신호나 시스템의 특성을 표현하고 해석하는데 있어서 기본 신호들이 중요한 시험 신호(test signal)가 된다는 점에서 매우 중요하다.

1.2.1 단위 계단 함수

단위 계단 함수 $u(t)$의 파형은 그림 1-3(a)와 같으며 이를 식으로 표현하면

$$u(t) = \begin{cases} 0, & t < 0 \\ 1, & t \ge 0 \end{cases} \tag{1.2-1}$$

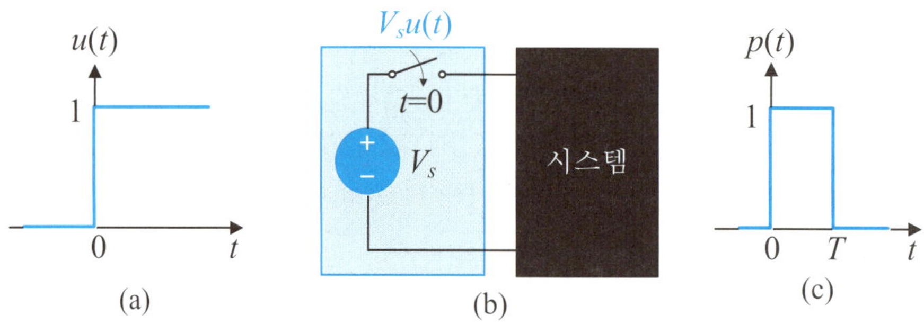

그림 1-3 (a) 단위 계단 함수 (b) 전원 스위치 (c) 펄스

시스템의 동작 기준은 t=0으로 설정하는 것이 보통이므로 단위 계단 함수는 어떠한 동작의 시작을 나타내는데 유용하다. 예를 들어 그림 1-3(b)와 같이 t=0에서 전원 스위치 V_s가 닫힐 경우 $t\geq0$에 대해서는 단위 계단 함수를 이용하여 $V_s u(t)$와 같이 간단히 나타낼 수 있는 것이다. 이외에도 그림 1-3(c)와 같은 구형(矩形) 펄스는 계단 함수를 빌어

$$p(t) = u(t) - u(t-T) \tag{1.2-2}$$

로 표현할 수 있으며 $u(t-T)$는 $u(t)$를 시간축상에서 T만큼 지연시킨 것이다.

1.2.2 충격 함수

그림 1-4(a)의 $\delta_\Delta(t)$는 Δ에 상관없이 면적이 1이다. 따라서 $\Delta\to0$로 하면 면적은 1이며 높이는 무한대이고 폭은 0인 그림 (b)의 $\delta(t)$를 얻을 수 있으며 이를 충격(impulse) 함수라 한다. 즉

$$\begin{aligned} &1.\ \delta(t) = \begin{cases} \infty, & t=0 \\ 0, & t\neq 0 \end{cases} \\ &2.\ \int_{-\infty}^{\infty} \delta(t)\,dt = 1 \end{aligned} \tag{1.2-3}$$

와 같이 정의되며 일명 디락 델타(Dirac delta) 함수라 한다. 충격 함수는 영과 무한대라는 두 가지 극단적인 속성을 동시에 갖는 매우 특이한 함수이며 단 하나의 유한한 속성은 면적이 1이라는 점이다. 충격 함수는 겉보기와는 달리 신호와 시스템 해석에 있어 매우 중요한 도구로 쓰인다.

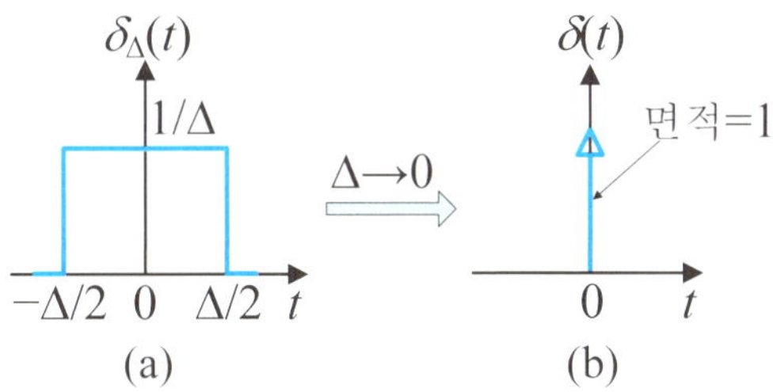

그림 1-4 충격함수의 정의

충격 함수의 적분은

$$\int_{-\infty}^{t} \delta(\tau)\,d\tau = \begin{cases} 0, & t < 0 \\ 1, & t \ge 0 \end{cases} \tag{1.2-4}$$

의 관계를 얻을 수 있다. 즉 $t<0$인 경우는 적분 구간에 $\delta(t)$가 포함되지 않으므로 적분 결과는 0이 되는 것이며, $t\ge 0$인 경우는 적분 구간 내에 $\delta(t)$가 포함되며 $\delta(t)$의 면적이 1이므로 적분 결과는 1이 되는 것이다. 식 (1.2-4)의 우변은 $u(t)$에 해당하므로

$$u(t) = \int_{-\infty}^{t} \delta(\tau)\,d\tau \tag{1.2-5}$$

따라서 다음의 중요한 관계를 얻을 수 있다.

$$\delta(t) = \frac{du(t)}{dt} \quad \text{또는} \quad u(t) = \int \delta(t)dt \tag{1.2-6}$$

임의의 함수 $x(t)$에 충격 함수 $\delta(t)$를 곱하면

$$x(t)\delta(t) = x(0)\delta(t) \tag{1.2-7}$$

와 같이 $t=0$에서의 $x(t)$ 값만 솎아지게 된다. 이를 확장하면

$$x(t)\delta(t-t_o) = x(t_o)\delta(t-t_o) \tag{1.2-8}$$

가 되어 그림 1-5와 같으며 이를 표본화(sampling) 성질이라 한다.

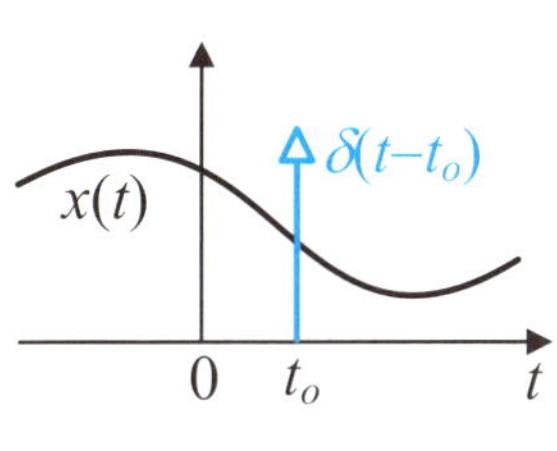

그림 1-5 충격함수의 표본화 성질

식 (1.2-8) 양변을 구간 $-\infty<t<\infty$에 대해 적분하면

$$\begin{aligned}\int_{-\infty}^{\infty} x(t)\delta(t-t_o)\,dt &= \int_{-\infty}^{\infty} x(t_o)\delta(t-t_o)\,dt \\ &= x(t_o)\int_{-\infty}^{\infty} \delta(t-t_o)\,dt \\ &= x(t_o)\end{aligned} \quad \textbf{(1.2-9)}$$

위의 식을 충격 함수의 솎음(sifting) 성질이라 한다. 식 (1.2-9)를 좀 더 일반적인 형태로 표현하면

$$x(t) = \int_{-\infty}^{\infty} x(\tau)\delta(t-\tau)\,d\tau \quad \textbf{(1.2-10)}$$

와 같다. 이는 임의의 함수 $x(t)$는 충격 함수의 연속적인 가중합(또는 선형합)으로 표현할 수 있음을 의미하며 이를 그림으로 증명하는 것이 그림 1-6이다. 그림에서 주어진 함수 $x(t)$를 계단 형태로 근사화 한 것을 $x^*(t)$라 하면

$$\begin{aligned}x^*(t) &= \sum_{k=-\infty}^{\infty} x(k\Delta)[u(t-k\Delta)-u(t-k\Delta-\Delta)] \\ &= \sum_{k=-\infty}^{\infty} x(k\Delta)\left[\frac{[u(t-k\Delta)-u(t-k\Delta-\Delta)]}{\Delta}\right]\Delta\end{aligned} \quad \textbf{(1.2-11)}$$

여기서 $\Delta\to 0$과 같이 극한을 취하면 $\Delta\to dt$의 무한소로, $k\Delta\to\tau$의 연속 변수로, 합은 $\Sigma\to\int$의 적분으로 할 수 있으며 $x^*(t)\to x(t)$가 된다. 따라서 식 (1.2-11)의 극한은 미분의 정의를 이용하면

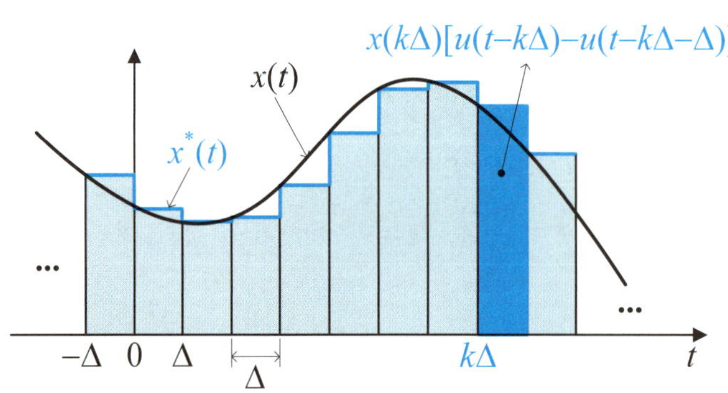

그림 1-6 임의의 함수 $x(t)$를 계단 형태로 근사화한 $x^*(t)$

$$
\begin{aligned}
x(t) &= \lim_{\Delta\to 0} x^*(t) \\
&= \lim_{\Delta\to 0} \sum_{k=-\infty}^{\infty} x(k\Delta)\left[\frac{[u(t-k\Delta)-u(t-k\Delta-\Delta)]}{\Delta}\right]\Delta \\
&= \int_{-\infty}^{\infty} x(\tau)\frac{du(t-\tau)}{dt}dt \\
&= \int_{-\infty}^{\infty} x(\tau)\delta(t-\tau)dt
\end{aligned} \qquad \textbf{(1.2-12)}
$$

위의 식은 식 (1.2-10)과 같다.

그림 1-7과 같이 충격 함수가 주기 T로 반복되는 것을 충격열(impulse train) 이라 하며

$$\tilde{\delta}_T(t) = \sum_{n=-\infty}^{\infty}\delta(t-nT) \qquad \textbf{(1.2-13)}$$

로 정의된다. 충격열(衝擊列) 함수는 표본화된 신호나 주기화된 신호 해석에 매우 유용하다.

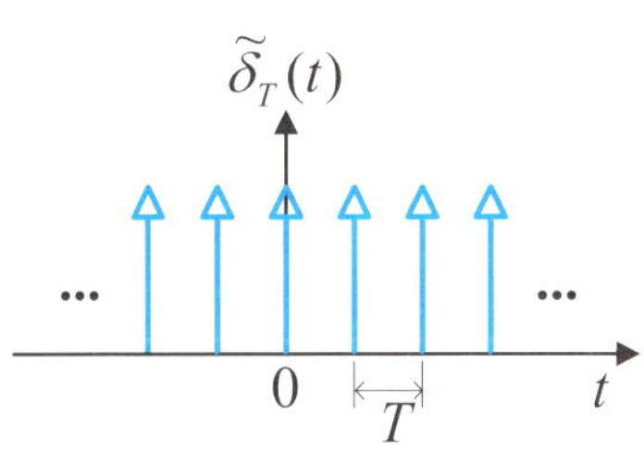

그림 1-7 충격열 함수

예제 1.1 다음 적분 값을 구하라.

(a) $\int_{-\infty}^{-1}\delta(t)dt$ (b) $\int_{-2}^{5}(1+t+t^2)\delta(t-2)dt$ (c) $\int_{-2}^{1}(1+t+t^2)\delta(t-2)dt$

풀이

(a) 적분 구간 내에 충격 함수가 존재하지 않으므로

$$\int_{-\infty}^{-1}\delta(t)dt = \int_{-\infty}^{-1}0dt = 0$$

(b) 적분 구간 내에 충격 함수가 존재하므로 솎음 성질에 의해

$$\int_{-2}^{5}(1+t+t^2)\delta(t-2)dt = 1+t+t^2\Big|_{t=2} = 1+2+4 = 7$$

(c) 적분 구간 내에 충격 함수가 존재하지 않으므로

$$\int_{-2}^{1}(1+t+t^2)\delta(t-2)dt = \int_{-2}^{1}(1+t+t^2)\times 0dt = 0$$

1.2.3 복소지수 함수

시연속 신호 및 시스템 해석에서 매우 중요한 부분을 차지하는 또 하나의 함수인 복소지수 함수(complex exponential)는

$$x(t) = e^{st} \quad \textbf{(1.2-13)}$$

의 형태이며 s는 일반적으로 복소수이다. 지수 함수는 특히 RC 회로와 RL 회로의 고유 응답 현상에서 발견할 수 있으며 동적(dynamic) 회로를 이해하는데 있어서 기초가 되는 함수이다. 식 (1.2-13)에서 지수가 $s=\sigma$로 실수인 경우는 단순히 지수 함수라 하며 대체적인 파형은 그림 1-7(a)와 같다. 그리고 $s=j\omega$로 허수인 경우는 오일러 공식에 의해

$$e^{j\omega t} = \cos\omega t + j\sin\omega t \quad \textbf{(1.2-14)}$$

와 같다. 이를 복소정현 함수(complex sinusoid)라 하며 그 실수부와 허수부를 함께 그린 것이 그림 1-7(b)의 삼각함수이다. 물론 $s=\sigma+j\omega$로 복소수인 경우는

$$e^{(\sigma+j\omega)t} = e^{\sigma t}[\cos\omega t + j\sin\omega t] \quad \textbf{(1.2-15)}$$

로 지수적으로 증가하는($\sigma>0$) 정현파이거나 지수적으로 감쇄하는($\sigma<0$) 정현파가 된다

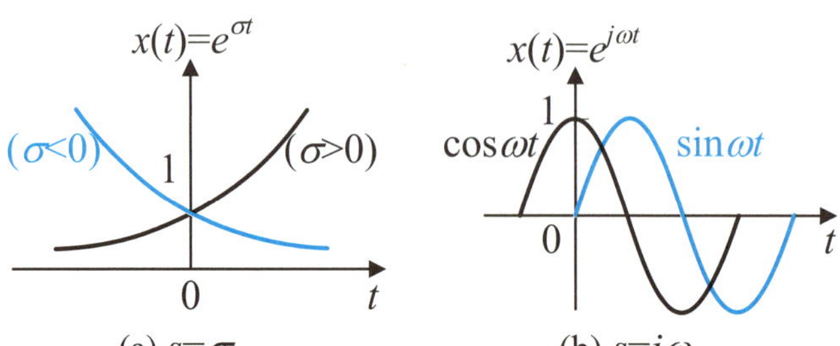

그림 1-8 복소지수 함수; (a) $s=\sigma$ (b) $s=j\omega$

1.2.4 정현 함수

복소 정현 함수인

$$x(t) = \mathbf{A}e^{j\omega t} \tag{1.2-16}$$

에서 복소수 **A**는 그림 1-9와 같이 극좌표상에서

$$\mathbf{A} = A\angle\theta \tag{1.2-17}$$

로 나타낼 수 있으며 이를 페이저(phasor)라 한다. 이 때 A와 θ를 각각 복소수 **A**의 크기 및 편각이라 하며 오일러 공식에 의하면 $e^{j\theta}=\cos\theta+j\sin\theta$이므로

$$\mathbf{A} = A\angle\theta = Ae^{j\theta} \tag{1.2-18}$$

정현 함수는 페이저를 사용하면 그 해석이 매우 편해진다. 즉 식 (1.2-16)에서 $x(t)$의 페이저를 $\mathbf{X}=\mathbf{A}$라 하자. 그리고 $x(t)$의 미분은 $x_D(t)$라 하고 적분을 $x_I(t)$라 하면

$$x_D(t) = j\omega\mathbf{A}e^{j\omega t} \quad \text{및} \quad x_I(t) = \frac{\mathbf{A}}{j\omega}e^{j\omega t}$$

이다. 따라서 $x_D(t)$의 페이저 $\mathbf{X}_D$와 $x_I(t)$의 페이저 $\mathbf{X}_I$는 $x(t)$의 페이저 $\mathbf{X}=\mathbf{A}$와 다음과 같은 관계가 주어진다.

$$\begin{cases} \mathbf{X}_D = j\omega\mathbf{X} \\ \mathbf{X}_I = \dfrac{\mathbf{X}}{j\omega} \end{cases} \tag{1.2-19}$$

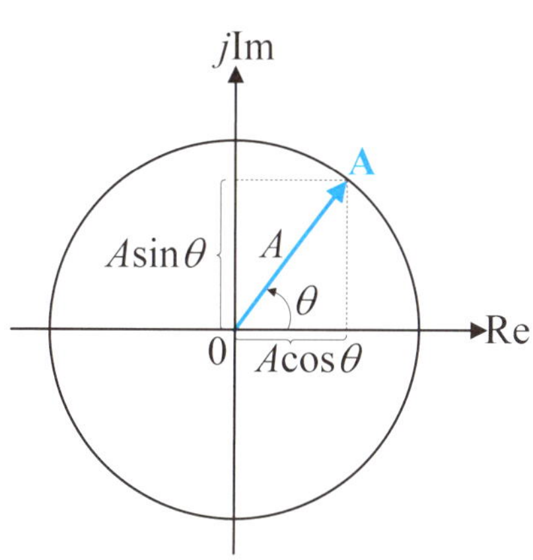

그림 1-8 복소수의 페이저

식 (1.2-19)가 의미하는 바는 정현파에 대한 시간상의 연산인 미분과 적분은 페이저상에서는 $j\omega$의 나누기와 곱하기로 대체된다는 점이다. 단 페이저는 동일한 주파수의 정현 함수간에만 사용된다.

예제 1.2 $x(t)=\sin(3t+30°)$일 때 다음을 계산하라.

$$y(t) = 2x(t) + \frac{1}{3}\frac{dx(t)}{dt} + 9\int x(t)dt$$

풀이 $x(t)$의 페이저는 $\mathbf{X}=1\angle 30°$이며 각주파수는 $\omega=3$이다. 따라서 주어진 식을 페이저 영역상에서 표현하면 다음과 같다.

$$\mathbf{Y} = 2\mathbf{X} + \frac{1}{3}(j3)\mathbf{X} + 9\frac{\mathbf{X}}{j3} = (2 + j - j3)\mathbf{X} = (2 - j2)(1\angle 30°)$$

$$= (2\sqrt{2}\angle -45°)(1\angle 30°)$$

$$= 2\sqrt{2}\angle -15°$$

$$\therefore\ y(t) = 2\sqrt{2}\sin(3t - 15°)$$

1.3 이산 신호

1.3.1 표본화

이산 신호는 표본화(sampling)를 통해 연속 신호로부터 생성되며 표본화 간격(또는 주기)는 일정하게 하는 것이 보통이다. 연속 신호 $x(t)$를 시간 T의 일정한 간격으로 표본화하여 얻은 이산 신호는

$$x[n] = x(nT) \quad , n = \pm 1, \pm 2, \cdots \qquad \textbf{(1.3-1)}$$

로 표현되며 n은 정수이다. 앞으로는 연속 신호와 이산 신호를 구별하기 위해 연속 신호에서는 소괄호 (t)를, 이산 신호에서는 대괄호 $[n]$을 사용하기로 한다. 신호가 일단 이산 신호로 표현되면 시간의 개념은 없어지고 단순히 n

번째 차례 매김이라는 개념만 남게 된다. 따라서 독립 변수 t는 초(second)의 단위가 있는 수임에 반해 독립 변수 n은 단위가 없는 수가 되므로 이산 신호 $x[n]$을 수열(sequence)이라 부르기도 한다.

1.3.2 차분 및 누산

연속 신호의 미분(differentiation)은 이산 신호에서는 차분(difference)으로 변형된다. 즉 그림1-9(a)의 연속 신호 $x(t)$를 표본 간격 T로 표본화한 것이 그림 (b)의 이산 신호 $x[n]=x(kT)$이며 임의의 시점 $t=kT$에서의 $x(t)$의 미분은

$$\frac{dx(kT)}{dt} = \lim_{\Delta t \to 0} \frac{x(kT) - x(kT - \Delta t)}{\Delta t} \tag{1.3-2}$$

로 정의된다. 그러나 그림 1-9(b)의 이산 신호 경우에서는 일정한 간격 T의 정수 배에 해당하는 시점에서만 신호가 정의되므로 식 (1.3-2)에서 $\Delta t=T$로 고정되며 무한소로 수렴시킬 수 없다. 따라서 식 (1.3-2) 우변의 미분은

$$\frac{x(kT) - x(kT - T)}{T} = \frac{x[k] - x[k-1]}{T} \tag{1.3-3}$$

의 차분으로 근사화할 수 밖에 없다. 따라서 T=1로 정규화하면

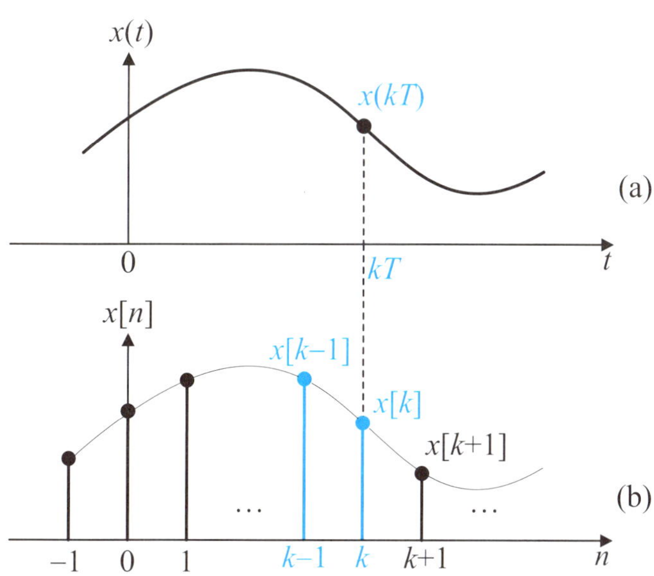

그림 1-9 연속 신호의 미분과 이산 신호의 차분 관계

$$\frac{dx(t)}{dt} \to x[n]-x[n-1] \tag{1.3-4}$$

로 대체된다. 다음으로 연속 신호의 적분 연산은 이산 신호에서는

$$\int_{\tau=-\infty}^{t} x(\tau)d\tau \to \sum_{k=-\infty}^{n} x[n] \tag{1.3-5}$$

와 같이 누산(累算)으로 대체된다. 표 1-1은 자주 사용되는 수열의 합 공식들이다.

표 1-1 수열의 합 공식($|z|<1$)

(i) $\sum_{k=0}^{n} 1 = n+1$
(ii) $\sum_{k=0}^{n} k = \frac{n(n+1)}{2}$
(iii) $\sum_{k=0}^{n} k^2 = \frac{n(n+1)(2n+1)}{6}$
(iv) $\sum_{k=0}^{n} k^3 = \left\{\frac{n(n+1)}{2}\right\}^2$
(v) $\sum_{k=-\infty}^{n} z^{-k} = \frac{1}{1-z} z^{-n}$
(vi) $\sum_{k=-\infty}^{n} kz^{-k} = \left\{\frac{1}{1-z}n - \frac{z}{(1-z)^2}\right\} z^{-n}$
(vii) $\sum_{k=-\infty}^{n} k^2 z^{-k} = \left\{\frac{1}{1-z}n^2 - \frac{2z}{(1-z)^2}n + \frac{z+z^2}{(1-z)^3}\right\} z^{-n}$

1.3.3 단위 계단 수열

식 (1.2-1)의 단위 계단 함수에 대한 이산 형태인 단위 계단 수열은

$$u[n] = u(nT) = \begin{cases} 0, & n<0 \\ 1, & n \ge 0 \end{cases} \tag{1.3-6}$$

이며 그림 1-10(a)와 같다. 이를 이용하면 그림 (b)의 이산 구형 펄스의 경우

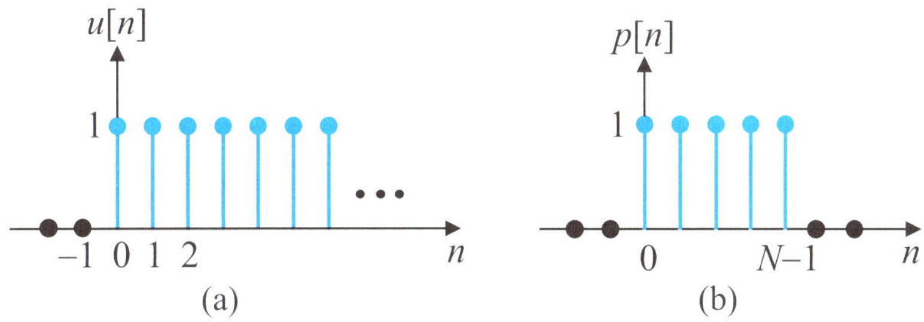

그림 1-10 (a) 단위 계단 수열 (b) 이산 구형 펄스

는 다음과 같이 표현된다.

$$p[n]=u[n]-u[n-N]$$
$$=\begin{cases}0, & n<0\\ 1, & 0\le n\le N-1\\ 0, & n\ge N\end{cases} \qquad \textbf{(1.3-7)}$$

여기서 $u[n-N]$은 $u[n]$을 N개의 표본만큼 지연시킨 수열이다. 수열을 이루고 있는 표본의 개수를 그 수열의 길이(length)라 하며 그림 1-10(b) 수열의 경우는 길이가 N이다.

1.3.4 단위 충격 수열

단위 충격 수열 $\delta[n]$은 그림 1-11과 같이 단순히

$$\delta[n]=\begin{cases}1, & n=0\\ 0, & n\ne 0\end{cases} \qquad \textbf{(1.3-8)}$$

로 정의된다. 여기서 유의할 것은

$$\delta[n]\ne\delta(nT)=\begin{cases}\infty, & n=0\\ 0, & n\ne 0\end{cases} \qquad \textbf{(1.3-9)}$$

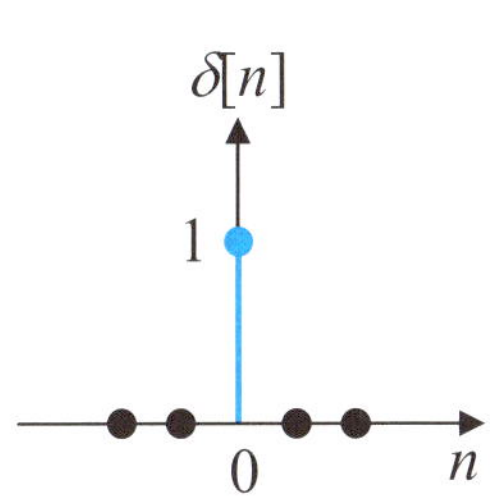

그림 1-11 단위 충격 수열

라는 점이다. 단위 충격 수열은 크기가 1인 단 하나의 표본으로 이루어지므로 단위 표본(unit sample) 함수라 하기도 한다.

식 (1.2-5)에서 $u(t)$를 $\delta(t)$의 적분으로 표시할 수 있듯이 단위 계단 수열 $u[n]$ 역시 단위 충격 수열 $\delta[n]$의 누산인

$$u[n]=\sum_{k=-\infty}^{n}\delta[k] \tag{1.3-10}$$

와 같이 표현할 수 있다. 또한 $\delta[n]$은

$$\delta[n]=u[n]-u[n-1] \tag{1.3-11}$$

와 같이 $u[n]$의 차분으로 나타낼 수 있음을 쉽게 알 수 있으며 이는 식 (1.2-6)에 대응된다. 그리고 식 (1.2-8)의 표본화 성질과 같이

$$x[n]\delta[n-n_o]=x[n_o]\delta[n-n_o] \tag{1.3-12}$$

가 된다. 위의 식 양변을 구간 $-\infty<k<\infty$에 대해 합하면

$$\begin{aligned}\sum_{k=-\infty}^{\infty}x[n]\delta[n-n_o]&=\sum_{k=-\infty}^{\infty}x[n_o]\delta[n-n_o]=x[n_o]\sum_{k=-\infty}^{\infty}\delta[n-n_o]\\&=x[n_o]\end{aligned} \tag{1.3-13}$$

위의 식 역시 충격 수열의 솎음(sifting) 성질이라 하며 이를 좀 더 일반적인 형태로 표현하면 다음과 같다.

$$x[n]=\sum_{k=-\infty}^{\infty}x[k]\delta[n-k] \tag{1.3-14}$$

와 같으며 그림 1-12가 이를 보여준다. 이는 식 (1.2-10)과 같이 임의의 수열 $x[n]$ 역시 충격 수열의 연속적인 가중합으로 표현할 수 있음을 보여준다.

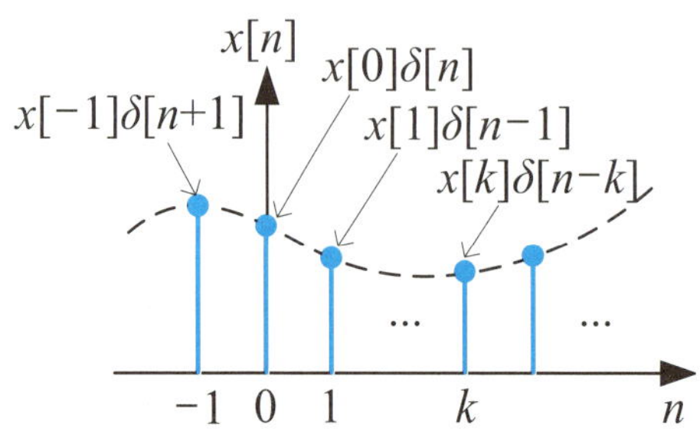

그림 1-12
단위 충격열의 가중합

그림 1-13과 같이 주기 N으로 반복되는 충격 수열을 단위 충격열이라 하며

$$\tilde{\delta}_N[n] = \sum_{k=-\infty}^{\infty} \delta[n-kN] \tag{1.3-15}$$

로 정의된다(N은 정수).

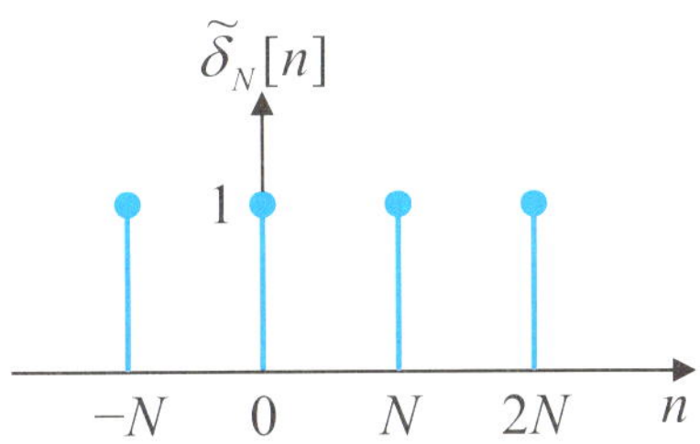

그림 1-13 단위 충격열

1.3.5 복소 지수 수열

복소 지수 함수를 표본 주기 T로 표본화시키면

$$x[n] = e^{st}\Big|_{t=nT} = e^{snT} = (e^{sT})^n \tag{1.3-16}$$

여기서 $z=e^{sT}$로 하면 이산 지수 수열의 일반적인 형태는

$$x[n] = z^n \tag{1.3-17}$$

와 같이 정의된다. 지수가 $z=r\angle\Omega$로 복소수인 경우는

$$(r\angle\Omega)^n = r^n e^{j\Omega n} \tag{1.3-18}$$

의 형태가 되며 그림 1-14와 같다.

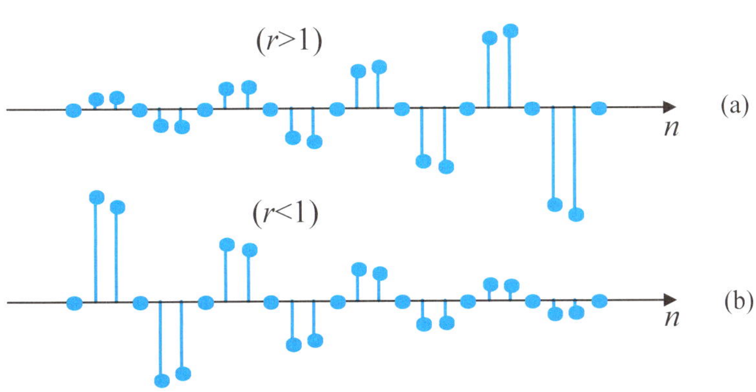

그림 1-14 복소 지수 수열 (a) 발산 (b) 감쇄

만일 Ω=0이면 그림 1-15(a)처럼 발산하거나(r>1) (b)처럼 감쇄하는(0<r<1) 지수 수열이 된다. 만일 $|r|$=1이면

$$e^{j\Omega n} = \cos\Omega n + j\sin\Omega n \tag{1.3-19}$$

의 복소정현 수열이 된다.

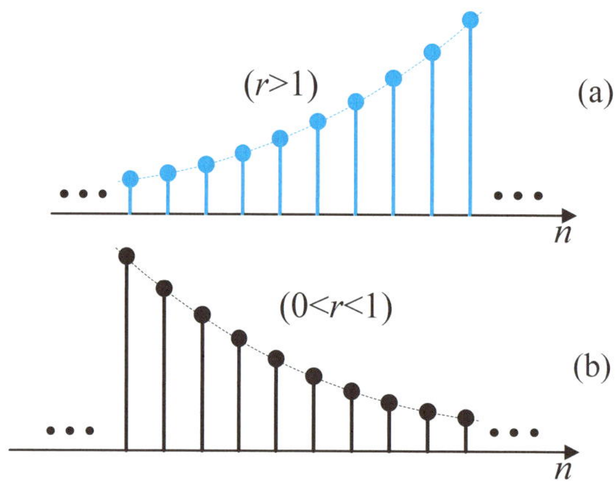

그림 1-15 지수 수열
(a) 발산 (b) 감쇄

1.3.6 정현 수열

정현 함수 $x(t)=A\sin\omega t$를 간격 T로 표본화한 수열은

$$x[n] = A\sin\omega nT = A\sin\Omega n \quad (\Omega = \omega T) \tag{1.3-20}$$

로 표현되며 Ω를 디지털 주파수로 부르기도 한다. 이에 반해 우리에게 이미 익숙한 각주파수 ω를 아날로그 주파수로 부른다. 아날로그 주파수와 디지털 주파수는 단순한 비례관계라는 점 외에 근본적인 차이가 있다. 아날로그 주파수는 $0\le\omega<\infty$이지만 디지털 주파수의 범위는 $0\le\Omega<2\pi$로 제한된다는 점이다. 그 이유는

$$\sin(\Omega + 2\pi)n = \sin\Omega n \tag{1.3-21}$$

이기 때문이며 그림 1-16이 이를 보여주고 있다. 그림 (a)는 디지털 주파수가 Ω=0인 상수를 표본화한 것이며 점차 주파수를 높여가는 과정이 (b), (c), (d) 및 (e)이다. 그런데 그림 (e)의 $\Omega=2\pi$에 이르면 바로 그림 (a)의 상수 경우와 같은 파형이 됨을 알 수 있다. 다시 말해서 $\Omega>2\pi$에서는 더 이상 수열의 형태로 구분할 수 없는 것이다. 디지털 주파수 $\Omega=2\pi$는 아날로그 주파수

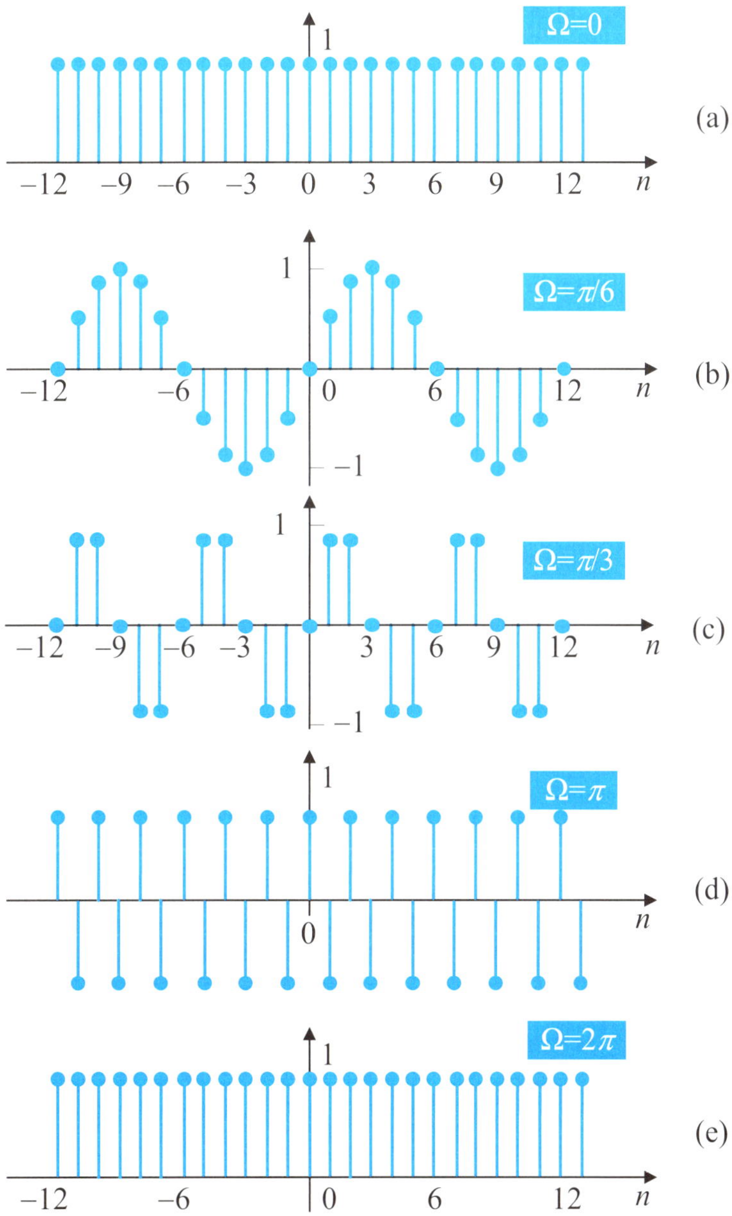

그림 1-16 디지털 주파수의 제한성

$\omega=2\pi/T$에 해당한다. 따라서 $\omega=2\pi/T$ 이상의 주파수는 디지털 주파수로는 구별할 수 없으며 더 높은 주파수를 구별하기 위해서는 표본간격 T를 줄여야 한다. 그러나 엄밀히 말하면 디지털 주파수 π를 중심으로 주파수 $\pi-\Delta$와 $\pi+\Delta$

의 파형은 서로 같은 형태가 되기 때문에 결국 디지털 주파수는 $0 \le \Omega \le \pi$로 제한되어야 한다.

정현 수열 역시 페이저를 이용하면 편리하다. 즉 $x[n]=A\sin(\Omega n+\theta)$를 페이저로 표현하면

$$\mathbf{X} = A\angle\theta = \mathbf{A} \tag{1.3-22}$$

이에 대해 $x_d[n]=x[n-1]$은

$$x_d[n] = A\sin[\Omega(n-1)+\theta] = A\sin[\Omega n - \Omega + \theta] \tag{1.3-23}$$

이므로 $x[n-1]$의 페이저 $\mathbf{X}_d$는

$$\mathbf{X}_d = A\angle(\theta - \Omega) = (A\angle\theta)(1\angle-\Omega) = \mathbf{X}(1\angle-\Omega) \tag{1.3-24}$$

이상으로 $x[n] \leftrightarrow \mathbf{X}$에 대해

$$x[n-1] \leftrightarrow \mathbf{X}(1\angle-\Omega) \tag{1.3-25}$$

가 된다.

예제 1.3 다음 방정식에서 $y[n]$을 구하라.

$$y[n] = x[n] + 0.5x[n-1] - x[n-2], \quad x[n] = \sin\left(\frac{\pi}{2}n + \frac{\pi}{4}\right)$$

풀이 $x[n]$의 페이저는 $\mathbf{X}=1\angle(\pi/4)$이며 디지털 주파수는 $\Omega=\pi/2$이다. 따라서

$$\begin{aligned}\mathbf{Y} &= \mathbf{X} + \mathbf{X}(0.5\angle-\pi/2) - 0.5\mathbf{X}(1\angle-\pi)\\ &= \mathbf{X}(1 - j0.5 - 0.5)\\ &= \mathbf{X}(0.5 - j0.5)\\ &= (1\angle\pi/4)(0.5\sqrt{2}\angle-\pi/4)\\ &= 0.5\sqrt{2}\angle 0\end{aligned}$$

$$\therefore\ y[n] = 0.5\sqrt{2}\sin\frac{\pi}{2}n$$

1.4 매트랩

1.4.1 신호 발생

ones(M, N), zeros(M, N)

ones(M, N)은 모든 요소가 1인 M×N 행렬을 만들고 zeros(M, N)은 모든 요소가 0인 M×N 행렬을 만든다.

```
>> u=[zeros(1,50), ones(1,50)]; % 단위 계단 수열
>> delta=[zeros(1,49), 1, ones(1,49)]; % 단위 충격
```

exp(a*t), r.^n

exp(a*t)는 지수함수 e^{at}를, r.^n은 지수 수열 r^n을 만든다(t와 n은 벡터).

plot(t, x), stem(n, x)

plot(t, x)는 신호 x를 연속 시간 t에 대해 연속 형태로 그려주며, stem(n, x)는 신호 x를 이산 시간 n에 대해 이산 형태로 그려준다(x는 벡터).

```
>> t=0:0.001:1;   a=6;   x=exp(−a*t);   plot(t, x)
>> n=−10:10;   r=0.85;   x=r.^n;   stem(n, x)
```

square(wo*t + D)

아래의 그림과 같이 주기가 T이고 폭이 P인 구형 펄스를 만들어준다. 여기서 D=P/T는 듀티 사이클(duty cycle)이며 wo=2*pi/T는 기본 각주파수이다.

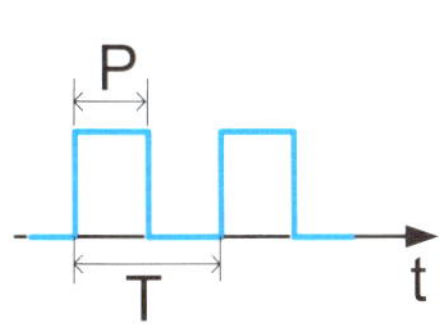

D=P/T, wo=2*pi/T

```
>> t=0:0.001:1;
>> A=1; wo=10*pi; D=0.5; % T=1/5
>> sq=A*square(wo*t + D);
>> plot(t, sq)
```

sawtooth(wo*t + D)

다음 그림과 같이 주기가 T이고 첫 번째 최대가 되는 시간이 P인 톱니파를 만들어준다. 여기서 D=P/T이며 wo=2*pi/T는 기본 각주파수이다.

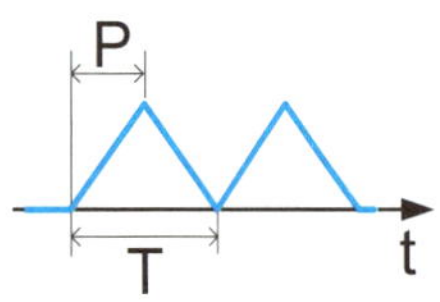

D=P/T, wo=2*pi/T

```
>> t=0:0.001:1;
>> A=1; wo=10*pi; D=0.5;
>> tri=A*sawtooth(wo*t + D);
>> plot(t, tri)
```

sin(wo*t + D),   cos(wo*t + D)

각주파수가 wo이고 위상이 D인 삼각 함수(연속 신호)를 만들어 준다.

```
>> t=0:0.001:1;    A=4;    wo=20*pi;    D=pi/4;
>> si=A*sin(wo*t + D);    cs=A*cos(wo*t + D);
>> subplot(2,1,1), plot(t, si)    % 열 방향으로 두 개의 창으로 분할
>> subplot(2,1,2), plot(t, cs)
```


sin(Wo*n + D),   cos(Wo*n + D)

디지털 주파수가 Wo이고 위상이 D인 삼각 수열(이산 신호)를 만들어 준다.

```
>> n=-10:10;    A=1;    Wo=2*pi/10; D=pi/6;
>> si=A*sin(Wo*n + D);    cs=A*cos(Wo*n + D);
>> subplot(2,1,1), stem(n, si)
>> subplot(2,1,2), stem(n, cs)
```

sin(wo*t + D).*exp(a*t),   cos(wo*t + D).*exp(a*t)

지수적으로 증가(감쇄)하는 삼각 함수 $\sin(\omega_o t+d)e^{at}$, $\cos(\omega_o t+d)e^{at}$를 만든다.

sin(Wo*n + D).*r.^n

지수적으로 증가(감쇄)하는 삼각 수열 $\sin(\Omega_o n+d)r^n$, $\cos(\Omega_o n+d)r^n$을 만든다.

1.4.2 파형 관찰

매트랩은 사용자가 임의로 함수를 정의하여 사용할 수 있다. 다음의 M-file은 여러 개의 파형을 동시에 관찰할 수 있으며 그림 형태도 쉽게 변경할 수 있다.

```
function waveform(x, N, type)
% wave.m  여러 개의 신호를 일정한 구간씩 이동시켜가며 동시에 관찰
% 할 수 있다
% [입력]  x=관찰 파형(행은 시간축, 열은 신호종류)
%         N=화면당 파형의 표본 수
%         type='p'  /plot/
%             ='b'  /bar/
%             ='s'  /stem/
clf
xmin=min(x);   xmax=max(x);   xran=xmax-xmin;
[Mr, Mc]=size(x);   L=fix(Mr/N);
for i=1:L
    s=[1:N]+(i-1)*N;
    for k=1:Mc
        subplot(Mc, 1, k)
        if type='p'   plot(s, x(s, k), 'b'), grid
        elseif type='b'   bar(s, x(s, k), 'b'), grid
        elseif type='s'   stem(s, x(s, k), 'b'), grid
        else error
        end
        axis([s(1), s(end), xmin(k)-xran(k)/4, xmax(k)+xran(k)/4])
        line([s(1) s(end)], [0 0])
    end
    pause   % 화면을 이동하려면 아무 키나 누른다
end
```


앞의 sin(wo*t + D)와 cos(wo*t + D)의 예에서 만든 si와 cs를 200개 단위로 관찰하고 그림 명령은 plot로 한다면 다음과 같이 실행한다.

>> wave([si′ cs′], 200, ‘p’)   % si와 cs는 행벡터

중지하고자 할 때는 CTRL+C를 누른다.

연습 문제

1.1 다음 연속 신호들의 파형을 그려라.

(a) $x(t) = 2u(t) - u(t-1)$　(b) $x(t) = u(t+2) - 2u(t) + u(t-2)$

(c) $x(t) = t[u(t+1) - u(t-3)]$　(d) $x(t) = \delta(t-1) - 2\delta(t+1)$

(e) $x(t) = \sum_{k=-\infty}^{\infty} \delta(t-kT)$　(f) $x(t) = e^{-at} \sum_{k=-\infty}^{\infty} \delta(t-kT), \quad a > 0$

1.2 다음의 적분을 계산하라.

(a) $\int_{-\infty}^{t} (\sin\tau) u(\tau)\, d\tau$　(b) $\int_{-\infty}^{t} (\sin\tau)\delta(\tau)\, d\tau$　(c) $\int_{-\infty}^{\infty} (\cos\tau)\delta(\tau)\, d\tau$

(d) $\int_{-\infty}^{\infty} (\cos\tau) u(\tau-1)\delta(\tau)\, d\tau$　(e) $\int_{-3}^{0} \exp(t^2 - 3t + 1)\delta(\tau+1)\, d\tau$

1.3 다음의 적분을 계산하라.

(a) $\int_{0}^{2} \left(\frac{2}{3}t - \frac{3}{2}\right)\delta(t-1)\, dt$　(b) $\int_{-\infty}^{\infty} (t-1)\delta\left(\frac{2}{3}t - \frac{3}{2}\right) dt$

1.4 다음의 연속 정현파를 그려라.

(a) $\sin 2\pi t$　(b) $\sin \pi t$　(c) $\sin(2\pi t - \pi/4)$　(d) $\sin(2\pi t + \pi/4)$

(e) $\sin 4\pi t$　(f) $\mathrm{Re}[e^{j3\pi t}]$　(g) $\mathrm{Re}[e^{j(3\pi t+\pi)}]$　(h) $\sin \pi t + \cos \pi t$

1.5 다음 이산 신호들의 파형을 그려라.

(a) $x[n] = u[n] - 3u[n-3]$　(b) $x[n] = 2u[n+2] + u[n+1] - 3u[n-3]$

(c) $x[n] = (1-n)(u[n+2] - u[n-3])$　(d) $x[n] = n^2(\delta[n+1] - \delta[n-1])$

(e) $x[n] = \sum_{k=-\infty}^{\infty} \delta[n-kN]$　(f) $x[n] = \sum_{k=-\infty}^{\infty} (-1)^k \delta[n-kN]$

1.6 다음의 이산 정현파를 그리고 주기를 구하라.

(a) $\cos(\pi n/4)$　(b) $\sin(9\pi n/4)$　(c) $\sin(\pi n/3)$　(d) $\cos(4\pi n/7)$

(e) $\cos(\pi n/5)$　(f) $\sin \pi n$　(g) $\sin 2\pi n$

1.7 다음의 각 수열을 정현 함수 형태인 $A\cos(\Omega_o n+\phi)$로 표현할 때 A, Ω_o 및 ϕ를 구하라.

(a) $\{0, 1, 0, -1, \cdots\}$　(b) $\{1, 1, -1, -1, \cdots\}$　(c) $\{0, 1, 1, 0, -1, -1, \cdots\}$

(d) $\{1, 2, 1, -1, -2, -1, \cdots\}$　(e) $\{1, -1, 1, -1, \cdots\}$　(f) $\{0, 1, 1, -1, -1, \cdots\}$

2

컨벌류션

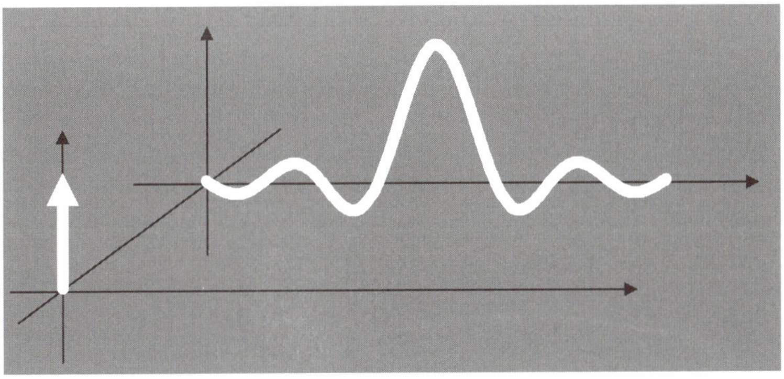

2.1 연속 시스템

2.2 이산 시스템

2.3 매트랩

2.1 연속 시스템

2.1.1 충격 응답

LTI 연속 시스템의 입력 $x(t)$와 출력 $y(t)$는 상수계수 선형 미분방정식인

$$\sum_{k=0}^{N} a_k \frac{d^k y(t)}{dt^k} = \sum_{k=0}^{M} b_k \frac{d^k x(t)}{dt^k} \qquad \textbf{(2.1-1)}$$

의 관계로 표현된다. 특히 입력이 $\delta(t)$일 때의 출력을 충격응답(impulse response)라 하며 $h(t)$로 표현한다. 충격응답이 중요한 이유는 임의의 입력에 대한 출력도 충격응답으로 표현할 수 있기 때문이다. 식 (2.1-1)은 3장에서 다룰 내용이며 여기서는 그림 2-1과 같이 가장 간단한 1계 미분방정식인

$$y'(t) + ay(t) = x(t) \qquad \textbf{(2.1-2)}$$

에 대해 알아본다. 이 방정식의 특수해의 일반적인 형태는

$$y(t) = e^{-at} \int e^{at} x(t) dt \qquad \textbf{(2.1-3)}$$

이다. 따라서 $x(t)=\delta(t)$일 때인

$$y'(t) + ay(t) = \delta(t) \qquad \textbf{(2.1-4)}$$

에 대한 해 $y(t)=h(t)$는 다음과 같다.

$$h(t) = e^{-at} \int e^{at} \delta(t) dt = e^{-at} \int e^{0} \delta(t) dt = e^{-at} \int \delta(t) dt \qquad \textbf{(2.1-5)}$$

위의 식에서 두 번째 등식은 $\delta(t)$의 표본성질이며(식 (1.2-7)) 세 번째 등식에 식 (1.2-6)을 이용하면 충격응답은

$$h(t) = e^{-at} u(t) \qquad \textbf{(2.1-6)}$$

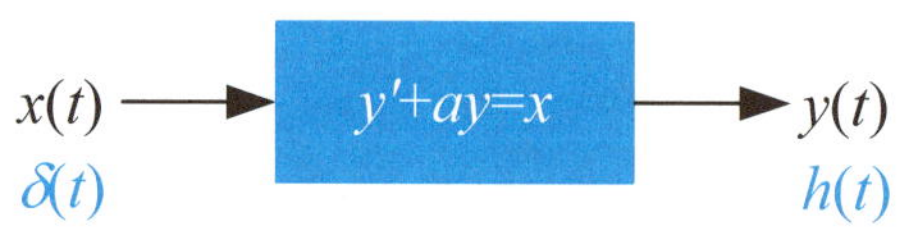

그림 2-1 1계 LTI 연속 시스템

식 (2.1-6)을 식 (2.1-4)의 $y(t)$에 대입해보면 다음과 같이 증명된다.

$$\begin{aligned}\frac{d}{dt}[e^{-at}u(t)]+a[e^{-at}u(t)] &= -ae^{-at}u(t)+e^{-at}\delta(t)+ae^{-at}u(t)\\ &= e^{-at}\delta(t) \\ &= \delta(t)\end{aligned} \quad \textbf{(2.1-7)}$$

LTI 시스템은 그림 2-1과 같이 미분방정식뿐 아니라 그림 2-2와 같이 충격응답으로써도 표현할 수 있다. 즉 시스템을 하나의 연산자 $T[\cdot]$로 보며 연산자는 독립 변수 t에 대해서만 작용한다. 그리고 그림 2-2에 표시된 바와 같이 LTI 시스템의 시불변과 선형성에 의해 임의의 상수 a와 τ에

$$T[a\delta(t-\tau)]=aT[\delta(t-\tau)]=ah(t-\tau) \quad \textbf{(2.1-8)}$$

를 만족한다.

그림 2-2 LTI 시스템의 충격응답

2.1.2 컨벌류션 적분

두 신호 $x(t)$와 $h(t)$의 컨벌류션은 다음과 같이 정의된다.

$$x(t)*h(t)=\int_{-\infty}^{\infty}x(\tau)h(t-\tau)\,d\tau \quad \textbf{(2.1-9)}$$

컨벌류션을 이용하면 LTI 시스템의 입력 $x(t)$는 식 (1.2-10)으로부터

$$x(t)=\int_{-\infty}^{\infty}x(\tau)\delta(t-\tau)\,d\tau = x(t)*\delta(t) \quad \textbf{(2.1-10)}$$

와 같다. 이는 임의의 함수에 충격 함수를 컨벌류션하면 함수 그 자체가 된다는 것을 뜻한다. 이제 그림 2-2에서 $x(t)$에 대한 출력 $y(t)$는

$$\begin{aligned}y(t) &= T[x(t)] \\ &= T\left[\int_{-\infty}^{\infty}x(\tau)\delta(t-\tau)\,d\tau\right]\end{aligned} \quad \textbf{(2.1-11)}$$

식 (2.1-11)에서 연산자 $T[\cdot]$는 독립 변수 t에 대해서만 작용하므로

$$y(t) = \int_{-\infty}^{\infty} x(\tau)T[\delta(t-\tau)]d\tau \tag{2.1-12}$$

이며 LTI 시스템의 시불변성에 의해 다음과 같이 된다.

$$y(t) = \int_{-\infty}^{\infty} x(\tau)h(t-\tau)\,d\tau = x(t)*h(t) \tag{2.1-13}$$

즉 LTI 시스템의 출력은 입력과 충격응답의 컨벌류션으로 주어진다. 연속 시스템은 컨벌류션이 적분 형태이므로 컨벌류션 적분이라고 부른다. 식 (2.1-13)에서 $\lambda=t-\tau$로 치환하면 $\tau=t-\lambda$이므로

$$y(t) = \int_{-\infty}^{\infty} h(\lambda)x(t-\lambda)\,d\lambda = h(t)*x(t) \tag{2.1-14}$$

이므로 컨벌류션 적분은 교환법칙이 성립한다. 더불어 다음과 같이 결합법칙과 분배법칙도 성립한다(연습문제).

$$\begin{aligned}
&\text{(i)}\ \ x_1(t)*x_2(t) = x_2(t)*x_1(t) \\
&\text{(ii)}\ \ [x_1(t)*x_2(t)]*x_3(t) = x_1(t)*[x_2(t)*x_3(t)] \\
&\text{(iii)}\ \ x_1(t)*[x_2(t)+x_3(t)] = [x_1(t)*x_2(t)]+[x_1(t)*x_3(t)]
\end{aligned} \tag{2.1-15}$$

인과적인 시스템에서는 입력이 시작되기 전에 출력이 생성될 수 없다. 따라서 인과적 LTI 시스템에서는 식 (2.1-13)은

$$\begin{aligned}
y(t) &= \int_{-\infty}^{\infty} x(\tau)h(t-\tau)\,d\tau \\
&= \int_{-\infty}^{t} x(\tau)h(t-\tau)\,d\tau \quad (\because h(t-\tau)=0,\ \tau>t)
\end{aligned} \tag{2.1-16}$$

로 수정되며 식 (2.1-14)는 다음과 같이 수정된다.

$$\begin{aligned}
y(t) &= \int_{-\infty}^{\infty} h(\tau)x(t-\tau)\,d\tau \\
&= \int_{0}^{\infty} h(\tau)x(t-\tau)\,d\tau \quad (\because h(\tau)=0,\ \tau<0)
\end{aligned} \tag{2.1-17}$$

식 (2.1-13)을 살펴보면 컨벌류션 연산은 다음의 3단계 절차를 거쳐 수행됨을 알 수 있다:

1. 신호 $h(\tau)$를 시간축에서 반전시켜 $h(-\tau)$를 만든 다음 이를 다시 t만큼 지연시킨 $h(-(\tau-t))=h(t-\tau)$를 만든다. 여기서 t는 하나의 상수로 간주하여야 한다.
2. 두 신호 $x(\tau)$와 $h(t-\tau)$를 전구간의 τ에 걸쳐 곱한 다음 τ에 관해 적분함으로써 주어진 t에 대한 $y(t)$를 구한다.
3. 상수로 간주한 t를 $-\infty$에서 ∞에 걸쳐 변화시켜 가면서 모든 t에 대해 위의 단계 1과 2를 반복한다.

단순히 위의 과정만 거친다면 컨벌류션 계산은 그리 복잡하게 느껴지지 않을 것이다. 그러나 컨벌류션을 취하고자 하는 두 신호 모두 존재하는 구간이 유한할 경우 컨벌류션 적분의 하한과 상한을 구하는 작업이 매우 번거롭게 된다. 이를 보이기 위해 그림 2-3과 같이 유한한 구간의 두 신호를 예로 들어 위의 3 단계를 그림으로 설명해보자.

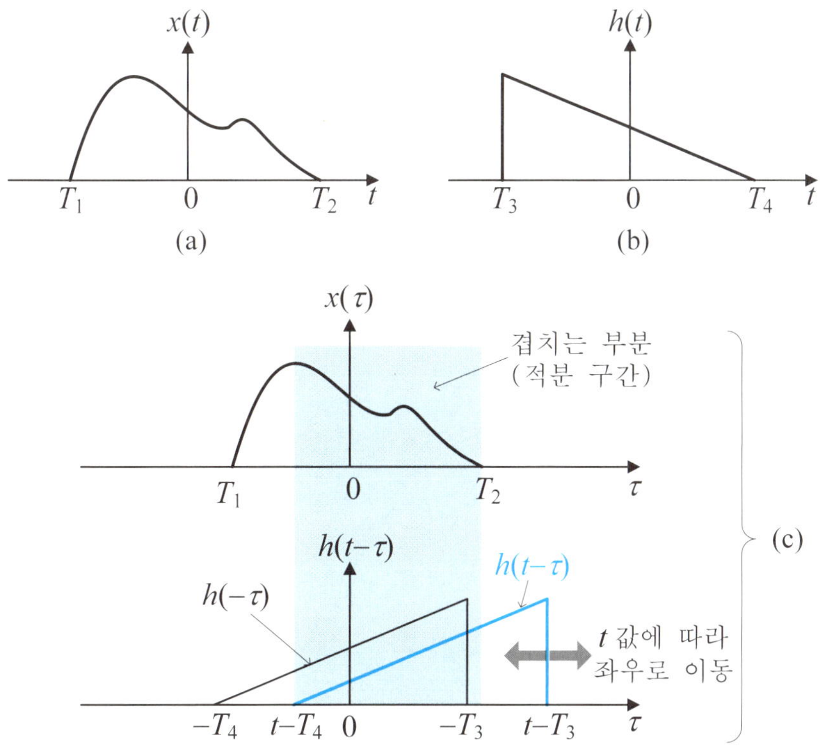

그림 2-3 유한한 구간의 두 연속 신호에 대한 컨벌류션

그림 2-3(a)와 (b)는 컨벌류션을 취하고자 하는 두 연속 신호이며 모두 존재 구간이 유한하다. 변수 τ를 독립 변수로 하여 $x(\tau)$와 $h(t-\tau)$를 그려보면 그림 (c)와 같음을 알 수 있다. 그 결과 $x(\tau)$의 존재 구간은 $[T_1, T_2]$로 고정되는데 반해 $h(t-\tau)$의 존재 구간은 $[t-T_4, t-T_3]$로서 상수로 간주된 t의 값에 따라 변하게 된다. 따라서 t를 한 값으로 고정시켜 놓고 $x(\tau)$와 $h(t-\tau)$의 곱을 적분할 때 적분 구간은 그림 (c)에서 음영으로 표시된 부분과 같다. 즉 적분의 하한과 상한은 t의 값에 의해 영향을 받기 때문에 t를 $-\infty$에서 ∞에 걸쳐 변화시켜 나가는 과정에서 적분의 하한과 상한을 일일이 따져 보아야 한다. 따라서 컨벌류션 적분은 단순한 수식상의 적분 계산으로만 끝낼 수 있는 것이 아니라 그림을 이용하여 적분의 하한과 상한을 결정해 가면서 풀어야 한다.

예제 2.1 그림 2-4의 두 신호 $x(t)$와 $h(t)$의 컨벌류션을 구하라.

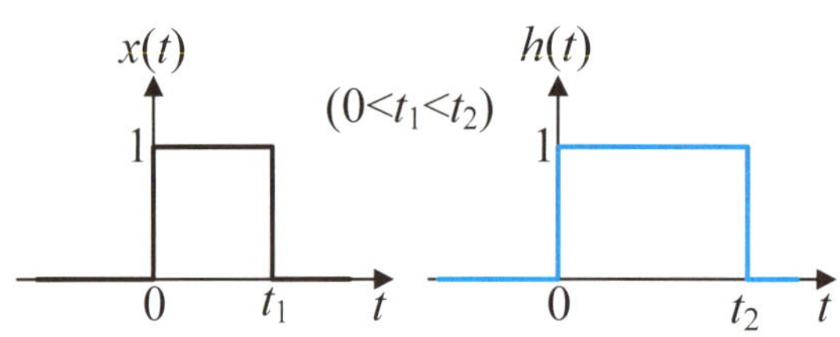

그림 2-4 예제 2-1의 그림

풀이 컨벌류션 적분을 그림으로 푸는 과정이 그림 2-5이다.

(a) $t<0$: 그림 (a)는 $x(\tau)$와 $h(t-\tau)$가 겹치는 부분이 없으므로 적분은 0이다.

$$x(t) * h(t) = 0, \quad t < 0$$

(b) $0 \le t < t_1$: 그림 (b)는 $x(\tau)$와 $h(t-\tau)$가 겹치는 부분이 $0 \le \tau < t$이므로

$$x(t) * h(t) = \int_0^t (1)\, dt = t, \quad 0 \le t < t_1$$

(c) $t_1 \le t < t_2$: 그림 (c)는 $x(\tau)$와 $h(t-\tau)$가 겹치는 부분이 $0 \le \tau < t_1$이므로

$$x(t) * h(t) = \int_0^{t_1} (1)\, dt = t_1, \quad t_1 \le t < t_2$$

(d) $t_2 \le t < t_1 + t_2$: 그림 (d)는 $x(\tau)$와 $h(t-\tau)$가 겹치는 부분이 $t-t_2 \le \tau < t_1$이므로

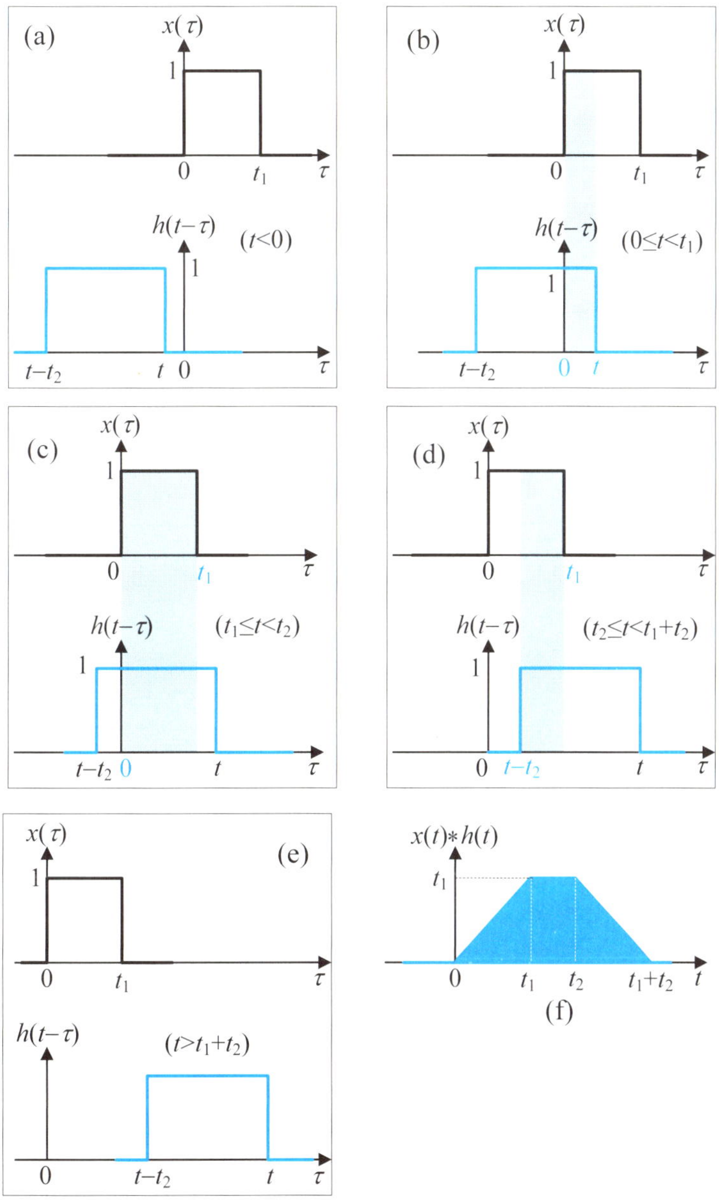

그림 2-5 예제 2-1의 컨벌류션 적분을 그림으로 푸는 과정

$$x(t) * h(t) = \int_{t-t_2}^{t_1} (1)\, dt = t_1 + t_2 - t, \quad t_2 \le t < t_1 + t_2$$

(e) $t>t_1+t_2$: 그림 (e)는 $x(\tau)$와 $h(t-\tau)$가 겹치는 부분이 없으므로

$$x(t) * h(t) = 0, \quad t > t_1 + t_2$$

이상으로 컨벌류션 결과는 그림 2-5(f)와 같다.

임의의 함수 $x(t)$와 $\delta(t)$의 컨벌류션은 $x(t)*\delta(t)=x(t)$로 변하지 않는다. 이에 비해 함수 $x(t)$와 계단 함수 $u(t)$의 컨벌류션은

$$x(t) * u(t) = \int_{-\infty}^{\infty} x(\tau)u(t-\tau)\,d\tau \tag{2.1-18}$$

이며 $u(t)$의 특성상

$$u(t-\tau) = \begin{cases} 0, & \tau > t \\ 1, & \tau < t \end{cases} \tag{2.1-19}$$

이다. 따라서 위의 두 식으로부터

$$x(t) * u(t) = \int_{-\infty}^{t} x(\tau)\,d\tau \tag{2.1-20}$$

의 관계를 얻을 수 있다.

예제 2.2 LTI 시스템의 충격응답이 $h(t)=u(t)$일 때 그림 2-6의 각 입력 $x(t)$에 대한 출력 $y(t)$를 구하라. 단 모두 $a>0$이다.

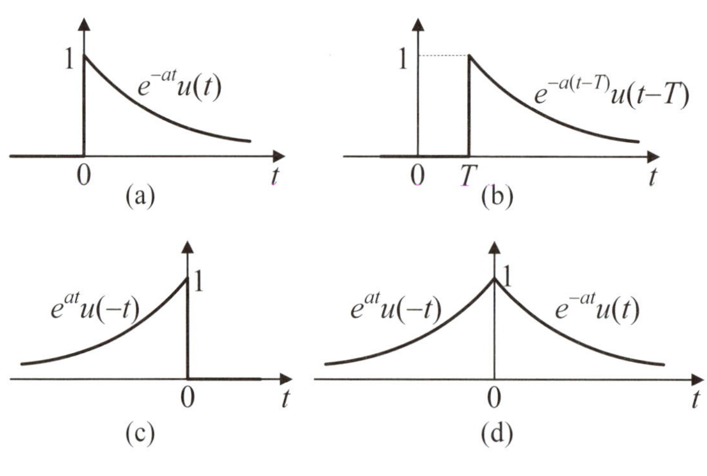

그림 2-6 예제 2-2의 그림

풀이 $h(t)=u(t)$이므로 식 (2.1-20)을 이용한다.

(a) $y(t)=\int_{-\infty}^{t} e^{-a\tau}u(\tau)\,d\tau$

$$=\left[\int_{0}^{t} e^{-a\tau}d\tau\right]u(t) \quad \left(\because u(\tau)=0, \quad \tau<0\right)$$

$$=\frac{1}{a}[1-e^{-at}]u(t)$$

(b) $y(t)=\int_{-\infty}^{t} e^{-a(\tau-T)}u(\tau-T)\,d\tau$

$$=\left[e^{aT}\int_{T}^{t} e^{-a\tau}\,d\tau\right]u(t-T) \quad \left(\because u(\tau-T)=0, \quad \tau<T\right)$$

$$=\frac{1}{a}[1-e^{-a(t-T)}]u(t-T)$$

(c) $y(t)=\int_{-\infty}^{t} e^{a\tau}u(-\tau)\,d\tau$

$$=\begin{cases}\int_{-\infty}^{t} e^{a\tau}\,d\tau, & t<0 \quad \left(\because u(-\tau)=1, \quad \tau<0\right)\\ \int_{-\infty}^{0} e^{a\tau}\,d\tau, & t\geq 0 \quad \left(\because u(-\tau)=0, \quad \tau\geq 0\right)\end{cases}$$

$$=\begin{cases}\frac{1}{a}e^{at}, & t<0\\ \frac{1}{a}, & t\geq 0\end{cases}$$

$$=\frac{1}{a}u(t)+\frac{1}{a}e^{at}u(-t)$$

(d) $y(t)=[e^{-at}u(t)+e^{at}u(-t)]*u(t)=e^{-at}u(t)*u(t)+e^{at}u(-t)*u(t)$

따라서 (a)와 (c)의 결과를 이용하면

$$y(t)=\frac{1}{a}[2-e^{-at}]u(t)+\frac{1}{a}e^{at}u(-t)$$

이상으로 그림 2-6의 각각에 대한 출력 $y(t)$는 그림 2-7과 같다.

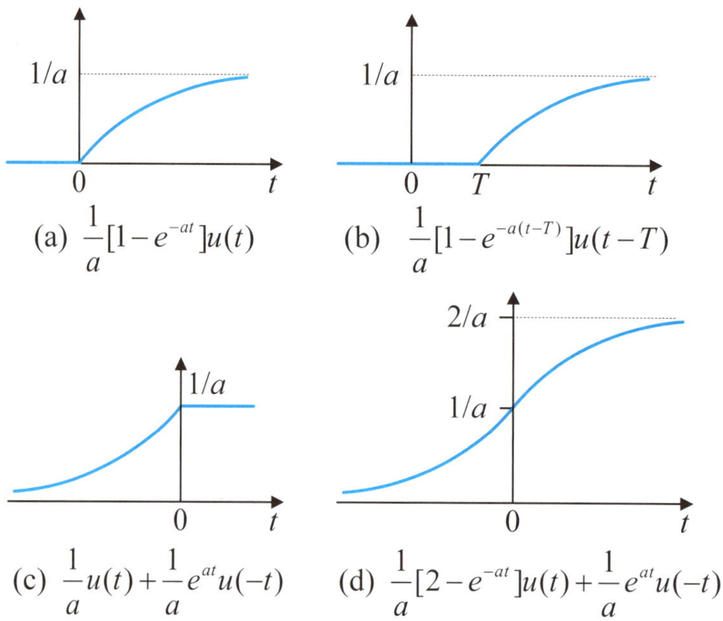

그림 2-7 예제 2-2의 결과

2.1.3 계단 응답

충격응답은 시스템 해석에서 매우 중요하므로 그림 2-8과 같이 시스템을 표현할 때는 미분방정식이나 연산자 $T[\cdot]$ 대신 충격응답으로 나타내는 것이 보통이다. 충격함수는 매우 유용하지만 현실에서는 만들기 어렵다. 따라서 시스템 해석에서는 충격응답 대신으로 계단 응답을 사용하기도 한다. 계단 응답은 그림 2-8과 같이 입력이 계단 함수 $u(t)$일 때의 출력을 말하며 보통 $s(t)$로 표시한다. 즉

$$s(t)=u(t)*h(t)=h(t)*u(t) \tag{2.1-21}$$

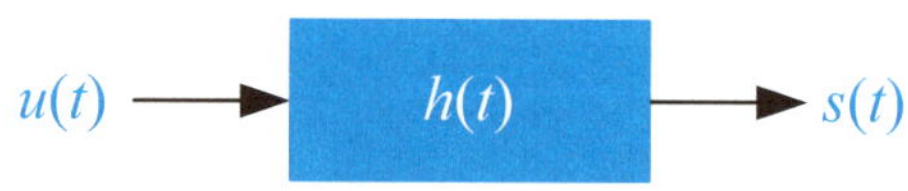

그림 2-8 충격응답을 이용한 시스템 표현

식 (2.1-21)은 식 (2.1-20)을 이용하면

$$s(t)=\int_{-\infty}^{t} h(\tau)d\tau \tag{2.1-22}$$

이다. 따라서 충격 응답은

$$h(t)=\frac{ds(t)}{dt} \tag{2.1-23}$$

와 같이 계단 응답을 미분하여 간접적으로 얻을 수 있는 것이다.

예제 2.3 충격응답이 $h(t)=e^{-at}u(t)$인 LTI 시스템의 계단응답을 구하라

풀이 식 (2.1-22)로부터

$$s(t)=\int_{-\infty}^{t} e^{-a\tau}u(\tau)\,d\tau=\left[\int_{0}^{t} e^{-a\tau}\,d\tau\right]u(t)=-\frac{1}{a}[e^{-at}-1]u(t)$$

2.1.4 주기화

그림 2-9와 같이 함수 $x(t)$와 주기 T의 충격열을 컨벌류션하면

$$x(t)*\tilde{\delta}_T(t)=x(t)*\sum_{k=-\infty}^{\infty}\delta(t-kT)=\sum_{k=-\infty}^{\infty}x(t)*\delta(t-kT) \tag{2.1-24}$$

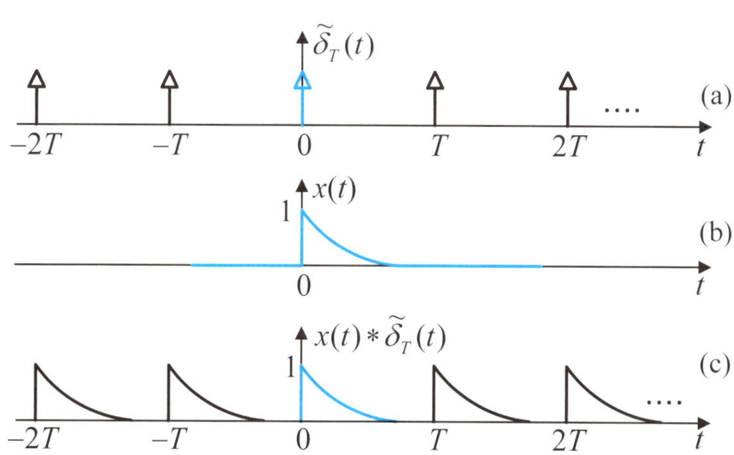

그림 2-9 충격열을 이용한 주기화

식 (2.1-24)에서 $x(t)*\delta(t-kT)=x(t-kT)$를 이용하면

$$x(t)*\tilde{\delta}_T(t)=\sum_{k=-\infty}^{\infty}x(t-kT) \qquad \textbf{(2.1-25)}$$

이며 이는 그림 2-9(c)와 같이 $x(t)$를 주기 T로 반복시킨 주기 함수가 된다. 이와 같이 충격열 함수는 주기 함수를 표현하거나 해석하는 데 편리한 수단을 제공한다.

2.1.5 결합

하나의 시스템으로 원하는 특성을 얻는데 부족할 경우는 여러 개의 시스템을 상호 결합하여 사용하며, 시스템의 상호 결합은 크게 종속 결합과 병렬 결합으로 나눌 수 있다. 종속 결합은 그림 2-10(a)와 같이 한 시스템의 출력이 또 다른 시스템의 입력으로 삼아지는 결합을 말하며 직렬 결합이라 하기도 한다. 이 경우 첫 번째 시스템의 출력 $w(t)$가

$$w(t)=x(t)*h_1(t) \qquad \textbf{(2.1-26)}$$

이므로 이를 입력으로 하는 두 번째 시스템의 출력 $y(t)$는

$$y(t)=w(t)*h_2(t)=[x(t)*h_1(t)]*h_2(t) \qquad \textbf{(2.1-27)}$$

로 주어진다. 위의 식은 컨벌류션의 결합 법칙에 의해

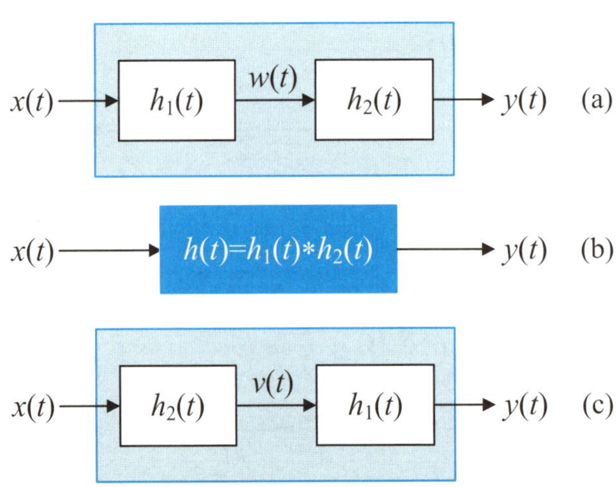

그림 2-10 LTI 시스템의 종속 결합과 등가 시스템

$$y(t) = [x(t) * h_1(t)] * h_2(t) = x(t) * [h_1(t) * h_2(t)] \\ = x(t) * h(t) \tag{2.1-28}$$

이며 여기서

$$h(t) = h_1(t) * h_2(t) \tag{2.1-29}$$

로 주어진다. 따라서 종속 결합에 의한 전체 충격 응답은 각 시스템의 충격 응답을 컨벌류션한 것과 같으며 그림 2-10(b)가 이를 나타낸다. 그리고 식 (2.1-29)로 주어지는 전체 충격 응답은 교환 법칙에 의해

$$h(t) = h_2(t) * h_1(t) \tag{2.1-30}$$

와 같으므로 그림 2-10의 (a)는 (c)와 등가가 된다. 따라서 두 LTI 시스템의 종속 결합은 시스템의 결합 순서를 바꿔도 전체 특성은 변하지 않음을 알 수 있다. 이상의 사실을 N개의 LTI 시스템을 종속 결합한 경우로 확장하면 전체 충격 응답은

$$h(t) = h_1(t) * h_2(t) * \cdots * h_N(t) \tag{2.1-31}$$

와 같으며 시스템의 결합 순서에 대한 경우 수는 모두 $N!$이다.

그림 2-11(a)와 같이 두 시스템이 입력은 같고 각 출력은 합해져 하나의 출력을 형성하도록 결합하는 방법을 병렬 결합이라 한다. 병렬 결합된 시스템의 출력은

$$y(t) = [x(t) * h_1(t)] + [x(t) * h_2(t)] \tag{2.1-32}$$

이므로 컨벌류션의 분배 법칙을 이용하면

$$y(t) = x(t) * [h_1(t) + h_2(t)] = x(t) * h(t) \tag{2.1-33}$$

따라서 병렬 결합의 전체 충격 응답은 그림 2-11(b)가 나타내는 바와 같이

$$h(t) = h_1(t) + h_2(t) \tag{2.1-34}$$

로 각각의 충격 응답을 합한 것과 동일하다. 이를 N개의 LTI 시스템을 병렬 결합한 경우로 확장하면 전체 충격 응답은

$$h(t) = h_1(t) + h_2(t) + \cdots + h_N(t) \tag{2.1-35}$$

로 주어진다.

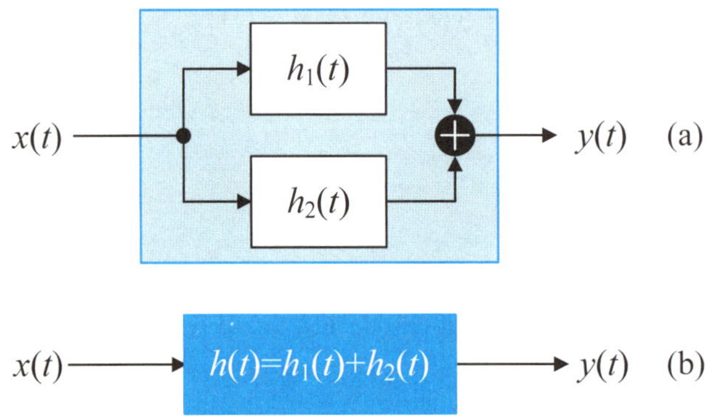

그림 2-11 LTI 시스템의 병렬 결합과 등가 시스템

예제 2.4 그림 2-12와 같이 결합된 LTI 시스템들의 충격 응답이 다음과 같을 때 전체 충격 응답을 구하라.

$$h_1(t) = u(t)$$
$$h_2(t) = -u(t) + u(t+T)$$
$$h_3(t) = \delta(t-T)$$
$$h_4(t) = -e^{-at}u(t)$$

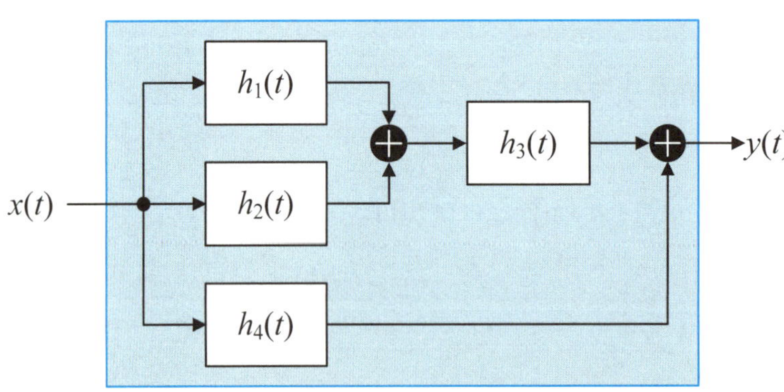

그림 2-12 예제 2-4의 그림

풀이 전체 결합 형태를 관찰하면 $h_1(t)$와 $h_2(t)$ 시스템의 병렬 결합이 $h_3(t)$와 종속 결합되므로 이 세 시스템에 대한 등가 충격 응답은 $(h_1(t)+h_2(t))*h_3(t)$임을 알 수 있다. 그리고 $(h_1(t)+h_2(t))*h_3(t)$ 시스템은 다시 $h_4(t)$와 병렬로 결합되므로 전체 충격 응답 $h(t)$는

$$h(t) = [h_1(t) + h_2(t)] * h_3(t) + h_4(t)$$

따라서 각 시스템의 충격 응답을 위의 식에 대입하여 계산하면

$$h(t) = u(t+T) * \delta(t-T) - e^{-at}u(t) = (1-e^{-at})u(t)$$

2.2 이산 시스템

2.2.1 충격 응답

LTI 이산 시스템의 입력 $x[n]$과 출력 $y[n]$ 관계는 선형 차분방정식인

$$\sum_{k=0}^{N} a_k y[n-k] = \sum_{k=0}^{M} b_k x[n-k] \qquad \textbf{(2.2-1)}$$

로 표현된다. 먼저 그림 2-13과 같이 가장 간단한 1계 차분방정식인

$$y[n] - ay[n-1] = x[n] \qquad \textbf{(2.2-2)}$$

에 대해 생각해 본다. 이 방정식의 충격 응답은

$$y[n] - ay[n-1] = \delta[n] \qquad \textbf{(2.2-3)}$$

으로부터 구해진다. 먼저 초기조건은 $y[-1]=0$으로 하고 $y[0]$을 구해보면

$$y[0] = ay[-1] + \delta[0] = 1 \qquad \textbf{(2.2-4)}$$

다음으로 $n \geq 1$에 대해서는 $\delta[n]=0$이므로

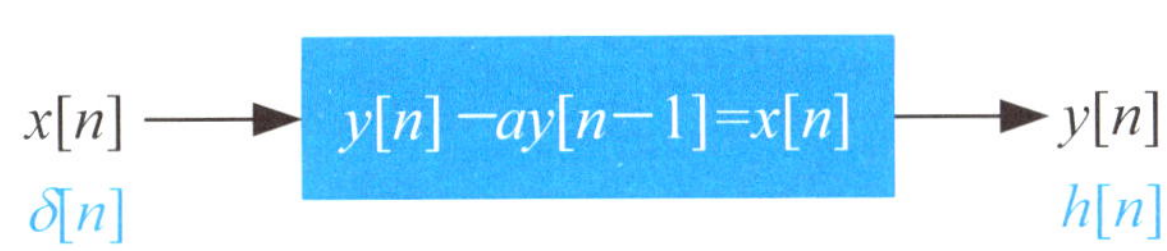

그림 2-13 1계 LTI 이산 시스템

$$y[1] = ay[0] = a$$
$$y[2] = ay[1] = a^2$$
$$\vdots$$
$$y[n] = ay[n-1] = a^n$$

따라서 충격 응답 $y[n]=h[n]$은

$$h[n] = a^n u[n] \tag{2.2-5}$$

로 주어진다. 그림 2-14는 LTI 이산 시스템을 하나의 연산자 $T[\cdot]$로 표현한 것이며 연산자는 독립 변수 n에 대해서만 작용한다. 그리고 LTI 시스템의 시불변성에 의해 임의의 상수 k에 대해

$$T[\delta[n-k]] = h[n-k] \tag{2.2-6}$$

를 만족한다.

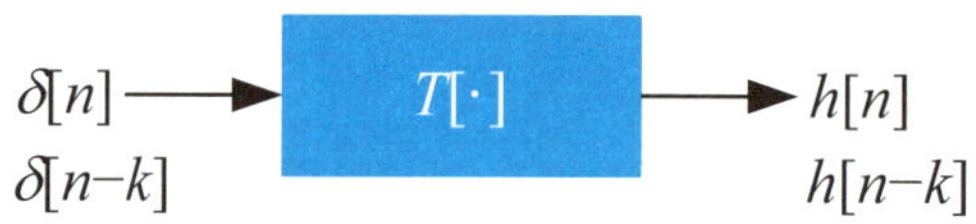

그림 2-14 LTI 이산 시스템의 충격 응답

2.2.2 컨벌류션 합

두 수열 $x[n]$과 $h[n]$의 컨벌류션은 다음과 같이 정의된다.

$$x[n] * h[n] = \sum_{k=-\infty}^{\infty} x[k]h[n-k] \tag{2.2-7}$$

그리고 임의의 수열 $x[n]$은 식 (1.3-14)로부터

$$x[n] = \sum_{k=-\infty}^{\infty} x[k]\delta[n-k] = x[n] * \delta[n] \tag{2.2-8}$$

와 같이 컨벌류션 형태로 표현할 수 있다. 그림 2-14의 시스템에서 임의의 입력 $x[n]$에 대한 출력 $y[n]$은

$$y[n] = T[x[n]] = T\left[\sum_{k=-\infty}^{\infty} x[k]\delta[n-k]\right] \tag{2.2-9}$$

위의 식에서 연산자 $T[\cdot]$는 독립 변수 n에 대해서만 작용하므로

$$y[n] = \sum_{k=-\infty}^{\infty} x[k]T\{\delta[n-k]\} \tag{2.2-10}$$

나아가 LTI 시스템의 시불변성에 의해

$$y[n] = \sum_{k=-\infty}^{\infty} x[k]h[n-k] = x[n]*h[n] \tag{2.2-11}$$

로 표현된다. 식 (2.2-11)의 컨벌류션은 합의 형태이므로 컨벌류션 합이라 한다. 컨벌류션 적분과 마찬가지로 컨벌류션 합도 다음과 같이 교환법칙, 결합법칙, 분배법칙이 성립한다.

$$\begin{aligned} &\text{(i)}\ \ x_1[n]*x_2[n] = x_2[n]*x_1[n] \\ &\text{(ii)}\ \ \{x_1[n]*x_2[n]\}*x_3[n] = x_1[n]*\{x_2[n]*x_3[n]\} \\ &\text{(iii)}\ \ x_1[n]*\{x_2[n]+x_3[n]\} = \{x_1[n]*x_2[n]\}+\{x_1[n]*x_3[n]\} \end{aligned} \tag{2.2-12}$$

인과적인 시스템에서는 입력이 시작되기 전에는 출력이 생성될 수 없다. 따라서 인과적인 시스템의 경우 n=0에서만 존재하는 충격 신호에 대한 충격 응답은

$$h[n] = 0, \quad n < 0 \tag{2.2-13}$$

를 만족하여야 한다. 따라서 LTI 인과 시스템에서는 식 (2.2-11)은

$$y[n] = \sum_{k=-\infty}^{n} x[k]h[n-k] = \sum_{k=0}^{\infty} h[k]x[n-k] \tag{2.2-14}$$

로 수정된다. 컨벌류션 합 역시 적분과 마찬가지로 다음 3단계를 거쳐 수행된다:

1. 신호 $h[k]$를 시간축에서 반전시켜 $h[-k]$를 만든 다음 이를 다시 n만큼 지연시킨 $h[-(k-t)]=h[n-k]$를 만든다. 여기서 n은 하나의 상수로 간주하여야 한다.
2. 두 신호 $x[k]$와 $h[n-k]$를 전구간의 k에 걸쳐 곱한 다음 k에 관해 합함으로써 주어진 n에 대한 $y[n]$을 구한다.

3. 상수로 간주한 n을 $-\infty$에서 ∞에 걸쳐 변화시켜 가면서 모든 n에 대해 위의 단계 1과 2를 반복한다.

예제 2.5 그림 2-15에 주어진 두 신호 $x[n]$과 $h[n]$의 컨벌류션을 구하라. 단 $n_2 > n_1$이다.

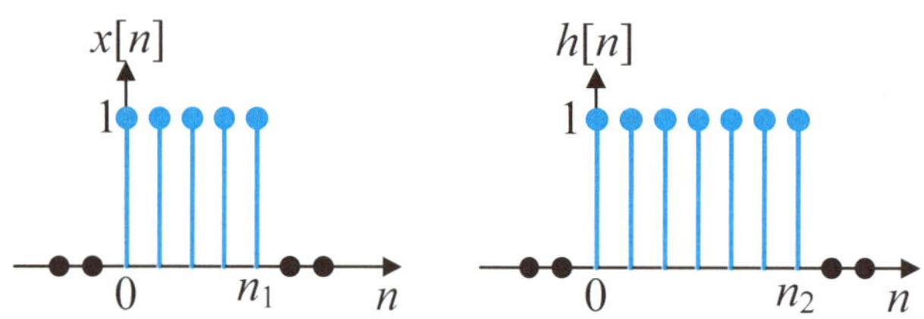

그림 2-15 예제 2.5의 그림

풀이 그림 2-15의 두 수열에 대한 컨벌류션은 그림 2-16의 과정을 거쳐 구할 수 있으며 각 경우에 대한 컨벌류션 합은 다음과 같다.

(a) $n<0$: 겹치는 구간이 없으므로 $x[n]*h[n]=0$이다.

(b) $0 \le n < n_1$: 겹치는 구간이 $0 \le k \le n$이므로

$$x[n]*h[n]=\sum_{k=0}^{n}(1)=n+1$$

(c) $n_1 \le n < n_2$: 겹치는 구간이 $0 \le k \le n_1$이므로

$$x[n]*h[n]=\sum_{k=0}^{n_1}(1)=n_1+1$$

(d) $n_2 \le n < n_1+n_2$: 겹치는 구간이 $n-n_2 \le k \le n_1$이므로

$$x[n]*h[n]=\sum_{k=n-n_2}^{n_1}(1)=n_1+n_2-n+1$$

(e) $n>n_1+n_2$: 겹치는 구간이 없으므로 $x[n]*h[n]=0$이다.

이상의 (a)에서 (e)까지의 결과를 종합하면 $x[n]*h[n]$은 그림 (f)와 같다.

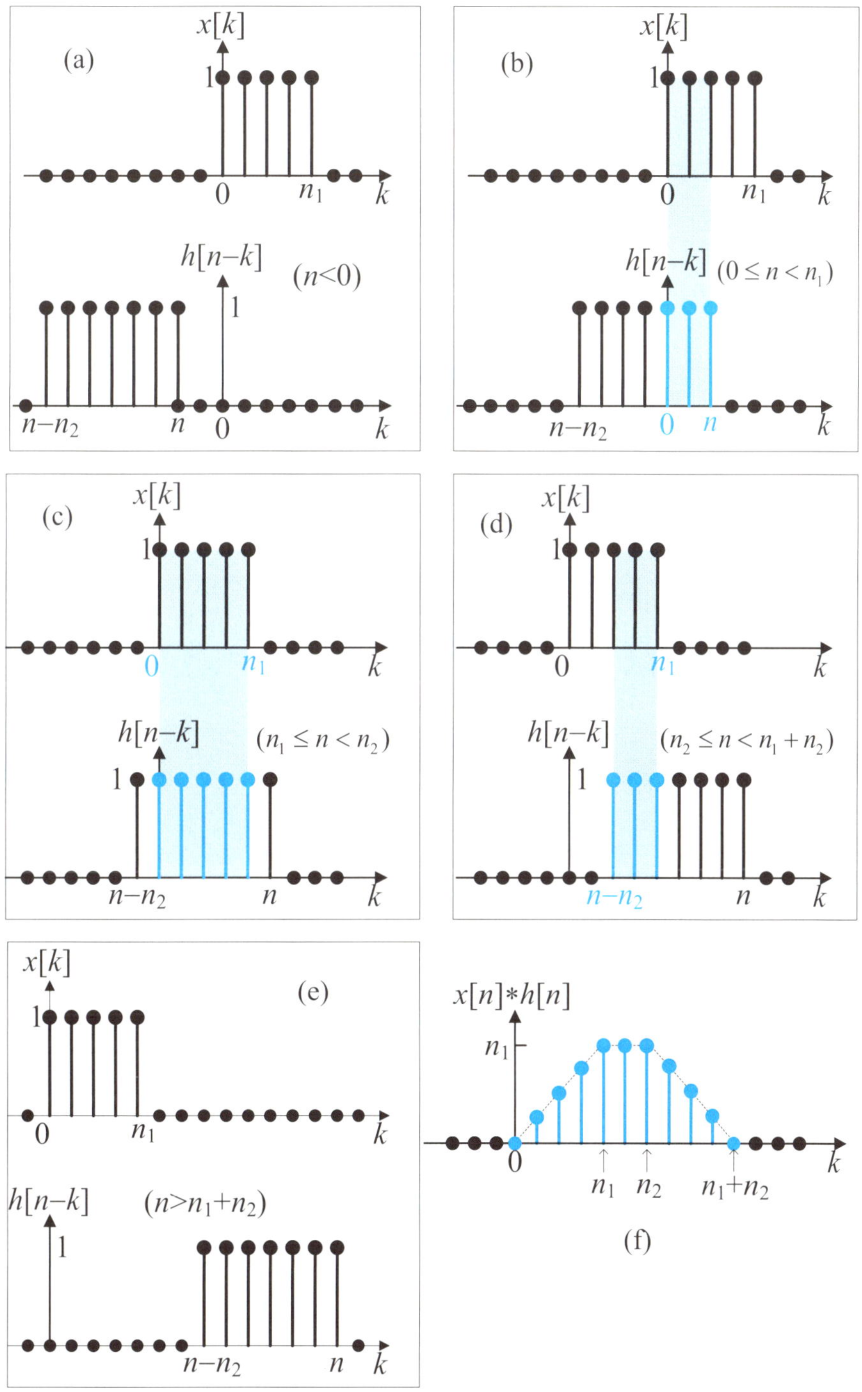

그림 2-16 예제 2.5의 풀이

예제 2.5의 결과로부터 유추할 수 있는 것은 유한한 길이의 두 수열을 컨벌류션하면 전체 길이는 두 수열 길이의 합에서 1을 뺀 것과 같다는 것이다. 즉 그림 2-15에서 수열 $x[n]$의 길이는 $L_x=n_1+1$이며, $h[n]$의 길이는 $L_h=n_2+1$이다. 그림 2-16(f)에서 $x[n]*h[n]$의 길이는 $L=n_1+n_2+1$이며 이는 $L=L_x+L_h-1$을 만족한다. 단위 계단 수열과 임의의 수열 $x[n]$의 컨벌류션은

$$x[n]*u[n]=\sum_{k=-\infty}^{\infty}x[k]u[n-k] \tag{2.2-15}$$

이며

$$u[n-k]=\begin{cases}0, & k>n\\ 1, & k<n\end{cases} \tag{2.2-16}$$

이므로 다음의 누산 관계를 얻을 수 있다.

$$x[n]*u[n]=\sum_{k=-\infty}^{n}x[k] \tag{2.2-17}$$

예제 2.6 다음 컨벌류션 합을 구하라.

$$a^n u[n]*u[n]$$

풀이 등비수열의 합을 이용하면

$$a^n u[n]*u[n]=\sum_{k=-\infty}^{n}a^k u[k]=\left[\sum_{k=0}^{n}a^k\right]u[n]=\frac{1-a^{n+1}}{1-a}u[n]$$

2.2.3 계단 응답

이산 시스템의 계단 응답은 그림 2-17과 같이 입력이 $x[n]=u[n]$일 때 출력 $s[n]$이므로

$$s[n]=u[n]*h[n]=h[n]*u[n] \tag{2.2-18}$$

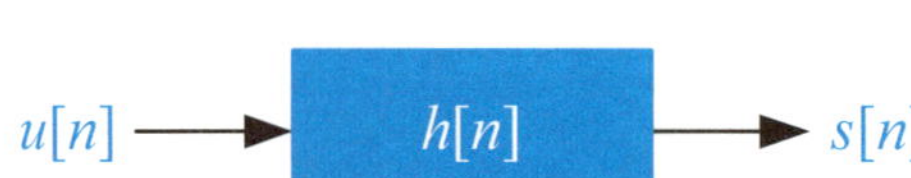

그림 2-17 이산 시스템의 계단 응답

식 (2.2-18)은 식 (2.2-17)을 이용하면

$$s[n] = \sum_{k=-\infty}^{n} h[k] \tag{2.2-19}$$

이며 이로부터 충격 응답은

$$h[n] = s[n] - s[n-1] \tag{2.2-20}$$

즉 충격 응답의 누산이 계단 응답이며 계단 응답의 차분이 충격응답이다.

예제 2.7 계단 응답이 $s[n]=a^n u[n], |a|<1$에 대한 충격 응답을 구하라.

풀이 식 (2.2-20)으로부터

$$\begin{aligned} h[n] &= a^n u[n] - a^{n-1} u[n-1] \\ &= \{a^0 \delta[n] + a^n u[n-1]\} - a^{n-1} u[n-1] \\ &= \delta[n] - (1-a) a^{n-1} u[n-1] \end{aligned}$$

2.2.4 결합

그림 2-18(a)와 같이 한 시스템의 출력이 또 다른 시스템의 입력으로 삼아지는 종속 결합에서 첫 번째 시스템의 출력 $w[n]$이

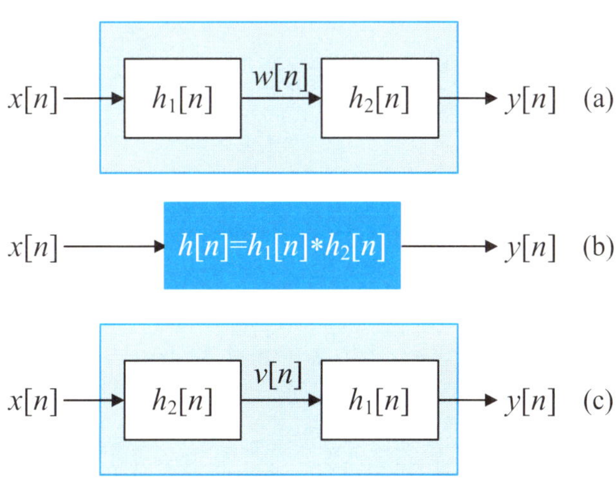

그림 2-18 LTI 이산 시스템의 종속 결합과 등가 시스템

$$w[n] = x[n] * h_1[n] \tag{2.2-21}$$

이므로 이를 입력으로 하는 두 번째 시스템의 출력 $y[n]$은

$$y[n] = w[n] * h_2[n] = \{x[n] * h_1[n]\} * h_2[n] \tag{2.2-22}$$

로 주어진다. 그리고 식 (2.2-12)의 컨벌류션의 결합 법칙에 의해

$$\begin{aligned} y[n] &= \{x[n] * h_1[n]\} * h_2[n] = x[n] * \{h_1[n] * h_2[n]\} \\ &= x[n] * h[n] \end{aligned} \tag{2.2-23}$$

이며 여기서

$$h[n] = h_1[n] * h_2[n] \tag{2.2-24}$$

으로 주어진다. 따라서 종속 결합에 의한 전체 충격 응답은 그림 2-18(b)와 같이 각 시스템의 충격 응답을 컨벌류션한 것과 같다. 그리고 식 (2.2-24)의 전체 충격 응답은 교환 법칙에 의해

$$h[n] = h_2[n] * h_1[n] \tag{2.2-25}$$

과 같으므로 그림 2-18의 (a)는 (c)와 등가가 된다. 따라서 두 LTI 시스템의 종속 결합은 시스템의 결합 순서를 바꿔도 전체 특성은 변하지 않는다. 이상의 사실을 N개의 LTI 시스템을 종속 결합한 경우로 확장하면 전체 충격 응답은

$$h[n] = h_1[n] * h_2[n] * \cdots * h_N[n] \tag{2.2-26}$$

와 같으며 시스템의 결합 순서에 대한 경우 수는 모두 $N!$이다.

그림 2-19(a)와 같이 두 시스템이 입력은 같고 각 출력은 합해져 하나의 출력을 형성하도록 한 **병렬 결합**에서는

$$y[n] = \{x[n] * h_1[n]\} + \{x[n] * h_2[n]\} \tag{2.2-27}$$

이며 분배 법칙에 의해

$$y[n] = x[n] * \{h_1[n] + h_2[n]\} = x[n] * h[n] \tag{2.2-28}$$

이다. 병렬 결합의 전체 충격 응답은 그림 2-19(b)가 나타내는 바와 같이

$$h[n] = h_1[n] + h_2[n] \tag{2.2-29}$$

로 각각의 충격 응답을 합한 것과 동일하다. 이를 N개의 LTI 시스템을 병렬 결합한 경우로 확장하면 전체 충격 응답은

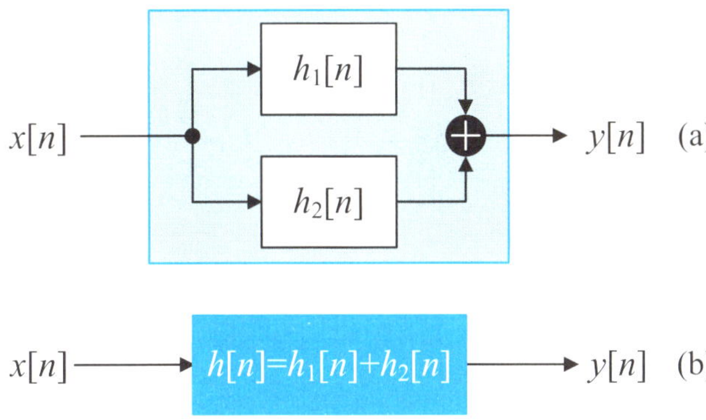

그림 2-19 LTI 이산 시스템의 병렬 결합과 등가 시스템

$$h[n] = h_1[n] + h_2[n] + \cdots + h_N[n] \tag{2.2-30}$$

로 주어진다.

예제 2.8 그림 2-20에서 각 시스템의 충격 응답이 다음과 같을 때 전체 충격 응답을 구하라.

$$h_1[n] = u[n]$$
$$h_2[n] = -u[n] + u[n+N]$$
$$h_3[n] = \delta[n-N]$$
$$h_4[n] = -a^{-n}u[n], \quad |a| > 1$$

풀이 시스템 $h_1[n]$과 $h_2[n]$의 병렬 결합이 $h_3[n]$과 종속 결합되므로 이 세 시스템에 대한 등가 충격 응답은 $(h_1[n]+h_2[n])*h_3[n]$임을 알 수 있다. 그리고 시스템 $(h_1[n]+h_2[n])*h_3[n]$이 다시 $h_4[n]$과 병렬로 결합되므로 전체 충격 응답 $h[n]$은

$$h[n] = \{h_1[n] + h_2[n]\} * h_3[n] + h_4[n]$$

으로 주어진다. 따라서 각 시스템의 충격 응답을 위의 식에 대입하면

$$h[n] = u[n+N] * \delta[n-N] - a^{-n}u[n] = (1-a^{-n})u[n]$$

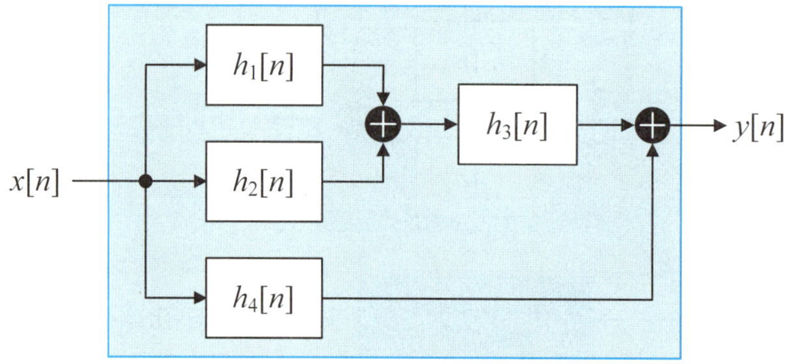

그림 2-20 예제 2.8의 그림

2.3 매트랩

conv(x, h)

수열을 나타내는 벡터 x와 h의 컨벌류션 합을 구해준다.

```
>> h=[1, 2, 1];   % 길이 3
>> x=[−1, 1, 1, −1];   % 길이 4
>> y=conv(x, h)   % 길이 3+4−1=6
y=
   −1   −1   2   2   −1   −1
```

예제 M.1 충격 응답이 $h[n]=(-0.8)^n u[n]$인 시스템의 계단 응답을 구해보자.

```
>> n=0:49;   h=(−0.8).^n;   % 길이 50
>> u=ones(1, 50);   % 길이 50
>> s=conv(u, h);     % 길이 50+50−1=99
>> stem([0:98], s)
```

cumsum(x)

수열을 나타내는 벡터 x의 누산을 구해준다.

```
>> n=1:10;   cumsum(n)
ans =
       1   3   6   10   15   21   28   36   45   55
```

연습 문제

2.1 식 (2.1-15)의 (ii), (iii)를 증명하라.

2.2 다음 각 컨벌류션을 구하라.

(a) $e^{-at}u(t)*e^{-bt}u(t), \quad a \neq b$ (b) $e^{-at}u(t)*e^{-at}u(t)$

(c) $e^{-at}u(t)*e^{at}u(-t), \quad a>0$ (d) $\delta(t-T_1)*\delta(t-T_2)$

(e) $u(t-T_1)*u(t-T_2), \; T_2>T_1>0$ (f) $(\sin\omega_o t)u(t)*(\sin\omega_o t)u(t)$

(g) $[u(t-3)+u(t+2)]*[\delta(t-1)+\delta(t+2)]$

2.3 다음 각 컨벌류션을 구하라.

(a) $e^{-t}u(t)*te^{-2t}u(t)$ (b) $e^{-t}u(t)*te^{-t}u(t)$

(c) $(1-e^{-t})u(t)*u(t)$ (d) $[\delta(t)+e^{-t}u(t)]*e^{-2t}u(t)$

(e) $e^{-at}u(t-1)*e^{-bt}u(t+1), \quad a,b>0$ (f) $e^{-j\omega_o t}u(t)*e^{j\omega_o t}u(t)$

2.4 컨벌류션 적분 $y(t)=x(t)*h(t)$에 대한 다음 성질들을 증명하라

(a) $y(ct)=cx(ct)*h(ct), \quad c>0$ (b) $y(-t)=x(-t)*h(-t)$

(c) $y(t-t_1-t_2)=x(t-t_1)*h(t-t_2)$

2.5 충격 응답이 다음과 같을 때 계단 응답을 구하라.

(a) $h(t)=e^{-at}u(t-1), \quad a>0$ (b) $h(t)=[\sin\omega_o t]u(t)$

(c) $h(t)=[\cos\omega_o t]u(t)$ (d) $h(t)=[\cos\pi t][u(t)-u(t-5)]$

(e) $h(t)=u(t-T_1)-u(t-T_2), \quad T_1<T_2$

(f) $h(t) = \delta(t - T_1) - \delta(t - T_2), \quad T_1 < T_2$

2.6 그림 P2-6에서 각 충격 응답이 다음과 같을 때 전체 충격 응답을 구하라.

$$h_1(t) = e^{-t}u(t), \quad h_2(t) = e^{-t}u(t), \quad h_3(t) = e^{-2t}u(t),$$
$$h_4(t) = \delta(t), \quad h_5(t) = u(t)$$

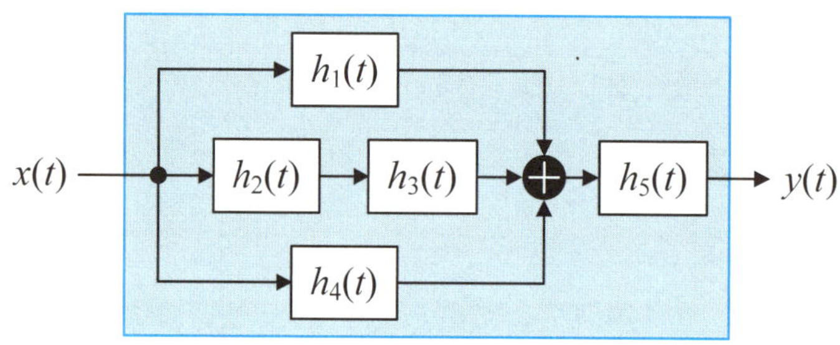

그림 P2-6

2.7 다음의 각 충격 응답을 갖는 시스템의 입력이 주기 3의 충격열

$$x(t) = \sum_{k=-\infty}^{\infty} \delta(t - 3k)$$

일 때 출력의 식을 구하고 파형을 그려라.

(a) $h(t) = u(t) - u(t - T), \quad T = 2, 3, 4.$

(b) $h(t) = \delta(t) - \delta(t - T), \quad T = 2, 3, 4.$

(c) $h(t) = \sin \pi t[u(t) - u(t - T)], \quad T = 2, 3, 4.$

2.8 다음 각 컨벌류션을 구하라.

(a) $a^n u[n] * b^n u[n], \quad a \neq b$

(b) $a^n u[n] * a^n u[n]$

(c) $a^n u[n] * a^{-n} u[-n], \quad |a| < 1$

(d) $\delta[n - N_1] * \delta[n - N_2]$

(e) $u[n - N_1] * u[n - N_2], \quad N_1, N_2 > 0$

(f) $a^n u[n] * \{\delta[n] - \delta[n - 6]\}$

(g) $(1/2)^n u[n] * \{\delta[n] - \delta[n - 1] + (1/4)^n u[n]\}$

2.9 충격 응답 $h[n]$과 입력 $x[n]$이 다음과 같을 때 출력 $y[n]$을 구하라.

(a) $h[n] = u[n - 1], \quad x[n] = \begin{cases} -1, & -5 \le n \le -1, \\ 1, & 0 \le n \le 4. \end{cases}$

(b) $h[n] = u[n - 1], \quad x[n] = u[n + 2] - u[n - 3]$

(c) $h[n] = u[-n], \quad x[n] = u[n - 2] - u[n - 4]$

(d) $h[n] = (1/3)^n u[n], \quad x[n] = \delta[n] + \delta[n - 1] + (1/2)^n u[n]$

(e) $h[n]=(1/3)^n u[n], \quad x[n]=\delta[n]+\delta[n-1]+(1/3)^n u[n]$

(f) $h[n]=a^n u[n], \quad x[n]=\delta[n]-a\delta[n-1]$

(g) $h[n]=a^n u[-n] \quad (a>1), \quad x[n]=u[n]$

(h) $h[n]=a^n u[-n-1] \quad (a>1), \quad x[n]=u[1-n]$

2.10 그림 P2-10에서 각 시스템의 충격 응답은 다음과 같을 때 전체 충격 응답 및 계단 응답을 구하라.

$$h_1[n]=(1/2)^n u[n+1], \quad h_2[n]=\delta[n], \quad h_3[n]=u[n], \quad h_4[n]=(1/3)^n u[n]$$

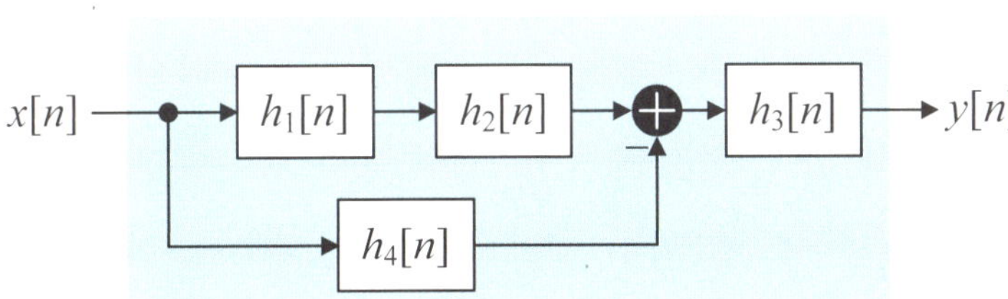

그림 P2-10

2.11 그림 P2-10에서 각 시스템의 충격 응답이 다음과 같을 때 전체 충격 응답 및 계단 응답을 구하라.

$$h_1[n]=(1/3)^n u[n], \quad h_2[n]=\delta[n], \quad h_3[n]=h_4[n]=(1/3)^n u[n]$$

2.12 그림 P2-12에서 각 시스템의 충격 응답이 다음과 같을 때 전체 충격 응답 및 계단 응답을 구하라:

$$h_1[n]=\delta[n]+2\delta[n-6], \quad h_2[n]=\delta[n-1]+\delta[n-6],$$
$$h_3[n]=u[n]-u[n-5], \quad h_4[n]=u[n-1]-u[n-3],$$
$$h_5[n]=\delta[n+1]-\delta[n]$$

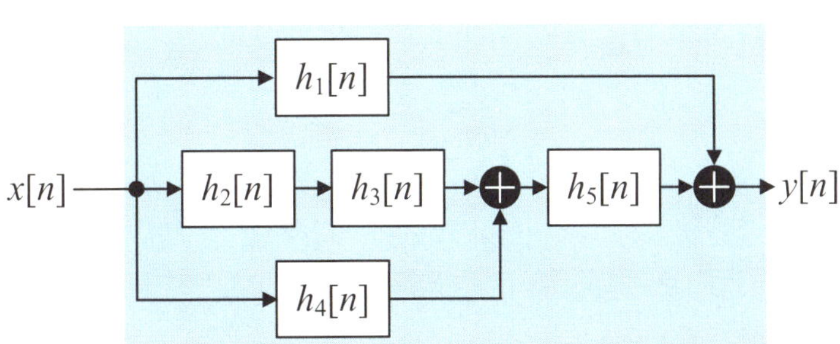

그림 P2-12

2.13 다음의 각 충격 응답을 갖는 시스템의 입력이 주기 4의 충격열

$$x[n]=\sum_{k=-\infty}^{\infty}\delta[n-4k]$$

일 때 출력의 식을 구하고 파형을 그려라.

(a) $h[n]=\delta[n]-\delta[n-1]+2\delta[n-2]$

(b) $h[n]=\delta[n+1]+\delta[n]-\delta[n-1]+2\delta[n-2]$

(c) $h[n]=-\delta[n+1]+\delta[n]+\delta[n-1]-2\delta[n-2]+\delta[n-3]$

(d) $h[n]=\delta[n]-\delta[n-2]+3\delta[n-3]$

3

연속 시스템

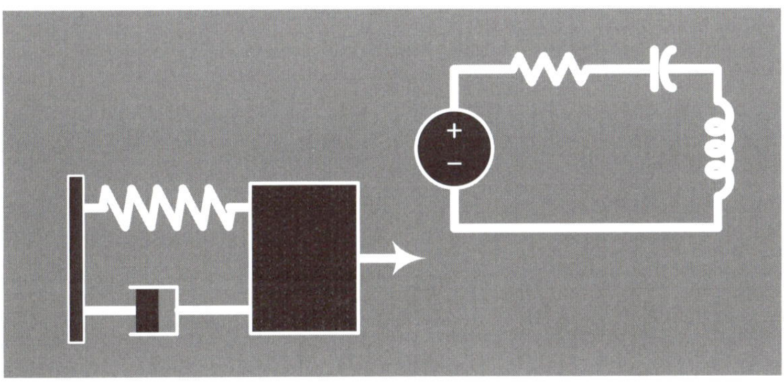

3.1 미분 방정식

3.2 연속 시스템의 응답

3.3 라플라스 변환

3.4 양측 라플라스 변환

3.5 연속 시스템의 결합

3.6 LTI 연속 시스템의 구현

3.7 매트랩

3.1 미분방정식

3.1.1 상계수 선형 미분방정식

연속 LTI 시스템의 경우는 입력 $x(t)$와 출력 $y(t)$의 관계는 상계수 선형 미분방정식으로 표시되며 그 일반적인 형태는

$$\sum_{k=0}^{N} a_k \frac{d^k y(t)}{dt^k} = \sum_{k=0}^{M} b_k \frac{d^k x(t)}{dt^k} \tag{3.1-1}$$

와 같다. 여기서 $\{a_k\}$와 $\{b_k\}$는 모두 일정한 상수이며 N은 출력의 도함수들 중 가장 높은 차수로서 시스템의 차수가 된다. 식 (3.1-1)에서 특수한 입력 $x(t)$, $t \geq 0$에 대한 출력 $y(t)$는 특수해 $y_p(t)$와 보조해 $y_c(t)$의 두 가지의 해를 가진다. 먼저 보조해는 식 (3.1-1)에 대한 제차 방정식인

$$\sum_{k=0}^{N} a_k \frac{d^k y_c(t)}{dt^k} = 0 \tag{3.1-2}$$

를 만족시키는 해이며 이에 대해 가정할 수 있는 해는 e^{st}의 지수 함수이다. 그 이유는 $y_c(t)$를 포함한 그의 도함수들을 선형합한 결과가 모든 t에 대해 항상 0이 되기 위해서는 일단 도함수들의 형태가 같아야 한다는 것이 필요 조건이다. 따라서 지수 함수는

$$\frac{d^k e^{st}}{dt^k} = s^k e^{st} \tag{3.1-3}$$

와 같이 도함수들의 함수 형태가 같으므로 가정할 수 있는 보조해가 된다. 식 (3.3-2)에서 $y_c(t)=e^{st}$를 대입하여 식 (3.3-3)을 이용하면

$$\left[\sum_{k=0}^{N} a_k s^k\right] y_c(t) = 0 \tag{3.1-4}$$

이므로 위의 식이 모든 t에 대해 성립되기 위해서는

$$\sum_{k=0}^{N} a_k s^k = 0 \tag{3.1-5}$$

의 관계를 얻을 수 있으며 이를 특성 방정식이라 한다. 특성 방정식의 근을 특성근이라 하며 이는 바로 가정된 보조해의 지수가 된다. 특히 2계 미분방정식의 경우 특성방정식

$$s^2 + a_1 s + a_0 = 0 \tag{3.1-6}$$

의 특성근 s_1, s_2에 따른 보조해 형태는 다음과 같다.

$$y_c(t) = \begin{cases} K_1 e^{s_1 t} + K_2 e^{s_2 t} & (s_1 \neq s_2) \\ K_1 e^{st} + K_2 t e^{st} & (s_1 = s_2 = s) \\ e^{\alpha t}[K_1 \cos \omega t + K_2 \sin \omega t] & (s = \alpha \pm j\omega) \end{cases} \tag{3.1-7}$$

특히 특성근이 중근인 $s_1=s_2$의 경우는 't-곱하기'를 수행하여 같은 보조해를 서로 다른 형태로 만들어 준다. 예를 들어 3계 상계수 선형 미분방정식의 특성방정식이

$$(s-\lambda)^3 = 0 \tag{3.1-8}$$

인 경우 다음과 같이 같은 함수가 없어질 때까지 't-곱하기'를 수행한다.

$$\begin{aligned} & y_c(t) = K_1 e^{\lambda t} + K_2 e^{\lambda t} + K_3 e^{\lambda t} \\ \xrightarrow{t-\text{곱하기}} \quad & K_1 e^{\lambda t} + K_2 t e^{\lambda t} + K_3 t e^{\lambda t} \\ \xrightarrow{t-\text{곱하기}} \quad & K_1 e^{\lambda t} + K_2 t e^{\lambda t} + K_3 t^2 e^{\lambda t} \end{aligned} \tag{3.1-9}$$

't-곱하기'는 보조해 사이뿐 아니라 보조해와 특수해, 특수해와 특수해 사이에서도 성립한다. 한편 $y(t)$의 특수해인 $y_p(t)$는 식 (3.1-1)의 비제차 방정식을 만족시키는 해이며 이는 특수하게 주어지는 $x(t)$에 의해 결정되므로 특수해라 한다. 1계 상계수 선형 미분방정식인

$$\frac{dy(t)}{dt} + ay(t) = x(t) \tag{3.1-10}$$

의 특수해에 대한 일반식은

$$y_p(t) = e^{-at} \int e^{at} x(t)\, dt \tag{3.1-11}$$

이며 부정적분의 적분상수는 0으로 한다. 그리고 특성 방정식 $s+a=0$에서 특성근이 $s=-a$이므로 보조해는

$$y_c(t) = Ke^{-at} \tag{3.1-12}$$

이상으로 $y(t)$는

$$y(t) = y_p(t) + y_c(t) = e^{-at} \int e^{at} x(t)\,dt + Ke^{-at} \qquad \textbf{(3.1-13)}$$

로 주어지며 이를 완전해 또는 일반해라 한다. 여기서 보조해 $y_c(t)$를 이루는 계수 K는 미지수므로 $y(t)$의 초기 조건에 의해 결정된다.

예제 3.1 연속 시스템의 미분 방정식이

$$\frac{dy(t)}{dt} + ay(t) = x(t), \quad t \ge 0$$

이고 입력이 $x(t)=e^{-bt}$일 때 $t \ge 0$에 대한 출력 $y(t)$의 완전해를 구하라. 단 초기 조건은 $y(0)=Y_0$이다.

풀이 보조해는 $y_c(t)=Ke^{-at}$이며 특수해는 식 (3.1-11)을 이용하면

$$y_p(t) = e^{-at} \int e^{at} x(t)\,dt = e^{-at} \int e^{(a-b)t}\,dt$$

여기서

$$\int e^{(a-b)t}\,dt = \begin{cases} \dfrac{1}{a-b} e^{(a-b)t}, & a \ne b \\ t, \quad a = b \end{cases}$$

이므로 특수해는 다음과 같다.

$$y_p(t) = \begin{cases} \dfrac{1}{a-b} e^{-bt}, & a \ne b \quad \cdots\cdots(\text{i}) \\ te^{at}, \quad a = b & \cdots\cdots\cdots\cdots(\text{ii}) \end{cases}$$

따라서 일반해는

$$y(t) = y_p(t) + y_c(t) = \begin{cases} \dfrac{1}{a-b} e^{-bt} + Ke^{-at} & \cdots\cdots(\text{i}) \\ te^{-at} + Ke^{-at} & \cdots\cdots\cdots\cdots(\text{ii}) \end{cases}$$

미지수 K는 초기조건을 Y_0를 이용하면 식 (i)의 경우는

$$y(0) = \frac{1}{a-b} + K = Y_0 \quad \therefore K = Y_0 - \frac{1}{a-b}$$

식 (ii)의 경우는

$$y(0) = K = Y_0$$

이상으로 완전해는 다음과 같다.

$$y(t) = \begin{cases} \dfrac{1}{a-b}[e^{-bt} - e^{-at}] + Y_0 e^{-at} & \cdots\cdots(\text{i}) \\ te^{-at} + Y_0 e^{-at} & \cdots\cdots\cdots\cdots\cdots\cdots\cdots\cdots(\text{ii}) \end{cases}$$

위의 식 (i)만 따로 살펴보면 다음과 같이 서로 다른 두 성분의 합으로 표시됨을 알 수 있다.

$$y(t) = \underbrace{\frac{1}{a-b}e^{-bt}}_{y_p(t)} + \underbrace{\left[Y_0 - \frac{1}{a-b}\right]e^{-at}}_{y_c(t)}$$

$$= \underbrace{\frac{1}{a-b}[e^{-bt} - e^{-at}]}_{y_{zs}(t)} + \underbrace{Y_0 e^{-at}}_{y_{zi}(t)}$$

첫 번째 등식의 우변 첫 번째 항이 특수해 $y_c(t)$이며 두 번째 항이 보조해 $y_p(t)$이다. 이에 비해 두 번째 등식에서는 우변 첫 번째 항은 초기 조건 Y_0가 0일 때의 출력이므로 영-상태 응답(zero-state response)이라 하여 $y_{zs}(t)$로 표현한다. 그리고 우변 두 번째 항은 입력 $x(t)$가 0일 때의 출력이므로 영-입력 응답(zero-input response)이라 하여 $y_{zi}(t)$로 표현한다. 즉 영-상태응답은 특수해에 보조해의 일부가 포함된 것임을 알 수 있다.

3.1.2 미분연산자법

특수해를 구하는 전형적인 방법이 미정계수법이지만 번거로운 점이 있다. 미분 연산자를 보다 간단한 형태인 $d/dt=p$로 표현하면

$$\frac{dy(t)}{dt} = py(t) \qquad \textbf{(3.1-14)}$$

및

$$p^m p^n y(t) = p^{m+n} y(t) \qquad \textbf{(3.1-15)}$$

이며

$$p^{-1} py(t) = pp^{-1} y(t) = y(t) \qquad \textbf{(3.1-16)}$$

로부터 적분 연산은

$$p^{-1}y(t)=\int y(t)dt \tag{3.1-17}$$

임을 알 수 있다. 나아가 연산자인 p에 변수기능을 부과하기로 약속하면 다음의 상계수 선형 미분방정식

$$\sum_{k=0}^{N}a_k\frac{d^k y(t)}{dt^k}=\sum_{k=0}^{M}b_k\frac{d^k x(t)}{dt^k} \tag{3.1-18}$$

은 입력 $x(t)$와 출력 $y(t)$의 관계가 다음과 같이 간결하게 표현된다.

$$y(t)=\frac{\sum_{k=0}^{M}b_k p^k}{\sum_{k=0}^{N}a_k p^k}x(t)=H(p)x(t) \tag{3.1-19}$$

여기서 분모 분자가 p의 다항식으로 표현되는

$$H(p)=\frac{\sum_{k=0}^{M}b_k p^k}{\sum_{k=0}^{N}a_k p^k}=\frac{N(p)}{D(p)} \tag{3.1-20}$$

를 전달함수라 한다. 특성방정식은

$$D(s)=0 \tag{3.1-21}$$

이며 이로부터 보조해를 쉽게 구할 수 있다. 1계 비제차 미분방정식인

$$y'+ay=x(t) \tag{3.1-22}$$

를 전달함수 형태로 표현히면

$$y=\frac{1}{p+a}x(t) \tag{3.1-23}$$

이며 특수해 및 그 미분연산자 표현은 다음과 같다.

$$y=e^{-at}\int x(t)e^{at}dt=e^{-at}\frac{1}{p}[x(t)e^{at}] \tag{3.1-24}$$

위의 두 식 (3.1-23), (3.1-24)로부터 다음의 중요한 관계식을 얻을 수 있다.

$$\frac{1}{p+a}x(t)=e^{-at}\frac{1}{p}[x(t)e^{at}] \tag{3.1-25}$$

임의의 차수의 분수 다항식을 부분분수로 전개하는 법이 잘 알려져 있다(부록 A참조). 따라서 임의의 전달함수 $H(p)$가 주어지면 부분분수로 전개하여 식 (3-1-25)를 적용할 수 있어 편리하며 이를 미분연산자법이라 한다. 전달함수 $H(p)$의 분모 다항식의 인수가 중근일 경우는 다음 관계를 이용하면 된다.

$$\frac{1}{(p+a)^n}x(t)=e^{-at}\frac{1}{p^n}[x(t)e^{at}] \tag{3.1-26}$$

먼저 n=2일 경우는 다음과 같이 증명된다.

$$\begin{aligned}\frac{1}{(p+a)^2}x(t)&=\frac{1}{p+a}\left(\frac{1}{p+a}x(t)\right)\\&=\frac{1}{p+a}\left(e^{-at}\frac{1}{p}[x(t)e^{at}]\right)\\&=e^{-at}\frac{1}{p}\left(e^{at}e^{-at}\frac{1}{p}[x(t)e^{at}]\right)\\&=e^{-at}\frac{1}{p}\left(\frac{1}{p}[x(t)e^{at}]\right)\\&=e^{-at}\frac{1}{p^2}[x(t)e^{at}]\end{aligned} \tag{3.1-27}$$

이상을 확장하면 식 (3.1-26)이 증명된다. 다음은 자주 만나게 되는 적분을 참고 삼아 모아놓은 것이다.

$$\begin{aligned}&\text{(a)}\quad \int te^{at}dt=\left(\frac{t}{a}-\frac{1}{a^2}\right)e^{at}\\&\text{(b)}\quad \int t^2e^{at}dt=\left(\frac{t^2}{a}-\frac{2t}{a^2}+\frac{2}{a^3}\right)e^{at}\\&\text{(c)}\quad \int t^3e^{at}dt=\left(\frac{t^3}{a}-\frac{3t^2}{a^2}+\frac{6t}{a^3}-\frac{6}{a^4}\right)e^{at}\\&\text{(d)}\quad \int e^{at}\cos bt dt=\frac{(e^{at})'\cos bt-e^{at}(\cos bt)'}{a^2+b^2}\\&\text{(e)}\quad \int e^{at}\sin bt dt=\frac{(e^{at})'\sin bt-e^{at}(\sin bt)'}{a^2+b^2}\end{aligned} \tag{3.1-28}$$

61

다만 미분연산자법으로 해를 구할 경우 특수해 보다는, 특수해에 보조해 일부가 포함된 영상태 응답이 구해지는 경우가 생기기도 한다. 따라서 해를 구한 다음 보조해 성분의 일부가 포함되어 있는지 살펴보고 만일 있다면 그 성분을 빼 주어 마무리 하면 된다.

예제 3.2 다음 각 미분방정식의 특수해를 미분연산자법으로 구하라.

(a) $y''+5y'+6y=x'-x \quad (x=e^{-t})$

(b) $y''+4y'+3y=2x \quad (x=e^{-3t})$

(c) $y''+6y'+9y=x'+2x \quad (x=e^{-3t})$

(d) $y''+3y'+2y=3x'+5x \quad (x=t^2)$

풀이

(a) $$H(p)=\frac{p-1}{p^2+5p+6}=\frac{p-1}{(p+2)(p+3)}=\frac{k_1}{p+2}+\frac{k_2}{p+3}$$

$$k_1=\left.\frac{p-1}{p+3}\right|_{p=-2}=-3, \qquad k_2=\left.\frac{p-1}{p+2}\right|_{p=-3}=4$$

$$\begin{aligned}\therefore y_p &= -\frac{3}{p+2}e^{-t}+\frac{4}{p+3}e^{-t}\\ &= -3e^{-2t}p^{-1}[e^{-t}e^{2t}]+4e^{-3t}p^{-1}[e^{-t}e^{3t}]\\ &= -3e^{-t}+2e^{-t}\\ &= -e^{-t}\end{aligned}$$

(b) $$H(p)=\frac{2}{p^2+4p+3}=\frac{2}{(p+1)(p+3)}=\frac{1}{p+1}-\frac{1}{p+3}$$

$$\begin{aligned}y_p &= \frac{1}{p+1}e^{-3t}-\frac{1}{p+3}e^{-3t}\\ &= e^{-t}p^{-1}[e^{-3t}e^{t}]-e^{-3t}p^{-1}[e^{-3t}e^{3t}]\\ &= e^{-t}p^{-1}[e^{-2t}]-e^{-3t}p^{-1}[1]\\ &= \underbrace{-0.5e^{-3t}}_{\text{보조해의 일부}}-te^{-3t}\end{aligned}$$

$$\therefore y_p = -te^{-3t}$$

(c) $$H(p) = \frac{p+2}{p^2+6p+9} = \frac{p+2}{(p+3)^2} = \frac{k_0}{(p+3)^2} + \frac{k_1}{p+3}$$

$$k_0 = p+2\Big|_{p=-3} = -1, \qquad k_1 = \frac{d}{dp}(p+2)\Big|_{p=-3} = 1$$

$$\begin{aligned} y_p &= \frac{1}{p+3}e^{-3t} - \frac{1}{(p+3)^2}e^{-3t} \\ &= e^{-3t}p^{-1}[e^{-3t}e^{3t}] - e^{-3t}p^{-2}[e^{-3t}e^{3t}] \\ &= e^{-3t}p^{-1}[1] - e^{-3t}p^{-2}[1] \\ &= -0.5t^2e^{-3t} - \underbrace{te^{-3t}}_{\text{보조해의 일부}} \end{aligned}$$

$$\therefore y_p = -0.5t^2e^{-3t}$$

(d) $$H(p) = \frac{3p+5}{p^2+3p+2} = \frac{3p+5}{(p+1)(p+2)} = \frac{k_1}{p+1} + \frac{k_2}{p+2}$$

$$k_1 = \frac{3p+5}{p+2}\Big|_{p=-1} = 2, \qquad k_2 = \frac{3p+5}{p+1}\Big|_{p=-2} = 1$$

$$\begin{aligned} \therefore y_p &= \frac{2}{p+1}t^2 + \frac{1}{p+2}t^2 \\ &= 2e^{-t}p^{-1}[t^2e^t] + e^{-2t}p^{-1}[t^2e^{2t}] \\ &= 2(t^2-2t+2) + \left(\frac{t^2}{2} - \frac{t}{2} + \frac{1}{4}\right) \\ &= 2.5t^2 - 4.5t + 4.25 \end{aligned}$$

부분분수 전개에서 인수가 공액복소수인 경우는

$$H(p)=\frac{N(p)}{(p+\mathbf{a})(p+\mathbf{a}^*)}=\frac{\mathbf{k}}{p+\mathbf{a}}+\frac{\mathbf{k}^*}{p+\mathbf{a}^*} \quad \textbf{(3.1-29)}$$

로 전개되며 **a**와 **r**은 임의의 복소수이다. 따라서 공액복소수의 합은 실수부의 두 배임을 이용하면 $H(p)x$는 다음과 같이 구해진다(x는 실함수).

$$\begin{aligned} H(p)x &= \frac{\mathbf{k}}{p+\mathbf{a}}x+\frac{\mathbf{k}^*}{p+\mathbf{a}^*}x=\frac{\mathbf{k}}{p+\mathbf{a}}x+\left(\frac{\mathbf{k}}{p+\mathbf{a}}x\right)^* \\ &= 2\,\mathrm{Re}\left[\frac{\mathbf{k}}{p+\mathbf{a}}x\right] \end{aligned} \quad \textbf{(3.1-30)}$$

미분연산자법은 다음과 같이 유용한 성질이 몇 가지 있으며 이를 활용하면 더욱 빠르게 해를 구할 수 있다($H(p)=N(p)/D(p)$).

$$\left.\begin{array}{ll} \text{(i)}\ H(p)e^{at}=H(a)e^{at} & (D(a)\neq 0) \\ \text{(ii)}\ H(p^2)\cos(at+b)=H(-a^2)\cos(at+b) & (D(-a^2)\neq 0) \\ \text{(iii)}\ H(p^2)\sin(at+b)=H(-a^2)\sin(at+b) & (D(-a^2)\neq 0) \\ \text{(iv)}\ H(p)[e^{at}f(t)]=e^{at}H(p+a)f(t) & \end{array}\right\} \quad \textbf{(3.1-31)}$$

[증명] 먼저 (i)의 경우는

$$pe^{at}=ae^{at} \quad \textbf{(3.1-32)}$$

로부터 p대신 a를 대입하면 된다. 따라서 $y=[N(p)/D(p)]e^{at}$로부터

$$D(p)y=N(p)e^{at}=N(a)e^{at} \quad \textbf{(3.1-33)}$$

이며 y 역시 ce^{at} 형태이므로

$$D(p)y=D(a)y=N(a)e^{at} \quad \textbf{(3.1-34)}$$

따라서

$$y=\frac{N(a)}{D(a)}e^{at}=H(a)e^{at} \quad \textbf{(3.1-35)}$$

단 $D(a)=0$이면 y가 무한대가 되므로 이 방법을 적용할 수 없다. 그리고 상수 A에 대해서는 $pA=0=0\cdot A$이므로 p대신 0를 대입하면 된다. 즉

$$H(p)A=H(0)A \quad (\text{단 } D(0)\neq 0) \quad \textbf{(3.1-36)}$$

그리고 (ii)와 (iii)의 경우는

$$\left.\begin{aligned} p^2\cos(at+b) &= p[-a\sin(at+b)] = -a^2\cos(at+b) \\ p^2\sin(at+b) &= p[a\cos(at+b)] = -a^2\sin(at+b) \end{aligned}\right\} \quad \textbf{(3.1-37)}$$

로부터 p^2에 $-a^2$을 대입하면 됨을 알 수 있다. 식 (iv)의 경우는 다음과 같이 증명할 수 있다. 먼저

$$p[e^{at}x(t)] = ae^{at}x(t) + e^{at}[px(t)] = e^{at}(p+a)x(t) \quad \textbf{(3.1-38)}$$

로 표현할 수 있으므로 양변을 한번 더 미분하면 다음과 같다.

$$\begin{aligned} p^2[e^{at}x(t)] &= p[e^{at}(p+a)x(t)] \\ &= ae^{at}[(p+a)x(t)] + e^{at}[p(p+a)x(t)] \\ &= e^{at}(p+a)^2x(t) \end{aligned} \quad \textbf{(3.1-39)}$$

이상을 확장하면

$$p^n[e^{at}x(t)] = e^{at}(p+a)^n x(t) \quad \textbf{(3.1-40)}$$

이상을 바탕으로 (iv)를 증명할 수 있다.

예제 3.3 다음 각 미분방정식의 특수해를 미분연산자법으로 구하라.

(a) $y' + 2y = te^{-2t}$ (b) $y' + 2y = t^2e^{-2t}$

(c) $y'' + 2y' + y = e^{-t}$ (d) $y'' + 2y' + y = te^{-t}$

(e) $y'' + 2y' + y = t^2e^{-t}$

풀이 식 (3.1-31)의 성질 (iv)를 이용한다.

(a) $y_p = \dfrac{1}{p+2}te^{-2t} = e^{-2t}\dfrac{1}{p}[t] = \dfrac{1}{2}t^2e^{-2t}$

(b) $y_p = \dfrac{1}{p+2}t^2e^{-2t} = e^{-2t}\dfrac{1}{p}[t^2] = \dfrac{1}{3}t^3e^{-2t}$

(c) $y_p = \dfrac{1}{(p+1)^2}e^{-t} = e^{-t}\dfrac{1}{p^2}[1] = \dfrac{1}{2}t^2e^{-t}$

(d) $y_p = \dfrac{1}{(p+1)^2}te^{-t} = e^{-t}\dfrac{1}{p^2}[t] = \dfrac{1}{6}t^3e^{-t}$

(e) $y_p = \frac{1}{(p+1)^2} t^2 e^{-t} = e^{-t} \frac{1}{p^2}[t^2] = \frac{1}{12} t^4 e^{-t}$

예제 3.4 다음 각 미분방정식의 특수해를 구하라.

(a) $y'' + 5y' + 6y = 2x' + x \quad (x = e^{-t})$

(b) $y'' + 4y' + 3y = 2x \quad (x = \sin 3t)$

(c) $y'' + 3y' + 2y = x \quad (x = e^{-t} \sin t)$

풀이

(a) 식 (3.1-31)의 성질 (i)을 이용한다.

$$y_p = \frac{2p+1}{p^2+5p+6} e^{-t} = \left. \frac{2p+1}{p^2+5p+6} \right|_{p=-1} e^{-t} = -0.5e^{-t}$$

(b) 식 (3.1-31)의 성질 (ii), (iii)을 이용한다.

$$y_p = \frac{2}{p^2+4p+3} \sin 3t = \frac{2}{(-3^2)+4p+3} \sin 3t = \frac{1}{2p-3} \sin 3t$$

마지막 등식의 분모에 p^2항을 만들기 위해 분자 분모에 $(2p+3)$을 곱하면

$$\begin{aligned} \frac{2p+3}{4p^2-9} \sin 3t &= \frac{2p+3}{4(-3^2)-9} \sin 3t \\ &= -\frac{1}{45}(2p+3) \sin 3t \\ &= -\frac{1}{15}(2\cos 3t + \sin 3t) \end{aligned}$$

(c) 식 (3.1-31)의 성질 (ii), (iii), (iv)를 이용한다.

$$y_p = \frac{2}{p^2+3p+2} e^{-t} \sin t = e^{-t} \left[\frac{1}{(p-1)^2 + 3(p-1) + 2} \sin t \right]$$

대괄호 안은

$$\frac{1}{p^2+p}\sin t = \frac{1}{p-1}\sin t = \frac{p+1}{p^2-1}\sin t$$
$$= -\frac{p+1}{2}\sin t = -\frac{1}{2}(\cos t + \sin t)$$

$$\therefore y_p = -0.5e^{-t}(\cos t + \sin t)$$

3.2 연속 시스템의 응답

3.2.1 충격응답과 계단응답

전달함수가 $H(p)$인 연속 시스템의 충격응답은

$$h(t) = H(p)\delta(t) \qquad \textbf{(3.2-1)}$$

로 구할 수 있으며 계단응답은

$$s(t) = H(p)u(t) \qquad \textbf{(3.2-2)}$$

로 구할 수 있다. 다음은 충격응답과 계단응답을 구하는데 필요한 몇 가지 적분들이다.

$$\text{(a)} \int \delta(t)e^{at}dt = u(t)$$
$$\text{(b)} \int u(t)e^{at}dt = \frac{1}{a}[e^{at}-1]u(t) \qquad \textbf{(3.2-3)}$$
$$\text{(c)} \int tu(t)e^{at}dt = \left[\frac{te^{at}}{a} - \frac{e^{at}}{a^2} + \frac{1}{a^2}\right]u(t)$$

위의 식들은 모두 부분적분으로 증명할 수 있으므로 자세한 증명은 생략한다.
전달함수가

$$H(p) = \frac{1}{p+a} \qquad \textbf{(3.2-4)}$$

인 일차 시스템의 충격응답 $h(t)$는 식 (3.2-3)의 (a)로부터

$$h(t) = \frac{1}{p+a}\delta(t) = e^{-at}\frac{1}{p}[\delta(t)e^{at}] = e^{-at}u(t) \tag{3.2-5}$$

이며 그림 3-1의 (a)와 같다. 여기서

$$\tau = 1/a \tag{3.2-6}$$

를 시정수라 한다. 그리고 계단응답 $s(t)$는 식 (3.2-3)의 (b)로부터

$$s(t) = \frac{1}{p+a}u(t) = e^{-at}\frac{1}{p}[u(t)e^{at}] = \frac{1}{a}[1-e^{-at}]u(t) \tag{3.2-7}$$

이며 그림 3-1(b)가 이를 보여준다.

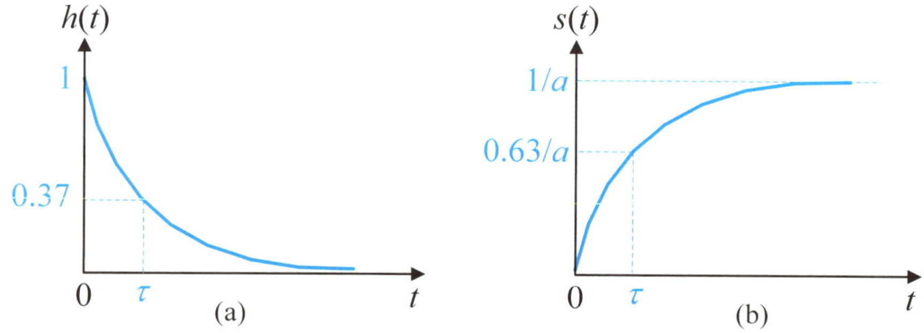

그림 3-1 일차 시스템의 (a) 충격응답 (b) 계단응답

예제 3.5 전달 함수 $H(p)$가 다음과 같은 시스템의 충격응답과 계단응답을 구하라.

(a) $\dfrac{2}{p^2+3p+2}$ (b) $\dfrac{4}{p^2+4p+4}$ (c) $\dfrac{2}{p^2+2p+2}$

풀이

(a) 부분분수로 전개하면

$$\frac{2}{p^3+3p+2} = \frac{2}{p+1} - \frac{2}{p+2}$$

충격응답

$$h(t)=\frac{2}{p+1}\delta(t)-\frac{2}{p+2}\delta(t)=2[e^{-t}-e^{-2t}]u(t)$$

계단응답은

$$s(t)=\frac{2}{p+1}u(t)-\frac{2}{p+2}u(t)=2[1-e^{-t}]u(t)-[1-e^{-2t}]u(t)$$

$$=[1-2e^{-t}+e^{-2t}]u(t)$$

(b) 전달함수가

$$\frac{4}{p^2+4p+4}=\frac{4}{(p+2)^2}$$

이므로 충격응답은

$$h(t)=\frac{4}{(p+2)^2}\delta(t)=4e^{-2t}\frac{1}{p^2}[e^{2t}\delta(t)]$$

여기서 $e^{2t}\delta(t)=\delta(t)$이므로

$$\frac{1}{p^2}[\delta(t)]=\frac{1}{p}u(t)=tu(t)$$

$$\therefore h(t)=4te^{-2t}u(t)$$

다음으로 계단응답은

$$s(t)=\frac{4}{(p+2)^2}u(t)=4e^{-2t}\frac{1}{p^2}[e^{2t}u(t)]$$

여기서

$$\frac{1}{p^2}[e^{2t}u(t)]=\frac{1}{2}\cdot\frac{1}{p}[e^{2t}-1]u(t)=\frac{1}{2}\left[\frac{1}{2}(e^{2t}-1)u(t)-tu(t)\right]$$

$$\therefore s(t)=[1-e^{-2t}-2te^{-2t}]u(t)$$

(c) 전달함수를 부분분수로 전개하면

$$\frac{2}{p^2+2p+2}=\frac{\mathbf{k}}{p+1+j}+\frac{\mathbf{k}^*}{p+1-j}$$

$$\mathbf{k}=\left.\frac{2}{p+1-j}\right|_{p=-1-j}=j$$

충격응답은

$$\frac{j}{p+(1+j)}\delta(t) = je^{-(1+j)t}u(t) = e^{-t}e^{-(jt-\pi/2)}u(t)$$

$$\therefore h(t) = 2\,\mathrm{Re}[e^{-t}e^{-(jt-\pi/2)}u(t)] = 2e^{-t}\cos(t-\pi/2)u(t)$$
$$= 2e^{-t}\sin t\,u(t)$$

계단응답은

$$\frac{j}{p+(1+j)}u(t) = \frac{j}{1+j}[1-e^{-(1+j)t}]u(t)$$

여기서

$$\frac{j}{1+j} = \frac{1+j}{2} = \frac{1}{\sqrt{2}}\angle 45°$$

이로부터

$$\frac{j}{p+(1+j)}u(t) = \left[\frac{j+1}{2} - \frac{1}{\sqrt{2}}e^{-t}e^{-(jt-\pi/4)}\right]u(t)$$

$$\therefore s(t) = 2\,\mathrm{Re}\left[\frac{j+1}{2} - \frac{1}{\sqrt{2}}e^{-t}e^{-(jt-\pi/4)}\right]u(t)$$
$$= [1-\sqrt{2}e^{-t}\cos(t-\pi/4)]u(t)$$

3.2.2 주파수응답

상수계수 선형미분정식에서 비제차 함수가 교류일 때 페이저를 이용하면 특수해를 매우 간단히 구할 수 있다. 즉 $x(t)=A\sin(\omega t+\theta)$에 대한 페이저를 $\mathbf{X}$라 하면

$$x = A\sin(\omega t+\theta) \quad \leftrightarrow \quad \mathbf{X} = A\angle\theta \tag{3.2-8}$$

이며 x의 미분과 그 페이저는

$$px \quad \leftrightarrow \quad j\omega\mathbf{X} \tag{3.2-9}$$

이고 x의 적분과 그 페이저는

$$\frac{x}{p} \quad \leftrightarrow \quad \frac{\mathbf{X}}{j\omega} \tag{3.2-10}$$

이다. 즉 페이저상에서는 미분 연산자 p가 단순히 변수 $j\omega$로 치환되므로 완전한 대수방정식이 된다. 따라서 전달함수 형태인

$$y = H(p)x \tag{3.2-11}$$

에서 x가 교류일 때 x와 y의 페이저를 각각 $\mathbf{X}, \mathbf{Y}$라 하면

$$\mathbf{Y} = \mathbf{H}(j\omega)\mathbf{X} \tag{3.2-12}$$

의 관계로 주어진다.

예제 3.6 다음 미분방정식의 특수해를 구하라.

(a) $y'' + 2y' + y = 2\sin(3t + 10°)$

(b) $y'' + 5y' + 6y = \cos(2t + 30°)$

(c) $y''' + 6y'' + 11y' + 6y = 10\cos t$

풀이

(a) $y = \dfrac{2}{p^2 + 2p + 1}\sin(3t + 10°)$

$x = \sin(3t + 10°) \leftrightarrow \mathbf{X} = 1\angle 10°$

각주파수 ω=3이므로

$$\mathbf{H}(j3) = \left.\frac{2}{p^2 + 2p + 1}\right|_{p=j3} = \frac{2}{-8 + j6} = 0.2\angle -143°$$

$$\mathbf{Y} = \mathbf{H}(j3)\mathbf{X} = (0.2\angle -143°)(1\angle 10°) = 0.2\angle -133°$$

$$\therefore y_p = 0.2\sin(3t - 133°)$$

(b) $y = \dfrac{1}{p^2 + 5p + 6}\cos(2t + 30°)$

$x = \cos(2t + 30°) \leftrightarrow \mathbf{X} = 1\angle 30°$

각주파수 ω=2이므로

$$\mathbf{H}(j2) = \left.\frac{1}{p^2 + 5p + 6}\right|_{p=j2} = \frac{1}{-2 + j10} = 0.098\angle -101.3°$$

$$\mathbf{Y} = \mathbf{H}(j2)\mathbf{X} = (0.098\angle -101.3°)(1\angle 30°) = 0.098\angle -71.3°$$

$$\therefore y_p = 0.098\cos(2t - 71.3°)$$

(c) $$y = \frac{10}{p^3 + 6p^2 + 11p + 6}\cos t$$

$$x = \cos t \leftrightarrow \mathbf{X} = 1\angle 0° = 1$$

각주파수 ω=1이므로

$$\mathbf{H}(j) = \left.\frac{10}{p^3 + 6p^2 + 11p + 6}\right|_{p=j} = \frac{10}{j10} = 1\angle -90°$$

$$\mathbf{Y} = \mathbf{H}(j)\mathbf{X} = (1\angle -90°)(1\angle 0°) = 1\angle -90°$$

$$\therefore y_p = \cos(t - 90°) = \sin t$$

식 (3.2-12)에서 $\mathbf{H}(j\omega)$는 복소수이므로

$$\mathbf{H}(i\omega) = |\mathbf{H}(j\omega)|\angle \arg(\mathbf{H}(j\omega)) \tag{3.2-13}$$

로 표현하고

$$x = A\sin(\omega t + \theta), \quad \mathbf{X} = A\angle\theta \tag{3.2-14}$$

로 하면

$$\begin{aligned} \mathbf{Y} &= |\mathbf{H}(j\omega)|\angle \arg(\mathbf{H}(j\omega)) \times A\angle\theta \\ &= A|\mathbf{H}(j\omega)|\angle(\theta + \arg(\mathbf{H}(j\omega))) \end{aligned} \tag{3.2-15}$$

따라서 구하고자 하는 교류 y는 다음과 같이 표현된다.

$$y = A|\mathbf{H}(j\omega)|\sin[\omega t + \theta + \arg(\mathbf{H}(j\omega))] \tag{3.2-16}$$

출력의 진폭은 입력에 비해 $|\mathbf{H}(j\omega)|$ 배로 증가하고 출력 위상은 입력에 비해 $\arg(\mathbf{H}(j\omega))$만큼 앞선다. 따라서 $|\mathbf{H}(j\omega)|$, $\arg(\mathbf{H}(j\omega))$를 각각 시스템의 크기 응답 및 위상 응답이라 하며 $\mathbf{H}(j\omega)$를 주파수 응답이라 한다. 주파수 응답은 시간 응답과 함께 신호 및 시스템 해석에서 양대 줄기를 이루는 매우 중요한 내용이다.

3.3 라플라스 변환

3.3.1 정의

함수 $x(t)$가 $t \geq 0$에서 정의된 함수라 할 때 이 함수의 라플라스 변환 $X(s)$는 다음과 같이 정의된다.

$$\mathfrak{L}[x(t)] = X(s) \equiv \int_0^\infty x(t)e^{-st}dt \tag{3.3-1}$$

여기서 s는 사상공간에서의 독립변수이며 Re[s]<0이다. $X(s)$는 $x(t)$의 라플라스 변환이고 $x(t)$는 $X(s)$의 라플라스 역변환이며

$$x(t) = \mathfrak{L}^{-1}[X(s)] \tag{3.3-2}$$

로 나타낸다. 라플라스 역변환은 부분분수 전개를 이용한다. 라플라스 변환과 역변환을 합쳐 변환쌍이라 하며 다음과 같이 표시한다.

$$x(t) \xleftrightarrow{\mathfrak{L}} X(s) \tag{3.3-3}$$

라플라스 변환에서 유의할 점은 시간함수 $x(t)$는 $t \geq 0$에서 정의되므로 엄밀히 하자면 $x(t)u(t)$의 라플라스 변환인 것이다. 특히 $x(t)u(t)$가 $t=0$에서 불연속일 경우는 라플라스 변환의 적분 하한을 0 대신 0^-로 한다. 다음은 기본적인 함수들의 라플라스 변환쌍이다.

$$\begin{aligned}
&\text{(a)} \quad \delta(t) \xleftrightarrow{\mathfrak{L}} 1 \\
&\text{(b)} \quad u(t) \xleftrightarrow{\mathfrak{L}} \frac{1}{s} \\
&\text{(c)} \quad e^{-at}u(t) \xleftrightarrow{\mathfrak{L}} \frac{1}{s+a} \\
&\text{(d)} \quad \begin{cases} \cos \omega t u(t) \xleftrightarrow{\mathfrak{L}} \dfrac{s}{s^2+\omega^2} \\ \sin \omega t u(t) \xleftrightarrow{\mathfrak{L}} \dfrac{\omega}{s^2+\omega^2} \end{cases} \\
&\text{(e)} \quad t^n u(t) \xleftrightarrow{\mathfrak{L}} \frac{n!}{s^{n+1}}
\end{aligned} \tag{3.3-4}$$

3.3.2 라플라스 변환의 성질

라프라스 변환은 선형적인 연산자이므로 두 함수의 선형합의 라플라스 변환은 각 함수의 라플라스 변환의 선형합과 같다. 즉

$$a_1x_1(t)+a_2x_2(t)\stackrel{\mathfrak{L}}{\longleftrightarrow}a_1X_1(s)+a_2X_2(s) \tag{3.3-5}$$

라플라스 변환의 특징은 쌍대성(雙對性, duality)이다. 쌍대성이란 t-영역과 s-영역에서 일어나는 현상을 맞바꾸어도 성립한다는 것이다. 라플라스 변환은 쌍대성을 바탕으로 다음과 같은 중요한 성질들이 있다(라플라스 변환에 대한 각 증명은 부록 B 참조).

성질 1 컨벌류션

$$x_1(t)*x_2(t)\stackrel{\mathfrak{L}}{\longleftrightarrow}X_1(s)\cdot X_2(s) \tag{3.3-6}$$

이 성질은 시스템의 응답을 구하는데 매우 편리하다. 충격응답이 $h(t)$인 시스템의 입력이 $x(t)$이고 출력이 $y(t)$일 때 라플라스 변환 $X(s)$와 $Y(s)$의 관계는

$$y(t)=h(t)*x(t)\stackrel{\mathfrak{L}}{\longleftrightarrow}Y(s)=H(s)X(s) \tag{3.3-7}$$

이므로 출력 $y(t)$는

$$y(t)=\mathfrak{L}^{-1}[H(s)X(s)] \tag{3.3-8}$$

이며 이는 부분분수 전개로 간단히 구할 수 있다. 그리고 입력과 출력의 비

$$H(s)=\frac{Y(s)}{X(s)}=\mathfrak{L}[h(t)] \tag{3.3-9}$$

는 전달함수가 되며 이것이 곧 충격응답의 라플라스 변환임을 알 수 있다.

성질 2 이동

$$\begin{aligned}&\text{(a)} \quad e^{\pm at}x(t)u(t)\stackrel{\mathfrak{L}}{\longleftrightarrow}X(s\mp a)\\&\text{(b)} \quad x(t\pm a)u(t\pm a)\stackrel{\mathfrak{L}}{\longleftrightarrow}e^{\pm as}X(s)\end{aligned} \tag{3.3-10}$$

성질 (a)를 이용하면 식 (3.3-4)의 (d)와 (e)로부터 다음을 유도할 수 있다.

$$\text{(a)} \begin{cases} e^{-at}\sin\omega t u(t) \overset{\mathcal{L}}{\longleftrightarrow} \dfrac{\omega}{(s+a)^2+\omega^2} \\ e^{-at}\cos\omega t u(t) \overset{\mathcal{L}}{\longleftrightarrow} \dfrac{s+a}{(s+a)^2+\omega^2} \end{cases} \tag{3.3-11}$$

$$\text{(b)}\ e^{-at}t^n u(t) \overset{\mathcal{L}}{\longleftrightarrow} \frac{n!}{(s+a)^{n+1}}$$

성질 3 **미분**

$$\text{(a)}\quad \frac{d^n x(t)}{dt^n} \overset{\mathcal{L}}{\longleftrightarrow} s^n X(s) \underline{- s^{n-1}x(0) - \cdots - x^{(n-1)}(0)} \tag{3.3-12}$$

$$\text{(b)}\ \underline{(-1)^n} t^n x(t) \overset{\mathcal{L}}{\longleftrightarrow} \frac{d^n X(s)}{ds^n}$$

식 (a)는 미분방정식을 단순한 대수 방정식으로 바꿔주는 중요한 성질이다. 특히 밑줄 친 부분의 초기조건 항에 의해 완전해가 구해진다. 그리고 식 (b)의 성질에 의한 결과가 바로 식 (3.3-4)의 (e)임을 알 수 있다.

전달함수 $H(s)$는 시스템을 묘사하는 미분방정식으로부터 구할 수 있으며 여기에는 식 (3.3-12) (a)가 결정적인 역할을 한다. 즉 시간영역상에서

$$y(t) = H(p)x(t) = \frac{N(p)}{D(p)}x(t) \tag{3.3-13}$$

이므로 양변에 $D(p)$를 곱하면

$$D(p)y(t) = N(p)x(t) \tag{3.3-14}$$

전달함수 $H(s)$를 구하기 위해서는 위 식의 양변에 라플라스 변환을 취하되 $x(t)$와 $y(t)$의 모든 도함수들의 초기조건은 0으로 한다. 즉

$$p^k y(t) \overset{\mathcal{L}}{\longleftrightarrow} s^k Y(s), \quad p^k x(t) \overset{\mathcal{L}}{\longleftrightarrow} s^k X(s) \tag{3.3-15}$$

위의 식을 바탕으로 식 (3.3-14)의 양변에 라플라스 변환을 취하면

$$D(s)Y(s) = N(s)X(s) \tag{3.3-16}$$

이므로 전달함수 $H(s)=Y(s)/X(s)$는

$$H(s) = \frac{N(s)}{D(s)} \tag{3.3-17}$$

그리고 식 (3.3-9)로부터 $H(s)$는 $h(t)$의 라플라스 변환임을 고려하면 시스템의 미분방정식과 충격응답 및 전달함수의 관계는 다음과 같다.

$$H(s) = \frac{N(s)}{D(s)} = \mathfrak{L}[h(t)] \tag{3.3-18}$$

위 식은 시스템 해석에서 가장 중요한 개념이다.

성질 4 적분

$$\begin{aligned} &\text{(a)} \quad \int_0^t x(\tau)d\tau \overset{\mathfrak{L}}{\longleftrightarrow} \frac{X(s)}{s} \\ &\text{(b)} \quad \frac{x(t)}{t} \overset{\mathfrak{L}}{\longleftrightarrow} \int_s^\infty X(\lambda)d\lambda \end{aligned} \tag{3.3-19}$$

입력이 $x(t)=\delta(t)$인 경우 $X(s)=1$이므로 충격응답은

$$y(t) = \mathfrak{L}^{-1}[H(s)\cdot 1] = h(t) \tag{3.3-20}$$

또한 $x(t)=u(t)$ 즉 $X(s)=1/s$인 경우의 계단응답은

$$y(t) = \mathfrak{L}^{-1}\left[\frac{H(s)}{s}\right] = s(t) \tag{3.3-21}$$

이상으로 충격응답과 계단응답의 관계는 다음과 같다.

$$h(t) \overset{\mathfrak{L}}{\longleftrightarrow} H(s), \quad s(t) \overset{\mathfrak{L}}{\longleftrightarrow} \frac{H(s)}{s}$$

따라서 식 (3.3-19) (a)의 성질에 의해 충격응답과 계단응답의 관계는 다음과 같은 중요한 관계가 있다.

$$s(t) = \int_0^t h(\tau)d\tau \tag{3.3-22}$$

또는

$$h(t) = \frac{ds(t)}{dt} \tag{3.3-23}$$

예제 3.7 다음 미분방정식의 완전해를 라플라스 변환으로 구하라.

$$\frac{dy(t)}{dt}+ay(t)=e^{-bt}u(t),\quad y(0)=Y_0$$

풀이 양변에 라플라스 변환을 취하면 식 (3.3-12)의 (a) 성질에 의해

$$sY(s)-Y_0+aY(s)=\frac{1}{s+b}$$

$$Y(s)=\underbrace{\frac{1}{(s+a)(s+b)}}_{Y_{zs}(s)}+\underbrace{\frac{Y_0}{s+a}}_{Y_{zi}(s)}$$

(i) $b\neq a$;

$$\frac{1}{(s+a)(s+b)}=\frac{k_1}{s+a}+\frac{k_2}{s+b}$$

$$\begin{cases} k_1=\left.\dfrac{1}{s+b}\right|_{s=-a}=\dfrac{1}{b-a} \\ k_2=\left.\dfrac{1}{s+a}\right|_{s=-b}=\dfrac{1}{a-b} \end{cases}$$

$$\therefore Y(s)=\left(\frac{1}{b-a}\right)\frac{1}{s+a}-\left(\frac{1}{b-a}\right)\frac{1}{s+b}+\frac{Y_0}{s+a}$$

역변환을 구하면

$$y(t)=\underbrace{\frac{1}{b-a}[e^{-at}u(t)-e^{-bt}u(t)]}_{y_{zs}(t)}+\underbrace{Y_0e^{-at}u(t)}_{y_{zi}(t)}$$

$$=\underbrace{-\left(\frac{1}{b-a}\right)e^{-bt}u(t)}_{y_p(t)}+\underbrace{\left(\frac{1}{b-a}+Y_0\right)e^{-at}u(t)}_{y_c(t)}$$

(ii) $b=a$;

$$Y(s)=\frac{1}{(s+a)^2}+\frac{Y_0}{s+a}$$

$$\therefore y(t)=\underbrace{te^{-at}u(t)}_{y_{zs}(t)=y_p(t)}+\underbrace{Y_0e^{-at}u(t)}_{y_{zi}(t)=y_c(t)}$$

77

예제 3.8 다음 2계 미분방정식의 해에 대한 라플라스 변환을 구하라.

$$\begin{cases} \dfrac{d^2y(t)}{dt^2}+a\dfrac{dy(t)}{dt}+by(t)=x(t)u(t) \\ y(0)=Y_0, \quad y'(0)=Y_1 \end{cases}$$

풀이 양변에 라플라스 변환을 취하면 식 (3.3-12)의 (a) 성질에 의해

$$s^2Y(s)-sy(0)-y'(0)+a[sY(s)-y(0)]+bY(s)=X(s)$$

$Y(s)$에 대해 정리하면

$$Y(s)=\underbrace{\frac{X(s)}{s^2+as+b}}_{Y_{zs}(s)}+\underbrace{\frac{(s+a)Y_0+Y_1}{s^2+as+b}}_{Y_{zi}(s)}$$

위의 식을 적절한 부분분수로 전개하기만 하면 완전해를 손쉽게 구할 수 있는 것이다.

예제 3.9 다음 함수에 대한 라플라스 변환을 구하라.

(a) $te^{-at}\sin\omega t u(t)$ (b) $te^{-at}\cos\omega t u(t)$

풀이 식 (3.3-11) (a)로부터

$$e^{-at}\sin\omega t u(t)\overset{\mathcal{L}}{\longleftrightarrow}\frac{\omega}{(s+a)^2+\omega^2}$$

$$e^{-at}\cos\omega t u(t)\overset{\mathcal{L}}{\longleftrightarrow}\frac{s+a}{(s+a)^2+\omega^2}$$

여기서 식 (3.3-12) (b)의 성질을 이용하면

$$te^{-at}\sin\omega t u(t)\overset{\mathcal{L}}{\longleftrightarrow}-\frac{d}{ds}\frac{\omega}{(s+a)^2+\omega^2}=\frac{\omega}{[(s+a)^2+\omega^2]^2}$$

$$te^{-at}\cos\omega t u(t)\overset{\mathcal{L}}{\longleftrightarrow}-\frac{d}{ds}\frac{s+a}{(s+a)^2+\omega^2}=\frac{(s+a)^2-\omega^2}{[(s+a)^2+\omega^2]^2}$$

3.4 양측 라플라스 변환

그림 3.2(a)처럼 임의의 유한한 시각($t=t_o$)에서 미래($t=\infty$)로 순리적으로 전개되는 신호를 간단히 RSS(right-sided signal)이라 하며 특히 $t_o \geq 0$인 경우는 인과적 신호라 한다. 이와 반대로 그림 (b)처럼 임의의 시각($t=t_o$)에서 과거($t=-\infty$)로 거슬러가는 신호를 LSS(left-sided signal)이라 하며 특히 $t_o \leq 0$인 경우를 반인과적 신호라 부른다. 그리고 RSS와 LSS를 합한 그림 (c)의 경우를 TSS(two-sided signal)이라 한다. RSS와 LSS는 계단 함수를 이용하여 구별할 수 있다. 즉 $t_o=0$인 보편적인 경우 그림 (a)는 $x(t)u(t)$로, 그림 (b)는 $x(t)u(-t)$로 표현할 수 있다. 앞의 3.3절에서 설명한 라플라스 변환은 바로 RSS인 $x(t)u(t)$만의 라플라스 변환인 것이다. 이 절에서는 LSS인 $x(t)u(-t)$의 라플라스 변환에 대해서도 알아본다. RSS만의 라플라스 변환이나 LSS만의 라플라스 변환을 단측 라플라스 변환이라 하고 이 둘의 합인 TSS의 라플라스 변환은 양측 라플라스 변환이라 부른다. 즉 양측 라플라스 변환은

$$\mathfrak{L}[x(t)] = \int_{-\infty}^{\infty} x(t)e^{-st}dt \quad \text{(TSS)} \tag{3.4-1}$$

와 같이 정의되며 단측 라플라스 변환은 다음과 같이 정의된다.

$$\begin{aligned} &\text{(a)}\ \ \mathfrak{L}[x(t)u(t)] = \int_{0}^{\infty} x(t)e^{-st}dt \quad \text{(RSS)} \\ &\text{(b)}\ \ \mathfrak{L}[x(t)u(-t)] = \int_{-\infty}^{0} x(t)e^{-st}dt \quad \text{(LSS)} \end{aligned} \tag{3.4-2}$$

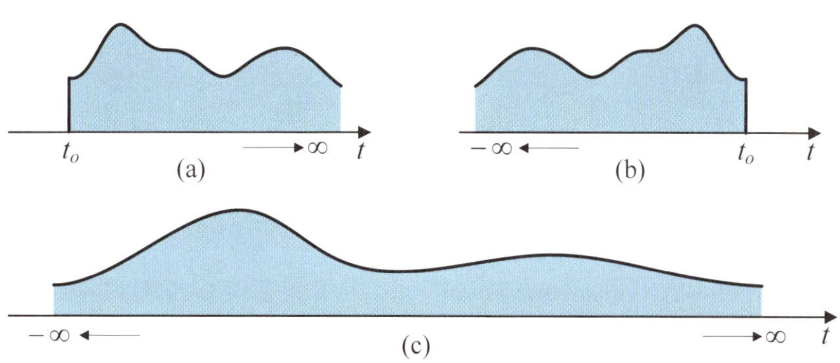

그림 3-2 신호의 종류: (a) RSS (b) LSS (c) TSS

3.4.1 수렴영역

라플라스 변환이 존재하기 위한 s의 범위를 수렴영역이라 하며 간단히 ROC(region of convergence)로 나타낸다. 예를 들어 RSS인 $e^{-at}u(t)$의 라플라스 변환은

$$\mathcal{L}[e^{-at}u(t)] = \int_0^{\infty} e^{-at}e^{-st}dt = \int_0^{\infty} e^{-(s+a)t}dt \tag{3.4-3}$$

이며 이 적분이 존재하기 위한 ROC는 다음과 같음을 알 수 있다.

$$\text{Re}[s+a] > 0 \tag{3.4-4}$$

만일 a가 실수라면

$$\text{Re}[s] > -a \tag{3.4-5}$$

즉 $e^{-at}u(t)$의 라플라스 변환과 ROC는 다음과 같다

$$e^{-at}u(t) \overset{\mathcal{L}}{\longleftrightarrow} \frac{1}{s+a}, \quad \text{ROC}: \text{Re}[s] > -a \tag{3.4-6}$$

다음으로 LSS의 한 예인 $-e^{-at}u(-t)$의 라플라스 변환을 구해보면

$$\mathcal{L}[-e^{-at}u(-t)] = -\int_{-\infty}^{0} e^{-at}e^{-st}dt = -\int_{-\infty}^{0} e^{-(s+a)t}dt = \frac{1}{s+a} \tag{3.4-7}$$

이며 ROC는 다음과 같다.

$$\text{Re}[s+a] < 0 \tag{3.4-8}$$

또는 실수 a에 대해

$$\text{Re}[s] < -a \tag{3.4-9}$$

즉 $-e^{-at}u(-t)$의 라플라스 변환과 ROC는 다음과 같다.

$$-e^{-at}u(-t) \overset{\mathcal{L}}{\longleftrightarrow} \frac{1}{s+a}, \quad \text{ROC}: \text{Re}[s] < -a \tag{3.4-10}$$

이상으로 식 (3.4-6)과 (3.4-10)으로부터 한 가지 라플라스 변환에 대해 두 가지의 역변환이 존재함을 알 수 있다. 따라서 이 두 가지를 구분하기 위해서는 반드시 ROC가 라플라스 변환에 명시되어 있어야 한다. 우리가 기억하는 것은 RSS의 라플라스 변환이다. 그리고 LSS에 대한 라플라스 변환은 따로

기억할 필요 없이 RSS의 라플라스 변환을 이용하여 구할 수 있다. 즉

$$\mathfrak{L}[x(t)u(-t)] = \int_{-\infty}^{0} x(t)e^{-st}dt \tag{3.4-11}$$

에서 $\tau=-t$로 치환하면

$$\mathfrak{L}[x(t)u(-t)] = \int_{0}^{\infty} x(-\tau)e^{s\tau}d\tau \tag{3.4-12}$$

이므로 이를 RSS의 라플라스 변환인

$$\mathfrak{L}[x(t)u(t)] = \int_{0}^{\infty} x(t)e^{-st}dt \tag{3.4-13}$$

와 비교해보면 다음과 같은 중요한 관계를 얻을 수 있다.

$$\mathfrak{L}[x(t)u(-t)] = \mathfrak{L}[x(-t)u(t)]\big|_{s\to -s} \tag{3.4-14}$$

앞으로는 연산자 "$\mathfrak{L}$"는 RSS에 대한 단측 라플라스 변환만 나타내는 것으로 하며 LSS에 대한 변환은 식 (3.4-14)를 이용하여 구한다. 즉

$$x(t)u(-t) \xleftrightarrow{\mathfrak{L}} \mathfrak{L}[x(-t)u(t)]\big|_{s\to -s} \tag{3.4-15}$$

예제 3.10 다음의 TSS에 대한 라플라스 변환을 구하라.

$$x(t) = 3e^{-2t}u(t) + 4e^{t}u(-t)$$

풀이 우변 첫 번째 항은 RSS이며 두 번째 항은 LSS이다. 먼저 RSS의 변환은 다음과 같다.

$$3e^{-2t}u(t) \xleftrightarrow{\mathfrak{L}} \frac{3}{s+2}, \quad \mathrm{Re}[s] > -2$$

그리고 LSS에 대한 변환은 식 (3.4-15)으로부터

$$4e^{t}u(-t) \xleftrightarrow{\mathfrak{L}} \mathfrak{L}[4e^{-t}u(t)]\big|_{s\to -s} = \frac{4}{s+1}\bigg|_{s\to -s} = -\frac{4}{s-1}, \quad \mathrm{Re}[s] < 1$$

이상으로 전체 TSS의 라플라스 변환은 다음과 같이 합으로 주어진다.

$$X(s) = \frac{3}{s+2} - \frac{4}{s-1} = -\frac{s+11}{(s+2)(s-1)}$$

그리고 전체 ROC는 두 ROC의 공통부분이므로

$$-2 < \mathrm{Re}[s] < 1$$

따라서

$$X(s) = -\frac{s+11}{(s+2)(s-1)}, \quad -2 < \mathrm{Re}[s] < 1$$

하나의 라플라스 변환에 대해 RSS 및 LSS 두 가지 역변환이 존재하며 RSS 역변환은 3.3 절에서 설명한 바와 같다. 그리고 LSS 역변환은 식 (3.4-15)의 과정을 역순으로 하면 RSS 역변환을 이용하여 구할 수 있다. 즉 임의의 라플라스 변환 $X(s)$가 LSS의 변환이라고 하면 해당 LSS인 $x(t)u(-t)$는

$$x(t)u(-t) = \mathcal{L}^{-1}[X(-s)]\Big|_{t\to -t} \tag{3.4-16}$$

로 구할 수 있으며 물론 "$\mathcal{L}^{-1}$"는 RSS 역변환이다.

예제 3.11 다음 라플라스 변환이 (a) RSS의 변환일 때 (b) LSS의 변환일 때 각 경우의 역변환을 구하라.

$$X(s) = \frac{2s+1}{s^2+s}$$

풀이 부분분수로 전개하면

$$X(s) = \frac{2s+1}{s^2+s} = \frac{1}{s} + \frac{1}{s+1}$$

(a) RSS인 경우는

$$x(t)u(t) = \mathcal{L}^{-1}\left[\frac{1}{s}\right] + \mathcal{L}^{-1}\left[\frac{1}{s+1}\right] = u(t) + e^{-t}u(t)$$

(b) LSS인 경우는 먼저 $s\to -s$로 하여 RSS 역변환을 구하면

$$\mathcal{L}^{-1}\left[\frac{1}{-s}\right] + \mathcal{L}^{-1}\left[\frac{1}{-s+1}\right] = -u(t) - e^{t}u(t)$$

다음으로 $t\to -t$로 하면 원하는 LSS는 다음과 같이 구해진다.

$$x(t)u(-t) = -u(-t) - e^{-t}u(-t)$$

3.4.2 수렴영역의 성질

라플라스 변환 $X(s)=N(s)/D(s)$에서 분모 다항식 $D(s)=0$의 근을 극점이라 하고 분자 다항식 $N(s)=0$의 근을 영점이라 한다. 그리고 극점과 영점을 s-평면상에 나타낸 것을 극영점도라 하며 간단히 PZD(pole-zero diagram)로 표현한다. PZD상에서 극점은 "X"로 영점은 "O"로 표현한다. 한 예로

$$X(s)=\frac{s^2+1}{s(s+1)(s+2)}=\frac{(s+j)(s-j)}{s(s+1)(s+2)}$$

의 PZD은 그림 3-3과 같다. 그리고 위 함수를 부분분수 전개하면

$$X(s)=\frac{k_1}{s}+\frac{k_2}{s+1}+\frac{k_3}{s+2}$$

이며 영점은 계수 k_1과 k_2에만 영향을 미치므로 역변환에서는 영점에 비해 극점의 중요성이 훨씬 크다. ROC의 경계 또한 항상 극점들에 의해 결정된다.

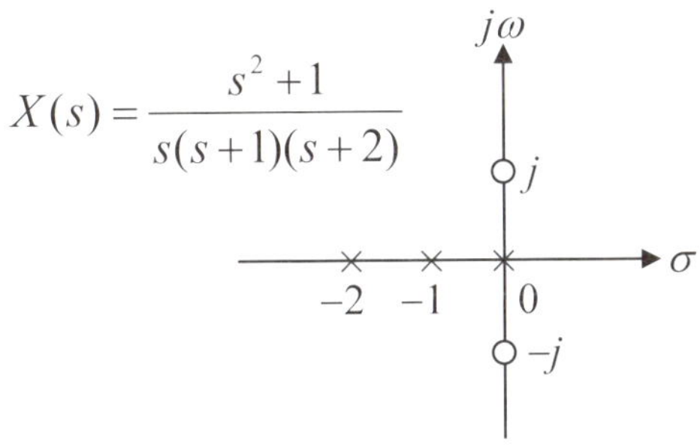

그림 3-3 PZD의 한 예

그림 3-4는 극점이 하나인 RSS의 ROC를 보여주며 극점을 경계로 오른쪽에 ROC가 자리잡고 있다. RSS $e^{-at}u(t)$는 $a>0$이면 $t\to\infty$에 따라 0으로 수렴하므로 안정적이지만 $a<0$이면 ∞로 발산하므로 비안정적이다. 즉 RSS는 ROC에 허수축이 포함되면 안정적인 RSS이며 그렇지 못하면 비안정적 RSS이다.

그림 3-5는 극점이 하나인 LSS의 ROC를 보여주며 극점을 경계로 왼쪽에 ROC가 자리잡고 있다. LSS $e^{-at}u(-t)$는 $a<0$이면 $t\to-\infty$에 따라 0으로 수렴하므로 안정적이지만 $a>0$이면 ∞로 발산하므로 비안정적이다. 즉 LSS도 ROC에 허수축이 포함되어야 안정적이다. 이상으로 $X(s)=1/(s+a)$의 역변환은

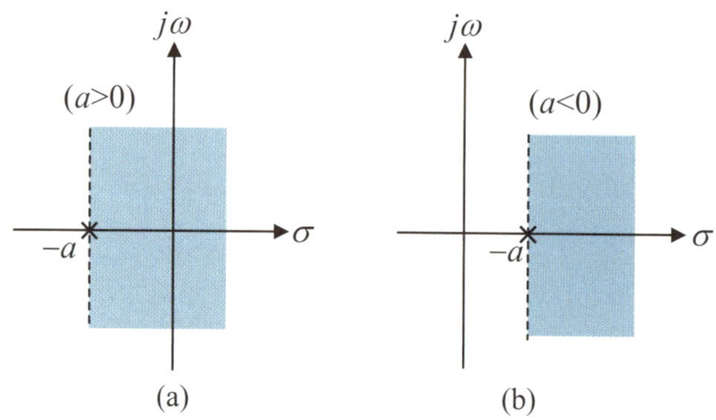

그림 3-4 RSS $e^{-at}u(t)$의 ROC: (a) 안정적 RSS (b) 비안정적 RSS

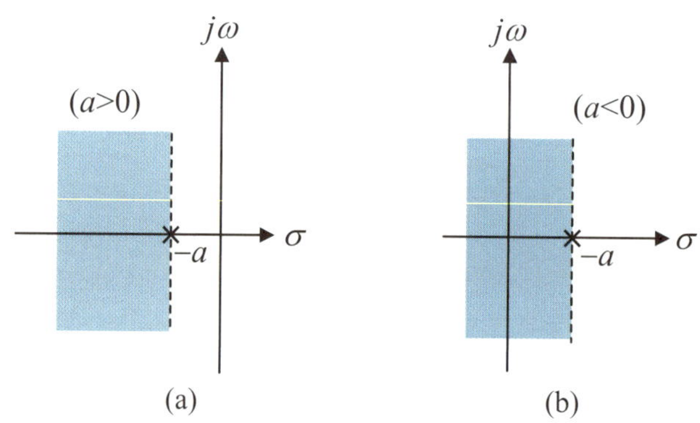

그림 3-5 LSS $e^{-at}u(-t)$의 ROC: (a) 비안정적 LSS (b) 안정적 LSS

$$\mathcal{L}^{-1}\left[\frac{1}{s+a}\right]=\begin{cases} e^{-at}u(t) & \text{(RSS)} \\ -e^{-at}u(-t) & \text{(LSS)} \end{cases} \tag{3.4-17}$$

의 두 가지 경우가 존재하며 둘 중 하나가 안정적이면 다른 하나는 비안정적이 됨을 알 수 있다. 다수의 RSS와 LSS가 혼합된 신호의 ROC는 각 신호에 대한 ROC들의 공통부분으로 정해지며 다음 여러 가지 경우에 대해 알아보기로 한다.

RSS의 ROC; RSS로만 구성된 $x(t)u(t)$의 경우 $X(s)$의 n개의 극점들의 실수부가 $\sigma_1>\sigma_2>\ldots>\sigma_n$이라면 가장 큰 실수부 $\sigma_{max}=\sigma_1$의 극점을 경계로 오른쪽에 ROC가 자리잡게 된다. 즉

$$\mathrm{Re}[s]>\sigma_{max} \tag{3.4-18}$$

이며 그림 3-6(a)가 이를 보여준다(모든 극점이 실수일 경우).

LSS의 ROC; LSS로만 구성된 $x(t)u(-t)$의 극점들의 실수부가 $\sigma_1>\sigma_2>\ldots>\sigma_n$이라면 가장 작은 실수부 $\sigma_{\min}=\sigma_n$의 극점을 경계로 왼쪽에 ROC가 자리잡게 된다. 즉

$$\text{Re}[s]<\sigma_{\min} \tag{3.4-19}$$

그림 3-6(b)가 이를 보여준다(모든 극점이 실수일 경우).

TSS의 ROC; TSS인 $x(t)$의 경우는 RSS에 해당하는 극점들 중 최대 실수부가 $\sigma_{R\max}$이고 LSS에 해당하는 극점들 중 최소 실수부가 $\sigma_{L\min}$이라면 ROC는

$$\sigma_{R\max}<\text{Re}[s]<\sigma_{L\min} \tag{3.4-20}$$

와 같으며 그림 3-6(c)가 이를 보여준다(모든 극점이 실수일 경우). 그림 3-6에서 어느 경우나 허수축이 ROC에 포함될 때만 RSS 및 LSS 모두 안정적이다.

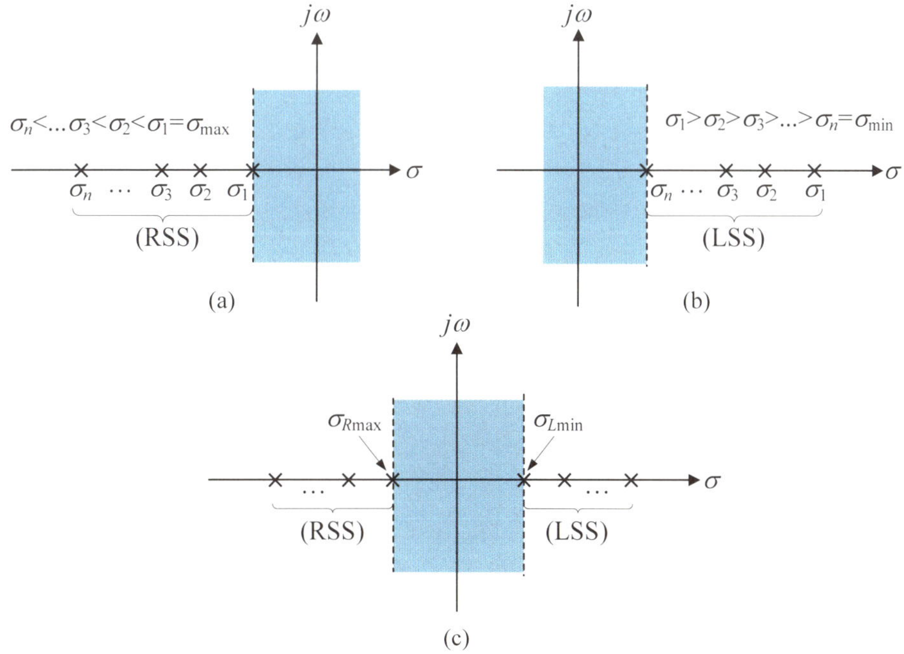

그림 3-6 공통 ROC: (a) RSS (b) LSS (c) TSS

예제 3.12 다음의 라플라스 변환에 대한 ROC가 그림 3-7과 같을 때 각 경우에 대한 역변환을 구하고 안정성에 대해 알아보자.

$$X(s) = \frac{1}{s^2 + 5s + 6}$$

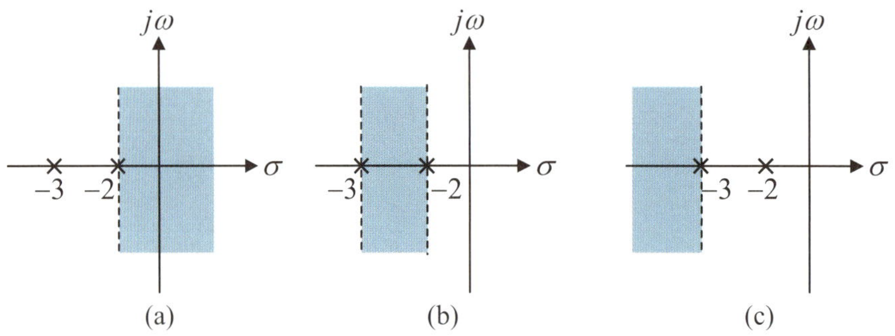

그림 3-7 예제 3-12의 그림

풀이 부분분수로 전개하면

$$X(s) = \frac{1}{s+2} - \frac{1}{s+3}$$

(a) 극점 −3, −2 모두 RSS이므로 식 (3.4-17)로부터

$$x(t) = e^{-2t}u(t) - e^{-3t}u(t)$$

허수축이 ROC내에 존재하므로 모두 안정적이다.

(b) 극점 −3은 RSS, 극점 −2는 LSS이므로

$$x(t) = -e^{-2t}u(-t) - e^{-3t}u(t)$$

허수축이 ROC내에 존재하지 않으며 그 결과 LSS가 비안정적이다.

(c) 극점 −3, −2 모두 LSS이므로

$$x(t) = -e^{-2t}u(-t) + e^{-3t}u(-t)$$

허수축이 ROC내에 존재하지 않으며 그 결과 두 LSS 모두 비안정적이다.

3.4.3 인과성과 안정성

RSS가 $t \geq 0$에서 존재하면 특히 인과적(causal) 신호라 하며 LSS가 $t \leq 0$에서 존재하면 반인과적(anticausal) 신호라 한다. 단 $t<0$에서도 존재하는 RSS는 비인과적(not causal)이며, $t>0$에서도 존재하는 LSS는 비반인과적(not anticausal)이다. 복소 평면상에서 허수축의 왼쪽 부분을 보통 LHP(left half plane), 오른쪽을 RHP(right half plane)이라 부른다. 실현 가능한 시스템은 그 충격응답이 반드시 인과적임과 동시에 안정적이라야 한다. 즉 전달함수 $H(s)$의 모든 극점이 LHP에만 존재하여야 인과적이 되며 동시에 ROC에 반드시 허수축이 포함되어야 안정적이 된다. 다시 말해서 극점들 중 하나라도 RHP에 존재하면 비인과적이며 ROC에 허수축이 포함되어 있지 않으면 비안정적 시스템이 된다. 가장 대표적인 2차 시스템의 전달함수인

$$H(s) = \frac{N(s)}{s^2 + as + b} \tag{3.4-21}$$

의 극점을 p_1, p_2라 할 때 극점의 유형에 따라 $H(s)$는 다음과 같이 분류할 수 있다.

$$H(s) = \begin{cases} \dfrac{k_1}{s-p_1} + \dfrac{k_2}{s-p_2} & (p_1 \neq p_2) \\ \dfrac{k_1}{(s-p)^2} + \dfrac{k_2}{s-p} & (p_1 = p_2 = p) \\ \dfrac{N(s)}{(s+\alpha)^2 + \omega^2} & (p_1 = p_2^* = \alpha + j\omega) \end{cases} \tag{3.4-22}$$

그리고 이에 따른 $h(t)$도 다음과 같이 분류할 수 있다.

$$h(t) = \begin{cases} k_1 e^{p_1 t} + k_2 e^{p_2 t} & (p_1 \neq p_2) \\ (k_2 + k_1 t) e^{pt} & (p_1 = p_2 = p) \\ e^{-\alpha t}[k_1 \cos \omega t + k_2 \sin \omega t] & (p_1 = p_2^* = \alpha + j\omega) \end{cases} \tag{3.4-23}$$

식 (3.4-23)을 극점 위치 변화에 따라 도시한 것이 그림 3-8이다. 특히 제어분야에서는 시스템의 충격응답 $h(t)$가 빨리 감소할수록 그리고 진동주파수가 낮을수록 상대적으로 안정성이 높은 시스템으로 간주하고 있다.

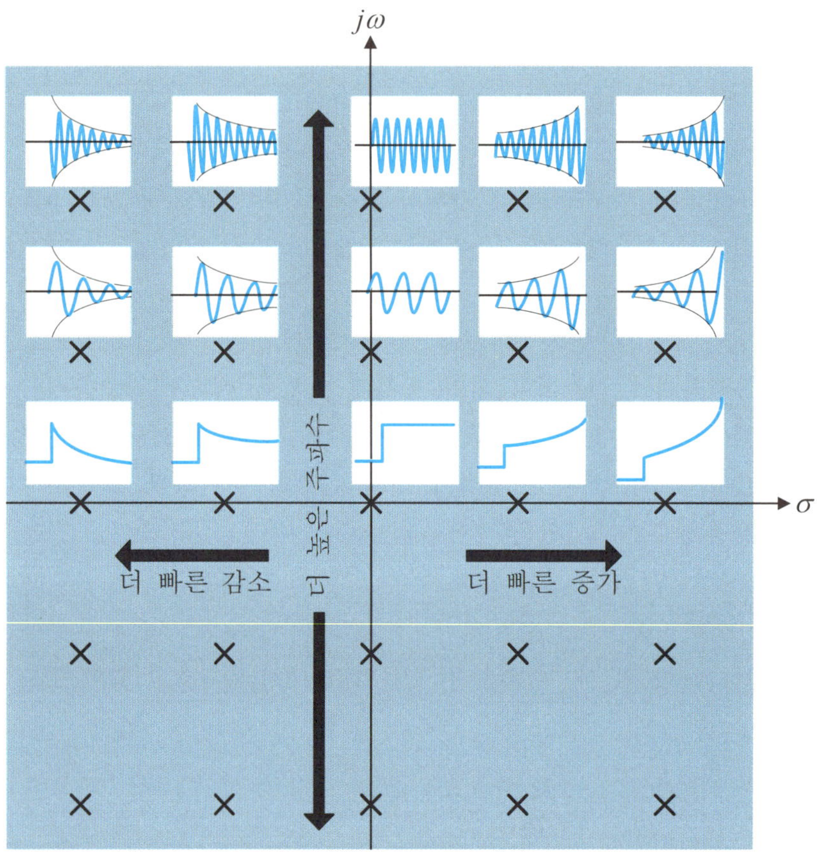

그림 3-8 2차 시스템의 극점 위치에 따른 충격응답의 변화

3.5 연속 시스템의 결합

연속 시스템의 특성은 시간역상에서는 그림 3-9(a)와 같이 충격응답 $h(t)$로 나타내고 s-영역상에서는 그림 3-9(b)와 같이 전달함수 $H(s)$로 표현할 수 있다. 시간상에서는 컨벌류션이라는 복잡한 연산이 요구되지만 s-영역상에서는 단순히 곱하기 연산만 요구된다. 이로써 시스템 해석에서 라플라스 변환이 얼마나 편리한 가를 알 수 있다.

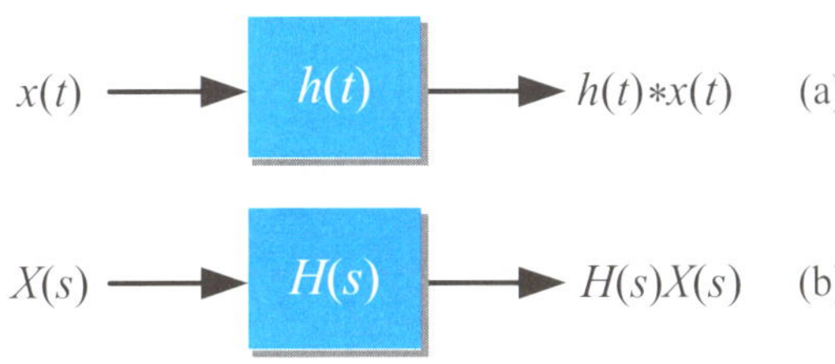

그림 3-9 연속 시스템의 표현: (a) 시간영역 (b) s-영역

3.5.1 종속 결합과 병렬 결합

그림 3-10(a)와 같이 두 시스템이 종속 결합된 경우 최종 출력은

$$\begin{aligned} Y(s) &= H_2(s)\{H_1(s)X(s)\} = H_2(s)H_1(s)X(s) \\ &= H_1(s)H_2(s)X(s) \end{aligned} \quad \textbf{(3.5-3)}$$

이므로 전체 전달함수 $H(s)$는 그림 3-10(b)와 같이 두 전달함수의 곱인

$$H(s) = H_1(s)H_2(s) \quad \textbf{(3.5-4)}$$

로 주어진다.

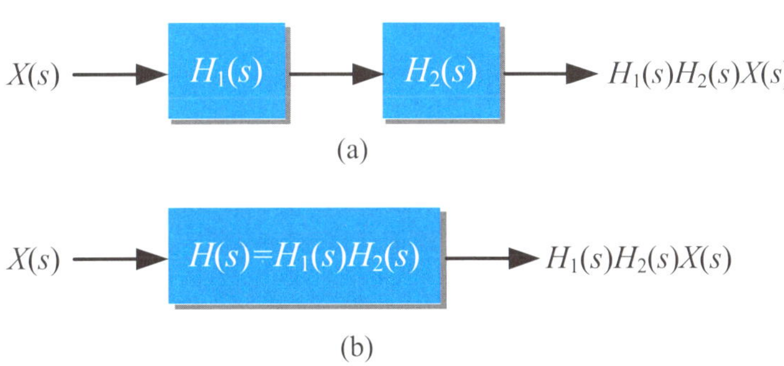

그림 3-10 종속 결합

다음으로 그림 3-11(a)와 같이 두 시스템이 병렬 결합된 경우 최종 출력은 두 출력을 더한 것과 같으므로

$$Y(s) = H_1(s)X(s) + H_2(s)X(s) = [H_1(s) + H_2(s)]X(s) \quad \textbf{(3.5-5)}$$

따라서 전체 전달함수는 그림 3-11(b)와 같이 두 전달함수의 합인

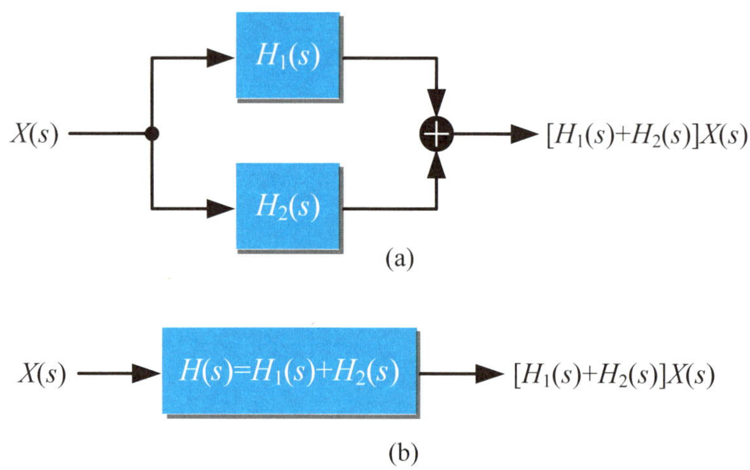

그림 3-11 병렬 결합

$$H(s) = H_1(s) + H_2(s) \tag{3.5-6}$$

와 같다. 이상을 n개의 일반적인 경우로 확장하면 다음과 같다.

$$H(s) = \begin{cases} H_1(s)H_2(s)\cdots H_n(s) & (\text{종속결합}) \\ H_1(s) + H_2(s) + \cdots + H_n(s) & (\text{병렬결합}) \end{cases} \tag{3.5-7}$$

3.5.2 궤환 결합

종속결합과 병렬결합은 하나 이상의 시스템을 결합하여 또 하나의 새로운 시스템을 얻는 효과가 있다. 그러나 다수의 시스템을 결합하게 되면 단순히 규모가 커진다는 점 외에도 시스템간의 부정합(不整合)으로 인해 복잡한 문제점들이 생길 수 있다. 이러한 문제를 해결할 수 있는 것이 그림 3-12(a)와 같은 궤환결합이다. 여기서 시스템 $A(s)$는 전체 시스템의 기본이 되므로 기본 시스템이라 하며 출력을 입력으로 궤환시키는 시스템 $\beta(s)$를 궤환 시스템이라 한다. 궤환 결합의 특징은 기본 시스템 $A(s)$에 비해 궤환 시스템 $\beta(s)$는 구조가 매우 간단하다는 점이다. 나아가 복잡한 $A(s)$는 고정시켜 놓고 간단한 $\beta(s)$만 조절함으로써 전체 시스템의 특성을 쉽게 조정할 수 있다. 그림 3-12(a)에서 출력 $Y(s)$는

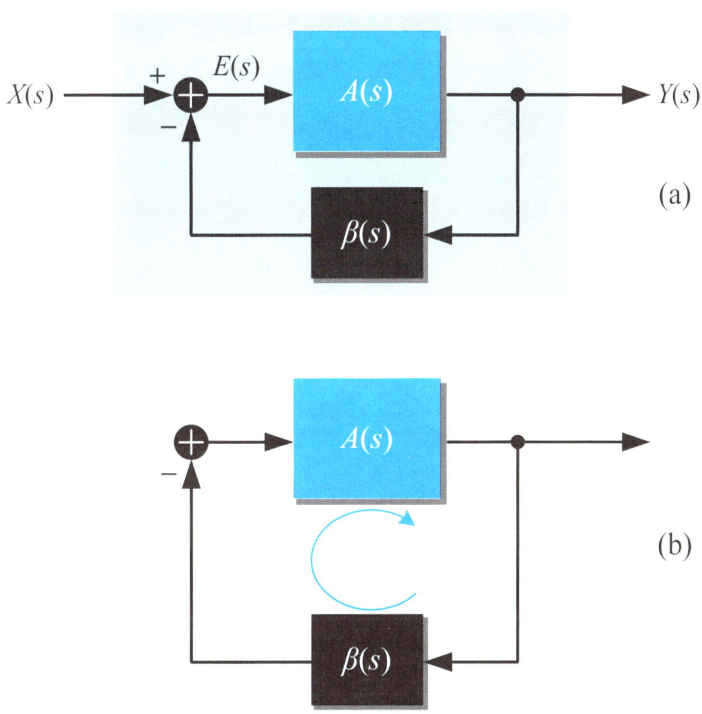

그림 3-12 궤환 결합; (a) 전체 구성도 (b) 루프 이득

$$Y(s) = A(s)E(s) \tag{3.5-8}$$

이며 오차 신호의 라플라스 변환 $E(s)$는

$$E(s) = X(s) - \beta(s)Y(s) \tag{3.5-9}$$

위의 두 식 (3.5-8)과 (3.5-9)에서 $E(s)$를 소거하면 $X(s)$와 $Y(s)$의 비인 전달함수를 다음과 같이 구할 수 있다.

$$H(s) = \frac{Y(s)}{X(s)} = \frac{A(s)}{1 + \beta(s)A(s)} \tag{3.5-10}$$

여기서

$$T(s) = -\beta(s)A(s) \tag{3.5-11}$$

로 정의하면 전체 전달함수는 다음과 같이 표현된다.

$$H(s) = \frac{A(s)}{1 - T(s)} \tag{3.5-12}$$

식 (3.5-11)의 $T(s)$를 루프 이득(loop gain)이라 한다. 루프 이득은 단순히 편의상 정의된 변수가 아니라 매우 중요한 의미를 갖고 있으며 그림 3-12(b)가 이를 보여준다. 그림 3-12(b)는 그림 (a)의 전체 구성도에서 입력을 차단한 것으로 $A(s)$와 $\beta(s)$만으로 하나의 루프가 형성되며 이를 궤환 루프(feedback loop)라 한다. 즉 루프 이득이란 "입력을 차단한 상태에서 궤환 루프를 한번 일주하였을 때의 이득"을 뜻한다. 식 (3.5-11)에서 $\beta(s)$를 조절하면 루프 이득 $T(s)$가 변하고 그 결과 식 (3.5-12)의 전체 이득 $H(s)$가 쉽게 조정된다. 그리고 $A(s)$는 궤환 루프를 개방한 상태, 즉 궤환을 차단한 상태에서의 이득이므로 개루프(open-loop) 이득이라고도 하며 이에 비해 $H(s)$를 폐루프(closed-loop) 이득이라고 한다.

3.5.3 역시스템

통신 분야에서는 왜곡 없는 신호의 전송이 필요하며 이 경우 이상적인 채널 특성은 전달함수가 $H(s)=1$이어야 한다. 만일 그림 3-13과 같이 전달함수가 임의의 $H(s)$인 채널의 수신단에 전달함수가 $H^{-1}(s)$인 시스템을 종속 결합시킬 수 있다면 전체 전달함수는 $H(s)H^{-1}(s)=1$이 되어 결과적으로는 이상적인 채널 특성을 이룰 수 있을 것이며 이 작용을 등화(等化)라 한다. 이 때 $H^{-1}(s)$를 $H(s)$의 역시스템이라 하며 등화기(等化器)로 부른다. 여기서 $H(s)=N(s)/D(s)$라 하면 채널은 실제 시스템이므로 $D(s)$의 근인 극점들은 모두 복소평면의 LHP

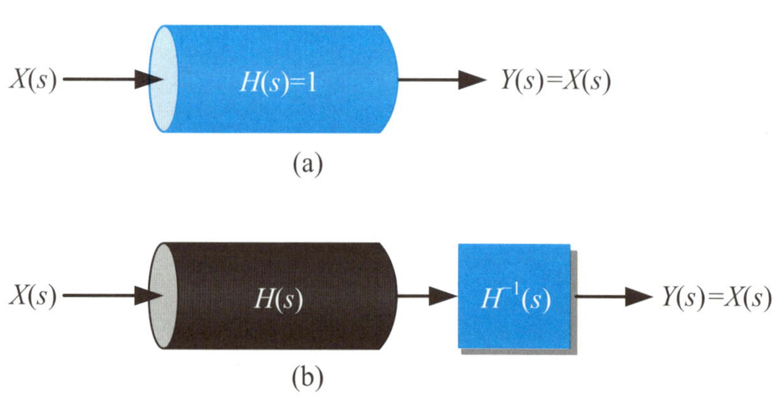

그림 3-13 역시스템

에서만 존재하게 된다. 그러나 $N(s)$의 근인 영점들은 복소평면의 LHP뿐 아니라 RHP에서도 존재할 수 있다. 즉 역시스템인

$$H^{-1}(s) = \frac{D(s)}{N(s)} \tag{3.5-13}$$

는 영점은 모두 LHP에 존재하지만 극점은 LHP과 RHP 어느 곳에도 존재할 수 있다. 따라서 채널의 전달함수 $H(s)$가 극점과 영점 모두가 LHP에 존재할 때만 그 역시스템이 실현 가능하고(인과적) 또한 안정적일 수 있다. 극점과 영점이 모두 LHP에 존재하면 최소위상(minimum-phase) 시스템이라 한다.

예제 3.13 다음에 주어진 인과적이고 안정된 두 시스템에 대한 역시스템을 인과적이고 안정된 시스템으로 구현할 있는지 알아보라.

(a) $H(s) = \dfrac{s+2}{s+3}, \quad \text{Re}[s] > -3$ (b) $H(s) = \dfrac{s-2}{s+3}, \quad \text{Re}[s] > -3$

풀이

(a) 주어진 시스템에 대한 역시스템은 ROC에 따라 다음과 같이 두 가지로 얻을 수 있다.

$$H^{-1}(s) = \begin{cases} \dfrac{s+3}{s+2}, & \text{Re}[s] > -2 \\ \dfrac{s+3}{s+2}, & \text{Re}[s] < -2 \end{cases}$$

ROC가 Re[s]>–2인 첫 번째 시스템은 충격응답이 RSS이므로 인과적이며 ROC내에 허수축이 포함되므로 안정적이다. 즉 인과적이고 안정적인 역시스템을 얻을 수 있다. 다음으로 ROC가 Re[s]<–2인 두 번째 시스템은 충격응답이 LSS이므로 반인과적이며 ROC내에 허수축이 포함되어 있지 않으므로 비안정적이다. 따라서 역시스템은 실현 불가능하다.

(b) 주어진 시스템에 대한 역시스템은 ROC에 따라 다음과 같이 두 가지로 얻을 수 있다.

$$H^{-1}(s) = \begin{cases} \dfrac{s+3}{s-2}, & \text{Re}[s] > 2 \\ \dfrac{s+3}{s-2}, & \text{Re}[s] < 2 \end{cases}$$

ROC가 Re[s]>2인 첫 번째 시스템은 충격응답이 RSS이므로 인과적이지만 ROC내에 허수축이 포함되어 있지 않으므로 비안정적이다. 따라서 역시스템은 실현불가능하다. 다음으로 ROC가 Re[s]<2인 두 번째 시스템은 충격응답이 LSS이므로 반인과적이지만 ROC내에 허수축이 포함되므로 안정적이다. 그러나 이 역시 실현은 불가능하다.

3.6 LTI 연속 시스템의 구현

LTI 연속 시스템의 전달함수의 일반적인 형태는

$$H(s) = \frac{\sum_{k=0}^{M} b_k s^k}{\sum_{k=0}^{N} a_k s^k} = \frac{N(s)}{D(s)} \tag{3.6-1}$$

이며 $D(s)$의 가장 높은 차수의 계수는 a_N=1로 하는 것이 일반적이다. 전달함수는 분모와 분자를 인수 분해하여 곱하기 형태(종속형태)로 나타내거나, 부분분수로 전개하여 더하기 형태(병렬형태)로 나타낼 수 있다. LTI 시스템은 이 두 가지 형태를 바탕으로 구현할 수 있으며 전자의 경우를 종속형이라 하고 후자의 경우를 병렬형이라 한다.

3.6.1 병렬형 구조

식 (3.6-1)에서 M=N일 때는 전달함수를 부분분수로 전개하기 위해 먼저 분자를 분모로 나누어 그 몫을 제외한 나머지만 부분분수로 전개하면(a_N=1)

$$H(s) = b_N + \sum_{k=1}^{N} \frac{r_k}{s+s_k} \tag{3.6-2}$$

의 형태가 되며 여기서

$$H_k(s) = \frac{r_k}{s+s_k} \tag{3.6-3}$$

로 정의하면 전체 전달함수 $H(s)$는 다음과 같이 병렬형으로 표현할 수 있다.

$$H(s) = b_N + \sum_{k=1}^{N} H_k(s) \tag{3.6-4}$$

만일 $M<N$이라면 위의 식에서 $b_N=0$이 된다.

식 (3.6-3)의 1차 시스템은 그림 3-14(a)와 같은 표준형으로 구현할 수 있으며 $1/s$는 적분기이다(식 (3.3-19) 참조). 여기서 매개 변수 $v(t)$와 $x(t)$의 관계는

$$\frac{1}{s}\{X(s) - s_k V(s)\} = V(s) \tag{3.6-5}$$

그리고 $v(t)$와 $y_k(t)$의 관계는

$$Y_k(s) = r_k V(s) \tag{3.6-6}$$

위의 두 식에서 $V(s)$를 소거하면 식 (3.6-3)의 전달함수임을 알 수 있다.

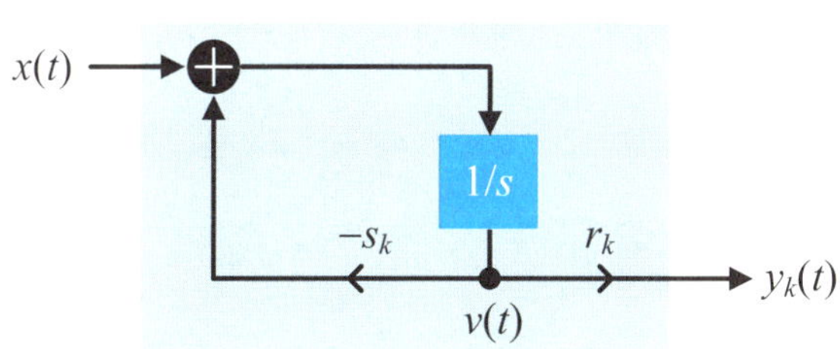

(a) $H_k(s) = \dfrac{r_k}{s + s_k}$

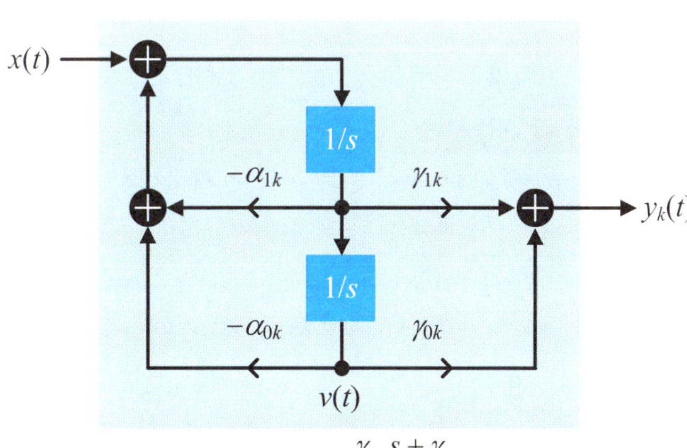

(b) $H_k(s) = \dfrac{\gamma_{1k} s + \gamma_{0k}}{s^2 + \alpha_{1k} s + \alpha_{0k}}$

그림 3-14 병렬형 구조; (a) 1차 시스템 (b) 2차 시스템

그러나 식 (3.6-3)에서 극점 s_k와 유수 r_k가 복소수일 경우는 그림 3-14(a)와 같이 실제로 구현할 수 없다. 대신에 전달함수에 복소수 극점이 생기면 반드시 그의 공액에 해당하는 극점이 있게 되므로 두 공액 복소수 극점에 관한 항을 합하여 계수가 실수인 2차 전달 함수를 만들 수 있다. 즉

$$H_k(s) = \frac{\mathbf{r}_k}{s+\mathbf{s}_k} + \frac{\mathbf{r}_k^*}{s+\mathbf{s}_k^*} = \frac{\gamma_{1k}s+\gamma_{0k}}{s^2+\alpha_{1k}s+\alpha_{0k}} \quad \textbf{(3.6-7)}$$

여기서

$$\alpha_{1k} = 2\,\mathrm{Re}[\mathbf{s}_k], \quad \alpha_{0k} = |\mathbf{s}_k|^2 \quad \textbf{(3.6-8)}$$

$$\gamma_{1k} = 2\,\mathrm{Re}[\mathbf{r}_k], \quad \gamma_{0k} = 2\,\mathrm{Re}[\mathbf{s}_k^*\mathbf{r}_k] \quad \textbf{(3.6-9)}$$

이상으로 식 (3.6-7)의 전달함수는 계수가 모두 실수가 되므로 그림 3-14(b)와 같이 구현할 수 있다. 그림 (b)에서도 매개변수 $v(t)$를 이용하면 식 (3.6-7)의 전달함수를 쉽게 구할 수 있다.

예제 3.14 다음 전달함수를 병렬형 구조로 구현하라.

$$H(s) = \frac{s^3+5s^2+6s+12}{(s^2+4)(s+1)}$$

풀이 분자와 분모의 차수가 같으므로 전달함수를 몫과 나머지 형태로 표현하면

$$H(s) = 1 + \frac{4s^2+2s+8}{(s^2+4)(s+1)}$$

다음으로 나머지에 해당하는 부분만 부분분수로 전개하면

$$H(s) = 1 + \frac{1}{s+j2} - \frac{1}{s-j2} + \frac{2}{s+1}$$

위 식의 우변 두 번째와 세 번째 항은 통분하여 계수를 실수로 만들면

$$H(s) = 1 + \frac{2s}{s^2+4} + \frac{2}{s+1}$$

따라서 병렬형 구조는 그림 3-15와 같다.

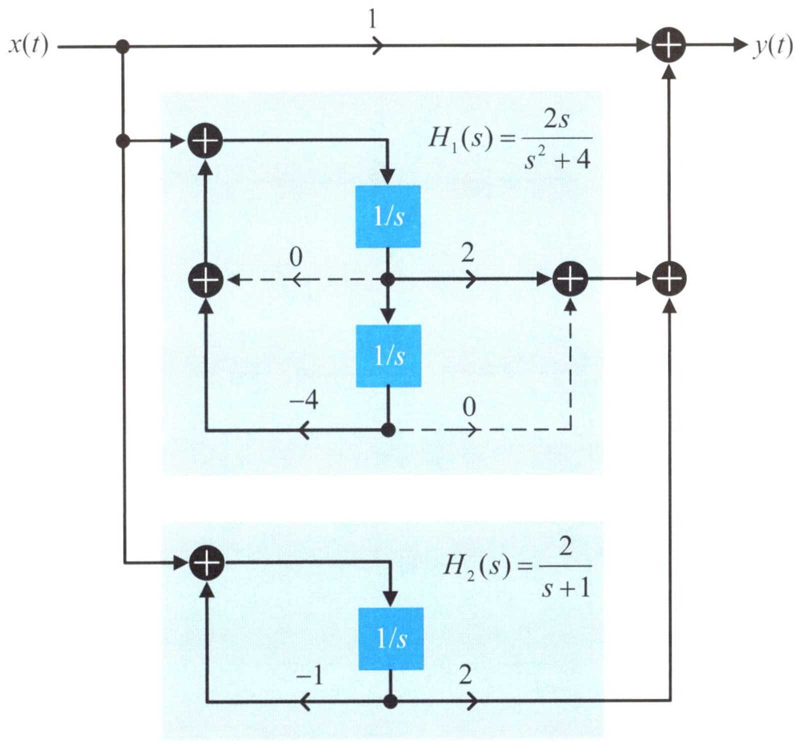

그림 3-15 예제 3-14의 결과

3.6.2 종속형 구조

식 (3.6-1)에 대한 종속형 구조를 얻기 위해 분모와 분자를 다음과 같이 인수분해한 형태로 표현한다(a_N=1).

$$H(s) = b_M \frac{\prod_{k=1}^{M}(s+z_k)}{\prod_{k=1}^{N}(s+p_k)} \tag{3.6-10}$$

위의 식은

$$H_k(s) = \frac{s+z_k}{s+p_k} \tag{3.6-11}$$

의 1차 시스템을 종속 결합한 것과 같으며 그 구조는 그림 3-16(a)와 같다. 즉

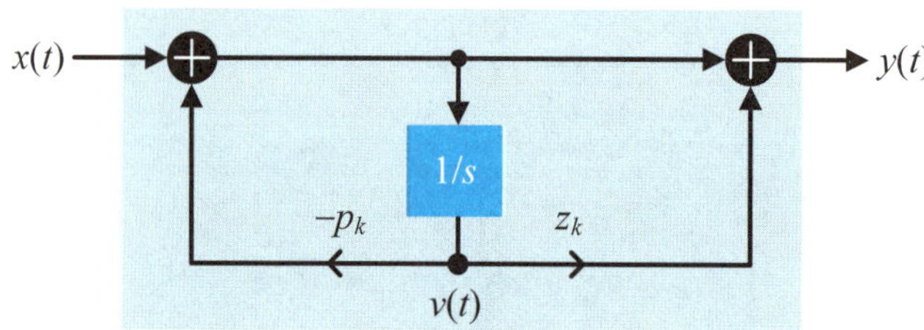

(a) $H_k(s) = \dfrac{s+z_k}{s+p_k}$

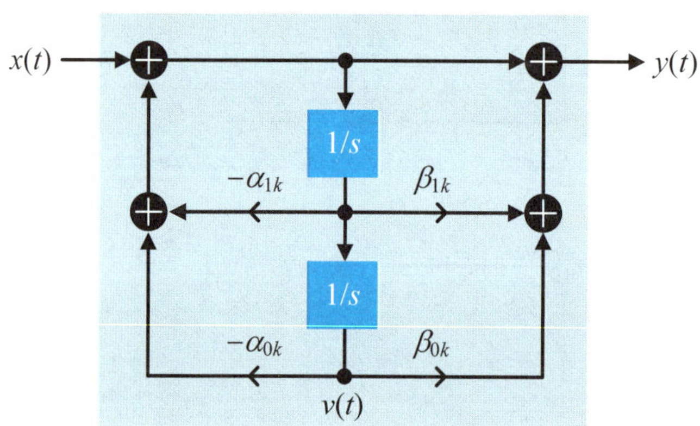

(b) $H_k(s) = \dfrac{s^2+\beta_{1k}s+\beta_{0k}}{s^2+\alpha_{1k}s+\alpha_{0k}}$

그림 3-16 종속형 구조; (a) 1차 시스템 (b) 2차 시스템

$$V(s) = \frac{1}{s+p_k}X(s) \tag{3.6-12}$$

및

$$Y_k(s) = (s+z_k)V(s) \tag{3.6-13}$$

이므로 $H_k(s)=Y_k(s)/X(s)$는 식 (3.6-11)과 같음을 알 수 있다. 그러나 이 역시 극점 p_k와 영점 z_k가 복소수인 경우는 공액 복소수 항끼리 묶음으로써 다음과 같이 계수가 실수인 2차 시스템으로 만들 수 있다.

$$H_k(s) = \frac{(s+\mathbf{z}_k)(s+\mathbf{z}_k^*)}{(s+\mathbf{p}_k)(s+\mathbf{p}_k^*)} = \frac{s^2+\beta_{1k}s+\beta_{0k}}{s^2+\alpha_{1k}s+\alpha_{0k}} \tag{3.6-14}$$

예를 들어 두 개의 공액 복소수 극점과 영점 및 한 개의 실수 극점과 영점이

있는

$$H(s) = A\frac{(s^2+\beta_{1k}s+\beta_{0k})(s+b)}{(s^2+\alpha_{1k}s+\alpha_{0k})(s+a)} \qquad \textbf{(3.6-17)}$$

의 3차 시스템은 그림 3-17과 같이 구현할 수 있다.

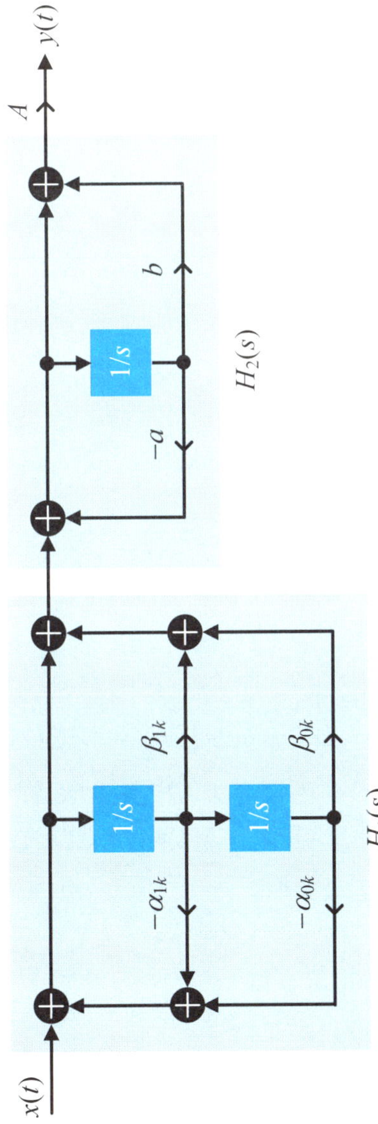

그림 3-17 식 (3.6-17)의 3차 시스템에 대한 종속형 구조

3.7 매트랩

3.7.1 다항식과 부분분수 전개

roots(p)

다항식을 나타내는 계수 벡터 p의 근을 구해준다.

```
>> p=[1, 3, 0, 3];   % 다항식 p(s)=1s^3+3s^2+0s+3
>> r=roots(p)
r=
  -3.279
  0.1395+0.9463i
  0.1395-0.9463i
```


poly(r)

근이 r인 다항식 p를 구해준다.

```
>> r=roots([1, 3, 0, 3]);
>> p=poly(r)
p=
  1.0000   3.0000   0.0000   3.0000
```

residue(b, a)

분자 다항식이 b이고 분모 다항식이 a인 전달함수의 부분분수 전개

```
>> b=[7, 9, 12, 0];   % 분자 다항식 B(s)=7s^3+9s^2+12s+0
>> a=[1, 6, 11, 6];   % 분모 다항식 A(s)=1s^3+6s^2+11s+6
>> [K, p, k]=residue(b, a)   % K는 유수, p는 극점, k는 다항식의 몫
>> K=            r=            k=
     -72.000       -3.000        7
     44.000        -2.000
     -5.000        -1.000
```

3.7.2 주파수 응답

freqs(b, a), abs(H), angle(H)

H=freqs(b, a)는 전달함수의 주파수 응답 H를 구한다. 복소수 H의 크기는 abs(H), 위상은 angle(H)로 구한다(위상은 라디안으로 구해진다).

```
>> b=100; a=[1, 6, 100];
>> H=freqs(b, a);   % H=100/(1(iω)^2+6(iω)+100)
>> mag=abs(H);   phase=angle(H);
```

주파수 범위를 지정하고자 하면 H=freqs(b, a, w)로 한다.

r*exp(i*theta)

r*exp(i*theta)는 크기가 r이고 편각이 theta인 복소수의 직교좌표 형태를 구한다. 편각 theta의 단위는 라디안이다.

```
>> a=1+i;   r=abs(a),   theta=angle(a),
r=
   1.4142
theta=
         0.7854
```


3.7.2 전달함수

tf(b, a)

tf(b, a)는 분자 다항식이 b이고 분모 다항식이 a인 전달함수를 생성한다.

```
>> b=[1, 9, 20];   % 분자 다항식 B(s)=1s^2+9s+20
>> a=[1, 6, 11, 6];   % 분자 다항식 A(s)=1s^3+6s^2+11s+6
>> H=tf(b, a)
Transfer function:
   s^2+9s+20
----------------------
s^3+6s^2+11s+6
```

위의 실행과 같은 또 다른 방법은

```
>> s=tf('s');   % s를 라플라스 변환의 s로 간주한다.
>> H=(s^2+9*s+20)/(s^3+6*s^2+11*s+6);
Transfer function:
   s^2+9s+20
----------------------
s^3+6s^2+11s+6
```

zpk(z, p, k)

영점이 z이고 극점이 p인 전달함수(k는 전달함수 앞의 상수)

```
>> z=[–4, –5];   % 전달함수의 영점
>> p=[–1, –2, –3];   % 전달함수의 극점
>> k=10;   % 전달함수 앞의 상수
>> H=zpk(z, p, k)
Zero/ploe/gain:
  10(s+4)(s+5)
---------------------
(s+1)(s+2)(s+3)
>> H=tf(H);   % zpk(z, p, k)를 전달함수 형태로 바꿔준다.
Transfer function:
  10s^2+90s+200
------------------------
s^3+6s^2+11s+6
```

zero(H), pole(H), pzmap(H), freqresp(H)

전달함수 H의 영점(zero)과 극점(pole) 및 극-영점도(pzmap)

```
>> H=tf(b, a);   z=zero(H);   p=pole(H);   pzmap(H)
```

impulse(H), step(H)

전달함수 H의 충격 응답과 계단 응답

```
>> h=impulse(H);   u=step(H);
```

시간을 지정하고자 하면 h=impulse(H, t) 및 u=step(H, t)로 한다.

```
>> t=[0:0.001:1]; h=impulse(H, t);   u=step(H, t);
```

lsim(H, x)

입력 x에 대한 전달함수 H의 출력. 시간을 지정할 때는 lsim(H, x, t).

```
>> t=0:0.01:5;   x=sin(t);   y=lsim(H, x, t);
```

3.7.3 전달함수 결합

series(H1, H2),   parallel(H1, H2),   feedback(G, H),   mineral(H)

series(H1, H2)는 H1*H2, parallel(H1, H2)는 H1+H2, feedback(G, H)는 G/(1+G*H)이다. mineral(H)는 같은 영점과 극점을 상쇄시킨다.

```
>> H1=tf([7,9,12], [1,6,1,6]); % H1=(7s^2+9s+12)/(1s^3+6s^2+11s+6)
>> H2=tf([1,4], [1,11,30]); % H2=(1s+4)/(1s^2+11s+30)
>> Hs=series(H1, H2);   % Hs=H1*H2
>> Hp=parallel(H1, H2);   % Hp=H1+H2
>> Hf=feedback(H1, H2);   % Hf=H1/(1+H1*H2)
```


연습 문제

3.1 다음 각 미분방정식의 특수해를 구하라.

(a) $y'' - 2y' = e^x \sin x$ (b) $y'' + 4y' + 3y = 2(x^3 + \sin x)$

(c) $y'' - 6y' + 9y = xe^{3x}$ (d) $y'' + y = \sin 2x$

(e) $y'' + 3y' + 2y = e^x \cos x$ (f) $y'' + 3y' - 5y = \sin 2x$

(g) $y'' - 4y = x^2 e^{2x}$ (h) $y'' + 2y' + 4y = e^x \sin 2x$

(i) $y''' + y' = \csc x$ (j) $y''' + 2y'' - y' - 2y = e^{2x} + x$

(k) $y''' + y' = \tan x$ (l) $y''' - 2y'' - 5y' + 6y = e^{3x}$

(m) $y''' - 4y'' + 3y' = x^3$ (n) $y''' - 2y' + 4y = e^{-2x}$

(o) $y''' + 4y'' + 5y' + 2y = e^{-3x}$ (p) $y''' + 3y'' + 2y' = e^{-x} + e^{-2x}$

(q) $y''' + 9y'' + 27y' + 27y = x$ (r) $y''' + 3y'' + 3y' + y = e^{-x}$

(s) $y''' - 4y'' + y' + 6y = e^{x}\sin x$ (t) $y^{(4)} + 10y'' + 9y = \cos 2x$

3.2 전달함수 $H(p)$가 다음과 같은 시스템의 충격 및 계단 응답을 구하라.

(a) $\dfrac{1}{p^2 + 4p + 3}$ (b) $\dfrac{1}{p^2 + 10p + 25}$ (c) $\dfrac{6}{p^2 + 4p + 13}$

3.3 페이저를 이용하여 다음 미분방정식의 특수해를 구하라.

(a) $y'' + 10y = \cos 3x$ (b) $3y'' + 10y' + 3y = 10\sin x$

(c) $y'' + 3y' - 4y = \sin 2x$ (d) $y'' - 2y' + 3y = \sin(x + 45°)$

(e) $y'' + 4y' + 5y = 4\cos x + 3\sin x$ (f) $y'' + y' + 2y = -6\sin 2x$

(g) $y''' - 4y'' + y' + 6y = \cos x$

(h) $y^{(4)} + 10y'' + 9y = 30\cos(2x + 30°)$

3.4 다음 함수에 대한 라플라스 변환을 구하라.

(a) $5e^{-10t} + 2e^{-t}$ (b) $\cos(\omega t + \theta)$ (c) $\sin(\omega t + \theta)$

(d) $2\cos^2 \omega t$ (e) $2\sin^2 \omega t$ (f) $\cosh^2 at$

(g) $\sinh^2 at$ (h) $(at + b)^2$ (i) $2\sin^2 \omega t$

(j) $(5e^{-10t} + 2e^{-t})u(t-1)$ (k) $(t-1)e^{-2t}u(t-1)$ (l) $t\cos[\omega(t-1)]u(t-1)$

(m) $(t-1)\cos\omega t\, u(t-1)$ (n) $t^2\cos\omega t$ (o) $t^2\sin\omega t$

(p) $t^2e^{-t}\cos\omega t$ (q) $e^{-t}\sin^2 t$ (r) t^3e^{-t}

3.5 다음 함수에 대한 라플라스 변환을 구하라.

(a) $\dfrac{d}{dt}(e^{-at}\cos\omega t)$ (b) $\dfrac{d}{dt}(t\cos\omega t)$ (c) $\dfrac{d}{dt}(te^{-at}\sin\omega t)$

(d) $\dfrac{\sin\omega t}{t}$ (e) $\dfrac{\sinh at}{t}$ (f) $\dfrac{d}{dt}\left(\dfrac{\sin\omega t}{t}\right)$

(g) $\displaystyle\int_0^t \frac{\sinh a\tau}{\tau}d\tau$ (h) $\displaystyle\int_0^t (\tau e^{-a\tau}\cos\omega\tau)d\tau$ (i) $\displaystyle\int_0^t (\tau e^{-a\tau}\sin\omega\tau)d\tau$

3.6 다음 함수에 대한 라플라스 변환을 구하라.

(a) $t * t^2$ (b) $e^{at} * e^{bt}$ (c) $e^{at} * e^{-at}$

(d) $t * e^{at}$ (e) $\sin\omega t * \cos\omega t$ (f) $[u(t)-u(t-1)] * t$

3.7 다음 함수에 대한 라플라스 역변환을 구하라.

(a) $\dfrac{5s+1}{s^3-s}$ (b) $\dfrac{10s^2}{s^2+6s+5}$ (c) $\dfrac{s+3}{s(s+1)(s+2)}$ (d) $\dfrac{s^2+s+1}{s(s+1)(s+2)}$

(e) $\dfrac{1}{(s+1)^2}$ (f) $\dfrac{12s}{(2s+3)^2}$ (g) $\dfrac{s+4}{(s+5)^2}$ (h) $\dfrac{s}{(s-2)^3}$

(a) $\dfrac{10-4s}{(s-1)^2}$ (j) $\dfrac{7s^2}{s^3+3s^2+3s+1}$ (k) $\dfrac{s^3+6s^2+14s}{(s+2)^4}$ (l) $\dfrac{s-2}{s^2-4s+5}$

(m) $\dfrac{1}{s^2+4s+5}$ (n) $\dfrac{s}{(s+3)^2+1}$ (o) $\dfrac{as+b}{(s+c)^2+\omega^2}$ (p) $\dfrac{3}{s^2+1}$

(q) $\dfrac{5}{2s^2+5}$ (r) $\dfrac{6s+4}{(s+2)^2+9}$ (s) $\dfrac{12s}{(s^2+1)(s^2+4)}$ (t) $\dfrac{1}{[(s+1)^2+1]^2}$

(u) $\dfrac{10s^2}{s^4+4s^2+4}$ (v) $\dfrac{6s}{(s^2+2s+5)^2}$ (w) $\dfrac{3-7s}{s^4+2s^2+1}$

(x) $\dfrac{2s+9}{(s^2+4s+20)(s^2+2s+2)}$

3.8 다음 미분방정식의 완전해를 구하라.

(a) $y'+2y=0, \quad y(0)=1$ (b) $y'+2y=e^{-2t}, \quad y(0)=3$

(c) $y'-4y=e^{-3t}+3, \quad y(0)=-1$ (d) $y'+16y=te^{-3t}, \quad y(0)=0$

(e) $y''=0, \quad y(0)=1, y'(0)=1$ (f) $y''=u(t), \quad y(0)=1, y'(0)=1$

(g) $y''+2y'+2y=e^{-t}, \quad y(0)=y'(0)=0$

(h) $y''+2y'+y=e^{-t}, \quad y(0)=0, y'(0)=1$

(i) $y''+3y'+2y=u(t), \quad y(0)=y'(0)=0$

(j) $y''+7y'+12y=e^{-2t}, \quad y(0)=0, y'(0)=1$

(k) $y''+3y'+2y=\sin 2t, \quad y(0)=y'(0)=1$

(l) $y'' + 2y' + 5y = 2u(t), \quad y(0) = 0, y'(0) = 1$

3.9 다음의 각 신호에 대한 라플라스 변환을 구하고 ROC를 포함한 극-영점 도를 그려라.

(a) $x(t) = (5e^{-10t} + 2e^{-t})u(t) + 3e^{t}u(-t)$ (b) $x(t) = \sin\omega_o t\, u(-t)$

(c) $x(t) = \cos(\omega_o t + \pi/3)u(t)$ (d) $x(t) = \delta(t-T) - \delta(t+T)$

(e) $x(t) = e^{-a|t|}, \quad a > 0$ (f) $x(t) = e^{-a|t|}\cos\omega_o t, \quad a > 0$

(g) $x(t) = 1 - |t|$ (h) $x(t) = [e^{-(2-j2)t} + e^{-(2+j2)t}]u(t)$

(i) $x(t) = t\cos\omega_o(t-1)u(t-1)$ (j) $x(t) = t\cos\omega_o t\, u(t-1)$

(k) $x(t) = e^{-t}\cos(\omega_o t - 30^{\circ})u(t)$ (l) $x(t) = e^{-t}\sin(\omega_o t - 30^{\circ})u(t)$

3.10 다음에 대한 라플라스 역변환을 구하라.

(a) $X(s) = \dfrac{3s}{s^2 - s - 2}, \quad \text{Re}[s] > 2$

(b) $X(s) = \dfrac{3s}{s^2 - s - 2}, \quad -1 < \text{Re}[s] < 2$

(c) $X(s) = \dfrac{3s}{s^2 - s - 2}, \quad \text{Re}[s] < -1$

(d) $X(s) = \dfrac{s}{s^2 + 4}, \quad \text{Re}[s] < 0$

(e) $X(s) = \dfrac{2s + 1}{s + 2}, \quad \text{Re}[s] > -2$

(f) $X(s) = \dfrac{s^2 + 4s + 5}{s^2 + 5s + 6}, \quad \text{Re}[s] > -2$

(g) $X(s) = \dfrac{2s^2}{s^4 - 1}, \quad 0 < \text{Re}[s] < 1$

(h) $X(s) = \dfrac{4s}{s^4 + 4}, \quad -1 < \text{Re}[s] < 1$

4

이산 시스템

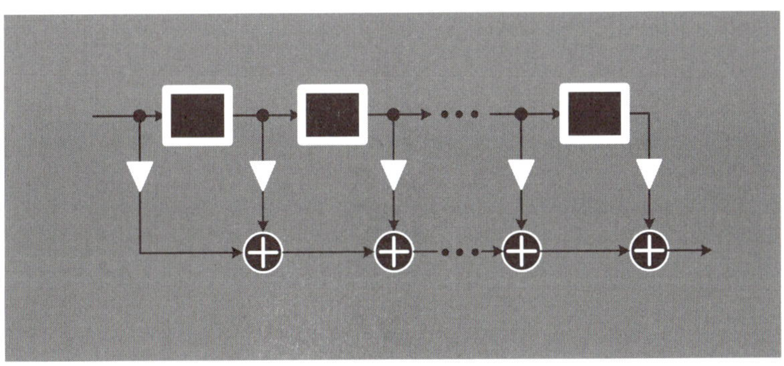

4.1 차분방정식

4.1.1 상계수 선형 차분방정식

LTI 이산 시스템의 경우는 입력 $x[n]$과 출력 $y[n]$의 관계는 상계수 선형 차분방정식으로 표시되며 그 일반적인 표준 형태는 다음과 같다.

$$\sum_{k=0}^{N} a_k y[n-k] = \sum_{k=0}^{M} b_k x[n-k] \quad (a_0 = 1) \tag{4.1-1}$$

특수한 입력 $x[n]$, $n \geq 0$에 대한 출력 $y[n]$은 특수해 $y_p[n]$과 보조해 $y_c[n]$의 두 종류 해를 갖는다. 이 중 보조해는 식 (4.1-1)에 대한 다음의 제차 방정식

$$\sum_{k=0}^{N} a_k y_c[n-k] = 0 \tag{4.1-2}$$

을 만족시키는 해이며 이에 대해 가정할 수 있는 해는 지수 수열 Kz^n이다. 그 이유는 임의의 k에 대해

$$y_c[n-k] = Kz^{n-k} = K(z^{-k})z^n = z^{-k} y_c[n] \tag{4.1-3}$$

과 같이 지연된 형태가 모두 같기 때문이다. 식 (4.1-2)에 $y_c[n]=Kz^n$을 대입하여 식 (4.1-3)을 이용하면

$$\left[\sum_{k=0}^{N} a_k z^{-k}\right] y_c[n] = 0 \tag{4.1-4}$$

위의 식이 모든 n에 대해 항상 성립하기 위해서는 다음과 같이 계수가

$$\sum_{k=0}^{N} a_k z^{-k} = 0 \tag{4.1-5}$$

이 되어야 하며 이 식을 특성 방정식이라 한다. 특성 방정식의 근인 특성근이 바로 가정된 보조해 Kz^n의 지수 z가 된다. 특히 2계 차분방정식의 경우 특성방정식이

$$1 + a_1 z^{-1} + a_2 z^{-2} = 0 \tag{4.1-6}$$

이며 특성근 z_1, z_2에 따른 보조해 $y_c[n]$의 형태는 다음과 같다.

$$y_c[n] = \begin{cases} K_1 z_1^n + K_2 z_2^n \quad (z = z_1, z_2) \quad \cdots\cdots(\text{i}) \\ K_1 z^n + K_2 n z^n \quad (z_1 = z_2 = z) \quad \cdots(\text{ii}) \\ r^n (K_1 \cos\Omega n + K_2 \sin\Omega n) \quad (\mathbf{z} = r\angle \pm \Omega) \quad \cdots(\text{iii}) \end{cases} \tag{4.1-7}$$

특히 특성근이 중근인 (ii)의 경우는 'n-곱하기'를 수행하여 같은 형태의 보조해를 서로 다른 형태로 만들어 준다. 예를 들어 3계 상계수 선형 차분방정식의 특성방정식이

$$(1 - \lambda z^{-1})^3 = 0 \tag{4.1-8}$$

일 경우 다음과 같이 같은 함수가 없어질 때까지 'n-곱하기'를 수행한다.

$$\begin{aligned} y_c[n] &= K_1\lambda^n + K_2\lambda^n + K_3\lambda^n \\ \xrightarrow{n\text{-곱하기}} \quad & K_1\lambda^n + K_2 n\lambda^n + K_3 n\lambda^n \\ \xrightarrow{n\text{-곱하기}} \quad & K_1\lambda^n + K_2 n\lambda^n + K_3 n^2\lambda^n \end{aligned} \tag{4.1-9}$$

특히 'n-곱하기'는 보조해 사이뿐 아니라 보조해와 특수해 사이, 특수해와 특수해 사이에서도 성립한다. 식 (4.1-7)의 (iii)의 경우는 특성근이 공액복소근인

$$\mathbf{z} = r\angle \pm \Omega = re^{\pm j\Omega} \tag{4.1-10}$$

인 경우로 보조해는 다음과 같이 표현할 수 있다.

$$\begin{aligned} y_c[n] &= \mathbf{c}(re^{j\Omega})^n + \mathbf{c}^*(re^{-j\Omega})^n = r^n(\mathbf{c}e^{jn\Omega} + \mathbf{c}^* e^{-jn\Omega}) \\ &= r^n[(\mathbf{c} + \mathbf{c}^*)\cos\Omega n + j(\mathbf{c} - \mathbf{c}^*)\sin\Omega n] \\ &= r^n[K_1 \cos\Omega n + K_2 \sin\Omega n] \end{aligned} \tag{4.1-11}$$

위의 식에서 $\mathbf{c}$와 $\mathbf{c}^*$는 서로 공액 관계이므로 $K_1 = \mathbf{c} + \mathbf{c}^*$, $K_2 = i(\mathbf{c} - \mathbf{c}^*)$로 하면 K_1과 K_2는 실수가 되는 것이다.

차분방정식의 특수해도 미정계수법으로 구할 수 있지만 번거롭다. 특수해의 일반식을 구하기 위해 다음의 1계 비제차 차분방정식을 살펴보자.

$$y[n] - ay[n-1] = x[n] \tag{4.1-12}$$

이 방정식의 충격 응답이 $h[n] = a^n u[n]$이다(식 2.2-5 참조). 따라서 임의의 비제차항 $x[n]$에 대한 특수해 $y_p[n]$은 $y_p[n] = x[n] * a^n u[n]$이며 이를 $x[n]$의 존재 구간이 $[-\infty, \infty]$인 경우에 대해 일반화하면 다음과 같다.

$$y_p[n]=a^n\sum_{k=-\infty}^{n}x[k]a^{-k} \quad \textbf{(4.1-13)}$$

여기서 합의 하한이 $-\infty$일 때 합이 발산하면 하한을 0으로 한다. 수열 합의 하한이 $-\infty$인 경우와 0인 경우는 합의 값이 임의의 상수 C만큼 차이가 나지만 이에 의해 생기는 Ca^n은 보조해의 일부가 될 뿐이다. 따라서 식 (4.1-21)에서 합의 하한이 $-\infty$나 0이 되어도 엄밀한 특수해에는 영향을 주지 않는다. 식 (4.1-12)의 일반해는 다음과 같다.

$$y[n]=y_p[n]+y_c[n]=a^n\sum_{k=-\infty}^{n}x[k]a^{-k}+Ka^n \quad \textbf{(4.1-14)}$$

예제 4.1 다음의 차분방정식에서 $x[n]=b^n$일 때 $y[n]$의 일반해를 구하라.

$$y[n]-ay[n-1]=x[n]$$

풀이 보조해는 $y_c[n]=Ka^n$이며 특수해는 식 (4.1-21)에서 $x[n]=b^n$이므로

$$y_p[n]=a^n\sum_{k=-\infty}^{n}x[k]a^{-k}=a^n\sum_{k=-\infty}^{n}b^k a^{-k}$$

(i) $a\neq b$일 경우; 표 1-1의 (v)를 이용하면

$$\sum_{k=-\infty}^{n}b^k a^{-k}=\sum_{k=-\infty}^{n}(b/a)^k=\frac{b^{n+1}}{b-a}a^{-n}$$

$$y_p[n]=a^n\sum_{k=0}^{n}(b/a)^k=\frac{b^{n+1}}{b-a}=\left(\frac{b}{b-a}\right)b^n$$

$$\therefore y[n]=\left(\frac{b}{b-a}\right)b^n+Ka^n$$

(ii) $a=b$일 경우; 수열의 합이

$$\sum_{k=-\infty}^{n}a^k a^{-k}=\sum_{k=-\infty}^{n}1\to\infty$$

따라서 합의 하한을 0으로 수정하면

$$\sum_{k=0}^{n}1=n+1$$

$$y_p[n]=(n+1)a^n=na^n+a^n$$

특수해 성분 중 a^n은 보조해의 일부이므로 엄밀한 특수해는

$$y_p[n] = na^n$$

$$\therefore\ y[n] = na^n + Ka^n$$

4.1.2 지연-연산자법

수열의 표본을 한 단계 선행시키는 연산자를 q라 한다. 즉

$$qy[n] = y[n+1] \tag{4.1-15}$$

이로부터 표본을 한 단계 지연시키는 연산자를 q^{-1}로 하면

$$q^{-1}y[n] = y[n-1] \tag{4.1-16}$$

연산자 q를 단위-선행 연산자로, q^{-1}을 단위-지연 연산자로 부르기로 한다. 지금부터 연산자 q에 변수 기능을 부과하기로 한다. 즉

$$q^{-1}\left(q^{-1}y[n]\right) = q^{-1}y[n-1] = y[n-2] = q^{-2}y[n] \tag{4.1-17}$$

및

$$q^{-1}\left(qy[n]\right) = q^{-1}y[n+1] = y[n] = q^{-1}qy[n] \tag{4.1-18}$$

변수 기능의 연산자 q의 성질을 일반화하면 임의의 정수 m, n에 대해

$$q^m q^n = q^{m+n} \tag{4.1-19}$$

이상의 연산자를 이용하여 식 (4.1-1)의 선형 차분방정식을 전달함수 형태로 표현할 수 있으며 이를 지연연산자법이라 하겠다(선행 연산은 물리적으로 실현 불가능하므로 지연연산자법이라 한 것이다). 식 (4.1-1)은

$$\sum_{k=0}^{N} a_k q^{-k} y[n] = \sum_{k=0}^{M} b_k q^{-k} x[n]$$

로 표현되므로 전달함수 $H(q)=y[n]/x[n]$은 다음과 같이 표현된다.

$$H(q) = \frac{\sum_{k=0}^{M} b_k q^{-k}}{\sum_{k=0}^{N} a_k q^{-k}} = \frac{b_0 + b_1 q^{-1} + \cdots + b_M q^{-M}}{1 + a_1 q^{-1} + \cdots + a_N q^{-N}} \quad (a_0 = 1) \tag{4.1-20}$$

차분 $x[n]-x[n-1]$을 지연연산자로 표현하면 다음과 같다.

$$x[n]-x[n-1]=(1-q^{-1})x[n] \qquad \textbf{(4.1-21)}$$

그리고 $x[n]$의 누산을 구하는 방정식 $y[n]-y[n-1]=x[n]$을 지연연산자로 표현하면 다음과 같다.

$$y[n]=\frac{1}{1-q^{-1}}x[n]=\sum_{k=-\infty}^{n}x[k] \qquad \textbf{(4.1-22)}$$

이로부터 다음의 관계식을 얻을 수 있다.

$$\frac{1}{1-q^{-1}}x[n]=\sum_{k=-\infty}^{n}x[k] \qquad \textbf{(4.1-23)}$$

그리고 식 (4.1-12) 방정식은 지연연산자로 표현하면

$$y[n]=\frac{1}{1-aq^{-1}}x[n] \qquad \textbf{(4.1-24)}$$

이며 해가 식 (4.1-13)이므로(편의상 합의 하한은 0으로 한다)

$$y[n]=a^n\sum_{k=0}^{n}x[k]a^{-k}=a^n\frac{1}{1-q^{-1}}[x[n]a^{-n}] \qquad \textbf{(4.1-25)}$$

위의 두 식으로부터 다음의 중요한 관계식을 구할 수 있다.

$$\frac{1}{1-aq^{-1}}x[n]=a^n\frac{1}{1-q^{-1}}[x[n]a^{-n}] \qquad \textbf{(4.1-26)}$$

따라서 임의의 전달함수 $H(q)$가 주어지면 이를 부분분수로 전개하면 식 (4.1-26)을 적용할 수 있어 편리하며 이를 지연연산자법이라 하겠다. 전달함수의 분모 다항식이 중근일 경우는 다음과 같이 정리된다.

$$\begin{aligned}
y[n]=\frac{1}{(1-aq^{-1})^2}x[n]&=\frac{1}{1-aq^{-1}}\left(\frac{1}{1-aq^{-1}}x[n]\right)\\
&=\frac{1}{1-aq^{-1}}\left(a^n\sum_{k=0}^{n}a^{-k}x[k]\right)\\
&=a^n\sum_{k=0}^{n}a^{-k}\left[a^k\sum_{m=0}^{k}a^{-m}x[m]\right]\\
&=a^n\sum_{k=0}^{n}\sum_{m=0}^{k}x[m]a^{-m}
\end{aligned}$$

$$= a^n \frac{1}{(1-q^{-1})^2} x[n]a^{-n} \tag{4.1-27}$$

따라서 식 (4.1-27)의 확장된 형태는 다음과 같다($m \geq 1$).

$$\frac{1}{(1-aq^{-1})^m} x[n] = a^n \frac{1}{(1-q^{-1})^m}[x[n]a^{-n}] \tag{4.1-28}$$

지금부터는 지연연산자법에 사용되는 모든 수열 합은 부정적분의 경우처럼 상한과 하한을 명시하지 않고 다음과 같이 표현하기로 한다.

(i) $\frac{1}{1-aq^{-1}} f[n] = a^n \sum f[n]a^{-n}$

(ii) $\frac{1}{(1-aq^{-1})^2} f[n] = a^n \sum\sum f[n]a^{-n}$

(iii) $\frac{1}{(1-aq^{-1})^3} f[n] = a^n \sum\sum\sum f[n]a^{-n}$

이에 맞추어 1장의 수열 합 공식은 다음과 같이 표현한다.

$$\begin{aligned}
&\text{(i)} \quad \sum 1 = n+1 \\
&\text{(ii)} \quad \sum n = \frac{n(n+1)}{2} \\
&\text{(iii)} \quad \sum n^2 = \frac{n(n+1)(2n+1)}{6} \\
&\text{(iv)} \quad \sum n^3 = \left\{\frac{n(n+1)}{2}\right\}^2 \\
&\text{(v)} \quad \sum z^{-n} = \frac{1}{1-z} z^{-n} \\
&\text{(vi)} \quad \sum nz^{-n} = \left\{\frac{1}{1-z} n - \frac{z}{(1-z)^2}\right\} z^{-n} \\
&\text{(vii)} \quad \sum n^2 z^{-n} = \left\{\frac{1}{1-z} n^2 - \frac{2z}{(1-z)^2} n + \frac{z+z^2}{(1-z)^3}\right\} z^{-n}
\end{aligned} \tag{4.1-29}$$

전달함수 $H(q)$의 부분분수 전개와 더불어 식 (4.1-28)과 (4.1-29)의 공식을 이용하면 차분방정식의 특수해를 보다 체계적으로 구할 수 있다. 다만 이 방법에 의하면 특수해에 보조해 일부가 포함될 수 있으므로 이를 빼주면 엄밀한 특수해를 얻을 수 있다.

부분분수 전개에서 인수가 공액복소수인 경우는

$$H(q) = \frac{N(q)}{(1-\mathbf{a}q^{-1})(1-\mathbf{a}^*q^{-1})} = \frac{\mathbf{k}}{1-\mathbf{a}q^{-1}} + \frac{\mathbf{k}^*}{1-\mathbf{a}^*q^{-1}} \quad \textbf{(4.1-30)}$$

이며 $\mathbf{a}$와 $\mathbf{k}$는 임의의 복소수이다. 공액복소수의 합은 실수부의 두 배이므로 실수열 x에 대해 $H(q)x$는 다음과 같이 구할 수 있다.

$$H(q)x = \frac{\mathbf{k}}{1-\mathbf{a}q^{-1}}x + \left(\frac{\mathbf{k}}{1-\mathbf{a}q^{-1}}x\right)^* = 2\,\mathrm{Re}\left[\frac{\mathbf{k}}{1-\mathbf{a}q^{-1}}x\right] \quad \textbf{(4.1-31)}$$

예제 4.2 다음 차분방정식의 특수해를 지연연산자법으로 구하라.

(a) $y[n] - 0.5y[n-1] = nu[n]$

(b) $y[n] - \frac{3}{4}y[n-1] + \frac{1}{8}y[n-2] = 0.5^n u[n]$

(c) $y[n] + 0.16y[n-2] = x[n-1] \quad (x[n] = (\frac{1}{3})^n u[n])$

풀이

(a) $y[n] = \dfrac{1}{1-0.5q^{-1}} n = (0.5)^n \sum n(0.5)^{-n}$

$$\sum n(0.5)^{-n} = \left\{\frac{1}{1-0.5}n - \frac{0.5}{(1-0.5)^2}\right\}(0.5)^{-n} = 2(n-1)(0.5)^{-n}$$

$$\therefore y_p[n] = (0.5)^n \times 2(n-1)(0.5)^{-n} = 2(n-1)$$

(b) $y[n] = \dfrac{1}{1-\frac{3}{4}q^{-1}+\frac{1}{8}q^{-2}} 0.5^n$

부분분수 전개하면

$$\frac{1}{1-\frac{3}{4}q^{-1}+\frac{1}{8}q^{-1}} = \frac{k_1}{1-\frac{1}{4}q^{-1}} + \frac{k_2}{1-\frac{1}{2}q^{-1}}$$

$$k_1 = \left.\frac{1}{1-\frac{1}{2}q^{-1}}\right|_{q=\frac{1}{4}} = -1, \quad k_2 = \left.\frac{1}{1-\frac{1}{4}q^{-1}}\right|_{q=\frac{1}{2}} = 2$$

따라서 특수해는

$$
\begin{aligned}
y_p[n] &= -\frac{1}{1-\frac{1}{4}q^{-1}}(\tfrac{1}{2})^n + \frac{2}{1-\frac{1}{2}q^{-1}}(\tfrac{1}{2})^n \\
&= -(\tfrac{1}{4})^n \sum (\tfrac{1}{2})^n (\tfrac{1}{4})^{-n} + 2(\tfrac{1}{2})^n \sum (\tfrac{1}{2})^n (\tfrac{1}{2})^{-n} \\
&= -(\tfrac{1}{4})^n \sum (\tfrac{1}{2})^{-n} + 2(\tfrac{1}{2})^n \sum 1 \\
&= -2(\tfrac{1}{2})^n + 2(n+1)(\tfrac{1}{2})^n \\
&= 2n(\tfrac{1}{2})^n
\end{aligned}
$$

(c) $y[n] = \dfrac{q^{-1}}{1+0.16q^{-2}}(\tfrac{1}{3})^n$

부분분수로 전개하면

$$\frac{q^{-1}}{1+0.16q^{-2}} = \frac{\mathbf{k}}{1-j0.4q^{-1}} + \frac{\mathbf{k}^*}{1+j0.4q^{-1}}$$

$$\mathbf{k} = \left.\frac{q^{-1}}{1+j0.4q^{-1}}\right|_{q=j0.4} = -j1.25$$

$$
\begin{aligned}
\frac{-j1.25}{1-j0.4q^{-1}}(\tfrac{1}{3})^n &= -j1.25(j0.4)^n \sum (\tfrac{1}{3})^n (j0.4)^{-n} \\
&= -j1.25(j0.4)^n \sum (j1.2)^{-n} \\
&= \frac{1.5-j1.25}{2.44}(\tfrac{1}{3})^n
\end{aligned}
$$

$$\therefore y_p[n] = 2\,\mathrm{Re}\left[\frac{1.5-j1.25}{2.44}(\tfrac{1}{3})^n\right] = 1.23(\tfrac{1}{3})^n$$

지연연산자에는 다음과 같이 몇 가지 편리한 성질이 있다($H(q)=N(q)/D(q)$).

$$
\begin{aligned}
&\text{(i) } H(q)C = H(1)C \quad (D(1) \neq 0) \\
&\text{(ii) } H(q)a^n = H(a)a^n \quad (D(a) \neq 0) \\
&\text{(iii) } H(q)a^n x[n] = a^n H(aq)x[n] \quad (D(aq) \neq 0)
\end{aligned}
\tag{4.1-32}
$$

지수 수열에 대해 $q^m a^n = a^{n+m} = a^m a^n$이므로 $q=a$로 한 것과 같다. 따라서 성질 (ii)가 증명되며 $a=1$인 상수 경우의 (i)도 따라서 증명된다. 또한 임의의 수열

$x[n]$에 대해

$$\frac{1}{1-\alpha q^{-1}} a^n x[n] = \alpha^n \sum a^n x[n] \alpha^{-n} = \alpha^n \sum x[n](\alpha/a)^{-n} \tag{4.1-33}$$

이므로 우변에 a^n을 곱해주고 나눠주면 다음과 같다.

$$\begin{aligned}\alpha^n \sum x[n](\alpha/a)^{-n} &= a^n [(\alpha/a)^n \sum x[n](\alpha/a)^{-n}] \\ &= a^n \frac{1}{1-(\alpha/a)q^{-1}} x[n] \\ &= a^n \frac{1}{1-\alpha(aq)^{-1}} x[n]\end{aligned} \tag{4.1-34}$$

위의 두 식으로부터

$$\frac{1}{1-\alpha q^{-1}} a^n x[n] = a^n \frac{1}{1-\alpha(aq)^{-1}} x[n] \tag{4.1-35}$$

이므로 이를 확대하면 다음과 같이 성질 (iii)이 증명된다.

$$H(q)a^n x[n] = a^n H(aq)x[n] \tag{4.1-36}$$

예제 4.3 다음 차분방정식의 특수해를 지연연산자법으로 구하라.

(a) $y[n]+0.16y[n-2]=x[n-1] \quad (x[n]=(\frac{1}{3})^n u[n])$

(b) $y[n]-\frac{3}{4}y[n-1]+\frac{1}{8}y[n-2]=0.5^n u[n]$

(c) $y[n]+0.5y[n-1]=n(1/3)^n u[n]$

풀이

(a) $y[n]=\dfrac{q^{-1}}{1+0.16q^{-2}}(\frac{1}{3})^n = \dfrac{(\frac{1}{3})^{-1}}{1+0.16(\frac{1}{3})^{-2}}(\frac{1}{3})^n = 1.23(\frac{1}{3})^n$

(b) $y[n]=\dfrac{1}{1-\frac{3}{4}q^{-1}+\frac{1}{8}q^{-2}}0.5^n$

$H(0.5)=\infty$이므로 부분분수로 전개하면

$$\frac{1}{(1-\frac{1}{4}q^{-1})(1-\frac{1}{2}q^{-1})}(\tfrac{1}{2})^n = \frac{-1}{1-\frac{1}{4}q^{-1}}(\tfrac{1}{2})^n + \frac{2}{1-\frac{1}{2}q^{-1}}(\tfrac{1}{2})^n$$

우변 첫 번째 항은

$$\frac{-1}{1-\frac{1}{4}q^{-1}}(\tfrac{1}{2})^n = \frac{-1}{1-\frac{1}{4}(\frac{1}{2})^{-1}}(\tfrac{1}{2})^n = -2(\tfrac{1}{2})^n$$

두 번째 항은

$$\frac{2}{1-\frac{1}{2}q^{-1}}(\tfrac{1}{2})^n = 2(\tfrac{1}{2})^n\sum(\tfrac{1}{2})^n(\tfrac{1}{2})^{-n} = 2(\tfrac{1}{2})^n\sum 1 = 2(n+1)(\tfrac{1}{2})^n$$

$$\therefore y_p[n] = -2(\tfrac{1}{2})^n + 2(n+1)(\tfrac{1}{2})^n = 2n(\tfrac{1}{2})^n$$

(c) $y[n] = \dfrac{1}{1+0.5q^{-1}}n(\tfrac{1}{3})^n$

식 (4.1-32)의 (iii)에 의해

$$\frac{1}{1+0.5q^{-1}}n(\tfrac{1}{3})^n = (\tfrac{1}{3})^n\frac{1}{1+0.5(q/3)^{-1}}n = (\tfrac{1}{3})^n\frac{1}{1+1.5q^{-1}}n$$

새로운 전달함수에 의한 계산은

$$\frac{1}{1+1.5q^{-1}}n = (-1.5)^n\sum n(-1.5)^{-n} = 0.4n + 0.24$$

$$\therefore y_p[n] = (\tfrac{1}{3})^n\frac{1}{1+1.5q^{-1}}n = 0.4n(\tfrac{1}{3})^n + 0.24(\tfrac{1}{3})^n$$

예제 4.4 다음 차분방정식의 특수해를 지연연산자법으로 구하라.

(a) $y[n]-ay[n-1] = na^n u[n]$

(b) $y[n]-ay[n-1] = n^2 a^n u[n]$

(c) $y[n]-2ay[n-1]+a^2 y[n-2] = a^n u[n]$

(d) $y[n]-y[n-1]+1/4\, y[n-2] = n(1/2)^n u[n]$

풀이

(a) $y_p[n] = \dfrac{1}{1-aq^{-1}}na^n = a^n\sum na^n a^{-n} = a^n\sum n = \dfrac{n(n+1)}{2}a^n$

(b) $y_p[n] = \dfrac{1}{1-aq^{-1}}n^2 a^n = a^n\sum n^2 a^n a^{-n} = a^n\sum n^2 = \dfrac{n(n+1)(2n+1)}{6}a^n$

(c) $y_p[n] = \dfrac{1}{(1-aq^{-1})^2} a^n = a^n \sum\sum a^n a^{-n} = a^n \sum\sum 1$

$$\sum\sum 1 = \sum(n+1) = \frac{n(n+1)}{2} + n + 1 = 0.5n^2 + 1.5n + 1$$

$$y_p[n] = 0.5n^2 a^n + \underbrace{1.5na^n + a^n}_{\text{보조해}}$$

$$\therefore\ y_p[n] = 0.5n^2 a^n$$

(d) $y_p[n] = \dfrac{1}{(1-\frac{1}{2}q^{-1})^2} n(\tfrac{1}{2})^n = (\tfrac{1}{2})^n \sum\sum n(\tfrac{1}{2})^n(\tfrac{1}{2})^{-n} = (\tfrac{1}{2})^n \sum\sum n$

$$\sum\sum n = \sum(0.5n^2 + 0.5n) = \frac{1}{6}n^3 + \frac{1}{2}n^2 + \frac{1}{3}n$$

$$y_p[n] = \frac{1}{6}n^3(\tfrac{1}{2})^n + \frac{1}{2}n^2(\tfrac{1}{2})^n + \underbrace{\tfrac{1}{3}n(\tfrac{1}{2})^n}_{\text{보조해}}$$

$$\therefore\ y_p[n] = \frac{1}{6}n^3(\tfrac{1}{2})^n + \frac{1}{2}n^2(\tfrac{1}{2})^n$$

4.2 이산 시스템의 응답

4.2.1 충격응답과 계단응답

전달함수가 $H(q)$인 이산 시스템의 충격응답 $h[n]$과 계단응답 $s[n]$은 각각

$$h[n] = H(q)\delta[n] \tag{4.2-1}$$

및

$$s[n] = H(q)u[n] \tag{4.2-2}$$

로 구할 수 있다. 그리고 충격응답의 누산은

$$\sum_{k=-\infty}^{n} \delta[n] = u[n] \tag{4.2-3}$$

이며 앞으로는 식 (4.1-29)에서 약속한 형식과 같이

$$\sum \delta[n] = u[n] \tag{4.2-4}$$

로 표현하기로 한다. 전달함수가 $H(q)=1/(1-aq^{-1})$인 1차 시스템의 충격응답은

$$\begin{aligned} h[n] &= \frac{1}{1-aq^{-1}}\delta[n] = a^n \sum \delta[n]a^{-n} = a^n \sum \delta[n]a^0 \\ &= a^n \sum \delta[n] \\ &= a^n u[n] \end{aligned} \tag{4.2-5}$$

그리고 계단응답은

$$s[n] = \frac{1}{1-aq^{-1}}u[n] = a^n \sum u[n]a^{-n} \tag{4.2-6}$$

여기서 수열 합은

$$\begin{aligned} \sum u[n]a^{-n} &= \sum_{k=0}^{n} a^{-k} \\ &= \frac{1}{1-a}a^{-n} - \frac{a}{1-a}, \quad n \geq 0 \end{aligned} \tag{4.2-7}$$

따라서

$$s[n] = \frac{1}{1-a}[1-a^{n+1}]u[n] \tag{4.2-8}$$

이상으로 $0<a<1$에 대한 충격응답과 계단응답을 도시하면 그림 4-1과 같다.

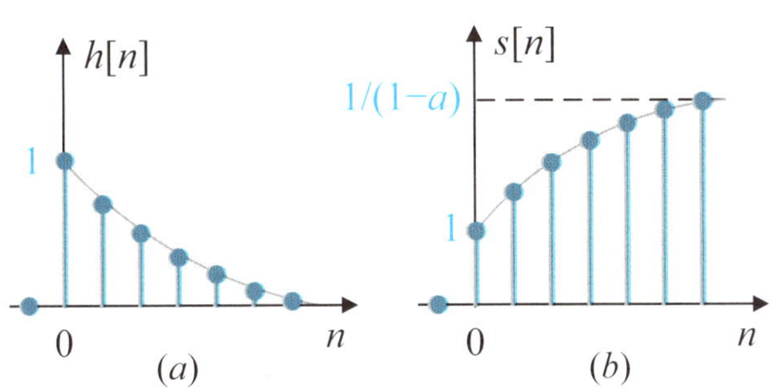

그림 4-1 1계 이산 시스템의 (a) 충격응답 (b) 계단응답

2차 시스템의 전달함수에는 분모 다항식의 판별식 D에 따라 다음의 세 경우로 나눌 수 있다.

$$H(q) = \frac{1}{1+\alpha_1 q^{-1} + \alpha_2 q^{-2}} = \begin{cases} \dfrac{k_1}{1-a_1 q^{-1}} + \dfrac{k_2}{1-a_2 q^{-1}} & (D>0) \cdots \text{(i)} \\ \dfrac{1}{(1-aq^{-1})^2} & (D=0) \cdots\cdots\cdots\cdots \text{(ii)} \\ \dfrac{\mathbf{k}}{1-\mathbf{a}q^{-1}} + \dfrac{\mathbf{k}^*}{1-\mathbf{a}^* q^{-1}} & (D<0) \cdots \text{(iii)} \end{cases} \tag{4.2-9}$$

식 (4.2-9)의 (i)의 경우는 충격응답이 식 (4.2-5)로부터 다음과 같다.

$$h[n] = \frac{k_1}{1-a_1 q^{-1}}\delta[n] + \frac{k_2}{1-a_2 q^{-1}}\delta[n] = [k_1 a_1^n + k_2 a_2^n]u[n] \tag{4.2-10}$$

식 (4.2-9)의 (ii)의 경우는

$$\begin{aligned} h[n] &= \frac{1}{(1-aq^{-1})^2}\delta[n] = a^n \sum\sum \delta[n] a^{-n} = a^n \sum\sum \delta[n] \\ &= a^n \sum u[n] \\ &= (n+1)a^n \end{aligned} \tag{4.2-11}$$

식 (4.2-9)의 (iii)의 경우 충격응답은

$$h[n] = 2\,\mathrm{Re}\left[\frac{\mathbf{k}}{1-\mathbf{a}q^{-1}}\delta[n]\right] = 2\,\mathrm{Re}[\mathbf{k}\mathbf{a}^n]u[n] \tag{4.2-12}$$

여기서 복소수 **a**와 **k**를 극좌표 형식으로 하면

$$\mathbf{a} = a\angle\Omega, \quad \mathbf{k} = k\angle\theta \tag{4.2-13}$$

이로부터

$$\mathbf{k}\mathbf{a}^n = k\angle\theta \cdot a^n \angle\Omega n = ka^n \angle(\Omega n + \theta) = ka^n e^{j(\Omega n + \theta)} \tag{4.2-14}$$

따라서 충격응답은 다음과 같이 표현된다.

$$h[n] = 2\,\mathrm{Re}[\mathbf{k}\mathbf{a}^n]u[n] = 2ka^n\cos(\Omega n + \theta)u[n] \qquad \textbf{(4.2-15)}$$

이상으로 2차 시스템의 충격응답 특성을 종합하면 다음과 같다.

$$h[n] = \begin{cases} [k_1 a_1^n + k_2 a_2^n]u[n] & (D > 0) \cdots\cdots\cdots\text{(i)} \\ (n+1)a^n u[n] & (D = 0) \cdots\cdots\cdots\cdots\text{(ii)} \\ Aa^n\cos(\Omega n + \theta)u[n] & (D < 0) \cdots\text{(iii)} \end{cases} \qquad \textbf{(4.2-16)}$$

위의 식에서 (i)이 과제동이고 (ii)가 임계제동이며 (iii)이 부족제동이다. 시스템의 충격응답은 시스템 해석에서 매우 중요하게 취급된다.

예제 4.5 다음 차분방정식으로 표현되는 시스템의 충격응답을 구하라.

(a) $y[n] - 0.25y[n-2] = 3x[n] - 0.5x[n-1]$

(b) $y[n] + 0.8y[n-1] + 0.16y[n-2] = x[n]$

(c) $y[n] + 0.09y[n-2] = x[n]$

풀이

(a) $H(q) = \dfrac{3 - 0.5q^{-1}}{1 - 0.25q^{-2}} = \dfrac{3 - 0.5q^{-1}}{(1 - 0.5q^{-1})(1 + 0.5q^{-1})} = \dfrac{1}{1 - 0.5q^{-1}} + \dfrac{2}{1 + 0.5q^{-1}}$

$\therefore h(n) = [(0.5)^n + 2(-0.5)^n]u[n]$

(b) $H(q) = \dfrac{1}{1 + 0.8q^{-1} + 0.16q^{-2}} = \dfrac{1}{(1 + 0.8q^{-1})^2}$

$\therefore h(n) = \dfrac{1}{(1 + 0.8q^{-1})^2}\delta[n] = (n+1)(0.8)^n u[n]$

(c) $H(q) = \dfrac{1}{1 + 0.09q^{-2}} = \dfrac{1}{(1 - i0.3q^{-1})(1 + i0.3q^{-1})}$

$\dfrac{1}{(1 - i0.3q^{-1})(1 + i0.3q^{-1})} = \dfrac{\mathbf{k}}{1 - \mathbf{a}q^{-1}} + \dfrac{\mathbf{k}^*}{1 - \mathbf{a}^* q^{-1}}$

$\mathbf{a} = j0.3 = 0.3\angle\pi/2, \quad \mathbf{k} = \left.\dfrac{1}{1 + j0.3q^{-1}}\right|_{q = j0.3} = 0.5$

$\therefore h[n] = (0.3)^n\cos(\pi/2\,n)u[n]$

4.2.2 주파수응답

미분방정식에서와 같이 차분방정식에서도 페이저를 이용하면 간단히 구할 수 있다. 임의의 정현 수열 $x[n]$에 대한 페이저를 $\mathbf{X}$라 하면 다음과 같다.

$$x[n] = A\sin(\Omega n + \theta) \quad \leftrightarrow \quad \mathbf{X} = A\angle\theta \tag{4.2-17}$$

그리고 $x[n]$을 선행시키면

$$qx[n] = A\sin\big(\Omega(n+1) + \theta\big) = A\sin(\Omega n + \theta + \Omega) \tag{4.2-18}$$

이므로 이에 대한 페이저는 다음과 같음을 알 수 있다.

$$A\sin(\Omega n + \theta + \Omega) \quad \leftrightarrow \quad (1\angle\Omega)(A\angle\theta) = (1\angle\Omega)\mathbf{X} \tag{4.2-19}$$

따라서 위의 두 관계로부터 다음의 연산관계를 얻을 수 있다.

$$qx[n] \quad \leftrightarrow \quad (1\angle\Omega)\mathbf{X} \tag{4.2-20}$$

물론 $x[n]$을 지연시키는 경우로 확대하면

$$q^{-1}w[n] \quad \leftrightarrow \quad (1\angle-\Omega)\mathbf{X} \tag{4.2-21}$$

이제 단일 연산자 q를 전달함수 $H(q)$의 차원으로 확대하면

$$y[n] = H(q)x[n] \quad \leftrightarrow \quad \mathbf{Y} = \mathbf{H}(1\angle\Omega)\mathbf{X} \tag{4.2-22}$$

여기서

$$\mathbf{H}(1\angle\Omega) = \mathbf{H}(e^{j\Omega}) \tag{4.2-23}$$

를 복소 전달함수 또는 주파수 응답이라 한다.

예제 4.6 다음 차분방정식의 특수해를 페이저로 구하라.

(a) $y[n] - \dfrac{5}{6}y[n-1] + \dfrac{1}{6}y[n-2] = x[n], \quad x[n] = \sin\dfrac{\pi}{2}n$

(b) $y[n] + 0.49y[n-2] = x[n] + 0.5x[n-1], \quad x[n] = \sin\left(\dfrac{\pi}{3}n + \dfrac{\pi}{4}\right)$

(c) $y[n] + 0.8y[n-1] = x[n], \quad x[n] = (0.8)^n \cos\dfrac{\pi}{2}n$

풀이

(a) 전달함수 $H(q)$와 주파수 Ω 및 비제차항 페이저 $\mathbf{X}$가 다음과 같다.

$$H(q)=\frac{1}{1-\frac{5}{6}q^{-1}+\frac{1}{6}q^{-2}},\quad \Omega=\frac{\pi}{2},\quad \mathbf{X}=1$$

이로부터 $y[n]$은 다음과 같은 과정으로 구해진다.

$$1\angle\Omega=1\angle\pi/2=j$$

$$\mathbf{Y}=\mathbf{H}(1\angle\Omega)=\frac{1}{1+j\frac{5}{6}-\frac{1}{6}}=0.6\sqrt{2}\angle(-\pi/4)$$

$$\therefore\ y_p=0.6\sqrt{2}\sin\left(\frac{\pi}{2}n-\frac{\pi}{4}\right)$$

(b) 전달함수 $H(q)$와 주파수 Ω 및 비제차항 페이저 $\mathbf{X}$가 다음과 같다.

$$H(q)=\frac{1+0.5q^{-1}}{1+0.49q^{-2}},\quad \Omega=\frac{\pi}{3},\quad \mathbf{X}=1\angle\pi/4$$

$y[n]$은 다음과 같은 과정으로 구해진다.

$$1\angle\Omega=1\angle\pi/3$$

$$\mathbf{H}(1\angle\Omega)=\frac{1+0.5(1\angle-\pi/3)}{1+0.49(1\angle-2\pi/3)}=1.527\angle 0.057\pi$$

$$\mathbf{Y}=\mathbf{H}(1\angle\Omega)\mathbf{X}=1.527\angle(0.057+0.25)\pi$$

$$\therefore\ y=1.527\sin\left(\frac{\pi}{2}n+0.307\pi\right)$$

(c) $$y[n]=\frac{1}{1+0.8q^{-1}}\cos\frac{\pi}{2}n=(0.8)^n\frac{1}{1+0.8(0.8q)^{-1}}\cos\frac{\pi}{2}n$$

$$=(0.8)^n\frac{1}{1+q^{-1}}\cos\frac{\pi}{2}n$$ (식 (4.1-32)의 (iii)으로부터)

새로운 전달함수 $H(q)$와 주파수 Ω 및 비제차항 페이저 $\mathbf{X}$는 다음과 같다.

$$H(q)=\frac{1}{1+q^{-1}},\quad \Omega=\frac{\pi}{2},\quad \mathbf{X}=1$$

$$\mathbf{H}(1\angle\Omega)\mathbf{X}=\frac{1}{1+1\angle(-\pi/2)}=0.707\angle(-\pi/4)$$

$$\therefore\ y[n]=0.707(0.8)^n\cos\left(\frac{\pi}{2}n-\frac{\pi}{4}\right)$$

4.3 z-변환

4.3.1 z-변환의 정의

임의의 수열 $x[n], n\geq 0$에 대한 z-변환은 다음과 같이 정의된다.

$$\mathcal{Z}[x[n]] = X(z) \equiv \sum_{n=0}^{\infty} x[n]z^{-n} \tag{4.3-1}$$

함수 $X(z)$는 $x[n]$의 z-변환이고 $x[n]$은 $X(z)$의 z-역변환이며 기호로는

$$x[n] = \mathcal{Z}^{-1}[X(z)] \tag{4.3-2}$$

그리고 z-변환쌍은 다음과 같이 간단히 표현한다.

$$x[n] \overset{\mathcal{Z}}{\longleftrightarrow} X(z)$$

다음은 중요 함수의 z-변환쌍이다.

$$\begin{aligned} &(a) \quad \delta[n] \overset{\mathcal{Z}}{\longleftrightarrow} 1 \\ &(b) \quad u[n] \overset{\mathcal{Z}}{\longleftrightarrow} \frac{1}{1-z^{-1}} \\ &(c) \quad a^n u[n] \overset{\mathcal{Z}}{\longleftrightarrow} \frac{1}{1-az^{-1}} \end{aligned} \tag{4.3-3}$$

충격함수 z-변환인 (a)는 다음과 같이 증명된다.

$$\mathcal{Z}[\delta[n]] = \sum_{n=0}^{\infty} \delta[n]z^{-n} = \sum_{n=0}^{\infty} \delta[n]z^{0} = \sum_{n=0}^{\infty} \delta[n] = 1 \tag{4.3-4}$$

지수함수 $a^n u[n]$의 z-변환인 (c)는

$$\mathcal{Z}[a^n u[n]] = \sum_{n=0}^{\infty} a^n z^{-n} = \sum_{n=0}^{\infty} (a/z)^n = \frac{1}{1-az^{-1}}, \quad |z| > |a| \tag{4.3-5}$$

그리고 위의 식에서 a=1로 하면 계단함수 $u[n]$의 z-변환인 (b)가 증명된다. 라플라스 역변환과 마찬가지로 z-역변환도 부분분수 전개를 이용한다.

4.3.2 z-변환의 성질

라플라스 변환과 마찬가지로 z-변환도 그 성질을 잘 이해하면 보다 효율적으로 사용할 수 있다. 적분과 합은 선형적인 연산자이므로 z-변환도 당연히 선형적이다. 즉

$$a_1x_1[n]+a_2x_2[n]\overset{\mathcal{Z}}{\longleftrightarrow}a_1X_1(z)+a_2X_2(z) \tag{4.3-6}$$

식 (4.3-3)의 (c)에서 지수 a가

$$\mathbf{a}=1\angle\Omega \tag{4.3-7}$$

와 같이 크기는 1이고 편각이 Ω인 복소지수 함수인 경우는

$$\mathbf{a}^n=(1\angle\Omega)^n=1\angle\Omega n=e^{j\Omega n}=\cos\Omega n+j\sin\Omega n \tag{4.3-8}$$

이며 그 z-변환은 다음과 같다.

$$(1\angle\Omega)^n\overset{\mathcal{Z}}{\longleftrightarrow}\frac{1}{1-(1\angle\Omega)z^{-1}} \tag{4.3-9}$$

위의 식과 오일러 공식을 이용하면 사인 및 코사인 함수의 z-변환을 구할 수 있으며 그 결과는 다음과 같다.

$$\begin{aligned}&\text{(a)}\ \cos\Omega n\overset{\mathcal{Z}}{\longleftrightarrow}\frac{1-\cos\Omega z^{-1}}{1-2\cos\Omega z^{-1}+z^{-2}}\\&\text{(b)}\ \sin\Omega n\overset{\mathcal{Z}}{\longleftrightarrow}\frac{\sin\Omega z^{-1}}{1-2\cos\Omega z^{-1}+z^{-2}}\end{aligned} \tag{4.3-10}$$

즉 오일러 공식에 의해

$$\begin{cases}2\cos\Omega n=(1\angle\Omega)^n+(1\angle-\Omega)^n\\ j2\sin\Omega n=(1\angle\Omega)^n-(1\angle-\Omega)^n\end{cases} \tag{4.3-11}$$

이로부터 코사인 함수의 z-변환 (a)는 다음과 같이 증명된다.

$$\begin{aligned}\mathcal{Z}[2\cos\Omega n]&=\mathcal{Z}\left[(1\angle\Omega)^n\right]+\mathcal{Z}\left[(1\angle-\Omega)^n\right]\\&=\frac{1}{1-(1\angle\Omega)z^{-1}}+\frac{1}{1-(1\angle-\Omega)z^{-1}}\\&=2\times\frac{1-\cos\Omega z^{-1}}{1-2\cos\Omega z^{-1}+z^{-2}}\end{aligned} \tag{4.3-12}$$

아울러 사인 함수의 z-변환 (b)도 다음과 같이 증명된다.

$$\begin{aligned}\mathcal{Z}[j2\sin\Omega n] &= \mathcal{Z}\left[(1\angle\Omega)^n\right]-\mathcal{Z}\left[(1\angle-\Omega)^n\right] \\ &= \frac{1}{1-(1\angle\Omega)z^{-1}}-\frac{1}{1-(1\angle-\Omega)z^{-1}} \\ &= j2\times\frac{\sin\Omega z^{-1}}{1-2\cos\Omega z^{-1}+z^{-2}}\end{aligned} \tag{4.3-13}$$

성질 1 컨벌류션

라플라스 변환과 마찬가지로 z-변환도 복잡한 컨벌류션 합을 다음과 같이 곱의 형태로 표현할 수 있다.

$$x_1[n]*x_2[n]\xleftrightarrow{\mathcal{Z}}X_1(z)X_2(z) \tag{4.3-14}$$

식 (2.2-7)에서 $x[n]=x_1[n]$, $h[n]=x_2[n]$로 하고 $n<0$에 대해 $x_1[n]=x_2[n]=0$임을 고려하면 컨벌류션 합의 z-변환은 다음과 같다.

$$\begin{aligned}\mathcal{Z}\left[\sum_{k=0}^{\infty}x_1[k]x_2[n-k]\right] &= \sum_{n=0}^{\infty}\sum_{k=0}^{\infty}x_1[k]x_2[n-k]z^{-n} \\ &= \sum_{k=0}^{\infty}x_1[k]\sum_{n=0}^{\infty}x_2[n-k]z^{-n} \\ &= \sum_{k=0}^{\infty}x_1[k]\sum_{m=-k}^{\infty}x_2[m]z^{-(m+k)} \\ &= \sum_{k=0}^{\infty}x_1[k]z^{-k}\sum_{m=0}^{\infty}x_2[m]z^{-m} \\ &= X_2(z)\sum_{k=0}^{\infty}x_1[k]z^{-k} \\ &= X_2(z)X_1(z)\end{aligned} \tag{4.3-15}$$

컨벌류션 성질 역시 이산 시스템의 응답을 구하는데 매우 편리하다. 충격응답이 $h[n]$인 시스템의 입력이 $x[n]$이고 출력이 $y[n]$일 때 라플라스 변환 $X(z)$와 $Y(z)$의 관계는

$$y[n]=h[n]*x[n]\xleftrightarrow{\mathcal{Z}}Y(z)=H(z)X(z) \tag{4.3-16}$$

이므로 출력 $y[n]$은

$$y[n]=\mathfrak{Z}^{-1}[H(z)X(z)] \qquad \textbf{(4.3-17)}$$

이며 이는 부분분수 전개로 간단히 구할 수 있다. 그리고 입력과 출력의 비

$$H(z)=\frac{Y(z)}{X(z)}=\mathfrak{Z}[h[n]] \qquad \textbf{(4.3-18)}$$

는 전달함수가 되며 이것이 곧 충격응답의 z-변환임을 알 수 있다.

성질 2 변조

임의의 수열 $x[n]$에 지수수열 a^n을 곱하는 작용을 변조라 한다. 변조된 수열과 원래 수열의 z-변환은 다음과 같은 관계가 있다.

$$a^n x[n] \overset{\mathfrak{Z}}{\longleftrightarrow} X(z/a) \qquad \textbf{(4.3-19)}$$

증명은 다음과 같이 간단하다.

$$\mathfrak{Z}\left[a^n x[n]\right]=\sum_{n=0}^{\infty} a^n x[n] z^{-n}=\sum_{n=0}^{\infty} x[n](z/a)^{-n}=X(z/a) \qquad \textbf{(4.3-20)}$$

변조된 사인 코사인 수열의 z-변환은 식 (4.3-11)로 부터 다음과 같다.

$$\begin{aligned}
&\text{(a)}\ \ r^n \cos\Omega n \overset{\mathfrak{Z}}{\longleftrightarrow} \frac{1-r\cos\Omega z^{-1}}{1-2r\cos\Omega z^{-1}+r^2 z^{-2}} \\
&\text{(b)}\ \ r^n \sin\Omega n \overset{\mathfrak{Z}}{\longleftrightarrow} \frac{r\sin\Omega z^{-1}}{1-2r\cos\Omega z^{-1}+r^2 z^{-2}}
\end{aligned} \qquad \textbf{(4.3-21)}$$

성질 3 이동

임의의 함수 $x[n]$을 시간상에서 지연시킨 $x[n-n_o]$의 z-변환은

$$\begin{aligned}
&\text{(a)}\ \ x[n-n_o] \overset{\mathfrak{Z}}{\longleftrightarrow} z^{-n_o}X(z)+\sum_{m=-n_o}^{-1} x[m] z^{-(m+n_o)} \quad (\text{지연}) \\
&\text{(b)}\ \ x[n+n_o] \overset{\mathfrak{Z}}{\longleftrightarrow} z^{n_o}X(z)-\sum_{m=0}^{n_o-1} x[m] z^{-(m-n_o)} \quad (\text{선행})
\end{aligned} \qquad \textbf{(4.3-22)}$$

식 (a)의 증명은 다음과 같다.

$$
\begin{aligned}
\mathcal{Z}[x[n-n_o]] &= \sum_{n=0}^{\infty} x[n-n_o]z^{-n} = \sum_{m=-n_o}^{\infty} x[m]z^{-(m+n_o)} \\
&= z^{-n_o}\left[\sum_{m=0}^{\infty} x[m]z^{-m} + \sum_{m=-n_o}^{-1} x[m]z^{-m}\right] \\
&= z^{-n_o}\left[X(z) + \sum_{m=-n_o}^{-1} x[m]z^{-m}\right] \\
&= z^{-n_o}X(z) + \sum_{m=-n_o}^{-1} x[m]z^{-(m+n_o)}
\end{aligned}
\qquad \textbf{(4.3-23)}
$$

예를 들어 n_o=3일 경우는

$$\mathcal{Z}[x[n-3]] = z^{-3}X(z) + z^{-2}x[-1] + z^{-1}x[-2] + x[-3]$$

만일 $x[n]=x[n]u[n]$으로 $n\geq 0$으로 제한된 경우는 식 (4.3-22)(a)는 다음과 같이 간단한 형태가 된다.

$$x[n-n_o] \overset{\mathcal{Z}}{\longleftrightarrow} z^{-n_o}X(z) \qquad \textbf{(4.3-24)}$$

예를 들면

$$\delta[n-n_o] \overset{\mathcal{Z}}{\longleftrightarrow} z^{-n_o} \qquad \textbf{(4.3-25)}$$

식 (4.3-22)(b)의 경우는 다음과 같이 증명된다.

$$
\begin{aligned}
\mathcal{Z}[x[n+n_o]] &= \sum_{n=0}^{\infty} x[n+n_o]z^{-n} = \sum_{m=n_o}^{\infty} x[m]z^{-(m-n_o)} \\
&= z^{n_o}\left[\sum_{m=0}^{\infty} x[m]z^{-m} - \sum_{m=0}^{n_o-1} x[m]z^{-m}\right] \\
&= z^{n_o}\left[X(z) - \sum_{m=0}^{n_o-1} x[m]z^{-m}\right] \\
&= z^{n_o}X(z) - \sum_{m=0}^{n_o-1} x[m]z^{-(m-n_o)}
\end{aligned}
\qquad \textbf{(4.3-26)}
$$

예를 들어 n_o=3일 경우는

$$\mathfrak{Z}\big[x[n+3]\big] = z^3 X(z) - z^3 x[0] - z^2 x[1] - zx[2]$$

전달함수 $H(z)$는 시스템을 묘사하는 차분방정식으로부터 구할 수 있으며 여기에는 식 (4.3-22)가 결정적인 역할을 한다. 즉 시간영역상에서

$$y[n] = H(q)x[n] = \frac{N(q)}{D(q)}x[n] \tag{4.3-27}$$

이므로 양변에 $D(q)$를 곱하면

$$D(q)y[n] = N(q)x[n] \tag{4.3-28}$$

전달함수 $H(z)$를 구하기 위해서는 위 식의 양변에 z-변환을 취하되 $x[n]$과 $y[n]$의 모든 초기조건은 0으로 한다. 즉

$$q^k y[n] \overset{\mathfrak{Z}}{\longleftrightarrow} z^k Y(z), \quad q^k x[n] \overset{\mathfrak{Z}}{\longleftrightarrow} z^k X(z) \tag{4.3-29}$$

위의 식을 바탕으로 식 (4.3-28)의 양변에 z-변환을 취하면

$$D(z)Y(z) = N(z)X(z) \tag{4.3-30}$$

이므로 전달함수 $H(z)=Y(z)/X(z)$는

$$H(z) = \frac{N(z)}{D(z)} \tag{4.3-31}$$

그리고 식 (4.3-18)로부터 $H(z)$는 $h[n]$의 z-변환임을 고려하면 시스템의 차분방정식과 충격응답 및 전달함수의 관계는 다음과 같다.

$$H(z) = \frac{N(z)}{D(z)} = \mathfrak{Z}[h[n]] \tag{4.3-32}$$

위 식은 이산 시스템 해석에서 가장 중요한 개념이다.

성질 4 z-상의 미분

$$nx[n] \overset{\mathfrak{Z}}{\longleftrightarrow} -z\frac{dX(z)}{dz} \tag{4.3-33}$$

위 식에 대한 증명은 다음과 같다.

$$\begin{aligned}\frac{dX(z)}{dz} &= \frac{d}{dz}\sum_{n=0}^{\infty} x[n]z^{-n} = \sum_{n=0}^{\infty} x[n]\frac{dz^{-n}}{dz} = -z^{-1}\sum_{n=0}^{\infty} nx[n]z^{-n} \\ &= -z^{-1}\mathfrak{Z}\big[nx[n]\big]\end{aligned} \tag{4.3-34}$$

이로부터 수열 na^n 및 n^2a^n의 z-변환을 순차적으로 구해보면 다음과 같다.

$$\mathcal{Z}[na^n] = -z\frac{d}{dz}\mathcal{Z}[a^n] = -z\frac{d}{dz}\left[\frac{1}{1-az^{-1}}\right] = \frac{az^{-1}}{(1-az^{-1})^2} \quad \textbf{(4.3-35)}$$

$$\mathcal{Z}[n^2a^n] = -z\frac{d}{dz}\mathcal{Z}[na^n] = -z\frac{d}{dz}\left[\frac{az^{-1}}{(1-az^{-1})^2}\right] = \frac{az^{-1}+a^2z^{-2}}{(1-az^{-1})^3} \quad \textbf{(4.3-36)}$$

위의 결과를 이용하면 보다 일반적인 다음 식을 얻을 수 있다(부록 C 참조).

$$\frac{(n+1)\cdots(n+k-1)}{(k-1)!}a^n u[n] \overset{\mathcal{Z}}{\longleftrightarrow} \frac{1}{(1-az^{-1})^k}, \quad k \ge 2 \quad \textbf{(4.3-37)}$$

성질 5 누산

$$\sum_{k=-\infty}^{n} x[k] \overset{\mathcal{Z}}{\longleftrightarrow} \frac{X(z)}{1-z^{-1}} \quad \textbf{(4.3-38)}$$

누산은 계단함수를 이용하면 다음과 같이 컨벌류션 합으로 표현할 수 있다.

$$\sum_{k=-\infty}^{n} x[k] = \sum_{k=-\infty}^{\infty} x[k]u[n-k] = x[n]*u[n] \quad \textbf{(4.3-39)}$$

여기서

$$u[n] \overset{\mathcal{Z}}{\longleftrightarrow} \frac{1}{1-z^{-1}} \quad \textbf{(4.3-40)}$$

및 식 (4.3-14)의 컨벌류션 성질을 이용하면 식 (4.3-38)이 증명된다.

입력이 $x[n]=\delta[n]$인 경우 $X(z)=1$이므로 충격응답은

$$y[n] = \mathcal{Z}^{-1}[H(z)\cdot 1] = h[n] \quad \textbf{(4.3-41)}$$

또한 $x[n]=u[n]$ 즉 $X(z)=1/(1-z^{-1})$인 경우의 계단응답은

$$y[n] = \mathcal{Z}^{-1}\left[\frac{H(z)}{1-z^{-1}}\right] = s[n] \quad \textbf{(4.3-42)}$$

이상으로 충격응답과 계단응답의 관계는 다음과 같다.

$$h[n] \overset{\mathcal{Z}}{\longleftrightarrow} H(z), \quad s[n] \overset{\mathcal{Z}}{\longleftrightarrow} \frac{H(z)}{1-z^{-1}}$$

따라서 식 (4.3-38)의 성질에 의해 충격응답과 계단응답의 관계는 다음과 같은 중요한 관계가 있다.

$$s[n]=\sum_{k=0}^{\infty}h[k] \tag{4.3-43}$$

즉 계단응답은 충격응답의 누산이며 역으로 충격응답은

$$h[n]=s[n]-s[n-1] \tag{4.3-44}$$

와 같이 계단응답의 차분에 해당됨을 알 수 있다.

4.3.3 z-역변환

일반적으로 z-역변환은 부분분수 전개를 이용한다. 일반적인 z-변환은 다음과 같이 z^{-1}의 다항식으로 된 유리 함수로 표현된다.

$$X(z)=\frac{N(z)}{D(z)}=\sum_{k=0}^{M}b_k z^{-k}\Big/\sum_{k=0}^{N}a_k z^{-k} \tag{4.3-45}$$

여기서 분모의 차수가 $N>M$일 때만 부분분수로 전개할 수 있다. 다만 $M\geq N$일 경우에는 $N(z)$를 $D(z)$로 나눈 몫과 나머지 중에서 나머지 부분만 부분분수로 전개해야 한다. 라플라스 변환에서는 이러한 경우가 거의 없지만 z-변환에서는 자주 접하게 된다. 예를 들어

$$X(z)=\frac{2-3.5z^{-1}+2.5z^{-2}-0.5z^{-3}}{1-1.5z^{-1}+0.5z^{-2}}$$

인 경우 분자의 차수 $M=3$이 분모의 차수 $N=2$보다 높기 때문에 나누기하면

$$X(z)=-z^{-1}+2+\underbrace{\frac{0.5z^{-1}}{1-1.5z^{-1}+0.5z^{-2}}}_{\text{부분분수 전개}}$$

이 되며 유리함수 부분만 부분분수로 전개하면 된다. 유리함수의 분모 근이 서로 다른 실수일 경우는 부분분수 전개 및 이에 따른 역변환은 다음과 같다.

$$X(z)=\sum_{i=1}^{N}\frac{k_i}{1-r_i z^{-1}} \quad\leftrightarrow\quad x[n]=\sum_{i=1}^{N}k_i r_i^n \tag{4.3-46}$$

물론 각 근 r_i에 대한 유수 k_i는 다음과 같이 구한다.

$$k_i=X(z)(1-r_i z^{-1})\Big|_{z=r_i} \tag{4.3-47}$$

분모의 인수가 다중근일 경우의 z-역변환에 대해 알아보자. 예를 들어 분모가

$z=a$에서 n-중근을 가질 경우 중근에 대한 부분분수 전개 부분만 써보면

$$\begin{aligned} X(z) &= \frac{N(z)}{(1-az^{-1})^n D(z)} \\ &= \frac{k_0}{(1-az^{-1})^n} + \frac{k_1}{(1-az^{-1})^{n-1}} + \cdots + \frac{k_{n-1}}{1-az^{-1}} + R(z) \end{aligned} \tag{4.3-48}$$

여기서 $R(z)$는 중근과 상관없는 나머지 부분분수들이다. 위의 식 양변에 $(1-az^{-1})^n$을 곱하면 다음과 같다.

$$\begin{aligned} \frac{N(z)}{D(z)} &= k_0 + k_1(1-az^{-1}) + \cdots + k_{n-1}(1-az^{-1})^{n-1} \\ &\quad + \underbrace{R(z)(1-az^{-1})^n}_{\text{무의미한 항}} \end{aligned} \tag{4.3-49}$$

위의 식에서 '무의미한 항'으로 표시한 부분은 n-중근에 대한 유수 $k_0,\ldots,k_{n-1}$을 구하는데 있어서 아무런 영향을 주지 못한다. 왜냐하면 어느 경우나 $z=a$를 대입하면 항상 0이 되기 때문이다. 따라서 앞으로는 이 '무의미한 항'은 내용에 관계없이 언제나 $\langle\cdots\rangle$로 나타내기로 약속한다. 그리고 z^{-1}에 대한 미분에 대비하여 편의상 $v=z^{-1}$로 치환하면 식 (4.3-49)는 다음과 같은 형태로 표현된다.

$$\frac{N(v)}{D(v)} = k_0 + k_1(1-av) + \cdots + k_{n-1}(1-av)^{n-1} + \langle\cdots\rangle \tag{4.3-50}$$

위의 식에서 $v=1/a$를 대입하면 k_0는

$$k_0 = \left.\frac{N(v)}{D(v)}\right|_{v=1/a} \tag{4.3-51}$$

다음으로 식 (4.3-50)의 양변을 v에 대해 미분하여 $v=1/a$를 대입하면 k_1은

$$-ak_1 = \left.\frac{d}{dv}\frac{N(v)}{D(v)}\right|_{v=1/a} \tag{4.3-52}$$

이와 같이 유리함수 $N(v)/D(v)$를 계속 미분해나가면서 $v=1/a$를 대입하면 유수를 차례로 구할 수 있다.

예제 4.7 $X(z)$가 다음과 같을 때 역변환을 구하라.

(a) $\dfrac{1-z^{-1}+z^{-2}}{(1-\frac{1}{2}z^{-1})(1-2z^{-1})(1-z^{-1})}$ (b) $\dfrac{1-0.5z^{-1}+z^{-2}}{(1-0.5z^{-1})^3}$ (c) $\dfrac{z^{-1}}{1+a^2z^{-2}}$

풀이

(a) $\dfrac{1-z^{-1}+z^{-2}}{(1-\frac{1}{2}z^{-1})(1-2z^{-1})(1-z^{-1})}=\dfrac{k_1}{1-\frac{1}{2}z^{-1}}+\dfrac{k_2}{1-z^{-1}}+\dfrac{k_3}{1-2z^{-1}}$

단순근이므로 유수는 다음과 같이 구해진다.

$$\begin{cases} k_1=\left.\dfrac{1-z^{-1}+z^{-2}}{(1-2z^{-1})(1-z^{-1})}\right|_{z=\frac{1}{2}}=1 \\ k_2=\left.\dfrac{1-z^{-1}+z^{-2}}{(1-\frac{1}{2}z^{-1})(1-2z^{-1})}\right|_{z=1}=-2 \\ k_3=\left.\dfrac{1-z^{-1}+z^{-2}}{(1-\frac{1}{2}z^{-1})(1-z^{-1})}\right|_{z=2}=2 \end{cases}$$

$$\therefore x[n]=[(\tfrac{1}{2})^n-2+2(2)^n]u[n]$$

(b) 삼중근이므로 부분분수 전개는 다음과 같다.

$$\frac{1-0.5z^{-1}+z^{-2}}{(1-0.5z^{-1})^3}=\frac{k_0}{(1-0.5z^{-1})^3}+\frac{k_1}{(1-0.5z^{-1})^2}+\frac{k_2}{1-0.5z^{-1}}$$

양변에 $(1-0.5z^{-1})^3$을 곱한 후 $v=z^{-1}$로 치환한 다음 양변을 v에 대해 차례로 미분하면 다음과 같다.

$$\begin{cases} 1-0.5v+v^2=k_0+k_1(1-0.5v)+k_2(1-0.5v)^2\cdots\text{(i)} \\ (1-0.5v+v^2)'=-0.5+2v=-0.5k_1-k_2(1-0.5v)\cdots\text{(ii)} \\ (-0.5+2v)'=2=0.5k_2\cdots\text{(iii)} \end{cases}$$

식 (i)로부터

$$\left.1-0.5v+v^2\right|_{v=2}=4=k_0$$

식 (ii)로부터

$$-0.5v+2v\Big|_{v=2}=3.5=-0.5k_1 \quad \therefore k_1=-7$$

식 (iii)으로 부터

$$k_2=4$$

$$\therefore X(z)=\frac{4}{(1-0.5z^{-1})^3}-\frac{7}{(1-0.5z^{-1})^2}+\frac{4}{1-0.5z^{-1}}$$

식 (4.3-37)을 이용하여 $X(z)$를 역변환하면 다음과 같다.

$$x[n]=4\times\frac{(n+1)(n+2)}{2!}0.5^n u[n]-7\times(n+1)0.5^n u[n]+4\times(0.5)^n u[n]$$
$$=[2n^2-n+1]0.5^n u[n]$$

(c) $X(z)=\dfrac{z^{-1}}{1+a^2z^{-2}}=\dfrac{\mathbf{k}}{1-jaz^{-1}}+\dfrac{\mathbf{k}^*}{1+jaz^{-1}}=\dfrac{\mathbf{k}}{1-\mathbf{a}z^{-1}}+\dfrac{\mathbf{k}^*}{1+\mathbf{a}^*z^{-1}}$

$\mathbf{a}=ja=a\angle\pi/2$ 이며 유수는

$$\mathbf{k}=\frac{z^{-1}}{1+jaz^{-1}}\Bigg|_{z=ja}=-j\left(\frac{1}{2a}\right)=\frac{1}{2a}\angle-\pi/2$$

$$\therefore x[n]=2\,\mathrm{Re}[\mathbf{ka}^n]=2\,\mathrm{Re}\left[\frac{1}{2a}\angle(-\pi/2)\times a^n\angle(\pi/2)n\right]$$
$$=a^{n-1}\cos\left(\frac{\pi}{2}n-\frac{\pi}{2}\right)=a^{n-1}\sin\frac{\pi}{2}n$$

예제 4.8 다음의 누산을 z-변환으로 구하라.

$$x[n]=\sum_{k=-\infty}^{n}k(0.5)^k$$

풀이

$$\mathfrak{Z}\left[n(0.5)^n\right]=\frac{0.5z^{-1}}{(1-0.5z^{-1})^2}$$

이므로 식 (4.3-29)로부터

$$X(z)=\frac{0.5z^{-1}}{(1-0.5z^{-1})^2(1-z^{-1})}$$

부분분수로 전개하면

$$\frac{0.5z^{-1}}{(1-0.5z^{-1})^2(1-z^{-1})}=\underbrace{\frac{k_0}{(1-0.5z^{-1})^2}+\frac{k_1}{1-0.5z^{-1}}}_{\text{중근}}+\frac{k_2}{1-z^{-1}}$$

먼저 단순근의 유수를 구하면

$$k_2=\left.\frac{0.5z^{-1}}{(1-0.5z^{-1})^2}\right|_{z=1}=2$$

중근의 유수는 다음과 같이 구한다($v=z^{-1}$).

$$\begin{cases}\dfrac{0.5v}{1-v}=k_0+k_1(1-0.5v)+\langle\cdots\rangle & \cdots\cdots\cdots(\text{i})\\[2ex] \left(\dfrac{0.5v}{1-v}\right)'=\dfrac{0.5}{(1-v)^2}=-0.5k_1+\langle\cdots\rangle & \cdots(\text{ii})\end{cases}$$

(i)로부터

$$\left.\frac{0.5v}{1-v}\right|_{v=1/0.5}=-1=k_0$$

(ii)로부터

$$\left.\frac{0.5}{(1-v)^2}\right|_{v=1/0.5}=0.5=-0.5k_1 \quad \therefore k_1=-1$$

이상으로

$$X(z)=-\frac{1}{(1-0.5z^{-1})^2}-\frac{1}{1-0.5z^{-1}}+\frac{2}{1-z^{-1}}$$

$$\therefore x[n]=[-(n+1)(0.5)^n-(0.5)^n+2]u[n]=[2-(n+2)(0.5)^n]u[n]$$

예제 4.9 다음의 2계 차분방정식에서 $y[n]$의 z-변환을 구하라.

$$\begin{cases}y[n]+a_1y[n-1]+a_2y[n-2]=b_0x[n]+b_1x[n-1], & n\ge 0\\ y[-1]=Y_1, \quad y[-2]=Y_2\end{cases}$$

풀이

여기서 $x[n]=x[n]u[n]$이므로 $x[n-1]$의 z-변환은 식 (4.3-24)로부터

$$\mathcal{Z}[x[n-1]]=z^{-1}X(z)$$

그러나 $y[n]$은 $n\le-1$에 대해서도

$$y[n]+a_1y[n-1]+a_2y[n-2]=0, \quad n\le -1$$

의 제차방정식에 의해 보조해가 존재한다. 따라서 $y[n-1]$과 $y[n-2]$의 z-변환은 식 (4.3-22) (a)로부터

$$\begin{cases}\mathcal{Z}[y[n-1]]=z^{-1}Y(z)+y[-1]=z^{-1}Y(z)+Y_1\\ \mathcal{Z}[y[n-2]]=z^{-2}Y(z)+z^{-1}y[-1]+y[-2]=z^{-2}Y(z)+z^{-1}Y_1+Y_2\end{cases}$$

이상으로 주어진 차분방정식 양변에 z-변환하면

$$\begin{aligned}&Y(z)+a_1\{z^{-1}Y(z)+Y_1\}+a_2\{z^{-2}Y(z)+z^{-1}Y_1+Y_2\}\\&=b_0X(z)+b_1z^{-1}X(z)\end{aligned}$$

이를 정리하면 다음과 같다.

$$Y(z)=\underbrace{\frac{b_0+b_1z^{-1}}{1+a_1z^{-1}+a_2z^{-2}}X(z)}_{Y_{zs}(z)}-\underbrace{\frac{(a_1Y_1+a_2Y_2)+a_2Y_1z^{-1}}{1+a_1z^{-1}+a_2z^{-2}}}_{Y_{zi}(z)}$$

이와 같이 z-변환을 이용하면 영-상태응답인 $y_{zs}[n]$과 영-입력응답인 $y_{zi}[n]$을 일괄적으로 구할 수 있다.

예제 4.10 다음의 1계 차분방정식의 해를 구하라.

$$y[n]-ay[n-1]=b^nu[n], \quad y[-1]=0$$

풀이 양변에 z-변환을 취하면

$$Y(z)=\frac{1}{(1-az^{-1})(1-bz^{-1})}$$

(i) $a\neq b$; 단순근이므로

$$Y(z) = \frac{1}{a-b}\left(\frac{a}{1-az^{-1}} - \frac{b}{1-bz^{-1}}\right)$$

$$\therefore y[n] = \frac{1}{a-b}(a^{n+1} - b^{n+1})u[n]$$

(i) $a=b$; 중근이므로 식 (4.3-37)을 이용하면

$$Y(z) = \frac{1}{(1-az^{-1})^2}$$

$$\therefore y[n] = (n+1)a^n u[n]$$

4.4 양측 z-변환

연속 신호를 RSS, LSS 및 TSS로 분류하듯 이산 신호에도 $n \geq 0$에서 존재하는 RSS(right sided sequence)와 $n<0$에서 존재하는 LSS(left sided sequence) 및 $[-\infty, \infty]$에 걸쳐 존재하는 TSS(two sided sequence)로 나눌 수 있다. 계단 수열을 이용하면 RSS는 $x[n]u[n]$으로, LSS는 $x[n]u[-n-1]$로 나타낼 수 있다. RSS나 LSS 한 가지만의 z-변환을 단측 z-변환이라 하고 TSS의 z-변환을 양측 z-변환이라 하며 이들은 각각 다음과 같이 정의된다.

$$\begin{aligned} &(a)\ \mathfrak{Z}[x[n]] = \sum_{n=-\infty}^{\infty} x[n]z^{-n} && \text{(TSS)} \\ &(b)\ \mathfrak{Z}[x[n]u[n]] = \sum_{n=0}^{\infty} x[n]z^{-n} && \text{(RSS)} \\ &(c)\ \mathfrak{Z}[x[n]u[-n-1]] = \sum_{n=-\infty}^{-1} x[n]z^{-n} && \text{(LSS)} \end{aligned} \qquad \text{(4.4-1)}$$

4.4.1 수렴영역

z-변환이 존재하기 위한 z의 수렴영역(ROC)에 대해 알아본다. 먼저 RSS인 $a^n u[n]$의 z-변환은

$$\mathcal{Z}[a^n u[n]] = \sum_{n=0}^{\infty} a^n z^{-n} = \sum_{n=0}^{\infty} (a/z)^n = \frac{1}{1-az^{-1}}, \quad |z| > |a| \qquad \textbf{(4.4-2)}$$

따라서 $a^n u[n]$의 z-변환과 ROC는

$$a^n u[n] \overset{\mathcal{Z}}{\longleftrightarrow} \frac{1}{1-az^{-1}}, \quad \text{ROC}: |z| > |a| \qquad \textbf{(4.4-3)}$$

다음으로 LSS인 $-a^n u[-n-1]$의 z-변환은

$$\mathcal{Z}[-a^n u[-n-1]] = -\sum_{n=-\infty}^{-1} a^n z^{-n} = 1 - \sum_{n=0}^{\infty} a^{-n} z^n = 1 - \sum_{n=0}^{\infty} (z/a)^n \qquad \textbf{(4.4-4)}$$

수열 합이 수렴하기 위해서는 $|z|<|a|$이어야 하며 그 결과

$$1 - \sum_{n=0}^{\infty} (z/a)^n = 1 - \frac{1}{1-a^{-1}z} = \frac{1}{1-az^{-1}}, \quad |z| < |a| \qquad \textbf{(4.4-5)}$$

따라서 $-a^n u[-n-1]$의 z-변환과 ROC는

$$-a^n u[-n-1] \overset{\mathcal{Z}}{\longleftrightarrow} \frac{1}{1-az^{-1}}, \quad \text{ROC}: |z| < |a| \qquad \textbf{(4.4-6)}$$

이상의 식 (4.4-3)과 (4.4-6)으로부터 다음과 같이 하나의 z-변환에 두 가지의 역변환이 존재함을 알 수 있다.

$$\mathcal{Z}^{-1}\left[\frac{1}{1-az^{-1}}\right] = \begin{cases} a^n u[n], & \text{ROC}: |z| > |a| \\ -a^n u[-n-1], & \text{ROC}: |z| < |a| \end{cases} \qquad \textbf{(4.4-7)}$$

LSS의 z-변환은 RSS의 z-변환과 다음과 같은 관계가 있다.

$$\begin{aligned} \mathcal{Z}[x[n]u[-n-1]] &= \sum_{n=-\infty}^{-1} x[n] z^{-n} = \sum_{m=1}^{\infty} x[-m] z^m \\ &= \sum_{m=0}^{\infty} x[-m] u[m] z^m - x[0] \\ &= \mathcal{Z}[x[-n]u[n]]\big|_{z \to z^{-1}} - x[0] \end{aligned} \qquad \textbf{(4.4-8)}$$

즉

$$\mathcal{Z}[x[n]u[-n-1]] = \mathcal{Z}[x[-n]u[n]]\big|_{z \to z^{-1}} - x[0] \qquad \textbf{(4.4-9)}$$

앞으로 '$\mathcal{Z}$'는 RSS의 z-변환만을 의미하는 것으로 약속한다.

예제 4.11 다음 수열에 대한 z-변환을 구하라.

$$x[n] = (\tfrac{1}{2})^{|n|}$$

풀이 주어진 수열은 TSS이며 RSS와 LSS의 합으로 표현하면

$$\begin{aligned} x[n] &= \begin{cases} (\tfrac{1}{2})^{n}, & n \geq 0 \\ (\tfrac{1}{2})^{-n}, & n \leq -1 \end{cases} \\ &= (\tfrac{1}{2})^{n} u[n] + (\tfrac{1}{2})^{-n} u[-n-1] \\ &= (\tfrac{1}{2})^{n} u[n] + 2^{n} u[-n-1] \end{aligned}$$

식 (4.4-7)로부터 RSS의 z-변환은

$$(\tfrac{1}{2})^{n} u[n] \overset{\mathcal{Z}}{\longleftrightarrow} \frac{1}{1-\frac{1}{2}z^{-1}}, \quad \text{ROC}: |z| > |\tfrac{1}{2}|$$

LSS의 z-변환은

$$2^{n} u[-n-1] \overset{\mathcal{Z}}{\longleftrightarrow} -\frac{1}{1-2z^{-1}}, \quad \text{ROC}: |z| < |2|$$

따라서 TSS의 z-변환은 다음과 같다.

$$X(z) = \frac{1}{1-\frac{1}{2}z^{-1}} - \frac{1}{1-2z^{-1}}, \quad \text{ROC}: \tfrac{1}{2} < |z| < 2$$

4.4.2 수렴영역의 성질

다음의 z-변환

$$X(z) = \frac{1}{1-az^{-1}} = \frac{z}{z-a} \tag{4.4-10}$$

는 그림 4-2와 같이 $z=a$의 극점과 $z=0$의 영점이 있다(a를 양의 실수로 가정하고 그린 것이다). 그림 4-2는 RSS의 ROC를 보여주며 극점의 크기 $|a|$를 반지름으로 하는 원을 경계로 외부에 ROC가 자리잡고 있다. RSS인 $a^{n}u[n]$은 그림 (a)처럼 $|a|<1$이면 $n\rightarrow\infty$에 따라 0으로 수렴하므로 안정적이지만 그림 (b)처럼 $|a|>1$이면 ∞로 발산하므로 비안정적이다. 즉 RSS는 ROC에 단위원이 포함되면 안정적인 RSS이며 그렇지 못하면 비안정적 RSS이다. 그림 4-3은 LSS

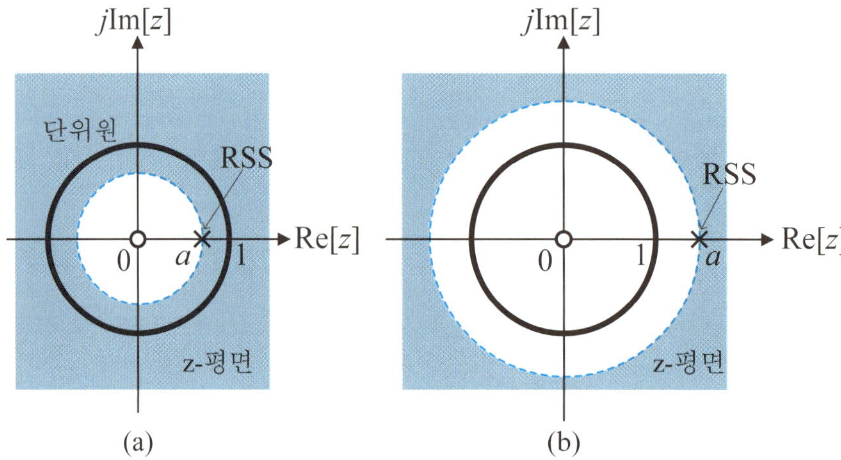

그림 4-2 RSS $a^n u[n]$의 ROC: (a) 안정적 RSS (b) 비안정적 RSS

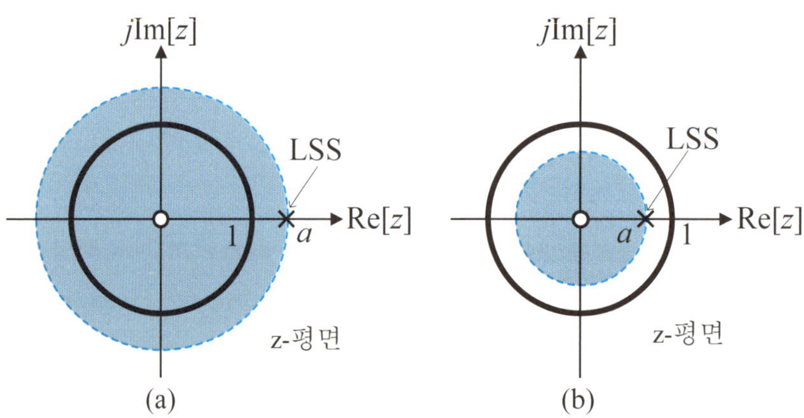

그림 4-3 LSS $a^n u[-n-1]$의 ROC: (a) 안정적 LSS (b) 비안정적 LSS

의 ROC를 보여주며 극점의 크기 $|a|$를 반지름으로 하는 원을 경계로 내부에 ROC가 자리잡고 있다. LSS $a^n u[-n-1]$은 $|a|>1$이면 $n \to -\infty$에 따라 0으로 수렴하므로 안정적이지만(그림 (a)) $|a|<1$이면 ∞로 발산하므로 비안정적이다(그림 (b)). 즉 LSS도 ROC에 단위원이 포함되어야 안정적이다. 다수의 RSS와 LSS가 혼합된 신호의 ROC는 각 신호에 대한 ROC들의 공통부분으로 정해지며 다음 여러 가지 경우에 대해 알아보기로 한다.

■ RSS의 ROC; RSS로만 구성된 $x[n]u[n]$의 경우 $X(z)$의 n개의 극점들의 크기가 $\sigma_1>\sigma_2>...>\sigma_n$이라면 가장 큰 $\sigma_{max}=\sigma_1$의 극점을 지나는 원을 경계로 외부에 ROC가 자리잡게 된다. 즉

$$|z|>\sigma_{max} \tag{4.4-10}$$

그림 4-4(a)는 극점이 두 개인 경우를 도시한 것이다(모두 양의 실수로 가정).

■ LSS의 ROC; LSS로만 구성된 $x[n]u[-n-1]$의 극점들의 크기가 $\sigma_1>\sigma_2>...>\sigma_n$이라면 가장 작은 실수부 $\sigma_{min}=\sigma_n$의 극점을 지나는 원을 경계로 내부에 ROC가 자리잡게 된다. 즉

$$|z|<\sigma_{min} \tag{4.4-11}$$

극점이 두 개인 경우를 도시한 것이 그림 4-4(b)이다.

■ TSS의 ROC; TSS인 $x[n]$의 경우는 RSS에 해당하는 극점들 중 최대 크기가 σ_{Rmax}이고 LSS에 해당하는 극점들 중 최소 크기가 σ_{Lmin}이라면 ROC는

$$\sigma_{R\max}<|z|<\sigma_{L\min} \tag{4.4-12}$$

극점이 두 개인 경우를 도시한 것이 그림 4-4(c)이다. 그림 4-4에서 어느 경우나 ROC에 단위원이 포함될 때만 RSS 및 LSS 모두 안정적이다.

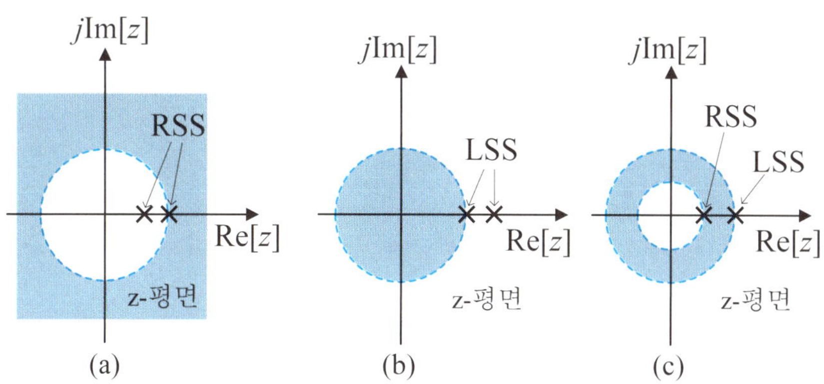

그림 4-4 공통 ROC: (a) RSS (b) LSS (c) TSS

예제 4.12 다음 TSS 수열 $x[n]$의 ROC를 도시하고 안정성을 판단하라.

$$x[n] = a^n u[n] + b^n u[-n-1], \quad |a| < |b|$$

풀이 주어진 수열의 z-변환은 식 (4.4-7)로부터

$$X(z) = \frac{1}{1-az^{-1}} - \frac{1}{1-bz^{-1}} = \frac{z}{z-a} - \frac{z}{z-b} = \frac{(a-b)z}{(z-a)(z-b)}$$

극점 a와 b의 위치에 따라 그림 4-5와 같이 세 가지 ROC를 생각할 수 있다. 먼저 그림 (a)의 경우는 ROC에 단위원이 포함되지 않다. 그 결과 $x[n]$의 LSS인 $b^n u[-n-1]$이 비안정 LSS이다. 그림 (b)는 ROC에 단위원이 포함되므로 $x[n]$은 안정적 TSS이다. 그리고 그림 (c)는 ROC에 단위원이 포함되지 않으며 그 결과 $x[n]$의 RSS인 $a^n u[n]$이 비안정 RSS이다.

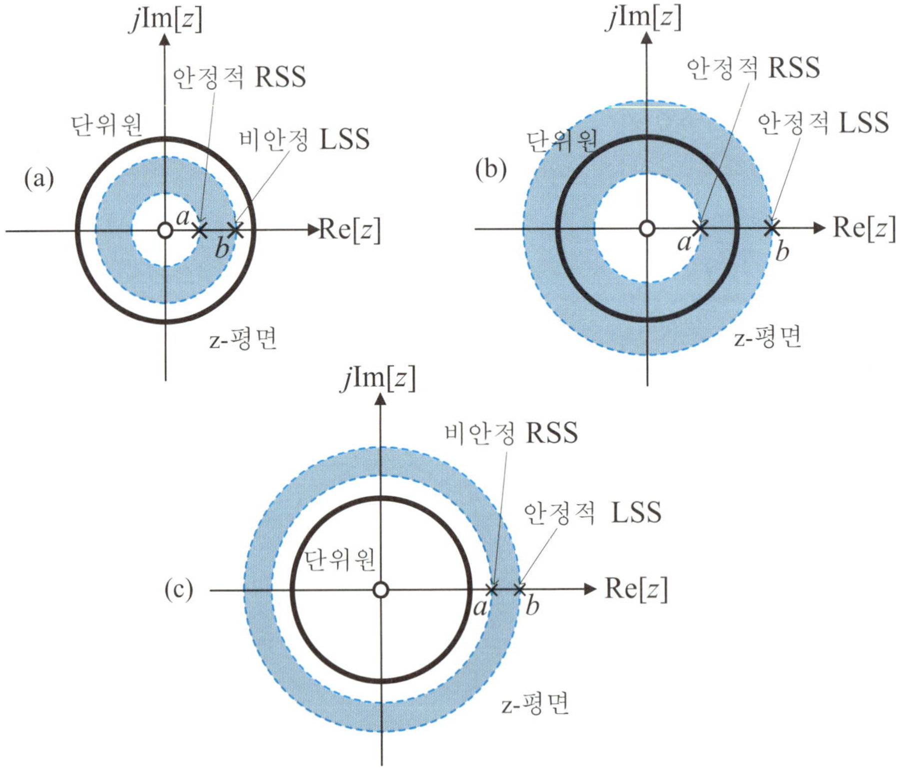

그림 4-5 예제 4-12의 공통 ROC: (a) $|a|<|b|<1$ (b) $|a|<1<|b|$ (c) $1<|a|<|b|$

실현 가능한 이산 시스템은 그 충격응답 $h[n]$이 반드시 인과적임과 동시

에 안정적이라야 한다. 즉 전달함수 $H(z)$의 모든 극점이 ROC의 내부에만 존재하여야 인과적이 되며 동시에 ROC에 반드시 단위원이 포함되어야 안정적이 된다. 가장 대표적인 2차 시스템의 전달함수인

$$H(z) = \frac{N(z)}{1 + a_1 z^{-1} + a_2 z^{-2}} \tag{4.4-13}$$

의 극점을 p_1, p_2라 할 때 극점의 유형에 따른 $H(z)$의 분류는 다음과 같다.

$$H(z) = \begin{cases} \dfrac{k_1}{1 - p_1 z^{-1}} + \dfrac{k_2}{1 - p_2 z^{-1}} & (p_1 \neq p_2) \\ \dfrac{k_1}{(1 - pz^{-1})^2} + \dfrac{k_2}{1 - pz^{-1}} & (p_1 = p_2 = p) \\ \dfrac{\mathbf{k}}{(1 - \mathbf{p}z^{-1})} + \dfrac{\mathbf{k}^*}{(1 - \mathbf{p}^* z^{-1})} & (\mathbf{p} = p\angle\Omega) \end{cases} \tag{4.4-14}$$

그리고 이에 따른 $h[n]$도 다음과 같이 분류할 수 있다.

$$h[n] = \begin{cases} [k_1 p_1^n + k_2 p_2^n]u[n] \quad (D > 0) \cdots\cdots\cdots (\text{i}) \\ [k_1 + k_2 n]a^n u[n] \quad (D = 0) \quad \cdots\cdots\cdots\cdots (\text{ii}) \\ p^n[k_1 \cos\Omega n + k_2 \sin\Omega n]u[n] \quad (D < 0) \cdots (\text{iii}) \end{cases} \tag{4.4-15}$$

제어 분야에서는 (i)의 경우를 과제동, (ii)를 임계 제동, (iii)을 부족 제동으로 분류한다. 그리고 (iii)의 경우는 극점의 크기인 p가 1보다 작을수록 감쇄가 빨라 안정적이며, 또한 극점의 편각인 Ω가 작을수록 진동 주파수가 낮아 보다 안정적이 된다.

4.5 이산 시스템의 결합

이산 시스템의 특성은 시간역상에서는 그림 4-6(a)와 같이 충격응답 $h[n]$과 컨벌류션 합으로 나타내고 z-영역상에서는 그림 (b)와 같이 전달함수 $H(z)$와 곱하기로 표현한다.

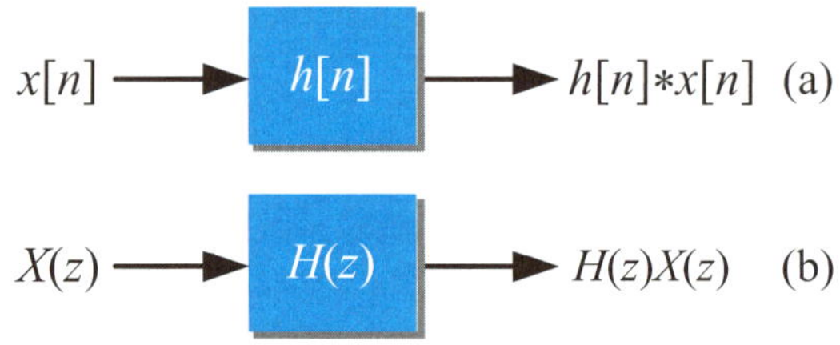

그림 4-6 이산 시스템의 표현: (a) 시간영역 (b) z-영역

4.5.1 종속 결합과 병렬 결합

그림 4-7(a)와 같이 두 시스템이 종속 결합된 경우 최종 출력은

$$\begin{aligned} Y(z) &= H_2(z)\{H_1(z)X(z)\} = H_2(z)H_1(z)X(z) \\ &= H_1(z)H_2(z)X(z) \end{aligned} \tag{4.5-1}$$

즉 전체 전달함수 $H(z)$는 그림 (b)와 같이 두 전달함수의 곱으로 주어진다

$$H(z) = H_1(z)H_2(z) \tag{4.5-2}$$

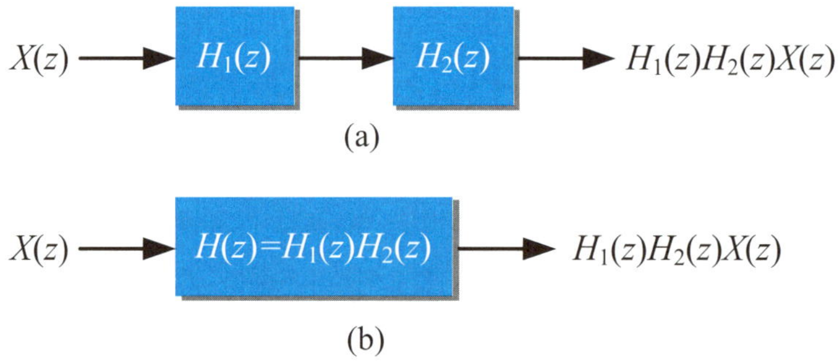

그림 4-7 종속 결합

다음으로 그림 4-8(a)와 같이 두 시스템이 병렬 결합된 경우 최종 출력은 두 출력을 더한 것과 같으므로

$$Y(z) = H_1(z)X(z) + H_2(z)X(z) = [H_1(z) + H_2(z)]X(z) \tag{4.5-3}$$

따라서 전체 전달함수는 그림 (b)와 같이 두 전달함수의 합인

$$H(z) = H_1(z) + H_2(z) \tag{4.5-4}$$

로 주어진다.

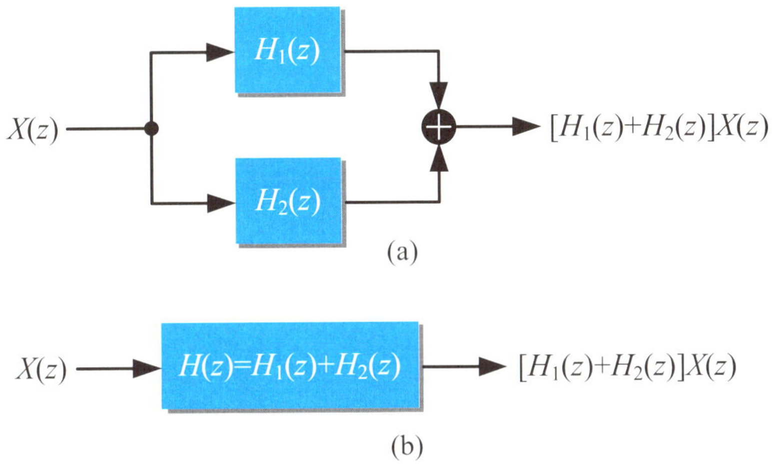

그림 4-8 병렬 결합

이상을 n개의 일반적인 경우로 확장하면 다음과 같다.

$$H(z)=\begin{cases} H_1(z)H_2(z)\cdots H_n(z) & (\text{종속결합}) \\ H_1(z)+H_2(z)+\cdots+H_n(z) & (\text{병렬결합}) \end{cases} \tag{4.5-5}$$

4.5.2 역시스템

임의의 전달함수 $H(z)=N(z)/D(z)$의 역시스템은

$$H^{-1}(z)=\frac{D(z)}{N(z)} \tag{4.5-6}$$

로 $H(z)H^{-1}(z)=1$을 만족한다. $H(z)$가 실제 시스템의 전달함수가 되기 위해서는 $D(z)$의 근인 극점들이 모두 복소평면상에서 단위원 내부에만 존재해야 한다. 그러나 $N(z)$의 근인 영점들은 단위원 안팎으로 다 존재할 수 있어 제약이 없다. 따라서 식 (4.5-6)의 역시스템은 영점은 반드시 단위원 내부에 존재하지만 극점은 단위원 안팎으로 다 존재할 수 있다. 그 결과 전달함수 $H(z)$는 극점과 영점이 모두 단위원 내부에 존재할 때만 인과적이고 안정적인 역시스템이 실현 가능하다. 이와 같이 극점과 영점이 모두 단위원 안에 존재하는 시스템을 최소-위상(minimum-phase) 시스템이라 부른다.

식 (4.2-23)과 같이 전달함수 $H(q)$ 및 $H(z)$의 주파수 응답은 다음과 같다.

$$H(z)\big|_{z\to 1\angle\Omega} = \mathbf{H}(1\angle\Omega) = \mathbf{H}(e^{j\Omega}) \quad \textbf{(4.5-7)}$$

이를 이용하여 다음과 같은 전달함수의 주파수 응답을 구해보도록 한다.

$$H(z) = \frac{z^{-1} - \mathbf{a}^*}{1 - \mathbf{a}z^{-1}}, \quad |z| > |\mathbf{a}| \quad \textbf{(4.5-8)}$$

위의 식에서 $z=e^{j\Omega}$를 대입하여 크기를 구해보면

$$\left|\mathbf{H}(e^{j\Omega})\right| = \left|e^{-j\Omega}\frac{1-\mathbf{a}^* e^{j\Omega}}{1-\mathbf{a}e^{-j\Omega}}\right| = \left|\frac{1-(\mathbf{a}e^{j\Omega})^*}{1-\mathbf{a}e^{-j\Omega}}\right| = 1 \quad \textbf{(4.5-9)}$$

즉 식 (4.5-8)의 전달함수는 주파수 Ω에 무관하게 일정한 크기 응답을 보이므로 이른바 전역통과(all-pass) 필터이다. 전역통과 필터의 극점과 영점은 그림 4-9(a)와 같이 공액-역수 위치(conjugate reciprocal location) 관계가 있으며 크기 응답은 그림 (b)와 같이 일정하다. 따라서 만일 임의의 전달함수가 단위원 밖에 극점 $\mathbf{a}$가 있을 경우 해당 극점을 공액-역수 위치인 $1/\mathbf{a}^*$로

$$(1-\mathbf{a}z^{-1}) \longrightarrow (z^{-1}-\mathbf{a}^*), \quad |\mathbf{a}| > 1 \quad \textbf{(4.5-10)}$$

와 같이 대체하면 위상 응답은 변하지만 크기 응답은 변함이 없다. 식 (4.5-10)의 극점 대체는 반인과적이거나 비안정적인 시스템(역시스템)을 안정된 인과적 시스템(역시스템)으로 근사화하는 데 유용하다.

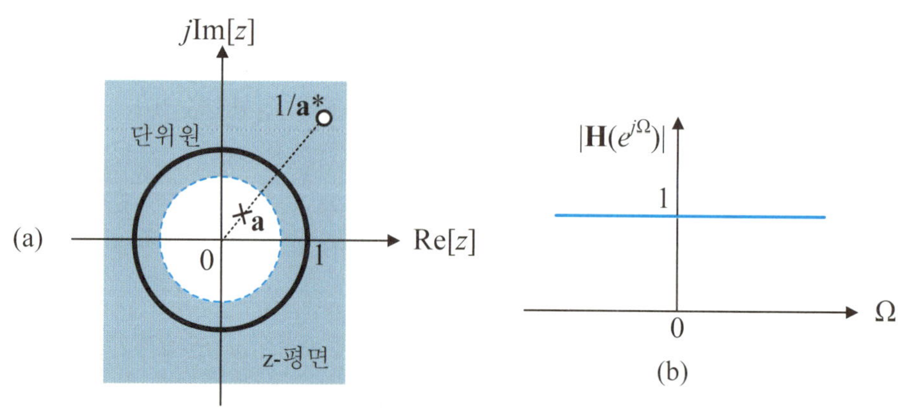

그림 4-9 전역통과 필터의 (a) 극영점도 (b) 주파수 응답의 크기 특성

예제 4.13 다음의 전달함수에 대한 역시스템을 구하고 역시스템이 인과적이지 못하거나 비안정적이면 안정된 인과적 시스템으로 근사화하라.

$$H(z)=\frac{1-2.5z^{-1}+z^{-2}}{1-\frac{1}{4}z^{-1}}$$

풀이 역시스템은

$$H^{-1}(z)=\frac{1-\frac{1}{4}z^{-1}}{1-2.5z^{-1}+z^{-2}}=\frac{1-\frac{1}{4}z^{-1}}{(1-0.5z^{-1})\underline{\underline{(1-2z^{-1})}}}$$

극점 z=2는 단위원 밖에 있으므로 안정적인 반인과 시스템이 되거나 비안정적인 인과 시스템 둘 중 하나가 된다. 따라서 역시스템을 안정적인 인과 시스템으로 근사화하기 위해 다음과 같이 극점을 대체시킨다.

$$(1-2z^{-1})\longrightarrow(z^{-1}-2)$$

그 결과 근사화된 역시스템은 다음과 같다.

$$\hat{H}^{-1}(z)=\frac{1-\frac{1}{4}z^{-1}}{(1-0.5z^{-1})\underline{\underline{(z^{-1}-2)}}}=-\frac{1}{2}\frac{1-\frac{1}{4}z^{-1}}{(1-0.5z^{-1})(1-0.5z^{-1})}$$

$$=\frac{-\frac{1}{2}+\frac{1}{8}z^{-1}}{(1-0.5z^{-1})^2}$$

4.6 LTI 이산 시스템의 구현

LTI 이산 시스템의 전달함수의 일반적인 형태는

$$H(z)=\frac{\sum_{k=0}^{M}b_k z^{-k}}{\sum_{k=0}^{N}a_k z^{-k}}=\frac{N(z)}{D(z)},\quad (a_0=1) \tag{4.6-1}$$

이며 전달함수는 분모와 분자를 인수 분해하여 곱하기 형태(종속형)로 나타내거나 부분분수로 전개하여 더하기 형태(병렬형)로 나타낼 수 있다.

4.6.1 병렬형 구조

식 (4.6-1)에서 $M=N$이며 다중 극점이 없다고 가정할 때 전달함수가 병렬형이 되도록 부분분수로 전개하면

$$H(z)=g_0+\sum_{k=1}^{N}\frac{q_k}{1-p_k z^{-1}} \tag{4.6-2}$$

의 형태가 되며 $M<N$이면 $g_0=0$이다. 식 (4.6-2)는 그림 4-10(a)와 같이 다음의 일계 시스템들을 N개 병렬 결합한 형태이다.

$$H_k(z)=\frac{q_k}{1-p_k z^{-1}},\quad k=1,\cdots,N \tag{4.6-3}$$

다만 극점과 계수가 각각 $\mathbf{p}_k$ 및 $\mathbf{q}_k$로 복소수인 경우는 공액복소수의 항을 합함으로써 다음과 같이 계수가 실수인 2차 전달함수를 만들 수 있다.

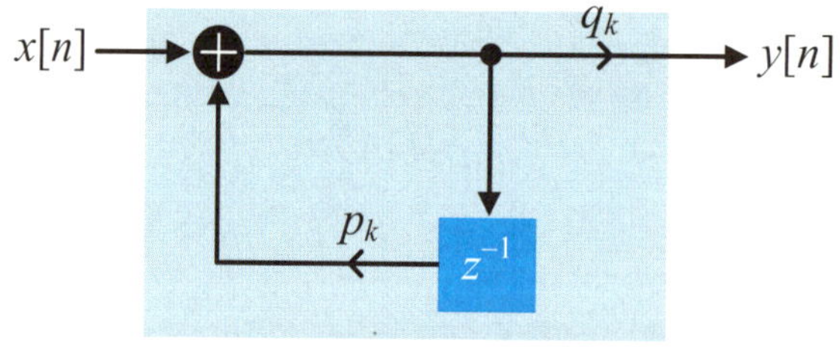

(a) $H_k(z)=\dfrac{q_k}{1-p_k z^{-1}}$

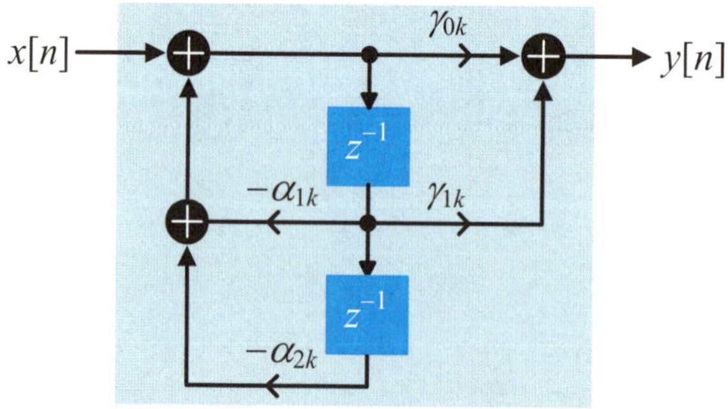

(b) $H_k(z)=\dfrac{\gamma_{0k}+\gamma_{1k}z^{-1}}{1+\alpha_{1k}z^{-1}+\alpha_{2k}z^{-2}}$

그림 4-10 병렬형 구조; (a) 1차 시스템 (b) 2차 시스템

$$H_k(z)=\frac{\mathbf{q}_k}{1-\mathbf{p}_k z^{-1}}+\frac{\mathbf{q}_k^*}{1-\mathbf{p}_k^* z^{-1}}=\frac{\gamma_{0k}+\gamma_{1k}z^{-1}}{1+\alpha_{1k}z^{-1}+\alpha_{2k}z^{-2}} \quad \textbf{(4.6-4)}$$

여기서 각 계수는 다음과 같은 실수이다.

$$\alpha_{1k}=-2\,\mathrm{Re}[\mathbf{p}_k],\quad \alpha_{2k}=|\mathbf{p}_k|^2$$
$$\gamma_{0k}=2\,\mathrm{Re}[\mathbf{q}_k],\quad \gamma_{1k}=-2\,\mathrm{Re}[\mathbf{p}_k^*\mathbf{q}_k]$$

식 (4.6-4)의 전달함수는 그림 4-10(b)와 같이 구성할 수 있다.

4.6.2 종속형 구조

식 (4.6-1)에서 $M=N$일 경우 분모와 분자를 인수분해한 형태로 표현하면

$$H(z)=b_0\prod_{k=1}^{N}\frac{1-z_k z^{-1}}{1-p_k z^{-1}} \quad \textbf{(4.6-5)}$$

따라서 그림 4-11(a)와 같은 1차 시스템을 N개 종속으로 결합한 형태가 된다. 여기서도 극점과 영점이 각각 $\mathbf{p}_k$ 및 $\mathbf{z}_k$로 복소수인 경우는 공액복소수의 항을 합함으로써 다음과 같이 계수가 실수인 2차 전달함수를 만들 수 있다.

$$H_k(z)=\frac{(1-\mathbf{z}_k z^{-1})(1-\mathbf{z}_k^* z^{-1})}{(1-\mathbf{p}_k z^{-1})(1-\mathbf{p}_k^* z^{-1})}=\frac{1+\beta_{1k}z^{-1}+\beta_{2k}z^{-2}}{1+\alpha_{1k}z^{-1}+\alpha_{2k}z^{-2}} \quad \textbf{(4.6-6)}$$

물론 각 실수 계수들은 다음과 같다.

$$\alpha_{1k}=-2\,\mathrm{Re}[\mathbf{p}_k],\quad \alpha_{2k}=|\mathbf{p}_k|^2$$
$$\beta_{1k}=-2\,\mathrm{Re}[\mathbf{z}_k],\quad \beta_{2k}=|\mathbf{z}_k|^2$$

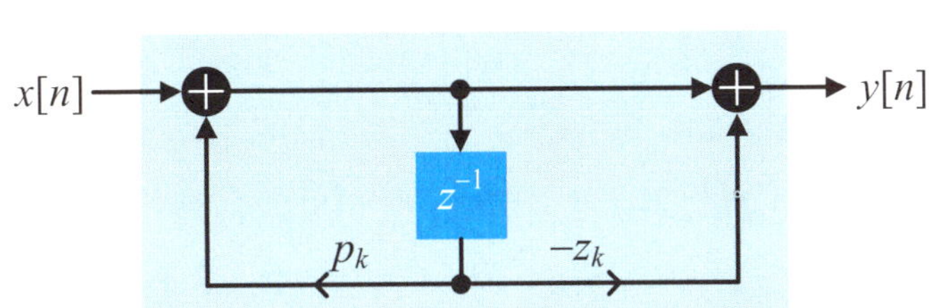

(a) $H_k(z)=\dfrac{1-z_k z^{-1}}{1-p_k z^{-1}}$

그림 4-11 병렬형 구조; (a) 1차 시스템 (b) 2차 시스템

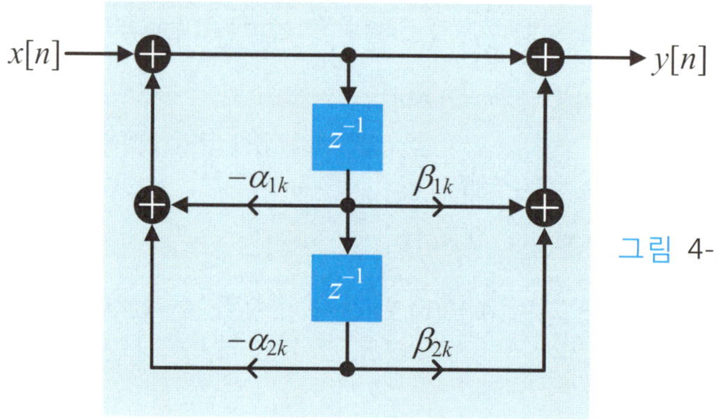

(b) $H_k(z) = \dfrac{1 + \beta_{1k} z^{-1} + \beta_{2k} z^{-2}}{1 + \alpha_{1k} z^{-1} + \alpha_{2k} z^{-2}}$

그림 4-11 (계속)

식 (4.6-6)은 그림 4-11(b)처럼 구성된다.

4.7 매트랩

4.7.1 차분 방정식

filter(b, a, x, zi), filteric(b, a, yi)

filter(b, a, x)는 모든 초기조건이 0일 때 입력 x에 대한 출력을 구해준다. 초기조건이 필요한 경우는 filter(b, a, x, zi)를 수행하여야 하며, 초기조건 벡터 zi는 zi=filteric(b, a, yi)로 부터 구해야 한다. 단 벡터 yi는 출력의 과거 값을 순서대로 나열한 $[y[-1], y[-2], \ldots, y[-N]]$을 나타낸다. 함수 filteric와 filter를 이용하면 차분 방정식의 완전해를 구할 수 있다. 한 예로 다음 차분 방정식에서 $x[n]=0$이며 $y[-1]=2, y[-2]=1$일 때 $y[n]$을 구해본다.

$$y[n] - 1.14y[n-1] + 0.41y[n-2] = 0.67x[n] + 1.3x[n-1] + 0.67x[n-2]$$

실행은 다음과 같다.

```
>> a=[1, −1.14, 0.41];   b=[0.67, 1.3, 0.67];   x=zeros(1, 50);
>> zi=filteric(b, a, [2, 1]);   y=filter(b, a, x, zi);
```

4.7.2 주파수 응답

freqz(b, a), abs(H), angle(H),

freqz(b, a)는 주파수 응답을 구한다.

```
>> H=freqs(b, a);
>> mag=abs(H);   phase=angle(H);
```

주파수 범위를 지정하고자 하면 H=freqs(b, a, w)로 한다.

4.7.3 전달함수

tf(b, a, T);

z-변환의 전달함수를 생성하며 T는 표본주기이다. 만일 변수 T를 생략하면 s-영역의 전달함수로 간주된다. 표본 주기를 명시하지 않을 때는 tf(b, a, []) 로 하면 된다.

```
>> H=tf([0.5, 0], [1, –1.5, 0.5], [])
Transfer function:
      0.5z
------------------
z^2–1.5z+0.5

Sampling time: unspecified
```

위의 실행과 같은 또 다른 방법은

```
>> z=tf('z');   % z-변환의 z
>> H=0.5*z/(z^2–1.5*z+0.5)
Transfer function:
      0.5z
------------------
z^2–1.5z+0.5

Sampling time: unspecified
```

pole(H), zero(H), pzmap(H), freqresp(H)

전달함수 H의 극점과 영점 및 극-영점도와 주파수 응답

>> pole(H), zero(H), pzmap(H)

impulse(H), step(H)

전달함수 H의 충격 응답과 계단 응답

>> h=impulse(H); u=step(H);

시간을 지정하고자 하면 h=impulse(H, n) 및 u=step(H, n)로 한다.

>> n=0:100; h=impulse(H, n); u=step(H, n);

lsim(H, x)

입력 x에 대한 전달함수 H의 출력. 시간을 지정할 때는 lsim(H, x, n).

>> n=0:100; x=sin(n); y=lsim(H, x, n);

series(H1, H2), parallel(H1, H2), feedback(G, H), minreal(H)

series(H1, H2)는 H1*H2, parallel(H1, H2)는 H1+H2, feedback(G, H)는 G/(1+G*H)와 같다. mineral(H)는 같은 영점과 극점을 상쇄하여 최소화한다.

4.7.4 부분분수 전개

매트랩으로 $H(z)$를 부분분수로 전개하고자 하면 본 문의 과정과 약간 다르게 한다. 먼저 z-변환의 z^{-1}을 새로운 변수 v로 치환하여 구한 $H(v)$를 부분분수로 전개한다. 그 결과 서로 다른 극점일 경우의 부분분수 전개는

$$H(v) = \sum_{i=1}^{N} \frac{k_i}{v - a_i}$$

이므로 다시 $v=z^{-1}$로 치환하고 $H(v)$의 각 부분분수의 분모의 상수가 1이 되도록 계수를 조정하면 다음과 같이 $H(z)$에 대한 부분분수를 얻을 수 있다.

$$H(z) = \sum_{i=1}^{N} \frac{(-a_i)^{-1} k_i}{1 + (-a_i)^{-1} z^{-1}}$$

그리고 중근일 경우는 다음과 같다.

$$H(v) = \sum_{i=1}^{N} \frac{k_i}{(v - a)^i} \xrightarrow{v \to z^{-1}} H(z) = \sum_{i=1}^{N} \frac{(-a)^{-i} k_i}{[1 + (-a)^{-1} z^{-1}]^i}$$

예제 다음의 전달함수를 부분분수로 전개해보자.

$$H(z)=\frac{1-0.5z^{-1}+z^{-2}}{1-1.5z^{-1}+0.75z^{-2}-0.125z^{-3}}$$

$H(v)$는

$$H(v)=\frac{v^2-0.5v+1}{-0.125v^3+0.75v^2-1.5v+1}$$

이며 그 부분분수 전개는 다음과 같다.

```
>> [K, p, k]=residue([1, –0.5, 1], [–0.125, 0.75, –1.5, 1])
K=
   –8.0000
  –28.0000
  –32.0000
p=
  2.0000
  2.0000
  2.0000
k=
   []
```

$$\therefore H(v)=\frac{-8}{v-2}+\frac{-28}{(v-2)^2}+\frac{-32}{(v-2)^3}$$

$$\xrightarrow{v\to z^{-1}}$$

$$\begin{aligned}H(z)&=\frac{-8(-2)^{-1}}{1-0.5z^{-1}}+\frac{-28(-2)^{-2}}{(1-0.5z^{-1})^2}+\frac{-32(-2)^{-3}}{(1-0.5z^{-1})^3}\\&=\frac{4}{1-0.5z^{-1}}-\frac{7}{(1-0.5z^{-1})^2}+\frac{4}{(1-0.5z^{-1})^3}\end{aligned}$$

위 식은 식 (4.3-37)을 이용하여 쉽게 역변환할 수 있다.

연습 문제

4.1 다음 1계 차분 방정식의 특수해를 지연 연산자법으로 구하라.

(a) $y[n]-0.6y[n-1]=0.6^n u[n]$ (b) $y[n]-0.5y[n-1]=0.6^n u[n]$

(c) $y[n]-0.5y[n-1]=0.6^n u[n]$

4.2 다음 차분방정식의 특수해를 지연연산자법으로 구하라($a \neq b$).

(a) $y[n]-2ay[n-1]+a^2y[n-2]=b^n u[n]$

(b) $y[n]-2ay[n-1]+a^2y[n-2]=nu[n]$

(c) $y[n]-y[n-1]+1/4\,y[n-2]=n(1/3)^n u[n]$

(d) $y[n]-y[n-1]+1/4\,y[n-2]=n^2 u[n]$

(e) $y[n]-y[n-1]+1/4\,y[n-2]=n^2(1/3)^n u[n]$

(f) $y[n]-y[n-1]+1/4\,y[n-2]=n^2(1/2)^n u[n]$

4.3 다음 수열의 z-변환을 구하라.

(a) $x[n]=a^{n-1}$ (b) $x[n]=a^{n-1}u[n-1]$

(c) $x[n]=\delta[n-N]-\delta[n+N]$ (d) $x[n]=(\sin\Omega_o n)u[n-1]$

(e) $x[n]=\{(\frac{1}{2})^n+(\frac{1}{3})^n\}u[n-10]$ (f) $x[n]=(\frac{1}{4})^n-(e^{j\pi/3})^n$

(g) $x[n]=na^n\sin\Omega_o n$ (h) $x[n]=\delta[n-2]+n$

(i) $x[n]=2e^{-n}\sin(\frac{2}{5}\pi n)$ (j) $x[n]=(\frac{1}{2})^n*(\frac{1}{3})^n$

(k) $x[n]=n\{(\frac{1}{2})^n*(\frac{1}{2})^n\}$ (l) $x[n]=\sin\left(\frac{\pi}{8}n-\frac{\pi}{4}\right)u[n-2]$

4.4 다음은 RSS의 z-변환이다. 그 역변환을 구하라.

(a) $\dfrac{1}{1+\frac{1}{2}z^{-1}}$ (b) $\dfrac{1-0.5z^{-1}}{1+\frac{3}{4}z^{-1}+\frac{1}{8}z^{-2}}$ (c) $\dfrac{1-az^{-1}}{z^{-1}-a}$

(d) $\dfrac{1}{1-a^2z^{-2}}$ (e) $\dfrac{1}{1+a^2z^{-2}}$ (f) $\dfrac{1}{1-a^4z^{-4}}$

(g) $\dfrac{2-z^{-1}}{1-z^{-1}-0.75z^{-2}}$ (h) $\dfrac{1-z^{-1}-0.75z^{-2}}{2-z^{-1}}$ (i) $\dfrac{1-3z^{-1}}{1+\frac{3}{2}z^{-1}-z^{-2}}$

(j) $\dfrac{2+z^{-1}}{1+z^{-1}+\frac{1}{4}z^{-2}}$

4.5 다음 차분방정식을 z-변환을 이용하여 풀어라.

(a) $y[n]+\dfrac{3}{4}y[n-1]+\dfrac{1}{8}y[n-2]=u[n],\quad y[-1]=-6, y[-2]=1$

(b) $y[n]-2y[n-1]+y[n-2]=\delta[n],\quad y[-1]=1, y[-2]=0$

(c) $y[n]-\dfrac{\sqrt{2}}{2}y[n-1]+\dfrac{1}{4}y[n-2]=0.5^n u[n],\quad y[-1]=0, y[-2]=0$

(d) $y[n]-0.5y[n-1]=2u[n],\quad y[-1]=1$

(e) $y[n]+0.25y[n-2]=\delta[n],\quad y[-1]=0, y[-2]=-4$

4.6 다음에 대한 z-변환을 구하고 ROC를 포함한 극-영점도를 그려라.

(a) $x[n]=(\sin\Omega_o n)u[n]$ (b) $x[n]=(\cos\Omega_o n)u[-n-1]$

(c) $x[n]=\delta[n-N]-\delta[n+N]$ (d) $x[n]=a^{|n|},\quad |a|<1$

(e) $x[n]=a^{n-1}u[n-1]$ (f) $x[n]=a^{n-1}u[n]$

(g) $x[n]=[(1/2)^n+(1/3)^n]u[n-10]$ (h) $x[n]=[(1/4)^n-(e^{j\pi/3})^n]u[n]$

4.7 다음의 $X(z)$에 대한 역변환을 구하라.

(a) $\dfrac{1}{1+\frac{1}{2}z^{-1}},\quad |z|>\frac{1}{2}$ (b) $\dfrac{1}{1+\frac{1}{2}z^{-1}},\quad |z|<\frac{1}{2}$ (c) $\dfrac{1-\frac{1}{2}z^{-1}}{1+\frac{3}{4}z^{-1}+\frac{1}{8}z^{-2}},\quad |z|>\frac{1}{2}$

(d) $\dfrac{1-az^{-1}}{z^{-1}-a},\quad |z|>|1/a|$ (e) $\dfrac{1}{1-a^2z^{-2}},\quad |z|>|a|$ (f) $\dfrac{1}{1-a^2z^{-2}},\quad |z|<|a|$

(g) $\dfrac{1}{1+a^2z^{-2}},\quad |z|>|a|$ (h) $\dfrac{1}{1+a^2z^{-2}},\quad |z|<|a|$ (i) $\dfrac{1}{1-a^4z^{-4}},\quad |z|>|a|$

(j) $\dfrac{1}{1-a^4z^{-4}},\quad |z|<|a|$

4.8 다음의 z-변환

$$X(z)=\frac{2-z^{-1}}{1-z^{-1}-0.75z^{-2}}$$

에 대한 ROC가 다음과 같을 때 각각에 대한 역변환을 구하라.

(a) $|z|>1.5$ (b) $0.5<|z|<1.5$ (c) $|z|<0.5$

4.9 다음 각 시스템 $H(z)$에 대한 계단 응답을 구하라.

(a) $\dfrac{1}{1+z^{-1}},\quad |z|>1$ (b) $\dfrac{2z^{-1}}{1-3z^{-1}},\quad |z|<3$

(c) $1-z^{-3},\quad |z|>0$ (d) $\dfrac{z^{-1}-z^{-2}}{1-2z^{-1}+2z^{-2}},\quad |z|<\sqrt{2}$

4.10 다음 각 경우에서 충격 응답이 $h_1[n]$과 $h_2[n]$인 시스템을 종속으로 결합한 전체 전달 함수 $H_c(z)$와 병렬로 결합한 전체 전달 함수 $H_p(z)$를 구하라.

(a) $h_1[n]=a^n u[n],\quad h_2[n]=a^n u[n-1]$

(b) $h_1[n]=h_2[-n]=a^n u[n],\quad |a|<1$

(c) $h_1[n]=a^n u[n],\quad h_2[n]=b^{n-1}u[n-1],\quad a\neq b$

(d) $h_1[n]=(ja)^n u[n],\quad h_2[n]=(-ja)^n u[n]$

(e) $h_1[n]=e^{j\Omega n}u[n],\quad h_2[n]=e^{-j\Omega n}u[n]$

4.11 다음의 각 전달 함수를 병렬형 및 종속형 구조를 그려라.

(a) $\dfrac{1}{1-0.49z^{-2}}$ (b) $\dfrac{1+z^{-3}}{1-0.512z^{-3}}$ (c) $\dfrac{0.5-2z^{-1}+0.8z^{-2}}{1-1.3z^{-1}+0.4z^{-2}}$ (d) $\dfrac{0.25+z^{-4}}{1+0.25z^{-4}}$

5

상태 공간

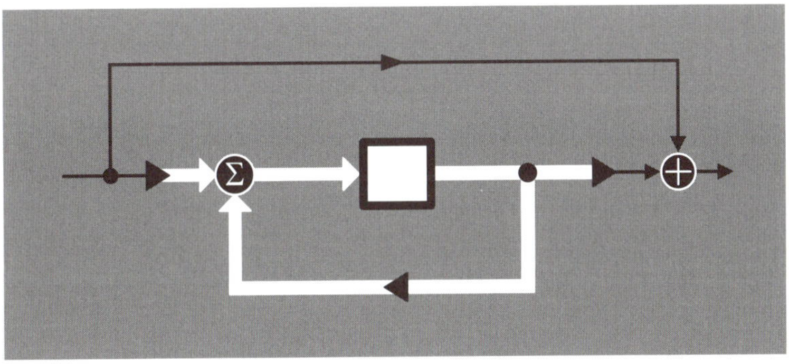

5.1 연속 시스템의 상태 변수

시스템 특성을 기술하는 방법은 미분방정식과 전달함수 및 충격 응답과 주파수 응답 등이 있지만 이들은 모두 입력과 출력간의 관계만 묘사할 뿐이므로 시스템 내부의 상태에 대해서는 알 수가 없거나 접근할 수 없다. 시스템 내부의 중요한 변수들을 상태변수라 하고 이를 매개변수로 삼아 입력과 출력간의 관계를 묘사하는 방정식을 상태방정식이라 한다. 시스템을 상태-공간에서 표현하면 다음과 같은 장점이 있다.

1. 시스템 내부에 접근할 수 있다.
2. 같은 특성을 유지하면서도 다양한 형태로 변경이 가능하므로 시스템 구현에 융통성이 있다.
3. 선형 시스템뿐 아니라 비선형 시스템에도 적용할 수 있다.
4. 다중입력-다중출력 시스템도 쉽게 표현할 수 있다.
5. 컴퓨터로 해석하기에 적합하다.

5.1.1 1계 선형연립 미분방정식

임의의 연속 시스템 내부에 N개 상태변수 $v_1(t)$, $v_2(t)$ … $v_N(t)$가 정해지면 각 상태 변수의 일차 도함수를 입력 $x(t)$를 포함한 모든 상태변수들의 선형합으로 표현하는 것이 상태방정식이다. 즉

$$\dot{\mathbf{v}}(t) = \mathbf{A}\mathbf{v}(t) + \mathbf{b}x(t) \tag{5.1-1}$$

이며 상태벡터 $\mathbf{v}(t)$와 계수를 나타내는 행렬 $\mathbf{A}$ 및 벡터 $\mathbf{b}$는 다음과 같이 정의된다.

$$\mathbf{v}(t) = \begin{bmatrix} v_1(t) \\ \vdots \\ v_N(t) \end{bmatrix}, \quad \mathbf{A} = \begin{bmatrix} a_{11} & \cdots & a_{1N} \\ \vdots & \vdots & \vdots \\ a_{N1} & \cdots & a_{NN} \end{bmatrix}, \quad \mathbf{b} = \begin{bmatrix} b_1 \\ \vdots \\ b_N \end{bmatrix} \tag{5.1-2}$$

그리고 입력과 상태변수에 의해 출력 $y(t)$가 결정되는 것이 출력방정식이다. 식 (5.1-1)의 상태방정식은 1계 선형 연립 미분방정식이므로 이의 풀이에 대해 먼저

알아본다. 식 (5.1-1) 우변의 $\mathbf{b}x(t)$가 비제차항이므로 $\mathbf{f}(t)$로 표현하면

$$\dot{\mathbf{v}}(t) = \mathbf{A}\mathbf{v}(t) + \mathbf{f}(t) \tag{5.1-3}$$

여기서 $\mathbf{f}(t)=\mathbf{0}$으로 한 제차 연립 방정식

$$\dot{\mathbf{v}}(t) = \mathbf{A}\mathbf{v}(t) \tag{5.1-4}$$

의 해인 보조해 $\mathbf{v}_c(t)$는 다음과 같다.

$$\mathbf{v}_c(t) = e^{\mathbf{A}t}\mathbf{k} \tag{5.1-5}$$

단 $\mathbf{k}$는 계수를 나타내는 $N\times1$ 벡터이며 $e^{\mathbf{A}t}$는 행렬 지수함수이다. 행렬 지수 함수의 멱급수 전개는 다음과 같다(부록 D 참조).

$$e^{\mathbf{A}t} = \mathbf{I} + \mathbf{A}t + \mathbf{A}^2\frac{t^2}{2!} + \mathbf{A}^3\frac{t^3}{3!} + \cdots + \mathbf{A}^k\frac{t^k}{k!} + \cdots \tag{5.1-6}$$

이에 비해 지수 함수의 멱급수는 잘 알려진 바와 같이

$$e^{at} = 1 + at + a^2\frac{t^2}{2!} + a^3\frac{t^3}{3!} + \cdots + a^k\frac{t^k}{k!} + \cdots \tag{5.1-7}$$

단일 상태 변수인 경우 식 (5.1-4)와 (5.1-5)의 형태는 다음과 같다.

$$\dot{v}(t) = av(t), \quad v_c(t) = ke^{at}$$

행렬 지수함수는 $(e^{\mathbf{A}t})'=\mathbf{A}e^{\mathbf{A}t}$이므로 $\mathbf{v}_c(t)$는 다음과 같이 식 (5.1-4)를 만족한다.

$$\dot{\mathbf{v}}_c = (e^{\mathbf{A}t}\mathbf{k})' = \mathbf{A}e^{\mathbf{A}t}\mathbf{k} = \mathbf{A}\mathbf{x}_c \tag{5.1-8}$$

다음으로 비제차 방정식 (5.1-3)을 미분연산자 p를 이용하여 표현하면

$$p\mathbf{v} = \mathbf{A}\mathbf{v} + \mathbf{f}(t) \tag{5.1-9}$$

이므로

$$(p\mathbf{I} - \mathbf{A})\mathbf{v} = \mathbf{f}(t) \tag{5.1-10}$$

이로부터 $\mathbf{v}$의 특수해 $\mathbf{v}_p$는 다음과 같이 표현된다.

$$\mathbf{v}_p = (p\mathbf{I} - \mathbf{A})^{-1}\mathbf{f}(t) \tag{5.1-11}$$

위의 결과는 3장에서 설명한 미분연산자법인

$$\frac{1}{p-a}f(t)=e^{at}\int e^{-at}f(t)dt$$

의 관계를 확장하여 다음과 같이 표현할 수 있다.

$$\mathbf{v}_p=(p\mathbf{I}-\mathbf{A})^{-1}\mathbf{f}(t)=e^{\mathbf{A}t}\int e^{-\mathbf{A}t}\mathbf{f}(t)dt \tag{5.1-12}$$

위의 식은 행렬 지수함수의 미분 성질을 이용하면 다음과 같이 증명된다.

$$\begin{aligned}\dot{\mathbf{v}}_p&=\frac{d}{dt}\left[e^{\mathbf{A}t}\int e^{-\mathbf{A}t}\mathbf{f}(t)dt\right]\\&=\mathbf{A}e^{\mathbf{A}t}\int e^{-\mathbf{A}t}\mathbf{f}(t)dt+e^{\mathbf{A}t}\frac{d}{dt}\int e^{-\mathbf{A}t}\mathbf{f}(t)dt\\&=\mathbf{A}\left[e^{\mathbf{A}t}\int e^{-\mathbf{A}t}\mathbf{f}(t)dt\right]+e^{\mathbf{A}t}e^{-\mathbf{A}t}\mathbf{f}(t)\\&=\mathbf{A}\mathbf{v}_p+\mathbf{f}(t)\end{aligned} \tag{5.1-13}$$

160

이상으로 식 (5.1-3)의 일반해 $\mathbf{v}=\mathbf{v}_c+\mathbf{v}_p$는

$$\mathbf{v}(t)=e^{\mathbf{A}t}\mathbf{k}+e^{\mathbf{A}t}\int e^{-\mathbf{A}t}\mathbf{f}(t)dt \tag{5.1-14}$$

이며 단일 변수인 경우는

$$v(t)=ke^{at}+e^{at}\int e^{-at}f(t)dt$$

식 (5.1-14)에서 부정적분을 구간 [0, t]의 정적분으로 고쳐 쓰면 다음과 같다 ($\mathbf{k}=\mathbf{v}(0)$).

$$\begin{aligned}\mathbf{v}(t)&=e^{\mathbf{A}t}\mathbf{v}(0)+e^{\mathbf{A}t}\int_0^t e^{-\mathbf{A}\tau}\mathbf{f}(\tau)d\tau\\&=e^{\mathbf{A}t}\mathbf{v}(0)+\int_0^t e^{\mathbf{A}(t-\tau)}\mathbf{f}(\tau)d\tau\end{aligned} \tag{5.1-15}$$

초기 시간을 임의의 t_0로 하면 위의 식은 다음과 같이 일반화할 수 있다.

$$\mathbf{v}(t)=e^{\mathbf{A}(t-t_0)}\mathbf{v}(t_0)+\int_{t_0}^t e^{\mathbf{A}(t-\tau)}\mathbf{f}(\tau)d\tau \tag{5.1-16}$$

행렬 지수함수 $e^{\mathbf{A}t}$는 상태-천이 행렬(state-transition matrix)로 불리며 $\mathbf{\Phi}(t)$로 나타낸다. 즉 식 (5.1-16)은 다음과 같이 표현된다.

$$\mathbf{v}(t)=\mathbf{\Phi}(t-t_0)\mathbf{v}(t_0)+\int_{t_0}^t\mathbf{\Phi}(t-\tau)\mathbf{f}(\tau)d\tau \tag{5.1-17}$$

상태천이 행렬은 다음과 같은 성질이 있다.

$$\begin{aligned}&1.\ \mathbf{\Phi}(t_2-t_0)=\mathbf{\Phi}(t_2-t_1)\mathbf{\Phi}(t_1-t_0)\\&2.\ \mathbf{\Phi}(t_0-t)=\mathbf{\Phi}^{-1}(t-t_0)\\&3.\ \mathbf{\Phi}(t-t_0)=\mathbf{\Phi}(t)\mathbf{\Phi}^{-1}(t_0)\end{aligned} \tag{5.1-18}$$

위의 성질은 행렬 지수 함수 $e^{\mathbf{A}t}$의 성질을 이용하면 쉽게 증명할 수 있다.

임의의 $N\times N$ 행렬 $\mathbf{A}$의 거듭제곱 $\mathbf{A}^m$(m은 양의 정수)은 $\mathbf{A}$를 반복해서 곱하는 것이므로 컴퓨터를 이용하지 않고서는 계산이 힘들다. 행렬의 거듭제곱을 간편하게 구하는 방법에 케일리-해밀턴 정리가 있으며 다음과 같다: 행렬 $\mathbf{A}$는 자신의 특성방정식을 만족한다. 즉 특성방정식을

$$\det(\mathbf{A}-\lambda\mathbf{I})=P(\lambda) \tag{5.1-19}$$

라 하면 행렬 $\mathbf{A}$는 다음 관계를 만족한다(자세한 증명은 부록 D 참조).

$$P(\mathbf{A})=\mathbf{0} \tag{5.1-20}$$

예제 5.1 다음 행렬 $\mathbf{A}$에 대한 $\mathbf{A}^2$과 $\mathbf{A}^3$을 계산하라.

$$\mathbf{A}=\begin{bmatrix}3 & 4\\1 & 3\end{bmatrix}$$

풀이

특성방정식이

$$P(\lambda)=\det(\mathbf{A}-\lambda\mathbf{I})=(3-\lambda)^2-4=\lambda^2-6\lambda+5$$

이므로 행렬 $\mathbf{A}$는 다음을 만족한다.

$$P(\mathbf{A})=\mathbf{A}^2-6\mathbf{A}+5\mathbf{I}=\mathbf{0}$$

$$\therefore\ \mathbf{A}^2=6\mathbf{A}-5\mathbf{I}=\begin{bmatrix}13 & 24\\6 & 13\end{bmatrix}$$

$$\mathbf{A}^3=6\mathbf{A}^2-5\mathbf{A}=6(6\mathbf{A}-5\mathbf{I})-5\mathbf{A}=31\mathbf{A}-30\mathbf{I}=\begin{bmatrix}63 & 124\\31 & 63\end{bmatrix}$$

라플라스 변환을 이용하면 행렬 지수 함수를 보다 쉽게 구할 수 있다. 벡터 $\mathbf{v}(t)$와 $\mathbf{f}(t)$의 라플라스 변환을 각각 $\mathbf{V}(s)$, $\mathbf{F}(s)$라 하고 $\mathbf{v}(t)$의 초기조건을 $\mathbf{v}(0)$라 한다. 라플라스 변환의 미분 성질에 의해

$$\mathcal{L}[\dot{\mathbf{v}}] = s\mathbf{V}(s) - \mathbf{v}(0) \tag{5.1-21}$$

이므로 식 (5.1-3) 비제차방정식의 양변에 라플라스 변환을 취하면

$$s\mathbf{V}(s) - \mathbf{v}(0) = \mathbf{A}\mathbf{V}(s) + \mathbf{F}(s) \tag{5.1-22}$$

이로부터

$$(s\mathbf{I} - \mathbf{A})\mathbf{V}(s) = \mathbf{F}(s) + \mathbf{v}(0) \tag{5.1-23}$$

따라서

$$\mathbf{V}(s) = (s\mathbf{I} - \mathbf{A})^{-1}\mathbf{F}(s) + (s\mathbf{I} - \mathbf{A})^{-1}\mathbf{v}(0) \tag{5.1-24}$$

위 식 양변에 역변환을 취하면 $\mathbf{v}(t)$의 완전해는 다음과 같이 구해진다.

$$\mathbf{v}(t) = \underbrace{\mathcal{L}^{-1}\left[(s\mathbf{I} - \mathbf{A})^{-1}\mathbf{F}(s)\right]}_{\text{영상태 응답}} + \underbrace{\mathcal{L}^{-1}\left[(s\mathbf{I} - \mathbf{A})^{-1}\mathbf{v}(0)\right]}_{\text{영입력 응답}} \tag{5.1-25}$$

만일 $\mathbf{f}(t)=\mathbf{0}$이라 하면 보조해 $\mathbf{v}(t)=\mathbf{v}_c(t)$는

$$\mathbf{v}_c(t) = \mathcal{L}^{-1}\left[(s\mathbf{I} - \mathbf{A})^{-1}\mathbf{v}(0)\right] = \mathcal{L}^{-1}\left[(s\mathbf{I} - \mathbf{A})^{-1}\right]\mathbf{v}(0) \tag{5.1-26}$$

이며 이는 식 (5.1-5)의 보조해인 $\mathbf{v}_c=e^{\mathbf{A}t}\mathbf{k}$와 같아야 한다($\mathbf{k}=\mathbf{v}(0)$). 따라서

$$e^{\mathbf{A}t}u(t) \overset{\mathcal{L}}{\longleftrightarrow} (s\mathbf{I} - \mathbf{A})^{-1} \tag{5.1-27}$$

의 중요한 관계식을 얻을 수 있으며 이는 스칼라 경우인 다음과 닮은 꼴이다.

$$e^{at}u(t) \overset{\mathcal{L}}{\longleftrightarrow} (s-a)^{-1}$$

행렬 지수함수를 계산하는 일은 쉽지 않지만 식 (5.1-25)의 라플라스 역변환을 이용하면 보다 쉽게 구할 수 있음을 알 수 있다.

예제 5.2 다음 행렬 $\mathbf{A}$에 대한 행렬 지수함수 $e^{\mathbf{A}t}$을 계산하라.

$$\mathbf{A} = \begin{bmatrix} 0 & 2 \\ -1 & -3 \end{bmatrix}$$

풀이

$$s\mathbf{I}-\mathbf{A}=\begin{bmatrix} s & -2 \\ 1 & s+3 \end{bmatrix}$$

역행렬을 구하면

$$(s\mathbf{I}-\mathbf{A})^{-1}=\frac{\begin{bmatrix} s+3 & 2 \\ -1 & s \end{bmatrix}}{\begin{vmatrix} s & -2 \\ 1 & s+3 \end{vmatrix}}=\frac{\begin{bmatrix} s+3 & 2 \\ -1 & s \end{bmatrix}}{(s+1)(s+2)}$$

$$=\begin{bmatrix} \dfrac{s+3}{(s+1)(s+2)} & \dfrac{2}{(s+1)(s+2)} \\ \dfrac{-1}{(s+1)(s+2)} & \dfrac{s}{(s+1)(s+2)} \end{bmatrix}$$

식 (5.1-27)로부터

$$\therefore e^{\mathbf{A}t}=\begin{bmatrix} \mathcal{L}^{-1}\left\{\dfrac{s+3}{(s+1)(s+2)}\right\} & \mathcal{L}^{-1}\left\{\dfrac{2}{(s+1)(s+2)}\right\} \\ \mathcal{L}^{-1}\left\{\dfrac{-1}{(s+1)(s+2)}\right\} & \mathcal{L}^{-1}\left\{\dfrac{s}{(s+1)(s+2)}\right\} \end{bmatrix}$$

$$=\begin{bmatrix} -e^{-2t}+2e^{-t} & -2e^{-2t}+2e^{-t} \\ e^{-2t}-e^{-t} & 2e^{-2t}-e^{-t} \end{bmatrix}$$

5.1.2 상태 공간과 전달함수

연속 시스템을 상태 공간에서 표현하면 다음과 같다.

$$\begin{aligned} \dot{\mathbf{v}}(t) &= \mathbf{A}\mathbf{v}(t)+\mathbf{b}x(t) \qquad [\text{상태방정식}] \\ y(t) &= \mathbf{c}^T\mathbf{v}(t)+dx(t) \qquad [\text{출력방정식}] \end{aligned} \tag{5.1-28}$$

벡터 $\mathbf{c}$는 $\mathbf{c}^T=[c_1 \ \dots \ c_N]$이며 d는 상수이다. 식 (5.1-28)에 대한 블록선도는 그림 5-1과 같다. 상태방정식은 식 (5.1-3)에서 $\mathbf{f}=\mathbf{b}x(t)$로 한 것이므로 상태방정식의 해는 식 (5.1-17)로부터

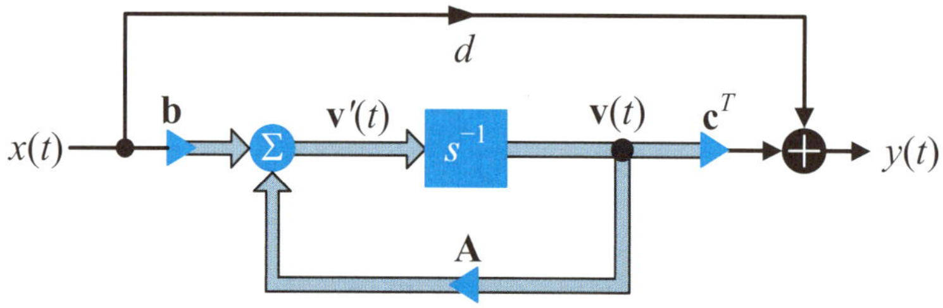

그림 5-1 연속 시스템의 상태-공간 표현

$$\mathbf{v}(t)=\mathbf{\Phi}(t-t_0)\mathbf{v}(t_0)+\int_{0}\mathbf{\Phi}(t-\tau)\mathbf{b}x(\tau)d\tau \qquad \textbf{(5.1-29)}$$

그 결과 출력방정식으로부터

$$y(t)=\mathbf{c}^T\mathbf{\Phi}(t-t_0)\mathbf{v}(t_0)+\int_{0}\mathbf{c}^T\mathbf{\Phi}(t-\tau)\mathbf{b}x(\tau)d\tau+dx(t) \qquad \textbf{(5.1-30)}$$

위의 식은 $\delta(t)$의 특성인 $x(t)\delta(t-\tau)=x(\tau)$를 이용하면

$$y(t)=\mathbf{c}^T\mathbf{\Phi}(t-t_0)\mathbf{v}(t_0)+\int_{0}[\mathbf{c}^T\mathbf{\Phi}(t-\tau)\mathbf{b}+d\delta(t-\tau)]x(\tau)d\tau \qquad \textbf{(5.1-31)}$$

따라서 위 식의 우변 적분항을 충격응답으로 표현하면

$$\int_{0}[\mathbf{c}^T\mathbf{\Phi}(t-\tau)\mathbf{b}+d\delta(t-\tau)]x(\tau)d\tau=\int_{0}h(t-\tau)x(\tau)d\tau \qquad \textbf{(5.1-32)}$$

따라서 시스템의 충격응답 $h(t)$는 다음과 같이 주어진다(t_0=0).

$$h(t)=\mathbf{c}^T\mathbf{\Phi}(t)\mathbf{b}u(t)+d\delta(t)=\mathbf{c}^Te^{\mathbf{A}t}\mathbf{b}u(t)+d\delta(t) \qquad \textbf{(5.1-33)}$$

위의 식에서 출력 $y(t)$, 전달함수 $H(s)$ 및 충격응답 $h(t)$는 라플라스 변환을 이용하면 쉽게 해석할 수 있다. 먼저 식 (5.1-28)의 상태방정식 양변에 라플라스 변환을 취하면

$$s\mathbf{V}(s)-\mathbf{v}(0)=\mathbf{AV}(s)+\mathbf{b}X(s) \qquad \textbf{(5.1-34)}$$

이며 $X(s)$는 입력 $x(t)$의 라플라스 변환이다. 위의 식을 $\mathbf{V}(s)$에 대해 정리하면

$$\mathbf{V}(s)=(s\mathbf{I}-\mathbf{A})^{-1}\mathbf{b}X(s)+(s\mathbf{I}-\mathbf{A})^{-1}\mathbf{v}(0) \qquad \textbf{(5.1-35)}$$

다음으로 식 (5.1-28)의 출력방정식 양변에 라플라스 변환을 취하면

$$Y(s)=\mathbf{c}^T\mathbf{V}(s)+dX(s) \qquad \textbf{(5.1-36)}$$

이므로 식 (5.1-35)와 결합하면 $Y(s)$는 다음과 같이 표현된다.

$$Y(s) = \underbrace{[\mathbf{c}^T(s\mathbf{I}-\mathbf{A})^{-1}\mathbf{b}+d]X(s)}_{\text{영상태 응답}} + \underbrace{\mathbf{c}^T(s\mathbf{I}-\mathbf{A})^{-1}\mathbf{v}(0)}_{\text{영입력 응답}} \qquad \textbf{(5.1-37)}$$

여기서 $\mathbf{v}(0)=\mathbf{0}$으로 하면 전달함수를 다음과 같이 구할 수 있다.

$$H(s) = \frac{Y(s)}{X(s)} = \mathbf{c}^T(s\mathbf{I}-\mathbf{A})^{-1}\mathbf{b}+d \qquad \textbf{(5.1-38)}$$

그리고 충격응답 $h(t)$는 $H(s)$를 역변환하여 다음과 같이 구할 수 있다.

$$\begin{aligned} h(t) &= \mathcal{L}^{-1}\left[\mathbf{c}^T(s\mathbf{I}-\mathbf{A})^{-1}\mathbf{b}+d\right] \\ &= \mathbf{c}^T\mathcal{L}^{-1}\left[(s\mathbf{I}-\mathbf{A})^{-1}\right]\mathbf{b}+\mathcal{L}^{-1}[d] \end{aligned} \qquad \textbf{(5.1-39)}$$

따라서 충격응답은 식 (5.1-27)의 변환쌍으로부터

$$h(t) = \mathbf{c}^T e^{\mathbf{A}t}\mathbf{b}u(t)+d\delta(t) \qquad \textbf{(5.1-40)}$$

이며 이는 식 (5.1-33)의 시간상 해석과 일치한다. 이상으로 연속 시스템의 상태 공간 해석은 바로 1계 선형연립 미분방정식의 풀이에 준함을 알 수 있다. 165

예제 5.3 그림 5-2의 직렬 RLC 회로를 상태공간에서 표현해 보라.

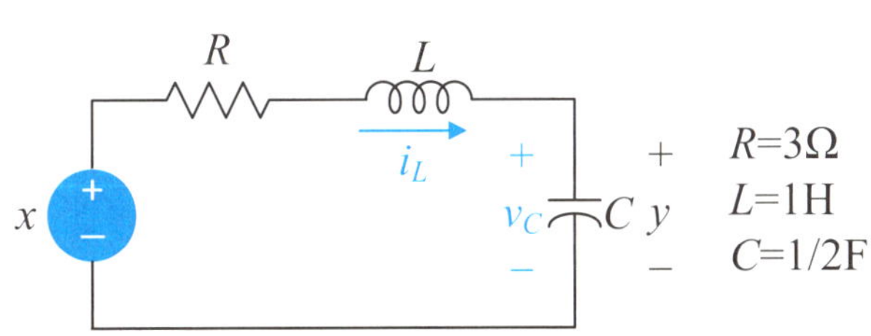

그림 5-2 예제 5.3의 그림

풀이 일반적으로 RLC 회로에서는 에너지 저장 소자인 커페시터 C의 전압 v_C와 인덕터 L의 전류 i_L을 상태 변수로 삼는다. 그림 5-2에서 C를 통해 흐르는 전류는 $C\dot{v}_c$이며 이는 인덕터 전류 i_L과 같으므로

$$C\dot{v}_c = i_L$$

다음으로 L 양단전압은 $L\dot{i}_L$이며 이는 키르히호프 전압법칙에 의해

$$L\dot{i}_L = x - Ri_L - v_C$$

앞의 두 식으로부터 상태 변수 v_C, i_L에 대한 상태방정식은 다음과 같다.

$$\begin{bmatrix} \dot{v}_C \\ \dot{i}_L \end{bmatrix} = \begin{bmatrix} 0 & 1/C \\ -1/L & -R/L \end{bmatrix} \begin{bmatrix} v_C \\ i_L \end{bmatrix} + \begin{bmatrix} 0 \\ 1/L \end{bmatrix} x$$

그리고 출력 y는 C의 양단전압 v_C이므로 출력방정식은

$$y = \begin{bmatrix} 1 & 0 \end{bmatrix} \begin{bmatrix} v_C \\ i_L \end{bmatrix}$$

이상의 결과에 그림 5-2에 주어진 소자 값을 대입하면 다음과 같은 값을 얻을 수 있다.

$$\mathbf{A} = \begin{bmatrix} 0 & 2 \\ -1 & -3 \end{bmatrix}, \quad \mathbf{b} = \begin{bmatrix} 0 \\ 1 \end{bmatrix}, \quad \mathbf{c}^T = \begin{bmatrix} 1 & 0 \end{bmatrix}, \quad d = 0$$

예제 5.4 예제 5.3의 상태방정식에 대한 전달함수를 구하라.

풀이

$$s\mathbf{I} - \mathbf{A} = \begin{bmatrix} s & -2 \\ 1 & s+3 \end{bmatrix}$$

역행렬은

$$(s\mathbf{I} - \mathbf{A})^{-1} = \begin{bmatrix} s & -2 \\ 1 & s+3 \end{bmatrix}^{-1} = \frac{1}{s^2 + 3s + 2} \begin{bmatrix} s+3 & 2 \\ -1 & s \end{bmatrix}$$

식 (5.1-38)로부터 전달함수는

$$\begin{aligned} H(s) &= \mathbf{c}^T (s\mathbf{I} - \mathbf{A})^{-1} \mathbf{b} + d \\ &= \frac{1}{s^2 + 3s + 2} \begin{bmatrix} 1 & 0 \end{bmatrix} \begin{bmatrix} s+3 & 2 \\ -1 & s \end{bmatrix} \begin{bmatrix} 0 \\ 1 \end{bmatrix} + 0 \\ &= \frac{s+3}{s^2 + 3s + 2} \end{aligned}$$

지금부터는 전달함수를 상태공간으로 옮기는 데 대해 알아본다. 이를 위해 다음 전달함수 $H(s)$를 예로 들어보자.

$$H(s)=\frac{Y(s)}{X(s)}=\frac{\beta_4 s^4+\beta_3 s^3+\beta_2 s^2+\beta_1 s+\beta_0}{\alpha_4 s^4+\alpha_3 s^3+\alpha_2 s^2+\alpha_1 s+\alpha_0} \quad \textbf{(5.1-41)}$$

여기서 분모의 최고차항 계수를 $\alpha_4=1$이 되도록 정규화하고 나아가 $\beta_4\neq 0$인 경우를 대비해 분자 다항식을 분모 다항식으로 나눈 몫 d와 나머지 $N(s)$로 전달함수를 표현하면 다음과 같다.

$$H(s)=\frac{N(s)}{D(s)}+d=\frac{b_3 s^3+b_2 s^2+b_1 s+b_0}{s^4+a_3 s^3+a_2 s^2+a_1 s+a_0}+d \quad \textbf{(5.1-42)}$$

위의 전달함수는 다음과 같은 형태의 상태방정식과 출력방정식으로 표현된다.

$$\dot{\mathbf{v}}(t)=\begin{bmatrix}-a_3 & -a_2 & -a_1 & -a_0\\ 1 & 0 & 0 & 0\\ 0 & 1 & 0 & 0\\ 0 & 0 & 1 & 0\end{bmatrix}\mathbf{v}(t)+\begin{bmatrix}1\\0\\0\\0\end{bmatrix}x(t)$$
$$y(t)=\begin{bmatrix}b_3 & b_2 & b_1 & b_0\end{bmatrix}\mathbf{v}(t)+dx(t) \quad \textbf{(5.1-43)}$$

위의 식과 같은 형태를 제어기-표준형이라 한다. 제어기-표준형을 살펴보면 행렬 $\mathbf{A}$의 첫 번째 행은 분모 $D(s)$의 계수를 부호를 반대로 하여 차례대로 열거한 것이며, 나머지 행은 대각선 바로 밑의 요소만 1이고 나머지는 모두 0임을 알 수 있다. 그리고 벡터 $\mathbf{c}^T$는 분자 $N(s)$의 계수를 차례로 열거한 것이며 벡터 $\mathbf{b}$는 첫 번째 요소만 1이고 나머지는 모두 0이다. 식 (5.1-43)을 증명하기 위해 역으로 이에 대한 전달함수가 식 (5.1-42)임을 증명하여야 한다. 식 (5.1-43)의 상태방정식에서 모든 초기조건을 0으로 하고 양변에 라플라스 변환을 취하면 다음과 같다.

$$\begin{cases} sV_1(s)=-a_3V_1(s)-a_2V_2(s)-a_1V_3(s)-a_0V_4(s)+V(s)\\ sV_2(s)=V_1(s)\\ sV_3(s)=V_2(s)\\ sV_4(s)=V_3(s)\end{cases} \quad \textbf{(5.1-44)}$$

두 번째와 세 번째 및 네 번째 식으로부터

$$V_2(s)=\frac{V_1(s)}{s},\quad V_3(s)=\frac{V_2(s)}{s}=\frac{V_1(s)}{s^2},\quad V_4(s)=\frac{V_1(s)}{s^3} \tag{5.1-45}$$

이므로 이를 식 (5.1-44) 첫 번째 식에 대입하면

$$\left(s+a_3+\frac{a_2}{s}+\frac{a_1}{s^2}+\frac{a_0}{s^3}\right)V_1(s)=X(s) \tag{5.1-46}$$

이로부터

$$V_1(s)=\frac{s^3}{s^4+a_3s^3+a_2s^2+a_1s+a_0}X(s)=\frac{s^3}{D(s)}X(s) \tag{5.1-47}$$

다음으로 식 (5.1-43)의 출력 방정식으로부터

$$Y(s)=b_3V_1(s)+b_2V_2(s)+b_1V_3(s)+b_0V_4(s)+dX(s) \tag{5.1-48}$$

이므로 이 식에 식 (5.1-45), (5.1-47)를 대입하면 다음의 관계를 얻을 수 있다.

$$\begin{aligned}Y(s)&=\left(\frac{b_3s^3}{D(s)}+\frac{b_2s^3}{D(s)s}+\frac{b_1s^3}{D(s)s^2}+\frac{b_0s^3}{D(s)s^3}\right)X(s)+dX(s)\\&=\frac{b_3s^3+b_2s^2+b_1s+b_0}{D(s)}X(s)+dX(s)\end{aligned} \tag{5.1-49}$$

위의 식으로부터

$$H(s)=\frac{Y(s)}{X(s)}=\frac{b_3s^3+b_2s^2+b_1s+b_0}{D(s)}+d=\frac{N(s)}{D(s)}+d \tag{5.1-50}$$

이며 이는 식 (5.1-42)와 같음을 알 수 있다. 아울러 식 (5.1-42)의 또 다른 상태 공간 표현은 다음과 같다.

$$\begin{aligned}\dot{\mathbf{v}}(t)&=\begin{bmatrix}-a_3&1&0&0\\-a_2&0&1&0\\-a_1&0&0&1\\-a_0&0&0&0\end{bmatrix}\mathbf{v}(t)+\begin{bmatrix}b_3\\b_2\\b_1\\b_0\end{bmatrix}x(t)\\y(t)&=\begin{bmatrix}1&0&0&0\end{bmatrix}\mathbf{v}(t)+dx(t)\end{aligned} \tag{5.1-51}$$

위와 같은 형태를 관측기-표준형이라 한다. 그림 5-2는 식 (5.1-40)의 전달함수에 대한 제어기-표준형과 관측기-표준형의 구성을 보여준다.

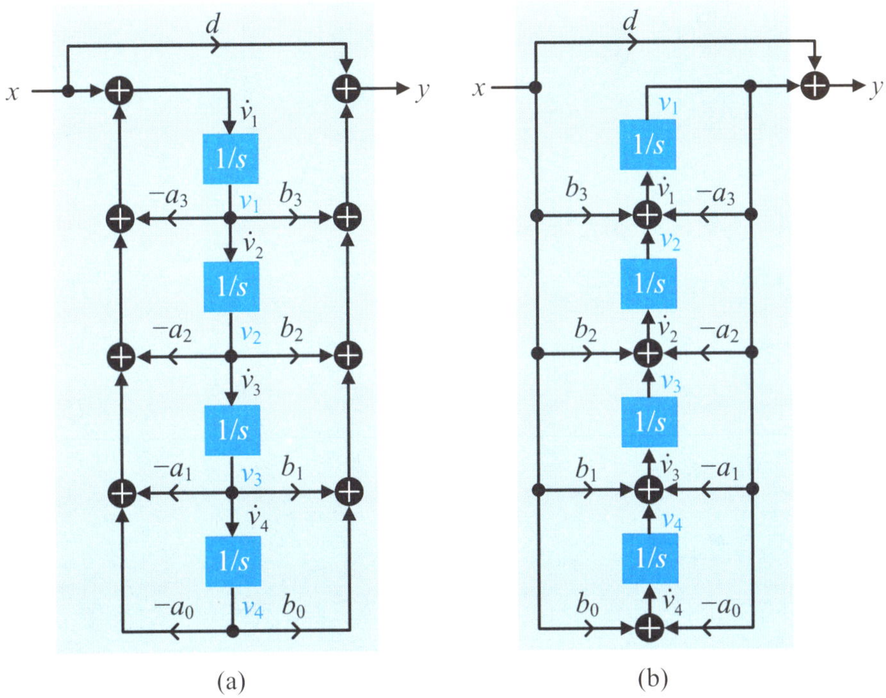

그림 5-3 (a) 식 (5.1-41) 제어기-표준형 (b) 식 (5.1-50) 관측기-표준형

5.2 이산 시스템의 상태 변수

5.2.1 1계 선형연립 차분방정식

임의의 이산 시스템 내부에 N개 상태변수 $v_1[n], v_2[n] \dots v_N[n]$이 정해지면 각 상태 변수의 일차 선행을 입력 $x[n]$를 포함한 모든 상태변수들의 선형합으로 표현하면

$$\mathbf{v}[n+1] = \mathbf{A}\mathbf{v}[n] + \mathbf{b}x[n] \tag{5.2-1}$$

이며 상태벡터 $\mathbf{v}[n]$과 계수를 나타내는 행렬 $\mathbf{A}$ 및 벡터 $\mathbf{b}$는 다음과 같이 정의

된다.

$$\mathbf{v}[n]=\begin{bmatrix} v_1[n] \\ \vdots \\ v_N[n] \end{bmatrix},\quad \mathbf{A}=\begin{bmatrix} a_{11} & \cdots & a_{1N} \\ \vdots & \vdots & \vdots \\ a_{N1} & \cdots & a_{NN} \end{bmatrix},\quad \mathbf{b}=\begin{bmatrix} b_1 \\ \vdots \\ b_N \end{bmatrix} \tag{5.2-2}$$

식 (5.2-1)의 상태방정식은 1계 선형 연립 차분방정식이다. 식 (5.2-1) 우변의 $\mathbf{b}x[n]$은 비제차항이므로 $\mathbf{f}[n]$으로 표현하면

$$\mathbf{v}[n+1]=\mathbf{A}\mathbf{v}[n]+\mathbf{f}[n] \tag{5.2-3}$$

여기서 $\mathbf{f}[n]=\mathbf{0}$으로 한 제차 연립 방정식인

$$\mathbf{v}[n+1]=\mathbf{A}\mathbf{v}[n] \tag{5.2-4}$$

의 해인 보조해 $\mathbf{v}_c[n]$은

$$\mathbf{v}_c[n]=\mathbf{A}^n\mathbf{k} \tag{5.2-5}$$

이며 $\mathbf{k}$는 계수를 나타내는 $N\times1$ 벡터이다. 단일 상태 변수인 경우 식 (5.2-4)와 (5.2-5)의 형태는 다음과 같다.

$$v[n+1]=av[n],\quad v_c[n]=ka^n$$

행렬의 거듭제곱은 $\mathbf{A}^{n+1}=\mathbf{A}\mathbf{A}^n$이므로 $\mathbf{v}_c[n]$은

$$\mathbf{v}_c[n+1]=\mathbf{A}^{n+1}\mathbf{k}=\mathbf{A}\mathbf{A}^n\mathbf{k}=\mathbf{A}\mathbf{x}_c[n] \tag{5.2-6}$$

와 같이 식 (5.2-4)를 만족한다. 다음으로 비제차 방정식 (5.2-3)을 지연연산자 q^{-1}을 이용하여 표현하면

$$\mathbf{v}[n+1]=\mathbf{A}q^{-1}\mathbf{v}[n+1]+\mathbf{f}[n] \tag{5.2-7}$$

이므로

$$(\mathbf{I}-\mathbf{A}q^{-1})\mathbf{v}[n+1]=\mathbf{f}[n] \tag{5.2-8}$$

이로부터 $\mathbf{v}$의 특수해 $\mathbf{v}_p$는 다음과 같이 표현된다.

$$\mathbf{v}_p[n+1]=(\mathbf{I}-\mathbf{A}q^{-1})^{-1}\mathbf{f}[n] \tag{5.2-9}$$

위의 결과는 4장에서 설명한 미분연산자법인

$$\frac{1}{1-aq^{-1}}f[n]=a^n\sum a^{-n}f[n]$$

의 관계를 확장하여 다음과 같이 표현할 수 있다.

$$\mathbf{v}_p[n+1]=(\mathbf{I}-\mathbf{A}q^{-1})^{-1}\mathbf{f}[n]=\mathbf{A}^n\sum\mathbf{A}^{-n}\mathbf{f}[n] \qquad (5.2\text{-}10)$$

이상으로 식 (5.2-3)의 일반해 $\mathbf{v}=\mathbf{v}_c+\mathbf{v}_p$는

$$\mathbf{v}[n+1]=\mathbf{A}^{n+1}\mathbf{k}+\mathbf{A}^n\sum\mathbf{A}^{-n}\mathbf{f}[n] \qquad (5.2\text{-}11)$$

이며 단일 변수인 경우는 다음과 같다.

$$v[n+1]=ka^{n+1}+a^n\sum a^{-n}f[n]$$

식 (5.2-11)에서 합의 구간을 $[0, n]$으로 정하면 다음과 같다($\mathbf{k}=\mathbf{v}[0]$).

$$\mathbf{v}[n+1]=\mathbf{A}^{n+1}\mathbf{v}[0]+\mathbf{A}^n\sum_{k=0}^{n}\mathbf{A}^{-k}\mathbf{f}[k]=\mathbf{A}^{n+1}\mathbf{v}[0]+\sum_{k=0}^{n}\mathbf{A}^{n-k}\mathbf{f}[k] \qquad (5.2\text{-}12)$$

행렬 $\mathbf{A}^n$을 상태-천이 행렬 $\mathbf{\Phi}[n]$이라 정의하면 식 (5.2-12)는 다음과 같다.

$$\mathbf{v}[n+1]=\mathbf{\Phi}[n+1]\mathbf{v}[0]+\sum_{k=0}^{n}\mathbf{\Phi}[n-k]\mathbf{f}[k] \qquad (5.2\text{-}13)$$

상태천이 행렬 $\mathbf{\Phi}[n]=\mathbf{A}^n$의 성질은 다음과 같음을 쉽게 알 수 있다.

1. $\mathbf{\Phi}[n+1]=\mathbf{A}\mathbf{\Phi}[n]$
2. $\mathbf{\Phi}[n-k]=\mathbf{\Phi}[n-j]\mathbf{\Phi}[j-k]$ (5.2-14)
3. $\mathbf{\Phi}^{-1}[n]=\mathbf{\Phi}[-n]$

행렬 $\mathbf{A}^n$은 z-변환을 이용하면 보다 쉽고 체계적으로 구할 수 있다. 벡터 $\mathbf{v}[n]$과 $\mathbf{f}[n]$의 z-변환을 각각 $\mathbf{V}(z)$, $\mathbf{F}(z)$라 하고 $\mathbf{v}[n]$의 초기조건을 $\mathbf{v}[0]$라 하면

$$\mathcal{Z}\left[\mathbf{v}[n+1]\right]=z\mathbf{V}(z)-z\mathbf{v}[0] \qquad (5.2\text{-}15)$$

이므로 식 (5.2-3) 비제차방정식의 양변에 z-변환을 취하면

$$z\mathbf{V}(z)-z\mathbf{v}[0]=\mathbf{A}\mathbf{V}(z)+\mathbf{F}(z) \qquad (5.2\text{-}16)$$

이로부터

$$(z\mathbf{I}-\mathbf{A})\mathbf{V}(z)=\mathbf{F}(z)+z\mathbf{v}[0] \qquad \textbf{(5.2-17)}$$

따라서

$$\mathbf{V}(z)=(z\mathbf{I}-\mathbf{A})^{-1}\mathbf{F}(z)+z(z\mathbf{I}-\mathbf{A})^{-1}\mathbf{v}[0] \qquad \textbf{(5.2-18)}$$

위 식 양변에 역변환을 취하면 $\mathbf{v}[n]$의 완전해는 다음과 같이 구해진다.

$$\mathbf{v}[n]=\underbrace{\mathcal{Z}^{-1}\left[(z\mathbf{I}-\mathbf{A})^{-1}\mathbf{F}(z)\right]}_{\text{영상태 응답}}+\underbrace{\mathcal{Z}^{-1}\left[z(z\mathbf{I}-\mathbf{A})^{-1}\mathbf{v}[0]\right]}_{\text{영입력 응답}} \qquad \textbf{(5.2-19)}$$

만일 $\mathbf{f}[n]=\mathbf{0}$이라 하면 보조해 $\mathbf{v}[n]=\mathbf{v}_c[n]$은

$$\mathbf{v}_c[n]=\mathcal{Z}^{-1}\left[z(z\mathbf{I}-\mathbf{A})^{-1}\mathbf{v}[0]\right]=\mathcal{Z}^{-1}\left[(\mathbf{I}-\mathbf{A}z^{-1})^{-1}\right]\mathbf{v}[0] \qquad \textbf{(5.2-20)}$$

이며 이는 식 (5.2-5)의 보조해인 $\mathbf{v}_c[n]=\mathbf{A}^n\mathbf{k}$와 같아야 한다($\mathbf{k}=\mathbf{v}[0]$). 따라서

$$\mathbf{A}^n u[n]\overset{\mathcal{Z}}{\longleftrightarrow}(\mathbf{I}-\mathbf{A}z^{-1})^{-1} \qquad \textbf{(5.2-21)}$$

의 중요한 관계식을 얻을 수 있으며 이는 스칼라 경우인 다음과 닮은 꼴이다.

$$a^n u[n]\overset{\mathcal{Z}}{\longleftrightarrow}(1-az^{-1})^{-1}$$

행렬 $\mathbf{A}^n$을 계산하는 일은 쉽지 않지만 식 (5.2-21)의 z-역변환을 이용하면 보다 쉽게 구할 수 있음을 알 수 있다.

예제 5.5 다음 행렬 $\mathbf{A}$에 대한 $\mathbf{A}^n$의 식을 구하라.

$$\mathbf{A}=\begin{bmatrix}0 & 0.15\\ -1 & 0.8\end{bmatrix}$$

풀이

$$\mathbf{I}-\mathbf{A}z^{-1}=\begin{bmatrix}1 & -0.15z^{-1}\\ z^{-1} & 1-0.8z^{-1}\end{bmatrix}$$

$$(\mathbf{I}-\mathbf{A}z^{-1})^{-1}=\frac{1}{1-0.8z^{-1}+0.15z^{-2}}\begin{bmatrix}1-0.8z^{-1} & 0.15z^{-1}\\ -z^{-1} & 1\end{bmatrix}$$

$$= \begin{bmatrix} \dfrac{1-0.8z^{-1}}{(1-0.3z^{-1})(1-0.5z^{-1})} & \dfrac{0.15z^{-1}}{(1-0.3z^{-1})(1-0.5z^{-1})} \\ \dfrac{-z^{-1}}{(1-0.3z^{-1})(1-0.5z^{-1})} & \dfrac{1}{(1-0.3z^{-1})(1-0.5z^{-1})} \end{bmatrix}$$

따라서 식 (5.2-21)로부터

$$\mathbf{A}^n = \begin{bmatrix} \mathfrak{Z}^{-1}\left\{\dfrac{1-0.8z^{-1}}{(1-0.3z^{-1})(1-0.5z^{-1})}\right\} & \mathfrak{Z}^{-1}\left\{\dfrac{0.15z^{-1}}{(1-0.3z^{-1})(1-0.5z^{-1})}\right\} \\ \mathfrak{Z}^{-1}\left\{\dfrac{-z^{-1}}{(1-0.3z^{-1})(1-0.5z^{-1})}\right\} & \mathfrak{Z}^{-1}\left\{\dfrac{1}{(1-0.3z^{-1})(1-0.5z^{-1})}\right\} \end{bmatrix}$$

$$= \begin{bmatrix} 2.5(0.3)^n - 1.5(0.5)^n & -0.75(0.3)^n + 0.75(0.5)^n \\ 5(0.3)^n - 5(0.5)^n & -1.5(0.3)^n + 2.5(0.5)^n \end{bmatrix}$$

5.2.2 상태 공간과 전달함수

이산 시스템을 상태 공간에서 표현하면 다음과 같다.

$$\begin{aligned} \mathbf{v}[n+1] &= \mathbf{A}\mathbf{v}[n] + \mathbf{b}x[n] && [\text{상태방정식}] \\ y[n] &= \mathbf{c}^T\mathbf{v}[n] + dx[n] && [\text{출력방정식}] \end{aligned} \tag{5.2-22}$$

위의 식에 대한 블록선도는 그림 5-4와 같다. 상태방정식은 식 (5.2-3)에서 $\mathbf{f}=\mathbf{b}x[n]$으로 한 것이므로 상태방정식의 해는 식 (5.2-13)으로부터 다음과 같이 주어진다.

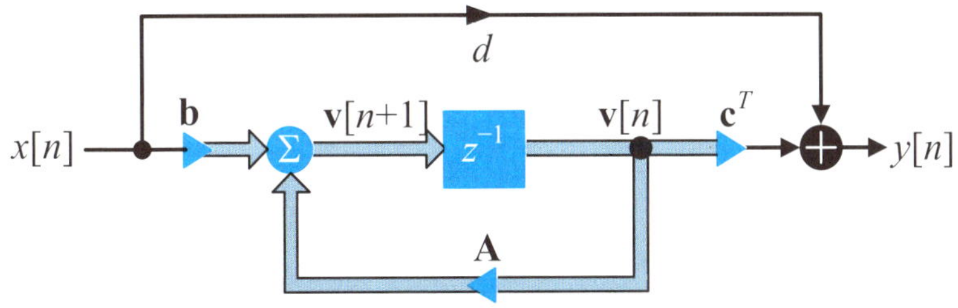

그림 5-4 식 (5.2-22)의 블록선도

$$\mathbf{v}[n+1] = \mathbf{\Phi}[n+1]\mathbf{v}[0] + \sum_{k=0}^{n} \mathbf{\Phi}[n-k]\mathbf{b}x[k] \tag{5.2-23}$$

그리고 출력 $y[n]$은

$$y[n] = \mathbf{c}^T\mathbf{\Phi}[n]\mathbf{v}[0] + \left(\sum_{k=0}^{n-1} \mathbf{c}^T\mathbf{\Phi}[n-1-k]\mathbf{b}x[k]\right) + dx[n] \tag{5.2-24}$$

위의 식에서 초기조건을 $\mathbf{v}[0]=\mathbf{0}$로 하고 $x[n]=\delta[n]$로 하면 충격응답은

$$\begin{aligned} h[n] &= \left(\sum_{k=0}^{n-1} \mathbf{c}^T\mathbf{\Phi}[n-1-k]\mathbf{b}\delta[k]\right) + d\delta[n] \\ &= \mathbf{c}^T\mathbf{\Phi}[n-1]\mathbf{b}u[n-1] + d\delta[n] \end{aligned} \tag{5.2-25}$$

또는

$$h[n] = \mathbf{c}^T\mathbf{A}^{n-1}\mathbf{b}u[n-1] + d\delta[n] \tag{5.2-26}$$

전달함수를 구하기 위해 식 (5.2-22) 상태방정식에서 $\mathbf{v}[0]=\mathbf{0}$로 하고 양변에 z-변환을 취하면

$$\mathbf{V}(z) = (z\mathbf{I}-\mathbf{A})^{-1}\mathbf{b}X(z) \tag{5.2-27}$$

이며 출력방정식으로부터

$$Y(z) = \mathbf{c}^T\mathbf{V}(z) + dX(z) \tag{5.2-28}$$

이다. 위의 두 식을 결합하면 전달함수 $H(z)=Y(z)/X(z)$는

$$H(z) = \mathbf{c}^T(z\mathbf{I}-\mathbf{A})^{-1}\mathbf{b} + d \tag{5.2-29}$$

이며 이는 식 (5.2-26)의 z-변환임을 알 수 있다.

지금부터는 전달함수를 상태공간으로 옮기는 데 대해 알아본다. 이를 위해 다음 전달함수 $H(z)$를 예로 들어보자.

$$H(z) = \frac{Y(s)}{X(s)} = \frac{\beta_4 z^4 + \beta_3 z^3 + \beta_2 z^2 + \beta_1 z + \beta_0}{\alpha_4 z^4 + \alpha_3 z^3 + \alpha_2 z^2 + \alpha_1 z + \alpha_0} \tag{5.2-30}$$

여기서 분모의 최고차항 계수를 $\alpha_4=1$이 되도록 정규화하고 나아가 $\beta_4\neq 0$인 경우를 대비해 분자 다항식을 분모 다항식으로 나눈 몫 d와 나머지 $N(z)$로 전달함수를 표현하면 다음과 같다.

$$H(z) = \frac{N(z)}{D(z)} + d = \frac{b_3 z^3 + b_2 z^2 + b_1 z + b_0}{z^4 + a_3 z^3 + a_2 z^2 + a_1 z + a_0} + d \quad \textbf{(5.2-31)}$$

위의 전달함수는 다음과 같은 형태의 상태방정식과 출력방정식으로 표현된다.

$$\mathbf{v}[n+1] = \begin{bmatrix} -a_3 & -a_2 & -a_1 & -a_0 \\ 1 & 0 & 0 & 0 \\ 0 & 1 & 0 & 0 \\ 0 & 0 & 1 & 0 \end{bmatrix} \mathbf{v}[n] + \begin{bmatrix} 1 \\ 0 \\ 0 \\ 0 \end{bmatrix} x[n] \quad \textbf{(5.2-32)}$$
$$y[n] = \begin{bmatrix} b_3 & b_2 & b_1 & b_0 \end{bmatrix} \mathbf{v}(t) + dx(t)$$

위의 제어기-표준형을 살펴보면 행렬 **A**의 첫 번째 행은 분모 $D(z)$의 계수를 부호를 반대로 하여 차례대로 열거한 것이며, 나머지 행은 대각선 바로 밑의 요소만 1이고 나머지는 모두 0임을 알 수 있다. 그리고 벡터 $\mathbf{c}^T$는 분자 $N(z)$의 계수를 차례로 열거한 것이며 벡터 **b**는 첫 번째 요소만 1이고 나머지는 모두 0이다. 식 (5.2-32)의 전달함수가 식 (5.2-31)임을 증명해 본다. 식 (5.2-32)의 상태방정식에서 모든 초기조건을 0으로 하고 양변에 z-변환을 취하면 다음과 같다.

$$\begin{cases} zV_1(z) = -a_3 V_1(z) - a_2 V_2(z) - a_1 V_3(z) - a_0 V_4(z) + V(z) \\ zV_2(z) = V_1(z) \\ zV_3(z) = V_2(z) \\ zV_4(z) = V_3(z) \end{cases} \quad \textbf{(5.2-33)}$$

두 번째와 세 번째 및 네 번째 식으로부터

$$V_2(z) = \frac{V_1(z)}{z}, \quad V_3(z) = \frac{V_2(z)}{z} = \frac{V_1(z)}{z^2}, \quad V_4(z) = \frac{V_1(z)}{z^3} \quad \textbf{(5.2-34)}$$

이므로 이를 식 (5.2-33)의 첫 번째 식에 대입하면

$$\left(z + a_3 + \frac{a_2}{z} + \frac{a_1}{z^2} + \frac{a_0}{z^3} \right) V_1(z) = X(z) \quad \textbf{(5.2-35)}$$

이로부터

$$V_1(z) = \frac{z^3}{z^4 + a_3 z^3 + a_2 z^2 + a_1 z + a_0} X(z) = \frac{z^3}{D(z)} X(z) \quad \textbf{(5.2-36)}$$

다음으로 식 (5.2-32)의 출력 방정식으로부터

$$Y(z) = b_3 V_1(z) + b_2 V_2(z) + b_1 V_3(z) + b_0 V_4(z) + dX(z) \quad \textbf{(5.2-37)}$$

이므로 이 식에 식 (5.2-34), (5.2-36)을 대입하면 다음의 관계를 얻을 수 있다.

$$\begin{aligned} Y(z) &= \left(\frac{b_3 z^3}{D(z)} + \frac{b_2 z^3}{D(z)z} + \frac{b_1 z^3}{D(z)z^2} + \frac{b_0 z^3}{D(z)z^3} \right) X(z) + dX(z) \\ &= \frac{b_3 z^3 + b_2 z^2 + b_1 z + b_0}{D(z)} X(z) + dX(z) \end{aligned} \tag{5.2-38}$$

위의 식으로부터

$$H(z) = \frac{Y(z)}{X(z)} = \frac{b_3 z^3 + b_2 z^2 + b_1 z + b_0}{D(z)} + d = \frac{N(z)}{D(z)} + d \tag{5.2-39}$$

이며 이는 식 (5.2-31)과 같음을 알 수 있다. 더불어 식 (5.2-31)의 관측기-표준형 표현은 다음과 같다.

$$\begin{aligned} \mathbf{v}[n+1] &= \begin{bmatrix} -a_3 & 1 & 0 & 0 \\ -a_2 & 0 & 1 & 0 \\ -a_1 & 0 & 0 & 1 \\ -a_0 & 0 & 0 & 0 \end{bmatrix} \mathbf{v}[n] + \begin{bmatrix} b_3 \\ b_2 \\ b_1 \\ b_0 \end{bmatrix} x[n] \\ y[n] &= \begin{bmatrix} 1 & 0 & 0 & 0 \end{bmatrix} \mathbf{v}[n] + dx[n] \end{aligned} \tag{5.2-40}$$

예제 5.6 다음 전달함수에 대한 제어기-표준형과 관측기-표준형 상태방정식을 구하라.

$$H(z) = \frac{4 + 6z^{-1} - z^{-3} + 4z^{-4}}{2 + 3z^{-1} + 4z^{-2} + 7z^{-3} + 5z^{-4}}$$

풀이

전달함수 분모 분자에 z^4을 곱한 다음 몫과 나머지로 표현하면 다음과 같다.

$$\begin{aligned} H(z) &= \frac{4z^4 + 6z^3 - z + 4}{2z^4 + 3z^3 + 4z^2 + 7z + 5} \\ &= 2 + \frac{-4z^2 - 7.5z - 3}{z^4 + 1.5z^3 + 2z^2 + 3.5z + 2.5} \end{aligned}$$

식 (5.2-32)를 이용하여 제어기-표준형을 구하면 다음과 같다.

$$\mathbf{v}[n+1]=\begin{bmatrix}-1.5 & -2 & -3.5 & -2.5\\ 1 & 0 & 0 & 0\\ 0 & 1 & 0 & 0\\ 0 & 0 & 1 & 0\end{bmatrix}\mathbf{v}[n]+\begin{bmatrix}1\\0\\0\\0\end{bmatrix}x[n]$$

$$y[n]=\begin{bmatrix}0 & -4 & -7.5 & -3\end{bmatrix}\mathbf{v}(t)+2x(t)$$

다음으로 관측기-표준형은 식 (5.2-40)으로부터 다음과 같이 구해진다.

$$\mathbf{v}[n+1]=\begin{bmatrix}-15 & 1 & 0 & 0\\ -2 & 0 & 1 & 0\\ -3.5 & 0 & 0 & 1\\ -2.5 & 0 & 0 & 0\end{bmatrix}\mathbf{v}[n]+\begin{bmatrix}0\\-4\\-7.5\\-3\end{bmatrix}x[n]$$

$$y[n]=\begin{bmatrix}1 & 0 & 0 & 0\end{bmatrix}\mathbf{v}[n]+2x[n]$$

5.3 행렬의 대각화

임의의 연속 시스템의 상태변수는 다양하게 정할 수 있다. 만일 주어진 상태방정식의 행렬 $\mathbf{A}$가 대각행렬이 되도록 상태변수를 새로 정할 수 있다면 상태방정식은 서로 독립적인 일차방정식들로 구성되므로 그 해를 구하기가 매우 간단해진다. 만일 행렬 $\mathbf{A}$의 고유값이 서로 다르면 행렬 $\mathbf{A}$는 다음과 같이 대각화할 수 있다(부록 D 참조).

$$\mathbf{A}=\mathbf{P}\mathbf{\Lambda}\mathbf{P}^{-1} \tag{5.3-1}$$

여기서 $\mathbf{P}$는 행렬 $\mathbf{A}$의 고유벡터들로 구성된 행렬이며 $\mathbf{\Lambda}$는 $\mathbf{A}$의 고유값으로 구성된 대각행렬이다. 기존의 상태벡터 $\mathbf{v}$로부터 새로운 상태벡터 $\mathbf{u}=\mathbf{P}^{-1}\mathbf{v}$를 정의하고 식 (5.1-28) 상태방정식의 양변에 행렬 $\mathbf{P}^{-1}$을 곱한 뒤 정리하면

$$\begin{aligned}\mathbf{P}^{-1}\dot{\mathbf{v}}(t)&=\mathbf{P}^{-1}\mathbf{A}\mathbf{v}(t)+\mathbf{P}^{-1}\mathbf{b}x(t)=\mathbf{P}^{-1}\mathbf{A}\mathbf{P}\mathbf{u}(t)+\mathbf{P}^{-1}\mathbf{b}x(t)\\&=\mathbf{\Lambda}\mathbf{u}(t)+\hat{\mathbf{b}}x(t)\\&=\dot{\mathbf{u}}(t)\end{aligned} \tag{5.3-2}$$

그리고 식 (5.1-28)의 출력방정식으로부터는

$$y(t) = \mathbf{c}^T\mathbf{v}(t) + dx(t) = \mathbf{c}^T\mathbf{P}\mathbf{u}(t) + dx(t) = \hat{\mathbf{c}}^T\mathbf{u}(t) + dx(t) \tag{5.3-3}$$

새로 정의된 벡터는 다음과 같다.

$$\hat{\mathbf{b}} = \mathbf{P}^{-1}\mathbf{b}, \quad \hat{\mathbf{c}}^T = \mathbf{c}^T\mathbf{P} \tag{5.3-4}$$

이상으로 다음과 같이 대각화된 상태방정식을 얻을 수 있다.

$$\begin{aligned} \dot{\mathbf{u}}(t) &= \mathbf{\Lambda}\mathbf{u}(t) + \hat{\mathbf{b}}x(t) && [\text{상태방정식}] \\ y(t) &= \hat{\mathbf{c}}^T\mathbf{u}(t) + dx(t) && [\text{출력방정식}] \end{aligned} \tag{5.3-5}$$

그리고 식 (5.1-38)의 전달함수는 다음과 같이 표현된다.

$$H(s) = \hat{\mathbf{c}}^T(s\mathbf{I} - \mathbf{\Lambda})^{-1}\hat{\mathbf{b}} + d = d + \sum_{k=1}^{N}\frac{\hat{b}_k\hat{c}_k}{s - \lambda_k} = d + \sum_{k=1}^{N}\frac{\hat{b}_k\hat{c}_k/s}{1 - \lambda_k/s} \tag{5.3-6}$$

위와 같은 형태의 전달함수 구조는 그림 5-4와 같다. 이는 N개의 일차 시스템을 병렬 접속한 형태이며 각 시스템은 하나씩의 고유한 극점을 가진다. 다 만 임의의 고유값이 복소수일 경우는 공액 관계가 있는 두 항끼리 결합하여 계수가 실수인 2차 시스템으로 바꿀 수 있다.

이산 시스템의 경우도 식 (5.2-22) 상태방정식의 양변에 행렬 $\mathbf{P}^{-1}$을 곱한 뒤 정리하면 다음과 같다.

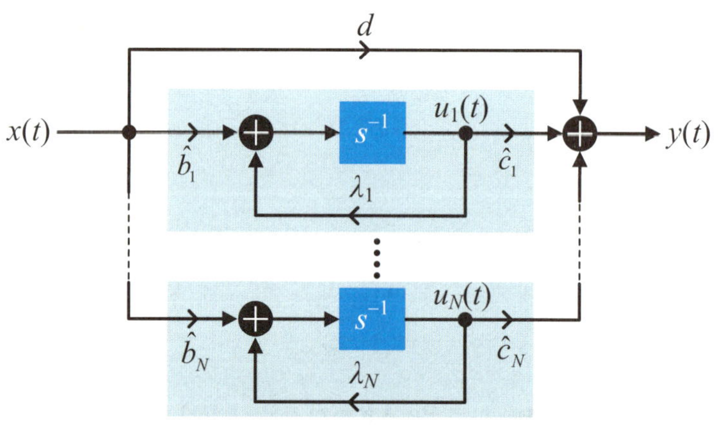

그림 5-4 식 (5.3-6)의 구성

$$\begin{aligned}\mathbf{P}^{-1}\mathbf{v}[n+1] &= \mathbf{P}^{-1}\mathbf{A}\mathbf{v}[n]+\mathbf{P}^{-1}\mathbf{b}x[n] \\ &= \mathbf{P}^{-1}\mathbf{A}\mathbf{P}\mathbf{u}[n]+\mathbf{P}^{-1}\mathbf{b}x[n] \\ &= \mathbf{\Lambda}\mathbf{u}[n]+\hat{\mathbf{b}}x[n] \\ &= \mathbf{u}[n+1]\end{aligned} \qquad \textbf{(5.3-7)}$$

그리고 식 (5.2-22)의 출력방정식으로부터는

$$y[n]=\mathbf{c}^T\mathbf{v}[n]+dx[n]=\mathbf{c}^T\mathbf{P}\mathbf{u}[n]+dx[n]=\hat{\mathbf{c}}^T\mathbf{u}[n]+dx[n] \qquad \textbf{(5.3-8)}$$

물론 새로 정의된 벡터는 식 (5.3-4)와 같다. 이상으로 다음과 같이 대각화된 상태방정식을 얻을 수 있다.

$$\begin{aligned}&\mathbf{u}[n+1]=\mathbf{\Lambda}\mathbf{u}[n]+\hat{\mathbf{b}}x[n] && \text{[상태방정식]} \\ &y[n]=\hat{\mathbf{c}}^T\mathbf{u}[n]+dx[n] && \text{[출력방정식]}\end{aligned} \qquad \textbf{(5.3-9)}$$

그리고 식 (5.2-29)의 전달함수는 다음과 같이 표현된다.

179

$$H(z)=\hat{\mathbf{c}}^T(z\mathbf{I}-\mathbf{\Lambda})^{-1}\hat{\mathbf{b}}+d=d+\sum_{k=1}^{N}\frac{\hat{b}_k\hat{c}_k}{z-\lambda_k}=d+\sum_{k=1}^{N}\frac{\hat{b}_k\hat{c}_k z^{-1}}{1-\lambda_k z^{-1}} \qquad \textbf{(5.3-10)}$$

그 결과 전달함수 구조는 그림 5-5와 같이 N개의 일차 시스템을 병렬 접속한 형태가 되며 각 시스템은 하나씩의 고유한 극점을 가진다.

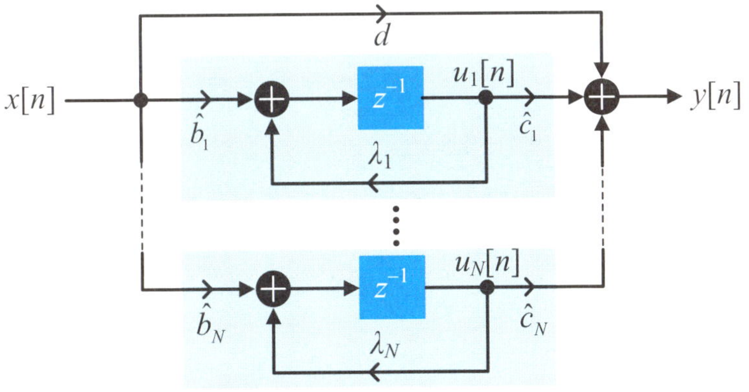

그림 5-5 식 (5.3-10)의 구성

예제 5.7 상태공간에서 2차 이산 시스템의 특성이 다음과 같다. 행렬을 대각화한 방정식을 구하라.

$$\mathbf{A}=\begin{bmatrix} a_1 & a_2 \\ a_2 & a_1 \end{bmatrix},\quad \mathbf{b}=\begin{bmatrix} 0 \\ 1 \end{bmatrix},\quad \mathbf{c}^T=[1\ \ 0],\quad d=0$$

풀이

행렬 **A**의 고유값을 구하면

$$|\mathbf{A}-\lambda\mathbf{I}|=\begin{vmatrix} a_1-\lambda & a_2 \\ a_2 & a_1-\lambda \end{vmatrix}=(a_1-\lambda)^2-a_2^2=0$$

$$\therefore \lambda=a_1+a_2,\quad a_1-a_2$$

고유벡터와 행렬 **P**는

$$\mathbf{p}_1=\begin{bmatrix} 1 \\ 1 \end{bmatrix},\quad \mathbf{p}_2=\begin{bmatrix} 1 \\ -1 \end{bmatrix}$$

$$\therefore \mathbf{P}=[\mathbf{p}_1\ \ \mathbf{p}_2]=\begin{bmatrix} 1 & 1 \\ 1 & -1 \end{bmatrix},\quad \mathbf{P}^{-1}=\frac{1}{2}\begin{bmatrix} 1 & 1 \\ 1 & -1 \end{bmatrix}$$

이로부터

$$\mathbf{\Lambda}=\begin{bmatrix} \lambda_1 & 0 \\ 0 & \lambda_2 \end{bmatrix},\quad \hat{\mathbf{b}}=\mathbf{P}^{-1}\mathbf{b}=\frac{1}{2}\begin{bmatrix} 1 \\ -1 \end{bmatrix},\quad \hat{\mathbf{c}}^T=\mathbf{c}^T\mathbf{P}=[1\ \ 1],\quad d=0$$

전달함수는

$$H(z)=\frac{0.5z^{-1}}{1-(a_1+a_2)z^{-1}}-\frac{0.5z^{-1}}{1-(a_1-a_2)z^{-1}}$$

5.4 매트랩

H=ss(A, B, C, D, Ts), freqresp(H)

ss(A, B, C, D, Ts)는 행렬 A, B, C, D로 표현되는 이산 상태공간을 만들어주며 Ts는 표본화 시간이다. 표본화 시간을 지정하지 않을 때는 Ts=−1로 하며, Ts를 생략하여 ss(A, B, C, D)로 하면 연속 상태공간이 만들어진다. freqresp(H)는 주파수 응답이며 freqresp(H, w)는 주파수 영역을 w로 지정한다.

[b, a]=ss2tf(A, B, C, D, iu), [A, B, C, D]=tf2ss(b, a)

행렬 A, B, C, D로 표현되는 상태공간에 대한 전달함수의 [b, a]를 구해주며 이로부터 전달함수를 tf(b, a)로 구할 수 있다. 그리고 iu는 입력 및 출력의 개수를 나타내며 단일 입력-단일 출력일 때는 1로 한다. [A, B, C, D]=tf2ss(b, a)는 행렬 A, B, C, D로 표현되는 상태공간으로 옮겨준다. 단 이때의 상태공간은 제어기 표준형이다.

```
>> b=–1; a=[–2, –3, –4];
>> [A, B, C, D]=tf2ss(b, a);
```

rank, eig, eye

rank(A)는 행렬 A의 계수(階數)를 구한다. 그리고 [P, d]=eig(A)에서 행렬 P의 각 열벡터는 A의 고유벡터이며 행렬 d는 A의 고유치로 구성된 대각선 행렬이다. 함수 eye(n, n)은 n×n 단위 행렬을 만든다.

```
>> A=[–2 1;1 –2];   % 행렬 A
>> [P, d]=eig(A)
P=
    0.7071   0.7071
   –0.7071   0.7071
d=
    –3     0
     0    –1
```

HT=ss2ss(A, B, C, D, T)

행렬 A, B, C, D로 표현되는 상태공간을 변환 행렬 T를 이용해 다른 형태의 상태공간 HT로 변환시켜준다. A를 대각행렬로 만들기 위해서는 T는 행렬 A의 고유벡터로 이루어진 행렬의 역행렬이다. 즉 [P, d]=eig(A)의 inv(P)이다.

```
>> b=–1; a=[–2, –3, –4];
>> [A, B, C, D]=tf2ss(b, a);
>> [P, d]=eig(A)
>> [Ap, Bp, Cp, Dp]=ss2ss(A, B, C, D, inv(P));
```

연습문제

5.1 그림 P5-1의 상태-공간 시스템에 대해

(a) 상태 행렬 $\mathbf{A}, \mathbf{b}, \mathbf{c}^T$ 및 d를 구하라.

(b) 시스템이 안정되기 위한 파라미터들의 조건을 구하라.

(c) 전달 함수 $H(s)$를 구하라.

5.2 그림 P5-2의 상태-공간 시스템에 대한 상태 행렬 $\mathbf{A}, \mathbf{b}, \mathbf{c}^T$ 및 d를 구하라.

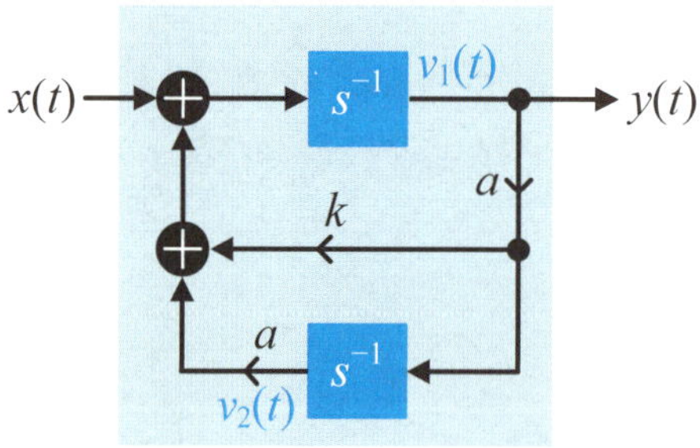

그림 P5-1

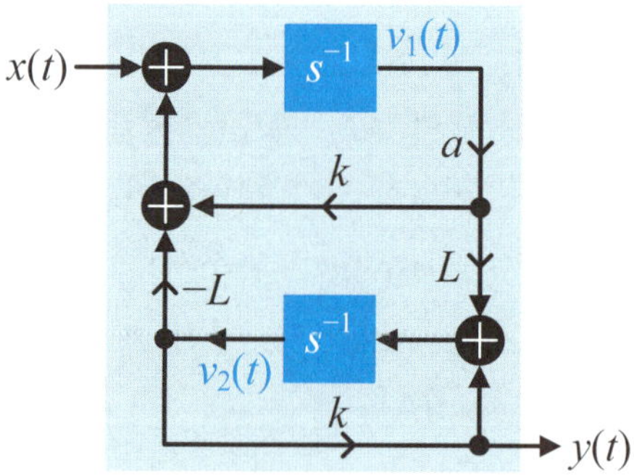

그림 P5-2

5.3 다음의 상태 방정식

$$\dot{\mathbf{v}}(t) = \mathbf{A}\mathbf{v}(t) + \mathbf{b}x(t), \qquad \mathbf{A} = \begin{bmatrix} 4 & 2 \\ 2 & 4 \end{bmatrix}, \quad \mathbf{b} = \begin{bmatrix} 1 \\ 2 \end{bmatrix}$$

에서 다음 행렬 $\mathbf{T}$로써 $\hat{\mathbf{v}}(t) = \mathbf{T}\mathbf{v}(t)$로 변환시킬 때 $\hat{\mathbf{A}}, \hat{\mathbf{b}}$를 구하라.

$$\mathbf{T} = \begin{bmatrix} 1 & 1 \\ 1 & -1 \end{bmatrix}$$

5.4 다음의 상태 방정식

$$\dot{\mathbf{v}}(t) = \mathbf{A}\mathbf{v}(t) + \mathbf{b}x(t), \qquad \mathbf{A} = \begin{bmatrix} 0 & 1 \\ -2 & -3 \end{bmatrix}, \quad \mathbf{b} = \begin{bmatrix} 0 \\ 1 \end{bmatrix}$$

에서 상태 벡터를 $\hat{\mathbf{v}}(t) = \mathbf{T}\mathbf{v}(t)$로 변환시킨 결과

$$\hat{\mathbf{A}} = \begin{bmatrix} -3 & 1 \\ -2 & 0 \end{bmatrix}, \quad \hat{\mathbf{b}} = \begin{bmatrix} 7 \\ 2 \end{bmatrix}$$

일 때 행렬 **T**를 구하라.

5.5 그림 P5-5의 회로를 상태-공간으로 표현할 때

(a) 상태 행렬 $\mathbf{A}, \mathbf{b}, \mathbf{c}^T, d$를 구하라.

(b) 특성 방정식을 구하고 이로부터 이 회로는 안정됨을 보여라.

(c) 전달 함수를 구하라.

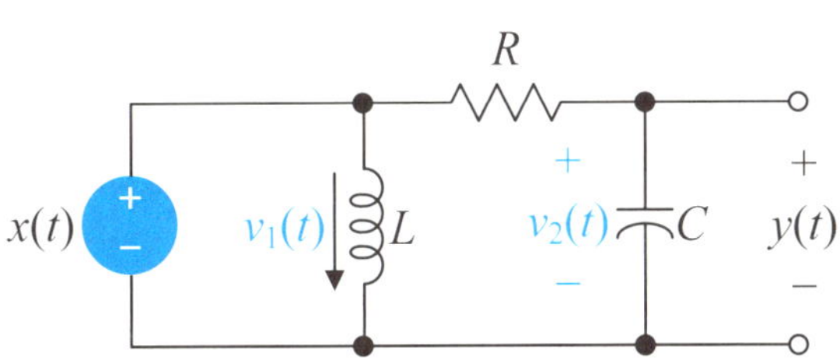

그림 P5-5

5.6 그림 P5-6의 상태-공간 시스템에 대해

(a) 상태 행렬 $\mathbf{A}, \mathbf{b}, \mathbf{c}^T$ 및 d를 구하라.

(b) 초기 상태가 $v_1[0]=1, v_2[0]=-1$일 때 상태 변수의 완전 응답을 구하라. 단 $k_1=1, k_2=-0.2, k_3=0.3, k_4=-0.2$ 및 $x[n]=u[n]$으로 한다.

(c) (b)의 조건에서 출력의 완전 응답을 구하라.

(d) 전달 함수 $H(z)$를 구하라.

5.7 그림 P5-7 시스템에 대해

(a) 상태 행렬 $\mathbf{A}, \mathbf{b}, \mathbf{c}^T$ 및 d를 구하라.

(b) 초기 상태가 $v_1[0]=0, v_2[0]=0$일 때 상태 변수의 완전 응답을 구하라.

(c) (b)의 조건에서 출력의 완전 응답을 구하라.

(d) 전달 함수 $H(z)$를 구하라.

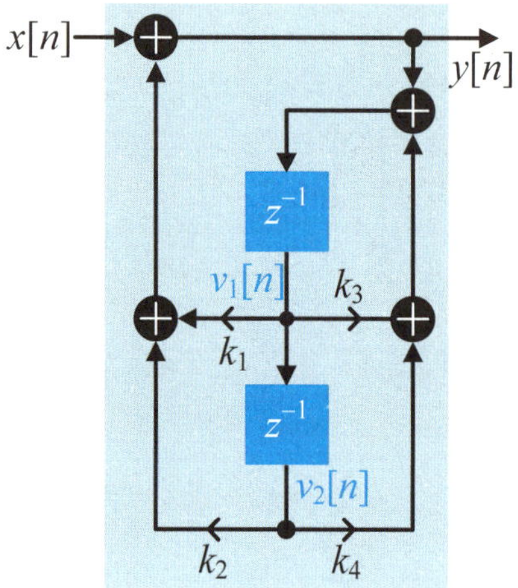

그림 P5-6

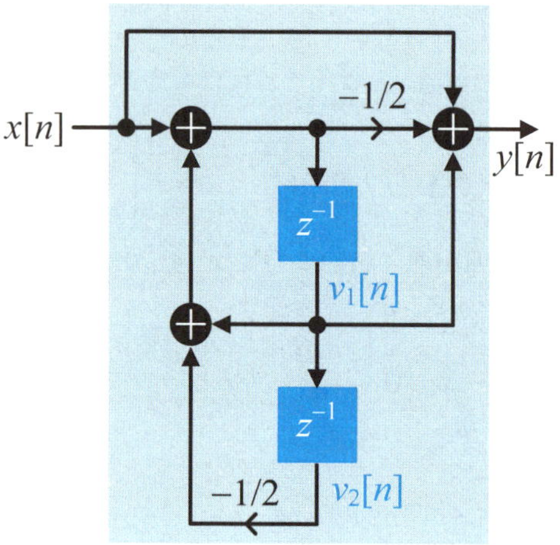

그림 P5-7

5.8 다음의 상태-공간 시스템

$$\mathbf{A} = \begin{bmatrix} 1 & 1/2 \\ -5/3 & -7/6 \end{bmatrix}, \quad \mathbf{b} = \begin{bmatrix} 1 \\ -1 \end{bmatrix}, \quad \mathbf{c}^T = \begin{bmatrix} 1 & 1 \end{bmatrix}, \quad d = 0$$

에서

(a) 행렬 **A**의 고유값이 1/2과 −2/3임을 보여라.

(b) 전달 함수 $H(z)$를 구하라.

(c) $\hat{\mathbf{v}}[n] = \mathbf{T}\mathbf{v}[n]$으로 변환시켰을 때

$$\hat{\mathbf{A}} = \begin{bmatrix} 1/2 & 0 \\ 0 & -2/3 \end{bmatrix}$$

이 되는 **T**를 구하고 이로부터 나머지의 $\hat{\mathbf{b}}, \hat{\mathbf{c}}^T, \hat{d}$를 구하라.

6

푸리에 해석

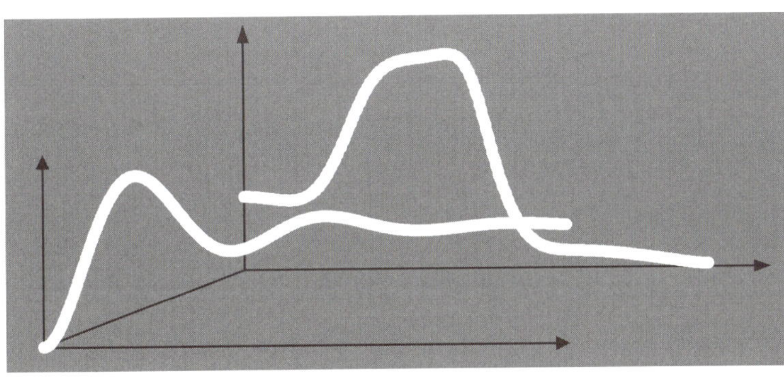

6.1 푸리에 급수

6.2 푸리에 변환

6.3 시이산 푸리에 변환

6.4 이산 푸리에 급수

6.5 이산 푸리에 변환

6.6 매트랩

6.1 푸리에 급수

자연계의 현상에는 태양과 달의 운행, 조석의 운동 및 인체의 생체 리듬 등과 같이 주기적인 것이 많으므로 주기함수인 사인, 코사인함수는 자연계를 설명하는데 필수적이다. 임의의 함수를 사인, 코사인함수들의 합으로 표현하고자 하는 노력이 Jean Baptiste Josepf Fourier(1768~1830)에 의해 이루어졌으며 그 결과가 유명한 푸리에 급수(Fourier series)이며 이를 확장한 것이 푸리에 변환(Fourier transform)이다.

6.1.1 지수 푸리에 급수

주기가 T인 임의의 주기함수는 모든 시간 t에 대해

$$\tilde{x}(t+nT)=\tilde{x}(t), \quad n=\pm1,\pm2,\cdots \tag{6.1-1}$$

을 만족한다. 주파수가 ω_o=2π/T의 정수배인 복소지수 함수

$$e^{jk\omega_o t}=\cos k\omega_o t + j\sin k\omega_o t, \quad k=0,\pm1,\pm2,\cdots \tag{6.1-2}$$

는 모두 공통 주기가 T이다. 여기서 T를 기본주기, ω_o=2π/T를 기본주파수라 하며 주파수가 ω_o의 정수 배인 복소지수 함수들을 고조파(高調波, harmonics)라 부른다. 고조파들은 다음과 같이 서로 직교하는 좋은 성질이 있다.

$$\int_T e^{jn\omega_o t}e^{-jm\omega_o t}dt = \begin{cases} T & (m=n) \\ 0 & (m\neq n) \end{cases} = T\delta[n-m] \tag{6.1-3}$$

푸리에는 주기가 T인 임의의 주기함수를 다음과 같이 기본주기가 T인 고조파들의 선형합으로 표현하고자 하였다.

$$\tilde{x}(t)=\sum_{k=-\infty}^{\infty}\mathbf{c}_k e^{jk\omega_o t} \tag{6.1-4}$$

이 식을 푸리에 급수라 하고 계수 $\mathbf{c}_k$를 푸리에 계수라 한다. 푸리에 계수는 식 (6.1-3)의 직교성을 이용하여 구할 수 있다. 즉 식 (6.1-4)의 양변에 임의의 고조파를 곱하여 한 주기 동안 적분하면 직교성에 의해 다음과 같다.

$$\begin{aligned}\int_T \tilde{x}(t)e^{-jm\omega_o t}dt &= \int_T \left[\sum_{k=-\infty}^{\infty} \mathbf{c}_k e^{jk\omega_o t}\right] e^{-jm\omega_o t}dt \\ &= \sum_{k=-\infty}^{\infty} \mathbf{c}_k \left[\int_T e^{j(k-m)\omega_o t}dt\right] \\ &= \sum_{k=-\infty}^{\infty} \mathbf{c}_k T\delta[k-m] \\ &= T\mathbf{c}_m\end{aligned} \tag{6.1-5}$$

푸리에 계수를 구하는 식과 식 (6.1-4)의 푸리에 급수를 결합한 푸리에 급수쌍은 다음과 같다.

$$\begin{aligned}&(a)\ \tilde{x}(t) = \sum_{k=-\infty}^{\infty} \mathbf{c}_k e^{jk\omega_o t} \\ &(b)\ \mathbf{c}_k = \frac{1}{T}\int_T \tilde{x}(t)e^{-jk\omega_o t}dt\end{aligned} \tag{6.1-6}$$

예제 6.1 그림 6-1(a)는 구형 펄스열(rectangular pulse train)은 펄스폭이 T_p이고 주기가 T이다. 푸리에 계수에 관한 식을 구하라.

풀이 적분 구간을 $[-T/2, T/2]$로 하여 적분하면 다음과 같다.

$$\begin{aligned}\mathbf{c}_k &= \frac{1}{T}\int_{-T/2}^{T/2} \tilde{x}(t)e^{-jk\omega_o t}dt = \frac{1}{T}\int_{-T_p/2}^{T_p/2} (1)e^{-jk\omega_o t}dt \\ &= -\frac{1}{jk\omega_o T} e^{-jk\omega_o t}\Big|_{-T_p/2}^{T_p/2} \\ &= -\frac{1}{jk2\pi}\left(e^{-jk\omega_o T_p/2} - e^{jk\omega_o T_p/2}\right) \\ &= \frac{\sin k\omega_o T_p/2}{k\pi}\end{aligned} \tag{6.1-7}$$

여기서 k=0일 때의 $\mathbf{c}_0$는 (0/0)으로 부정이므로 로피탈 정리를 이용하면

$$\mathbf{c}_0 = \frac{(\sin k\omega_o T_p/2)'}{(k\pi)'} = \frac{\omega_o T_p}{2\pi} = \frac{T_p}{T}$$

푸리에 계수 $\mathbf{c}_k$의 첫 번째 영-교차점은 $k\omega_o T_p/2=\pi$ 또는 $k=2\pi/\omega_o T_p=T/T_p$이다. 이상으로 푸리에 계수의 크기는 그림 6-1(b)와 같다.

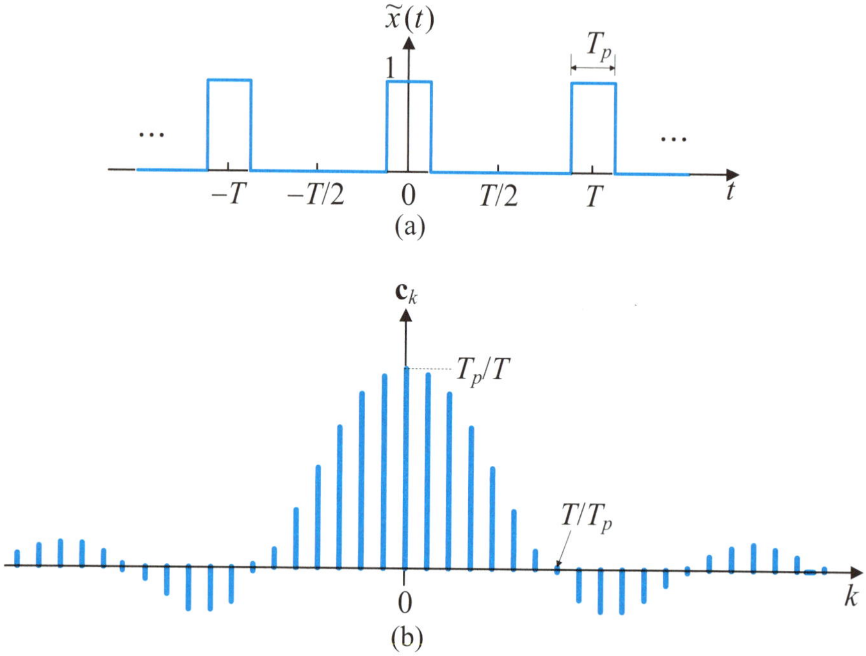

그림 6-1 (a) 예제 6-1의 그림 (b) 푸리에 계수 크기

예제 6.2 그림 6-2의 신호에 대한 푸리에 계수를 구하라.

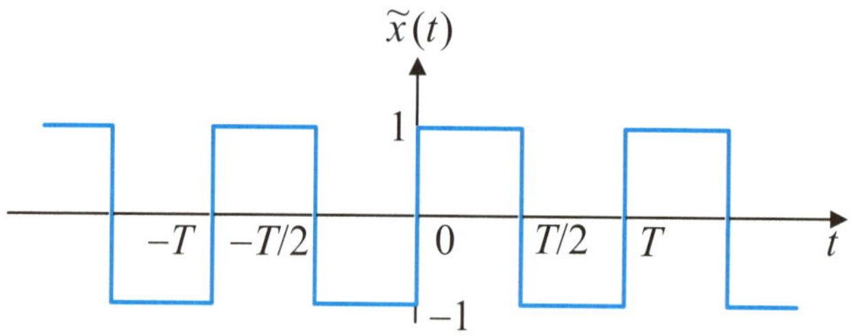

그림 6-2 예제 6-2의 그림

풀이 적분 구간을 [0, T]로 하여 적분하면 다음과 같다.

$$\begin{aligned}\mathbf{c}_k &= \frac{1}{T}\int_0^T \widetilde{x}(t)e^{-jk\omega_o t}dt \\ &= \frac{1}{T}\int_0^{T/2}(1)e^{-jk\omega_o t}dt + \frac{1}{T}\int_{T/2}^{T}(-1)e^{-jk\omega_o t}dt\end{aligned}$$

위의 적분을 계산하여 $e^{-j\pi}=-1$ 및 $e^{-j2\pi}=1$을 이용하여 정리하면 다음과 같다.

$$\mathbf{c}_k = \frac{1}{jk\pi}[1-(-1)^k] = \begin{cases} \dfrac{2}{jk\pi}, & k\text{는 홀수} \\ 0, & k\text{는 짝수} \end{cases}$$

위의 푸리에 계수 중 k=3, 7, 19, 303까지만 취하여 합성한 파형이 그림 6-3이다. 각 파형의 공통점은 불연속점에서 중간 값인 0으로 수렴한다는 점이다, 그리고 합성되는 고조파 수가 증가할수록 리플(ripple) 폭이 점점 좁아지지만 원하는 값을 초과하는 오버슛(overshoot)의 크기는 거의 일정하며 이러한 현상을 깁스(Gibbs) 현상이라 한다. 이는 주어진 신호를 합성하는데 있어서 높은 고조파 성분까지 섞을수록(k가 클수록) 주어진 신호에 더욱 가까운 파형을 합성할 수 있음을 나타낸다.

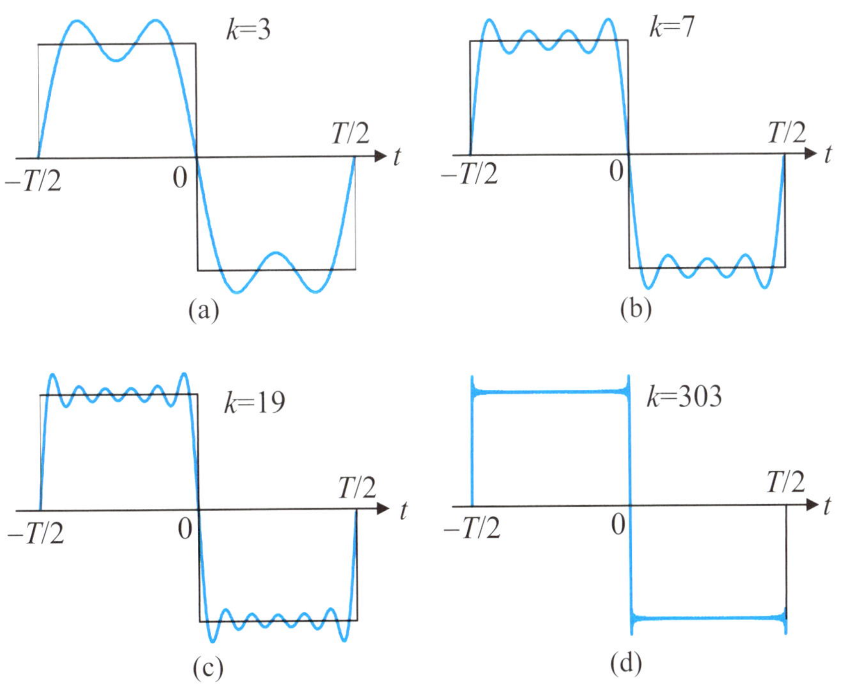

그림 6-3 고조파 수에 따른 그림 6-2 파형의 합성

6.1.2 지수 푸리에 급수의 성질

실함수 $\tilde{x}(t)$가 실함수일 때는 푸리에 계수는 $\mathbf{c}_{-k}=\mathbf{c}_k^*$를 만족한다. 즉

$$\begin{aligned}\tilde{x}(t) &= \sum_{k=-\infty}^{\infty}\mathbf{c}_k e^{jk\omega_o t} \\ &= \mathbf{c}_0 + \sum_{k=1}^{\infty}(\mathbf{c}_k e^{jk\omega_o t} + \mathbf{c}_{-k}e^{-jk\omega_o t}) \\ &= \mathbf{c}_0 + \sum_{k=1}^{\infty}\{\mathbf{c}_k e^{jk\omega_o t} + (\mathbf{c}_k e^{jk\omega_o t})^*\} \\ &= \mathbf{c}_0 + 2\,\mathrm{Re}\left[\sum_{k=1}^{\infty}\mathbf{c}_k e^{jk\omega_o t}\right]\end{aligned} \tag{6.1-8}$$

로 실수가 되기 때문이다.

파스발 정리 주기가 T인 임의의 복소 함수 $\tilde{x}(t)$의 평균 전력 P_x는 다음과 같이 정의한다.

$$P_x = \frac{1}{T}\int_T |\tilde{x}(t)|^2 dt = \frac{1}{T}\int_T \tilde{x}(t)\tilde{x}^*(t)dt \tag{6.1-9}$$

식 (6.1-3)의 직교성을 이용하면 평균전력 P_x는 다음과 같이 표현된다.

$$\begin{aligned}\int_T \tilde{x}(t)\tilde{x}^*(t)dt &= \int_T\left[\sum_{m=-\infty}^{\infty}\sum_{n=-\infty}^{\infty}\mathbf{c}_m\mathbf{c}_n^* e^{j(m-n)\omega_o t}\right]dt \\ &= \sum_{m=-\infty}^{\infty}\sum_{n=-\infty}^{\infty}\mathbf{c}_m\mathbf{c}_n^*\left[\int_T e^{j(m-n)\omega_o t}dt\right] \\ &= \sum_{m=-\infty}^{\infty}\sum_{n=-\infty}^{\infty}\mathbf{c}_m\mathbf{c}_n^* T\delta[m-n] \\ &= T\sum_{n=-\infty}^{\infty}|\mathbf{c}_n|^2\end{aligned} \tag{6.1-10}$$

이로써 다음과 같은 중요한 관계를 얻을 수 있으며 이를 파스발 정리라 한다.

$$P_x = \frac{1}{T}\int_T |\tilde{x}(t)|^2 dt = \sum_{n=-\infty}^{\infty}|\mathbf{c}_n|^2 \tag{6.1-11}$$

6.2 푸리에 변환

6.2.1 비주기 함수의 푸리에 변환

푸리에 급수는 주기함수에만 적용되지만 이를 비주기 함수에도 적용되도록 확장한 것이 푸리에 변환(Fourier transform)이다. 예를 들어 예제 6.1의 그림 6-1(a)에서 펄스폭 T_p는 그대로 두고 주기 T만 $T\to\infty$로 극한을 취하면 더 이상 주기 함수가 아닌 한 주기의 파형만 남게 된다. 그리고 $T\to\infty$로 하면 기본 주파수는 $\omega_o\to 0$으로 수렴하므로 그림 6-1(b)의 선 스펙트럼들은 서로 붙어버리게 된다. 즉 푸리에 계수는 연속 함수가 되는 것이다. 이상으로 푸리에 급수에서 T를 무한대로 하면 비주기적인 일반 함수에 대한 푸리에 해석이 가능할 것임을 짐작할 수 있다. 이를 위해 식 (6.1-6)의 지수 푸리에 급수에서 $\mathbf{c}_k$를 $\mathbf{X}_k$로 대신하고 푸리에 계수에 있는 $1/T$의 위치를 푸리에 급수로 옮겨 다음과 같이 고쳐 쓰도록 한다.

$$\text{(a)}\ \tilde{x}(t)=\frac{1}{T}\sum_{k=-\infty}^{\infty}\mathbf{X}_k e^{jk\omega_o t} \qquad \text{(b)}\ \mathbf{X}_k=\int_T \tilde{x}(t)e^{-jk\omega_o t}dt \qquad \text{(푸리에 급수쌍)} \qquad (6.2\text{-}1)$$

위의 식에서 $T\to\infty$로 하면 $\tilde{x}(t)$의 한 주기 동안의 함수 $x(t)$만 남으며 각 변수들은 다음과 같이 연속적인 변수로 변한다.

$$\omega_o\to d\omega,\quad k\omega_o\to\omega,\quad \frac{1}{T}=\frac{\omega_o}{2\pi}\to\frac{d\omega}{2\pi}$$

먼저 식 (6.2-1)의 (b)에서 $T\to\infty$로 하면

$$\begin{aligned}\lim_{T\to\infty}\mathbf{X}_k &=\lim_{T\to\infty}\int_{-T/2}^{T/2}\tilde{x}(t)e^{-jk\omega_o t}dt=\int_{-\infty}^{\infty}x(t)e^{-j\omega t}dt\\ &=\mathbf{X}(\omega)\end{aligned} \qquad (6.2\text{-}2)$$

여기서 $\mathbf{X}(\omega)$는 연속 함수이다. 다음으로 식 (6.2-1)의 (a)를 달리 표현하면

$$\tilde{x}(t)=\frac{1}{T}\sum_{k=-\infty}^{\infty}\mathbf{X}_k e^{jk\omega_o t}=\frac{1}{2\pi}\sum_{k=-\infty}^{\infty}\mathbf{X}_k e^{jk\omega_o t}\omega_o \qquad (6.2\text{-}3)$$

이므로 $T\to\infty$로 하면 $\tilde{x}(t)$는 다음과 같이 $x(t)$가 된다.

$$x(t) = \lim_{\omega_o \to 0} \frac{1}{2\pi} \sum_{k=-\infty}^{\infty} \mathbf{X}_k e^{jk\omega_o t} \omega_o = \frac{1}{2\pi} \int_{-\infty}^{\infty} \mathbf{X}(\omega) e^{j\omega t} d\omega \tag{6.2-4}$$

이상으로 (6.2-2)와 (6.2-4)를 결합하면 다음의 식을 얻을 수 있다.

(푸리에 변환쌍) (6.2-5)

$$\text{(a)}\ x(t) = \frac{1}{2\pi} \int_{-\infty}^{\infty} \mathbf{X}(\omega) e^{j\omega t} d\omega = \mathfrak{F}^{-1}[\mathbf{X}(\omega)]$$

$$\text{(b)}\ \mathbf{X}(\omega) = \int_{-\infty}^{\infty} x(t) e^{-j\omega t} dt = \mathfrak{F}[x(t)]$$

식 (b)의 $\mathbf{X}(\omega)$는 푸리에 변환이고 식 (a)의 $x(t)$는 푸리에 역변환이며 서로

$$x(t) \overset{\mathfrak{F}}{\longleftrightarrow} \mathbf{X}(\omega) \tag{6.2-6}$$

로써 푸리에 변환쌍임을 나타낸다. 푸리에 변환은 스펙트럼이라고 부르기도 한다. 식 (6.2-5)의 푸리에 변환과 3장의 양측 라플라스 변환을 비교해보면

$$\mathbf{X}(\omega) = \int_{-\infty}^{\infty} x(t) e^{-j\omega t} dt = X(s)\Big|_{s \to j\omega} = X(j\omega) \tag{6.2-7}$$

즉 푸리에 변환은 양측 라플라스 변환의 s에 $j\omega$를 대입한 것과 같다. 다만 이 관계는 $x(t)$가 절대 적분가능일 경우만 성립한다. 즉

$$\int_{-\infty}^{\infty} \left| x(t) e^{-j\omega t} \right| dt = \int_{-\infty}^{\infty} \left| x(t) \right| dt < \infty \tag{6.2-8}$$

인데 비해 라플라스 변환은 $x(t)$가 절대 적분가능이지 않아도

$$\int_{-\infty}^{\infty} \left| x(t) e^{-st} \right| dt < \infty$$

를 만족할 수 있기 때문이다.

예제 6.3 함수 $x(t)$가 다음과 같을 때 푸리에 변환을 구하라($a>0$).

(a) $e^{-at}u(t)$ (b) $e^{at}u(-t)$ (c) $e^{-a|t|}$ (d) $te^{-a|t|}$ (e) $e^{-a|t|}\cos bt$

풀이

(a) $X(s) = \dfrac{1}{s+a}$ $\quad \therefore \mathbf{X}(\omega) = X(j\omega) = \dfrac{1}{j\omega + a}$

(b) $X(s) = \mathfrak{L}[e^{at}u(-t)] = \mathfrak{L}[e^{-at}u(t)]\Big|_{s \to -s} = -\dfrac{1}{s-a}$

$$\therefore \mathbf{X}(\omega) = X(j\omega) = -\frac{1}{j\omega - a}$$

(c) $x(t) = \underbrace{e^{-at}u(t)}_{\text{RSS}} + \underbrace{e^{at}u(-t)}_{\text{LSS}}$

$$e^{-at}u(t) \xleftrightarrow{\mathfrak{L}} \frac{1}{s+a} \qquad \text{(RSS)}$$

$$\mathfrak{L}[e^{at}u(-t)] = \mathfrak{L}[e^{-at}u(t)]\Big|_{s\to -s} = -\frac{1}{s-a} \qquad \text{(LSS)}$$

이로부터

$$X(s) = \frac{1}{s+a} - \frac{1}{s-a} = -\frac{2a}{s^2 - a^2}$$

$$\therefore \mathbf{X}(\omega) = X(j\omega) = -\frac{2a}{-\omega^2 - a^2} = \frac{2a}{\omega^2 + a^2}$$

(d) $x(t) = \underbrace{te^{-at}u(t)}_{\text{RSS}} + \underbrace{te^{at}u(-t)}_{\text{LSS}}$

$$te^{-at}u(t) \xleftrightarrow{\mathfrak{L}} \frac{1}{(s+a)^2} \qquad \text{(RSS)}$$

$$\mathfrak{L}[te^{at}u(-t)] = \mathfrak{L}[-te^{-at}u(t)]\Big|_{s\to -s} = -\frac{1}{(-s+a)^2} = -\frac{1}{(s-a)^2} \qquad \text{(LSS)}$$

이로부터

$$X(s) = \frac{1}{(s+a)^2} - \frac{1}{(s-a)^2} = \frac{-4as}{(s+a)^2(s-a)^2}$$

$$\therefore \mathbf{X}(\omega) = X(j\omega) = \frac{-j4a\omega}{(j\omega+a)^2(j\omega-a)^2} = \frac{-j4a\omega}{(\omega^2+a^2)^2}$$

(e) $x(t) = \underbrace{e^{-at}\cos btu(t)}_{\text{RSS}} + \underbrace{e^{at}\cos btu(-t)}_{\text{LSS}}$

$$e^{-at}\cos btu(t) \xleftrightarrow{\mathfrak{L}} \frac{s+a}{(s+a)^2 + b^2} \qquad \text{(RSS)}$$

$$\mathfrak{L}[e^{at}\cos btu(-t)] = \mathfrak{L}[e^{-at}\cos btu(t)]\Big|_{s\to -s} = -\frac{s-a}{(s-a)^2 + b^2} \qquad \text{(LSS)}$$

$$X(s) = \frac{1}{(s+a)^2} - \frac{1}{(s-a)^2} = \frac{-4as}{(s+a)^2(s-a)^2}$$

$$\therefore \mathbf{X}(\omega) = X(j\omega) = \frac{-j4a\omega}{(j\omega+a)^2(j\omega-a)^2} = \frac{-j4a\omega}{(\omega^2+a^2)^2}$$

푸리에 변환의 큰 특징 중 하나가 쌍대성(雙對性)이며 다음과 같다.

$$\text{(a)}\ x(t) \overset{\mathfrak{F}}{\longleftrightarrow} \mathbf{X}(\omega) \qquad \text{(b)}\ \mathbf{X}(t) \overset{\mathfrak{F}}{\longleftrightarrow} 2\pi x(-\omega) \tag{6.2-9}$$

위의 관계는 식 (6.2-5)의 푸리에 변환식과 푸리에 역변환식 사이의 유사성에 의한 것이다. 식 (6.2-5)(a)의 양변에 2π를 곱한 후 변수 $t \to -t$로 치환하면

$$2\pi x(-t) = \int_{-\infty}^{\infty} \mathbf{X}(\omega) e^{-j\omega t} d\omega = \int_{-\infty}^{\infty} \mathbf{X}(\lambda) e^{-j\lambda t} d\lambda \tag{6.2-9}$$

다시 $t \to \omega$로 치환함과 동시에 $\lambda \to t$로 치환하면 다음과 같이 증명된다.

$$2\pi x(-\omega) = \int_{-\infty}^{\infty} \mathbf{X}(t) e^{-j\omega t} dt = \mathfrak{F}[\mathbf{X}(t)] \tag{6.2-10}$$

충격함수 $\delta(t)$의 푸리에 변환은

$$\mathfrak{F}[\delta(t)] = \int_{-\infty}^{\infty} \delta(t) e^{-j\omega t} dt = \int_{-\infty}^{\infty} \delta(t) e^{0} dt = 1 \tag{6.2-11}$$

이므로 쌍대성을 적용하면($\delta(-\omega)=\delta(\omega)$)

$$\text{(a)}\ \delta(t) \overset{\mathfrak{F}}{\longleftrightarrow} 1 \qquad \text{(b)}\ 1 \overset{\mathfrak{F}}{\longleftrightarrow} 2\pi\delta(\omega) \tag{6.2-12}$$

충격함수의 푸리에 변환이 1이라는 것은 0에서 ∞까지 주파수 성분이 균일하게 포함되어 있다는 뜻이다. 따라서 시스템에 충격함수를 입력시킨다는 것은 0에서 ∞까지의 주파수 성분을 한꺼번에 입력시키는 것과 같으므로 모든 주파수에 대한 응답을 일거에 알게 된다. 이것이 시스템 해석에서 충격응답이 중요한 위치를 차지하는 이유이다.

예제 6.4 그림 6-4(a)의 구형 펄스의 푸리에 변환을 구하라.

풀이 식 (6.2-5)(b)로부터

$$\mathbf{P}(\omega)=\int_{-T_p/2}^{T_p/2}(1)e^{-j\omega t}dt=-\frac{1}{j\omega}(e^{-j\omega T_p/2}-e^{j\omega T_p/2})=\frac{\sin\omega T_p/2}{\omega/2}$$

위의 결과식을 sinc$x$=(sinπx)/(πx) 함수로 표현하면

$$\mathbf{P}(\omega)=T_p\left(\frac{\sin\omega T_p/2}{\omega T_p/2}\right)=T_p\text{sinc}\frac{\omega T_p}{2\pi}$$

이며 그림 (b)와 같다. 이 함수의 첫 번째 영교차(zero-crossing)은 $\omega T_p/2\pi=1$ 또는 $\omega=2\pi/T_p$이다. 그림 (a)의 펄스는 시간폭이 T_p로 제한되어 있지만 그림 (b)의 스펙트럼은 대역폭이 제한되어 있지 않다. 그러나 sinc 함수는 첫 번째 영교차 주파수 내에 전체 에너지의 약 98%가 존재하므로 실제로는 영교차 주파수인 $\omega=2\pi/T_p$로 대역제한된 것으로 근사화한다. 즉 그림 (b)의 근사적인 대역폭은 $B\approx 2\pi/T_p$이다. 여기서 주의할 점은 주파수 영역상의 음의 주파수는 실상이 아닌 허상이므로 대역폭은 양의 주파수 성분만 고려한다. 이상으로 그림 6-4에서 시간폭과 대역폭의 곱이 일정함을 알 수 있으며 이는 불확실성 원리의 일종이다.

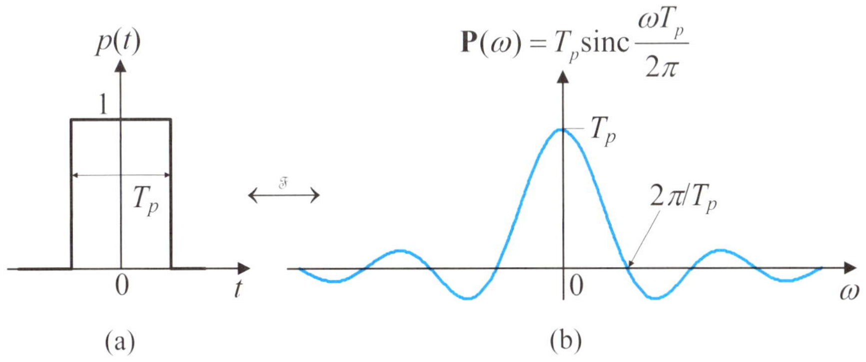

그림 6-4 예제 6.3의 그림; (a) 구형 펄스 (b) 스펙트럼

예제 6.5 예제 6-4의 그림 6-4에 쌍대성을 적용해 보자.

풀이 그림 6-4의 (a)와 (b)를 교환하면 다음 그림 6-5(a)와 같이 된다. 또한 그림 6-5(a)에서 양쪽 크기를 2π로 나눈 다음 $T_p \to W_p$로 변수를 바꾸면 그림 (b)처럼 이 스펙트럼은 대역폭이 $W_p/2$인 이상적인 저역통과 필터(LPF)의 주파수 특성이다. 그리고 왼쪽 그림은 그 충격응답이지만 비인과적이므로 이상적인 저역통과 필터는 실현할 수 없음을 보여준다.

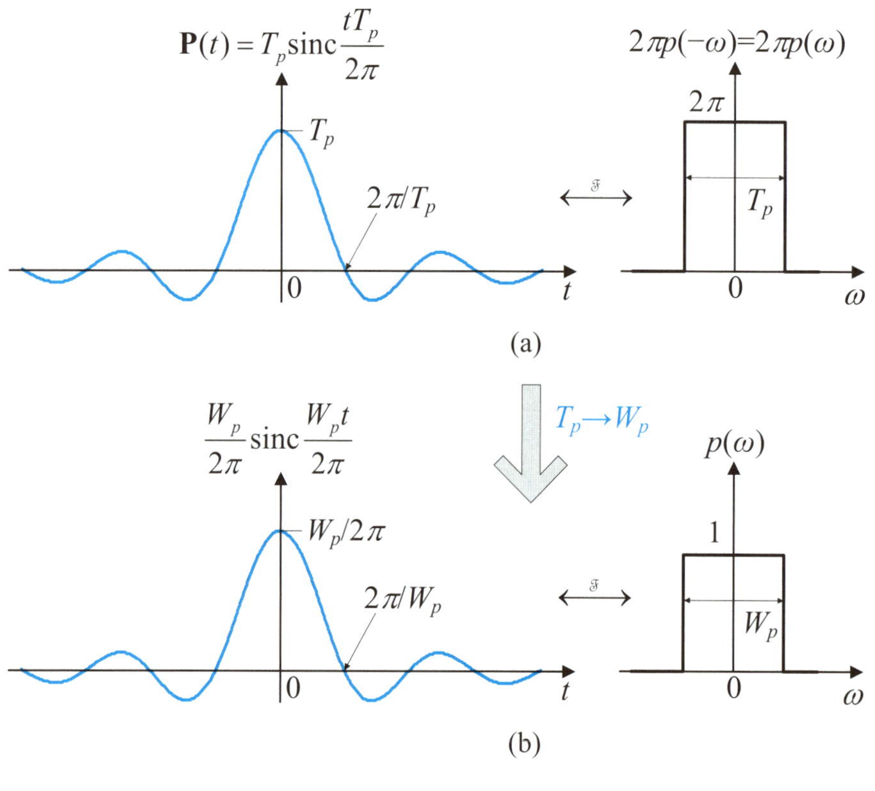

그림 6-5 (a) 그림 6-4에 대한 쌍대성 (b) 변수 교환($T_p \to W_p$)

6.2.2 푸리에 변환의 성질

푸리에 변환의 성질은 같은 뿌리인 라플라스 변환과 유사한 점이 많다. 다만 라플라스 변환에서는 변수 s의 물리적인 의미를 정할 수 없지만 푸리에 변환에서의 ω는 주파수라는 확실한 개념이 있다. 주파수 ω의 함수인 스펙트럼의 크기를 나타낸 것이 크기 스펙트럼이고 위상을 나타낸 것은 위상 스펙트럼이다. 복소신호 $x(t)$의 경우 $x^*(t)$의 푸리에 변환은

$$\int_{-\infty}^{\infty} x^*(t)e^{-j\omega t}dt = \left[\int_{-\infty}^{\infty} x(t)e^{j\omega t}dt\right]^* = \mathbf{X}^*(-\omega) \qquad \textbf{(6.2-13)}$$

이므로 다음과 같은 관계를 얻을 수 있다.

$$x^*(t) \overset{\mathscr{F}}{\longleftrightarrow} \mathbf{X}^*(-\omega) \qquad \textbf{(6.2-14)}$$

그러나 실신호 경우라면 $x^*(t)=x(t)$이므로 $\mathbf{X}(-\omega)=\mathbf{X}^*(\omega)$를 만족한다.

이동 시간과 주파수상에서의 이동정리는 다음과 같다.

$$\begin{aligned} &\text{(a)}\ \ x(t-t_o) \overset{\mathscr{F}}{\longleftrightarrow} e^{-j\omega t_o}\mathbf{X}(\omega) \\ &\text{(b)}\ \ x(t)e^{j\omega_o t} \overset{\mathscr{F}}{\longleftrightarrow} \mathbf{X}(\omega-\omega_o) \end{aligned} \qquad \textbf{(6.2-15)}$$

식 (a)의 경우는 다음과 같이 증명된다($t-t_o \to \tau$).

$$\begin{aligned} \int_{-\infty}^{\infty} x(t-t_o)e^{-j\omega t}dt &= \int_{-\infty}^{\infty} x(\tau)e^{-j\omega(\tau+t_o)}d\tau \\ &= e^{-j\omega t_o}\int_{-\infty}^{\infty} x(\tau)e^{-j\omega\tau}d\tau \\ &= e^{-j\omega t_o}\mathbf{X}(\omega) \end{aligned} \qquad \textbf{(6.2-16)}$$

식 (b)의 경우도 이와 동일하게 증명되며 이 성질을 변조라 하기도 한다. 식 (6.2-12)(b)의 변환쌍인

$$1 \overset{\mathscr{F}}{\longleftrightarrow} 2\pi\delta(\omega) \qquad \textbf{(6.2-17)}$$

에 이동정리를 적용하면

$$e^{j\omega_o t} \overset{\mathscr{F}}{\longleftrightarrow} 2\pi\delta(\omega-\omega_o) \qquad \textbf{(6.2-18)}$$

이로부터 오일러 공식을 이용하면 다음과 같이 사인, 코사인 함수의 푸리에 변환도 쉽게 구할 수 있다.

$$\begin{aligned} &\text{(a)}\ \ \sin\omega_o t \overset{\mathscr{F}}{\longleftrightarrow} -j\pi\delta(\omega-\omega_o) + j\pi\delta(\omega+\omega_o) \\ &\text{(b)}\ \ \cos\omega_o t \overset{\mathscr{F}}{\longleftrightarrow} \pi\delta(\omega-\omega_o) + \pi\delta(\omega+\omega_o) \end{aligned} \qquad \textbf{(6.2-19)}$$

그림 6-6은 상수, 코사인 및 충격함수의 스펙트럼을 보여준다. 그림 (a)는 직류이므로 스펙트럼은 주파수 $\omega=0$에서만 존재하는 $2\pi\delta(\omega)$이다. 그리고 그림 (b)는 주파수가 ω_o이므로 스펙트럼상에서는 $\pm\omega_o$에서만 존재한다(음의 주파수는 허상이다). 그리고 그림 (c)의 경우는 스펙트럼이 1로 균일하며 이는 충격함수 $\delta(t)$는 0에서 무한대까지의 모든 주파수 성분을 균일하게 포함하고 있다는 뜻이다. 따라서 시스템에 충격함수를 입력한다는 것은 모든 주파수 성분을 한꺼번에 입력하는 것과 같다. 이점이 바로 충격응답이 소중하게 취급되는 이유이다.

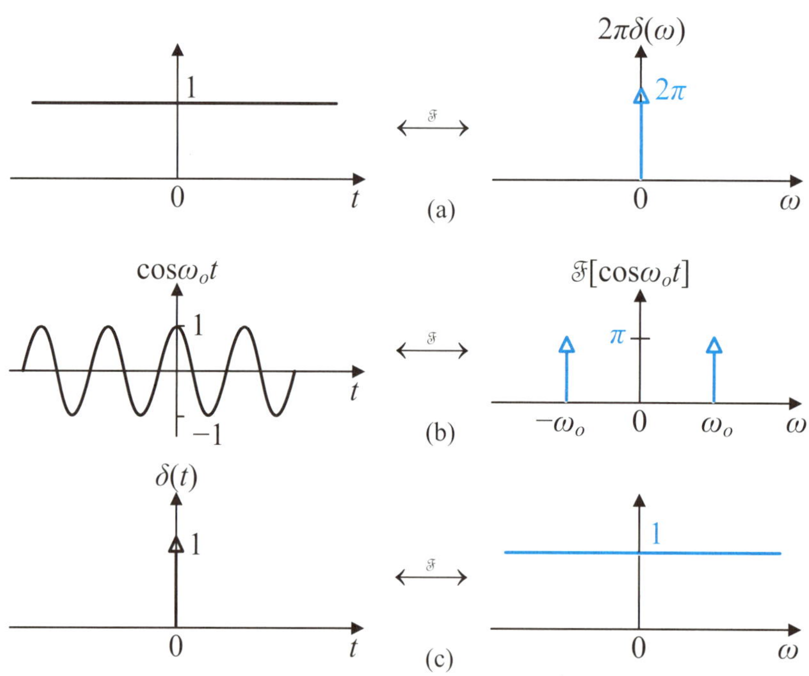

그림 6-6 스펙트럼: (a) 상수 (b) 코사인 (c) 충격함수

미분 시간과 주파수상에서의 미분정리는 다음과 같다.

$$\text{(a)}\quad \frac{dx(t)}{dt} \overset{\mathfrak{F}}{\longleftrightarrow} j\omega\mathbf{X}(\omega)$$

$$\text{(b)}\quad -jtx(t) \overset{\mathfrak{F}}{\longleftrightarrow} \frac{d\mathbf{X}(\omega)}{d\omega} \tag{6.2-20}$$

식 (a)의 증명은 다음과 같다.

$$\frac{dx(t)}{dt}=\frac{d}{dt}\left[\frac{1}{2\pi}\int_{-\infty}^{\infty}\mathbf{X}(\omega)e^{j\omega t}d\omega\right]=\frac{1}{2\pi}\int_{-\infty}^{\infty}\left[\mathbf{X}(\omega)\frac{d}{dt}e^{j\omega t}\right]d\omega$$
$$=\frac{1}{2\pi}\int_{-\infty}^{\infty}[j\omega\mathbf{X}(\omega)e^{j\omega t}]d\omega \qquad \textbf{(6.2-21)}$$
$$=\mathfrak{F}^{-1}[j\omega\mathbf{X}(\omega)]$$

식 (b)도 같은 방식으로 증명할 수 있으므로 생략한다.

적분 시간과 주파수상에서의 적분정리는 다음과 같다.

$$\text{(a)}\quad \int_{-\infty}^{t}x(\tau)d\tau \overset{\mathfrak{F}}{\longleftrightarrow} \frac{\mathbf{X}(\omega)}{j\omega}\quad (\mathbf{X}(0)=0)$$
$$\textbf{(6.2-22)}$$
$$\text{(b)}\quad \frac{x(t)}{-jt} \overset{\mathfrak{F}}{\longleftrightarrow} \int_{-\infty}^{\omega}\mathbf{X}(\lambda)d\lambda\quad (x(0)=0)$$

식 (a)는 (6.2-20)의 미분 성질을 역이용하면 쉽게 증명할 수 있다. 다만 이 경우는 스펙트럼의 직류 성분인 $\mathbf{X}(0)=0$일 때만 가능하며 식 (b)의 경우는 초기 조건이 $x(0)=0$일 때만 가능하다. 이에 대한 구체적인 내용은 뒤에서 설명하기로 한다.

컨벌류션 시간과 주파수상에서의 컨벌류션 정리는 다음과 같다.

$$\text{(a)}\quad x(t)*h(t) \overset{\mathfrak{F}}{\longleftrightarrow} \mathbf{X}(\omega)\mathbf{H}(\omega)$$
$$\textbf{(6.2-23)}$$
$$\text{(b)}\quad x(t)h(t) \overset{\mathfrak{F}}{\longleftrightarrow} \frac{1}{2\pi}\mathbf{X}(\omega)*\mathbf{H}(\omega)$$

식 (a)는 식 (6.2-15)(a)의 이동정리를 이용하면 다음과 같이 증명된다.

$$\int_{-\infty}^{\infty}\left[\int_{-\infty}^{\infty}x(\tau)h(t-\tau)d\tau\right]e^{-j\omega t}dt=\int_{-\infty}^{\infty}x(\tau)\left[\int_{-\infty}^{\infty}h(t-\tau)e^{-j\omega t}dt\right]d\tau$$
$$=\int_{-\infty}^{\infty}x(\tau)\mathfrak{F}[h(t-\tau)]d\tau$$
$$=\int_{-\infty}^{\infty}x(\tau)e^{-j\omega\tau}\mathbf{H}(\omega)d\tau$$

$$= \mathbf{H}(\omega)\int_{-\infty}^{\infty} x(\tau)e^{-j\omega\tau}d\tau = \mathbf{H}(\omega)\mathbf{X}(\omega) \qquad \textbf{(6.2-24)}$$

충격응답의 푸리에 변환인 $\mathbf{H}(\omega)$가 시스템의 주파수 응답이 되는 이유는 충격함수가 0에서 ∞까지의 주파수 성분을 균일하게 포함하고 있기 때문이다.

척도 변화 시간과 주파수상에서의 척도 변화 정리는 다음과 같다.

$$x(at) \overset{\mathcal{F}}{\longleftrightarrow} \frac{1}{a}\mathbf{X}\left(\frac{\omega}{a}\right) \quad (a>0) \qquad \textbf{(6.2-25)}$$

증명은 다음과 같다.

$$\begin{aligned}\int_{-\infty}^{\infty} x(at)e^{-j\omega t}dt &= \frac{1}{a}\int_{-\infty}^{\infty} x(at)e^{-j(\omega/a)at}d(at)\\ &= \frac{1}{a}\int_{-\infty}^{\infty} x(\tau)e^{-j(\omega/a)\tau}d\tau = \frac{1}{a}\mathbf{X}(\omega/a)\end{aligned} \qquad \textbf{(6.2-26)}$$

여기서 $a>1$이면 '시간 압축↔주파수 확장' 현상이며 $a<1$이면 '시간 확장↔주파수 압축' 현상이 일어난다. 식 (6.2-23)의 좋은 예가 녹음 속도와 재생 속도의 관계이다. 먼저 $a>1$인 경우는 녹음 속도에 비해 재생 속도가 빠른 경우이며 주파수 확장이 일어나 고음의 여성 목소리가 된다. 반면에 $a<1$인 경우는 녹음 속도에 비해 재생 속도가 느린 경우로 주파수 압축에 의해 저음의 남성 목소리가 된다.

파스발 정리 두 영역간의 에너지 보존 원리인 파스발 정리는 다음과 같다

$$\int_{-\infty}^{\infty} |x(t)|^2 dt = \frac{1}{2\pi}\int_{-\infty}^{\infty} |\mathbf{X}(\omega)|^2 d\omega \qquad \textbf{(6.2-27)}$$

여기서 $g(t)=|x(t)|^2=x(t)x^*(t)$로 놓고 그 푸리에 변환을 $\mathbf{G}(\omega)$라 하면 신호 $x(t)$의 시간상 에너지 E_x는 다음과 같이 표현된다.

$$E_x = \int_{-\infty}^{\infty} |x(t)|^2 dt = \int_{-\infty}^{\infty} x(t)x^*(t)dt = \mathbf{G}(0) \qquad \textbf{(6.2-28)}$$

그리고 $g(t)$와 $\mathbf{G}(\omega)$의 관계는 다음과 같다.

$$g(t) = x(t)x^*(t) \overset{\mathcal{F}}{\longleftrightarrow} \mathbf{G}(\omega) = \frac{1}{2\pi}\mathbf{X}(\omega) * \mathbf{X}^*(-\omega) \qquad \textbf{(6.2-29)}$$

따라서 위의 두 식을 결합하면

$$E_x = \mathbf{G}(0) = \frac{1}{2\pi}\int_{-\infty}^{\infty}\mathbf{X}(\lambda)\mathbf{X}^*(\lambda)d\lambda = \frac{1}{2\pi}\int_{-\infty}^{\infty}\left|\mathbf{X}(\lambda)\right|^2 d\lambda \tag{6.2-30}$$

이상으로 식 (6.2-28)과 (6.2-30)을 결합하면 식 (6.2-27)이 증명된다. 그리고 에너지와 관련된 $|\mathbf{X}(\omega)|^2/2\pi$를 에너지 밀도 스펙트럼이라 한다.

계단 함수 계단 함수 $u(t)$ 또는 $u(\omega)$는 여러모로 편리한 함수이지만 절대 적분가능이 아니므로 그 푸리에 변환은 적분을 통해 직접 구할 수 없다. 따라서 1장에서 소개한 시그눔 함수 $\text{sgn}(t)$를 이용하여 간접적으로 구한다. 즉

$$u(t) = \frac{1}{2} + \frac{1}{2}\text{sgn}(t) \tag{6.2-31}$$

여기서 $\text{sgn}(t)' = 2\delta(t)$이므로

$$\frac{1}{2}\text{sgn}(t) = \int_{-\infty}^{t}\delta(\tau)d\tau \tag{6.2-32}$$

일뿐 아니라 $\text{sgn}(t)$는 직류 성분도 0이다. 따라서 식 (6.2-22)(a)의 적분 정리를 이용할 수 있으므로

$$\frac{1}{2}\text{sgn}(t) \overset{\mathfrak{F}}{\longleftrightarrow} \frac{1}{j\omega} \tag{6.2-33}$$

따라서 식 (6.2-31)과 (6.2-33)으로부터 $u(t)$의 푸리에 변환은

$$\mathfrak{F}[u(t)] = \mathfrak{F}\left[\frac{1}{2}\right] + \mathfrak{F}\left[\frac{1}{2}\text{sgn}(t)\right] = \pi\delta(\omega) + \frac{1}{j\omega} \tag{6.2-34}$$

그리고 위 식의 결과에 쌍대성을 적용하면 다음의 변환쌍을 구할 수 있다.

$$u(t) \overset{\mathfrak{F}}{\longleftrightarrow} \pi\delta(\omega) + \frac{1}{j\omega} \tag{6.2-35}$$

위 변환쌍에 대한 쌍대 관계는

$$\pi\delta(t) + \frac{1}{jt} \overset{\mathfrak{F}}{\longleftrightarrow} 2\pi u(-\omega) \tag{6.2-36}$$

이며 $u(-\omega) = 1 - u(\omega)$의 관계를 이용하면 $u(\omega)$의 역변환은 다음과 같다.

$$\begin{aligned}\mathfrak{F}^{-1}[u(\omega)] &= \mathfrak{F}^{-1}[1-u(-\omega)] = \mathfrak{F}^{-1}[1] - \mathfrak{F}^{-1}[u(-\omega)] \\ &= \delta(t) - \frac{1}{j2\pi t} - \frac{1}{2}\delta(t) = -\frac{1}{j2\pi t} + \frac{1}{2}\delta(t)\end{aligned} \tag{6.2-37}$$

이상으로 다음의 푸리에 변환쌍을 구할 수 있다.

$$\text{(a)}\ \ u(t) \overset{\mathfrak{F}}{\longleftrightarrow} \pi\delta(\omega) + \frac{1}{j\omega}$$
$$\text{(b)}\ \ \pi\delta(t) - \frac{1}{jt} \overset{\mathfrak{F}}{\longleftrightarrow} 2\pi u(\omega) \qquad \textbf{(6.2-38)}$$

위의 식을 이용하여 식 (6.2-22)의 적분 정리에 대한 완전한 식을 유도해 본다. 함수 $x(t)$의 적분을 계단 함수와 컨벌류션을 이용하여 표현한 뒤 식 (6.2-38)(a)의 관계를 이용하면

$$\begin{aligned}\mathfrak{F}\left[\int_{-\infty}^{t} x(\tau)d\tau\right] &= \mathfrak{F}[x(t)*u(t)] = \mathbf{X}(\omega)\left(\pi\delta(\omega) + \frac{1}{j\omega}\right) \\ &= \frac{\mathbf{X}(\omega)}{j\omega} + \pi\delta(\omega)\mathbf{X}(0)\end{aligned} \qquad \textbf{(6.2-39)}$$

다음으로 $\mathbf{X}(\omega)$의 적분을 계단 함수와 컨벌류션을 이용하여 표현하면 식 (6.2-38)(b)로부터

$$\begin{aligned}\mathfrak{F}^{-1}\left[\int_{-\infty}^{\omega} \mathbf{X}(\lambda)d\lambda\right] &= \mathfrak{F}^{-1}[\mathbf{X}(\omega)*u(\omega)] = 2\pi x(t)\mathfrak{F}^{-1}[u(\omega)] \\ &= -\frac{x(t)}{jt} + \pi x(0)\delta(t)\end{aligned} \qquad \textbf{(6.2-40)}$$

이상으로 식 (6.2-22)의 적분정리에 대한 완전한 식은 다음과 같다.

$$\text{(a)}\ \ \int_{-\infty}^{t} x(\tau)d\tau \overset{\mathfrak{F}}{\longleftrightarrow} \frac{\mathbf{X}(\omega)}{j\omega} + \pi\mathbf{X}(0)\delta(\omega)$$
$$\text{(b)}\ \ -\frac{x(t)}{jt} + \pi x(0)\delta(t) \overset{\mathfrak{F}}{\longleftrightarrow} \int_{-\infty}^{\omega} \mathbf{X}(\lambda)d\lambda \qquad \textbf{(6.2-41)}$$

예제 6.6 다음의 푸리에 변환을 구하라.

(a) $e^{j\omega_o t}u(t)$ (b) $\cos\omega_o t u(t)$ (c) $\sin\omega_o t u(t)$ (d) $te^{at}u(t),\quad a>0$

풀이 모두 절대 적분가능이지 않으므로 라플라스 변환을 이용할 수 없다.

(a) $\mathfrak{F}[u(t)] = \dfrac{1}{j\omega} + \pi\delta(\omega)$

이동정리를 이용하면

$$\mathfrak{F}[e^{j\omega_o t}u(t)] = \frac{1}{j(\omega - \omega_o)} + \pi\delta(\omega - \omega_o)$$

(b) 오일러 공식과 (a)의 결과를 이용하면

$$\begin{aligned}\mathfrak{F}[\cos\omega_o t u(t)] &= \frac{1}{2}\mathfrak{F}[e^{j\omega_o t}u(t)] + \frac{1}{2}\mathfrak{F}[e^{-j\omega_o t}u(t)] \\ &= \frac{0.5}{j(\omega - \omega_o)} + \frac{\pi}{2}\delta(\omega - \omega_o) + \frac{0.5}{j(\omega + \omega_o)} + \frac{\pi}{2}\delta(\omega + \omega_o) \\ &= \frac{j\omega}{\omega_o^2 - \omega^2} + \frac{\pi}{2}\delta(\omega + \omega_o) + \frac{\pi}{2}\delta(\omega - \omega_o)\end{aligned}$$

(c) 역시 오일러 공식과 (a)의 결과를 이용하면

$$\begin{aligned}\mathfrak{F}[\sin\omega_o t u(t)] &= \frac{1}{j2}\mathfrak{F}[e^{j\omega_o t}u(t)] - \frac{1}{j2}\mathfrak{F}[e^{-j\omega_o t}u(t)] \\ &= -\frac{0.5}{\omega - \omega_o} - \frac{j\pi}{2}\delta(\omega - \omega_o) + \frac{0.5}{\omega + \omega_o} + \frac{j\pi}{2}\delta(\omega + \omega_o) \\ &= \frac{\omega_o}{\omega_o^2 - \omega^2} + \frac{j\pi}{2}\delta(\omega + \omega_o) - \frac{j\pi}{2}\delta(\omega - \omega_o)\end{aligned}$$

(d) $\mathfrak{F}[e^{-at}u(t)] = \dfrac{1}{a + j\omega}$

$$(-jt)e^{-at}u(t) \overset{\mathfrak{F}}{\longleftrightarrow} \frac{d}{d\omega}\left(\frac{1}{a + j\omega}\right) = -\frac{j}{(a + j\omega)^2}$$

$$\therefore \mathfrak{F}[te^{-at}u(t)] = \frac{1}{(a + j\omega)^2}$$

6.2.3 표본화 이론

그림 6-7(a)는 주기 T_o의 충격열(衝擊列)이며

$$\tilde{\delta}_{T_o}(t) = \sum_{n=-\infty}^{\infty}\delta(t - nT_o) \qquad \textbf{(6.2-42)}$$

이다. 주기함수이므로 식 (6.2-1)의 푸리에 급수로 전개할 수 있으므로 푸리에 계수를 구하면 다음과 같다.

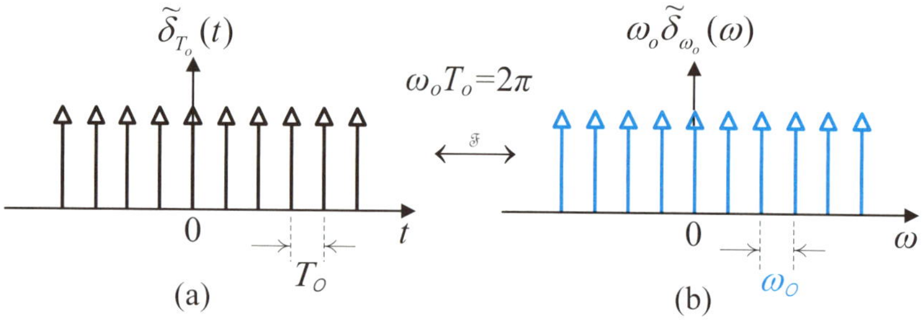

그림 6-7 충격열 함수의 푸리에 변환쌍

$$\mathbf{X}_k = \int_{-T_o/2}^{T_o/2} \widetilde{\delta}_T(t) e^{-jk\omega_o t} dt = \int_{-T_o/2}^{T_o/2} \delta(t) dt = 1 \tag{6.2-43}$$

즉 모든 계수는 1로 동일하다. 이로부터 푸리에 급수는

$$\widetilde{\delta}_{T_o}(t) = \frac{1}{T_o} \sum_{k=-\infty}^{\infty} \mathbf{X}_k e^{jk\omega_o t} = \frac{1}{T_o} \sum_{k=-\infty}^{\infty} e^{jk\omega_o t} \tag{6.2-44}$$

식 (6.2-18)을 이용하여 위의 식 양변에 푸리에 변환을 취하면 다음과 같다.

$$\begin{aligned} \mathfrak{F}[\widetilde{\delta}_{T_o}(t)] &= \mathfrak{F}\left[\frac{1}{T_o} \sum_{k=-\infty}^{\infty} e^{jk\omega_o t}\right] = \frac{1}{T_o} \sum_{k=-\infty}^{\infty} \mathfrak{F}[e^{jk\omega_o t}] \\ &= \frac{2\pi}{T_o} \sum_{k=-\infty}^{\infty} \delta(\omega - k\omega_o) \\ &= \omega_o \widetilde{\delta}_{\omega_o}(\omega) \end{aligned} \tag{6.2-45}$$

즉 다음의 푸리에 변환쌍을 얻을 수 있다.

$$\widetilde{\delta}_{T_o}(t) \overset{\mathfrak{F}}{\longleftrightarrow} \omega_o \widetilde{\delta}_{\omega_o}(\omega) \quad \left(\omega_o = \frac{T_o}{2\pi}\right) \tag{6.2-46}$$

충격열의 푸리에 변환 역시 그림 6-7(b)처럼 충격열이 된다. 충격열은 푸리에 변환과 푸리에 역변환이 형태가 같을 뿐 아니라, 신호의 주기화 및 표본화 등을 해석하는 데 매우 편리한 수단이 된다. 먼저 그림 6-8(a)와 같은 함수 $x(t)$와 그 스펙트럼 $\mathbf{X}(\omega)$를 가정해 본다. 그리고 스펙트럼은 대역폭이 $\omega_{\max}$로 제한된 것으로 한다. 이제 $x(t)$를 주기 T_o로 주기화한 함수 $\widetilde{x}(t)$는(그림 (b))

$$\widetilde{x}(t) = x(t) * \widetilde{\delta}_{T_o}(t) \tag{6.2-47}$$

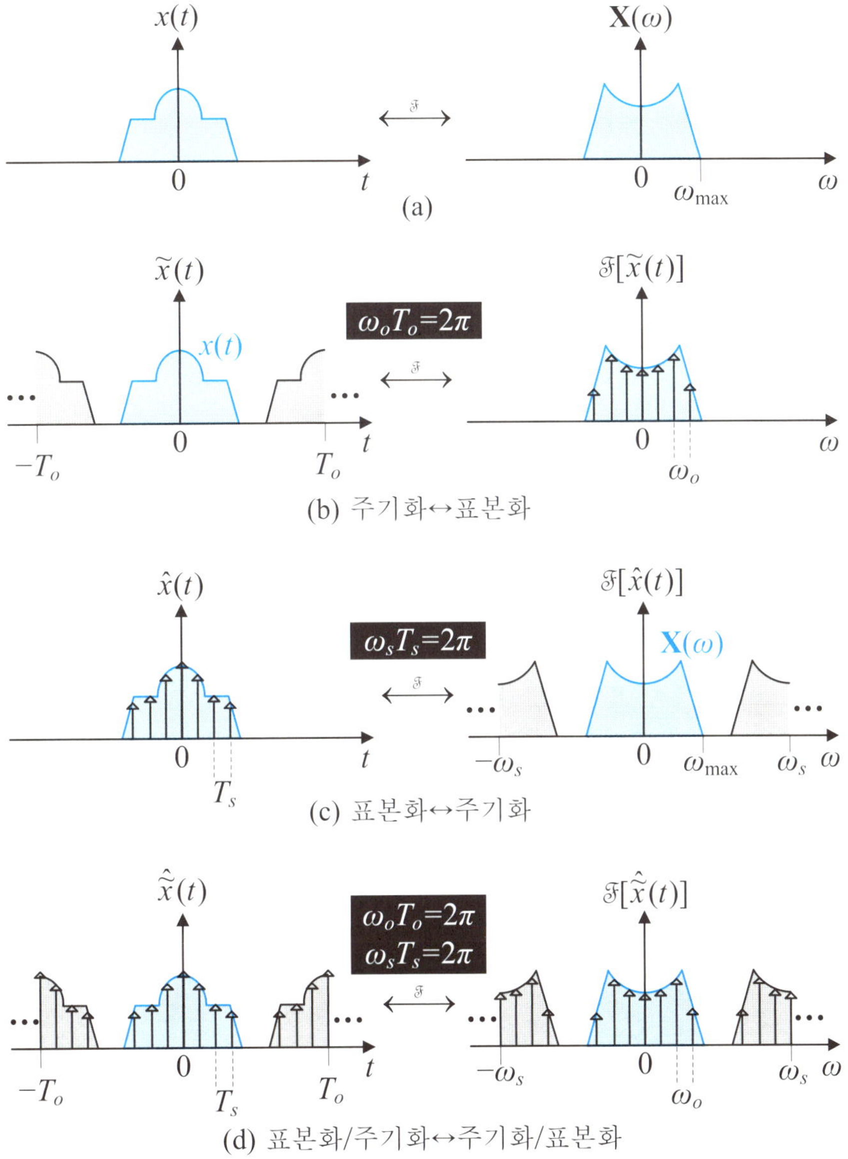

그림 6-8 신호의 주기화와 표본화에 따른 스펙트럼 변화

따라서 $\tilde{x}(t)$ 의 푸리에 변환은 식 (6.2-46)으로부터

$$\mathfrak{F}[\tilde{x}(t)] = \omega_o \mathbf{X}(\omega) \tilde{\delta}_{\omega_o}(\omega) \tag{6.2-48}$$

이므로 그림 6-8(b)처럼 $\mathbf{X}(\omega)$를 표본화한 형태가 된다. 즉 시간상의 주기화는

주파수상의 표본화를 초래한다. 다음으로 그림 6-8(c)와 같이 $x(t)$를 표본간격 T_s로 표본화한 함수 $\hat{x}(t)$는

$$\hat{x}(t) = x(t)\tilde{\delta}_{T_s}(t) \qquad \textbf{(6.2-49)}$$

로 표현된다. 이 역시 식 (6.2-46)으로써 푸리에 변환을 구하면

$$\mathfrak{F}[\hat{x}(t)] = \frac{1}{2\pi}\mathbf{X}(\omega) * \omega_s \tilde{\delta}_{\omega_s}(\omega) = \frac{1}{T_s}\sum_{k=-\infty}^{\infty}\mathbf{X}(\omega - k\omega_s) \qquad \textbf{(6.2-50)}$$

따라서 그림 6-8(c)처럼 스펙트럼은 주기화된다. 즉 시간상의 표본화는 주파수상의 주기화를 초래한다. 식 (6.2-48)과 (6.2-50)을 결합하면 다음과 같다.

$$\begin{aligned}
&\text{(a)}\ \ \tilde{x}(t) \overset{\mathfrak{F}}{\longleftrightarrow} \omega_o \mathbf{X}(\omega)\tilde{\delta}_{\omega_o}(\omega) \qquad (\omega_o = T_o/2\pi) \\
&\text{(b)}\ \ \hat{x}(t) \overset{\mathfrak{F}}{\longleftrightarrow} \frac{1}{T_s}\mathbf{X}(\omega) * \tilde{\delta}_{\omega_s}(\omega) \quad (\omega_s = T_s/2\pi)
\end{aligned} \qquad \textbf{(6.2-51)}$$

이제 마지막 단계로 $x(t)$를 주기화와 함께 표본화한 것을 $\hat{\tilde{x}}(t)$라 하면

$$\hat{\tilde{x}}(t) = \tilde{x}(t)\tilde{\delta}_{T_s}(t) \qquad \textbf{(6.2-52)}$$

이므로 푸리에 변환을 취하면 식 (6.2-50)으로부터

$$\mathfrak{F}[\hat{\tilde{x}}(t)] = \mathfrak{F}[\tilde{x}(t)\tilde{\delta}_{T_s}(t)] = \frac{1}{T_s}\mathfrak{F}[\tilde{x}(t)] * \tilde{\delta}_{\omega_s}(\omega) \qquad \textbf{(6.2-53)}$$

이다. 위 식에 식 (6.2-48)을 대입하면 정리하면

$$\mathfrak{F}[\hat{\tilde{x}}(t)] = \frac{\omega_o}{T_s}[\mathbf{X}(\omega)\tilde{\delta}_{\omega_o}(\omega)] * \tilde{\delta}_{\omega_s}(\omega) \qquad \textbf{(6.2-54)}$$

따라서 스펙트럼 역시 그림 6-8(d)와 같이 표본화와 주기화를 동시에 취한 형태가 된다. 특히 그림 6-8(c)에서 주기화된 스펙트럼이 겹치지 않기 위해서는

$$\omega_s \geq 2\omega_{\max} \qquad \textbf{(6.2-55)}$$

를 만족해야 하며 이를 나이퀴스율(Nyquist rate)이라 한다. 즉 "표본 주파수는 신호의 최대 주파수의 두 배 이상이어야 한다". 이 조건을 만족하지 않으면 주기적인 스펙트럼이 서로 겹쳐버림으로써 원래의 스펙트럼 $\mathbf{X}(\omega)$를 회복할 길이 없게 되며 이를 알리아싱(aliasing)이라 한다.

그림 6-8을 도식적으로 표현한 것이 그림 6-9이다. 주기 함수의 경우는 축을 원으로, 표본화 경우는 축을 일정한 간격의 점들로 표현하고 있다. 먼저 그림 (a)(그림 6-8(a)에 대응)는 시간 및 주파수상에서 모두 비주기적이므로 시간축과 주파수축을 모두 직선으로 표현하고 있다. 그림 (b)(그림 6-8(b)에 대응)의 경우는 '주기↔표본'의 경우이므로 시간축은 원으로, 주파수축은 점으로 표현하고 있다. 그림 (c)(그림 6-8(c)에 대응)의 경우는 '표본↔주기'의 경우이므로 시간축은 점으로, 주파수축은 원으로 표현하고 있다. 그림 (d)(그림 6-8(d)에 대응)의 경우는 '주기/표본↔표본/주기'의 경우이므로 시간축과 주파수축 모두 점으로 된 원으로 표현하고 있다.

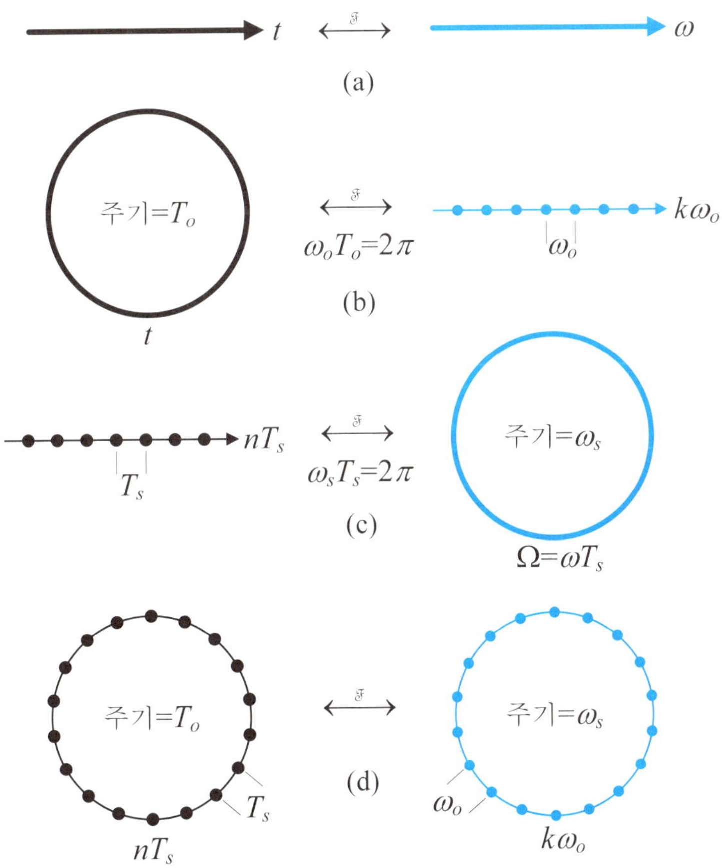

그림 6-9 그림 6-8의 각 경우에 대한 도식적인 표현

6.3 시이산 푸리에 변환

6.3.1 비주기 수열의 푸리에 변환

임의의 비주기 수열 $x[n]$의 푸리에 해석을 위해 먼저 충격열로 표본화한 $\hat{x}(t)$의 푸리에 변환에 대해 알아본다. 식 (6.2-48)로부터

$$\hat{x}(t) = x(t)\tilde{\delta}_{T_s}(t) = \sum_{n=-\infty}^{\infty} x(nT_s)\delta(t - nT_s) \tag{6.3-1}$$

이므로 양측 라플라스 변환은 다음과 같다.

$$\begin{aligned}\mathfrak{L}[\hat{x}(t)] &= \mathfrak{L}\left[\sum_{n=-\infty}^{\infty} x(nT_s)\delta(t-nT_s)\right] = \sum_{n=-\infty}^{\infty} x(nT_s)\mathfrak{L}[\delta(t-nT_s)] \\ &= \sum_{n=-\infty}^{\infty} x(nT_s)e^{-nT_s s}\end{aligned} \tag{6.3-2}$$

여기서 $x(nT_s)$=$x[n]$인 이산 신호이며 또한

$$z = e^{-T_s s} \tag{6.3-3}$$

로 하면 식 (6.3-2)의 라플라스 변환은 바로 다음의 z-변환과 같다.

$$X(z) = \sum_{n=-\infty}^{\infty} x[n]z^{-n} \tag{6.3-4}$$

즉 충격열로 표본화된 함수 $\hat{x}(t)$의 라플라스 변환이 실제 z-변환이지만 단위 충격열로 표본화된 이산 신호 $x[n]$의 z-변환으로 약속하고 있는 것이다. 수열 $x[n]$이 절대 합가능이면 식 (6.3-3)의 z에서 s=$j\omega$를 대입하고 Ω=ωT_s 및

$$\mathbf{W} = e^{j\Omega} = 1\angle\Omega \tag{6.3-5}$$

로 약속하면 식 (6.3-4)는 다음과 같다.

$$X(e^{j\Omega}) = \sum_{n=-\infty}^{\infty} x[n]\mathbf{W}^{-n} \tag{6.3-6}$$

디지털 주파수 Ω와 관련된 복소수 **W**는 그림 6-10과 같이 단위원상의 한 점이며 주기가 2π이다. 따라서 식 (6.3-6)의 $X(e^{j\Omega})$도 주기 함수이며 복소수이므로 다음과 같이 표현할 수 있다.

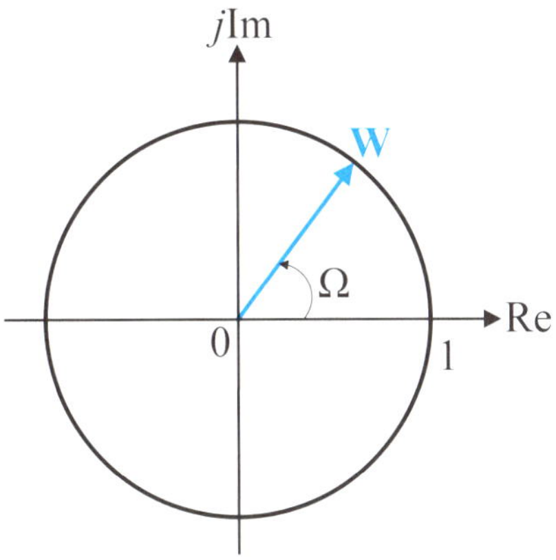

그림 6-10 디지털 주파수를 나타내는 단위원상의 복소수

$$\widetilde{\mathbf{X}}(\Omega)=\sum_{n=-\infty}^{\infty}x[n]\mathbf{W}^{-n} \tag{6.3-7}$$

이를 $x[n]$의 시이산 푸리에 변환(Discrete-time Fourier Transform; DTFT)이라 한다. **W**는 Ω의 주기 함수이며 주기는 2π이므로 다음을 만족한다

$$\begin{aligned}\int_{2\pi}\mathbf{W}^{n}d\Omega &= \int_{2\pi}e^{j\Omega n}d\Omega=\begin{cases}2\pi, & n=0\\ 0, & n\neq 0\end{cases}\\ &=2\pi\delta[n]\end{aligned} \tag{6.3-8}$$

따라서 식 (6.3-7) 양변에 $\mathbf{W}^{m}$을 곱하여 한 주기 2π 동안 적분하면

$$\begin{aligned}\int_{2\pi}\widetilde{\mathbf{X}}(\Omega)\mathbf{W}^{m}d\Omega &= \int_{2\pi}\sum_{n=-\infty}^{\infty}x[n]\mathbf{W}^{m-n}d\Omega=\sum_{n=-\infty}^{\infty}x[n]\int_{2\pi}\mathbf{W}^{m-n}d\Omega\\ &=2\pi\sum_{n=-\infty}^{\infty}x[n]\delta[m-n]\\ &=2\pi x[m]\end{aligned} \tag{6.3-9}$$

이로부터

$$x[n]=\frac{1}{2\pi}\int_{2\pi}\widetilde{\mathbf{X}}(\Omega)\mathbf{W}^{n}d\Omega \tag{6.3-10}$$

가 시이산 푸리에 역변환이다. DTFT은 연산자는 '$\mathcal{F}_d$'로, 그 역변환은 '$\mathcal{F}_d^{-1}$'로 하기로 하며 DTFT의 변환쌍은 간단히 다음과 같이 표현하기로 한다.

$$x[n] \stackrel{\mathfrak{F}_d}{\longleftrightarrow} \widetilde{\mathbf{X}}(\Omega) \tag{6.3-11}$$

DTFT과 그 역변환을 함께 써보면 다음과 같다.

$$\text{(a)}\ \ x[n] = \frac{1}{2\pi}\int_{2\pi} \widetilde{\mathbf{X}}(\Omega)\mathbf{W}^n d\Omega = \mathfrak{F}_d^{-1}[\widetilde{\mathbf{X}}(\Omega)]$$
$$\text{(b)}\ \ \widetilde{\mathbf{X}}(\Omega) = \sum_{n=-\infty}^{\infty} x[n]\mathbf{W}^{-n} = \mathfrak{F}_d[x[n]] \tag{6.3-12}$$

예제 6.7 함수 $x[n]$이 다음과 같을 때 DTFT을 구하라($|a|<1$).

(a) $a^n u[n]$ (b) $a^{-n}u[-n-1]$ (c) $na^{|n|}$

풀이 모두 절대 합가능한 함수들이므로 z-변환을 이용할 수 있다.

(a) $X(z) = \dfrac{1}{1-az^{-1}}$

$$\therefore \widetilde{\mathbf{X}}(\Omega) = X(e^{j\Omega}) = \frac{1}{1-ae^{-j\Omega}}$$

(b) LSS이므로

$$X(z) = \mathfrak{Z}[a^n u[n]]\Big|_{z\to z^{-1}} - a^0 = \frac{1}{1-az} - 1 = \frac{az}{1-az}$$

$$\therefore \widetilde{\mathbf{X}}(\Omega) = X(e^{j\Omega}) = \frac{ae^{j\Omega}}{1-ae^{j\Omega}} = -\frac{1}{1-(1/a)e^{-j\Omega}}$$

(c) $x[n] = \underbrace{na^n u[n]}_{\text{RSS}} + \underbrace{na^{-n}u[-n-1]}_{\text{LSS}}$

$$\mathfrak{Z}[na^n u[n]] = \frac{az^{-1}}{(1-az^{-1})^2}$$

$$\mathfrak{Z}[na^{-n}u[-n-1]] = \mathfrak{Z}[-na^n u[n]]\Big|_{z\to z^{-1}} = -\frac{az}{(1-az)^2}$$

$$\therefore \widetilde{\mathbf{X}}(\Omega) = \left[\frac{az^{-1}}{(1-az^{-1})^2} - \frac{az}{(1-az)^2}\right]_{z=e^{j\Omega}} = j2\,\mathrm{Im}\left[\frac{ae^{-j\Omega}}{(1-ae^{-j\Omega})^2}\right]$$

예제 6.8 그림 6-11(a)의 구형 펄스 $p[n]$에 대한 DTFT 식을 구하라.

풀이 먼저 z-변환을 구하면

$$P(z)=\sum_{n=0}^{N-1}(1)z^{-n}=\frac{1-z^{-N}}{1-z^{-1}}$$

따라서 DTFT은

$$\begin{aligned}\widetilde{\mathbf{P}}(\Omega)=\left.\frac{1-z^{-N}}{1-z^{-1}}\right|_{z=e^{j\Omega}}&=\frac{1-e^{jN\Omega}}{1-e^{-j\Omega}}\\&=\frac{e^{-jN\Omega/2}(e^{jN\Omega/2}-e^{-jN\Omega/2})}{e^{-j\Omega/2}(e^{j\Omega/2}-e^{-j\Omega/2})}\\&=\frac{e^{-jN\Omega/2}\sin\Omega N/2}{e^{-j\Omega/2}\sin\Omega/2}\\&=e^{-j\Omega(N-1)/2}R(\Omega)\end{aligned}$$

로피탈 정리에 의해 $R(0)=N$이므로 DTFT의 크기는 그림 6-11(b)와 같다.

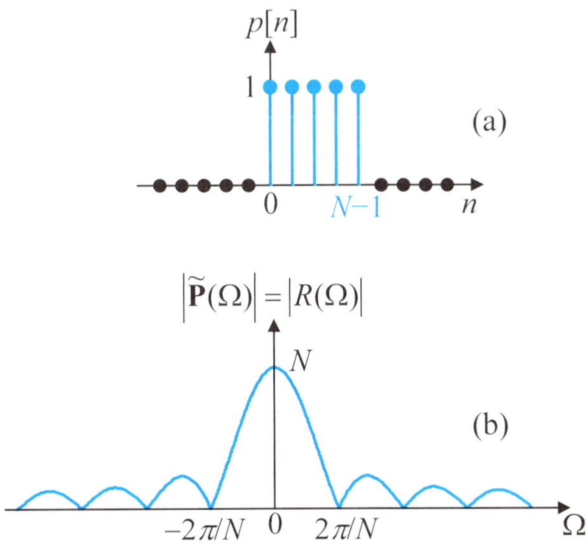

그림 6-11 예제 6-8의 그림

충격 수열 $\delta[n]$의 DTFT는

$$\mathfrak{F}_d\left[\delta[n]\right] = \sum_{n=-\infty}^{\infty} \delta[n]\mathbf{W}^{-n} = \mathbf{W}^0 = 1 \tag{6.3-13}$$

이므로

$$\delta[n] \xleftrightarrow{\mathfrak{F}_d} 1 \tag{6.3-14}$$

그리고 복소지수 수열의 DTFT는

$$e^{j\Omega_0 n} \xleftrightarrow{\mathfrak{F}_d} 2\pi\delta(\Omega - \Omega_o) \tag{6.3-15}$$

위의 변환쌍은 역변환을 이용해 다음과 같이 증명할 수 있다.

$$\begin{aligned}\mathfrak{F}_d^{-1}\left[2\pi\delta(\Omega - \Omega_o)\right] &= \frac{1}{2\pi}\int_{-\pi}^{\pi} 2\pi\delta(\Omega - \Omega_o)e^{j\Omega n}d\Omega \\ &= \int_{-\pi}^{\pi} \delta(\Omega - \Omega_o)e^{i\Omega_o n}d\Omega \\ &= e^{i\Omega_0 n}\int_{-\pi}^{\pi} \delta(\Omega - \Omega_o)d\Omega = e^{i\Omega_0 n}\end{aligned} \tag{6.3-16}$$

식 (6.3-15)에서 Ω_o=0으로 하면

$$1 \xleftrightarrow{\mathfrak{F}_d} 2\pi\delta(\Omega) \tag{6.3-17}$$

그리고 식 (6.3-15)의 변환쌍에 오일러 공식을 적용하면 사인, 코사인 수열의 DTFT는 다음과 같다.

$$\begin{aligned}&\text{(a)}\ \cos\Omega_0 n \xleftrightarrow{\mathfrak{F}_d} \pi[\delta(\Omega - \Omega_o) + \delta(\Omega + \Omega_o)] \\ &\text{(b)}\ \sin\Omega_0 n \xleftrightarrow{\mathfrak{F}_d} -j\pi[\delta(\Omega - \Omega_o) - \delta(\Omega + \Omega_o)]\end{aligned} \tag{6.3-18}$$

6.3.2 DTFT의 성질

이동 시간 및 주파수상의 이동정리는 다음과 같다(증명은 생략).

$$\begin{aligned}&\text{(a)}\quad x[n - n_o] \xleftrightarrow{\mathfrak{F}_d} e^{-j\Omega n_o}\widetilde{\mathbf{X}}(\Omega) \\ &\text{(b)}\quad e^{j\Omega_o n}x[n] \xleftrightarrow{\mathfrak{F}_d} \widetilde{\mathbf{X}}(\Omega - \Omega_o)\end{aligned} \tag{6.3-19}$$

계단 수열 $u[n]$의 DTFT는

$$u[n] \overset{\mathfrak{F}_d}{\longleftrightarrow} \frac{1}{1-e^{-i\Omega}} + \pi\delta(\Omega) \tag{6.3-20}$$

이를 증명하기 위해 다음의 잘 알려진 관계를 이용한다.

$$u[n]-u[n-1]=\delta[n] \tag{6.3-21}$$

위 식 양변에 DTFT를 취하면

$$\mathfrak{F}_d\big[u[n]-u[n-1]\big]=1 \tag{6.3-22}$$

여기서 $u[n]$의 DTFT를 $\mathbf{U}(\Omega)$라 하면 이동 정리에 의해

$$\mathbf{U}(\Omega)(1-e^{-i\Omega})=1 \tag{6.3-23}$$

그리고

$$1-e^{-i\Omega}=0 \quad (\Omega=0) \tag{6.3-24}$$

임을 유의하면 $\mathbf{U}(\Omega)$의 형태는 다음과 같아야 한다(C는 상수).

$$\mathbf{U}(\Omega)=\frac{1}{1-e^{-i\Omega}}+C\delta(\Omega) \tag{6.3-25}$$

한편 $u[n]$에 포함된 직류성분, 즉 상수가 1/2이므로 식 (6.3-17)에 의해 위의 식의 $C=\pi$임을 알 수 있다. 따라서 식 (6.3-20)이 증명된다.

예제 6.9 다음 두 수열의 DTFT의 크기를 도시하라($|a|<1$).

(a) $a^n u[n]$ (b) $(-a)^n u[n]$

풀이

(a) $\mathfrak{F}_d\big[a^n u[n]\big]=\dfrac{1}{1-ae^{-j\Omega}}$

이므로 크기는 그림 6-12(a)와 같다(주기가 2π인 주기함수임을 유념할 것).

(b) $-1=1\angle\pm\pi=e^{\pm i\pi} \quad \therefore (-1)^n=e^{\pm i\pi n}$

이므로

$$(-a)^n u[n]=e^{\pm j\pi n}a^n u[n]$$

이동정리에 의해

$$\mathfrak{F}_d\big[(-a)^n u[n]\big]=\frac{1}{1-ae^{-j(\Omega\pm\pi)}}=\frac{1}{1+ae^{-j\Omega}}$$

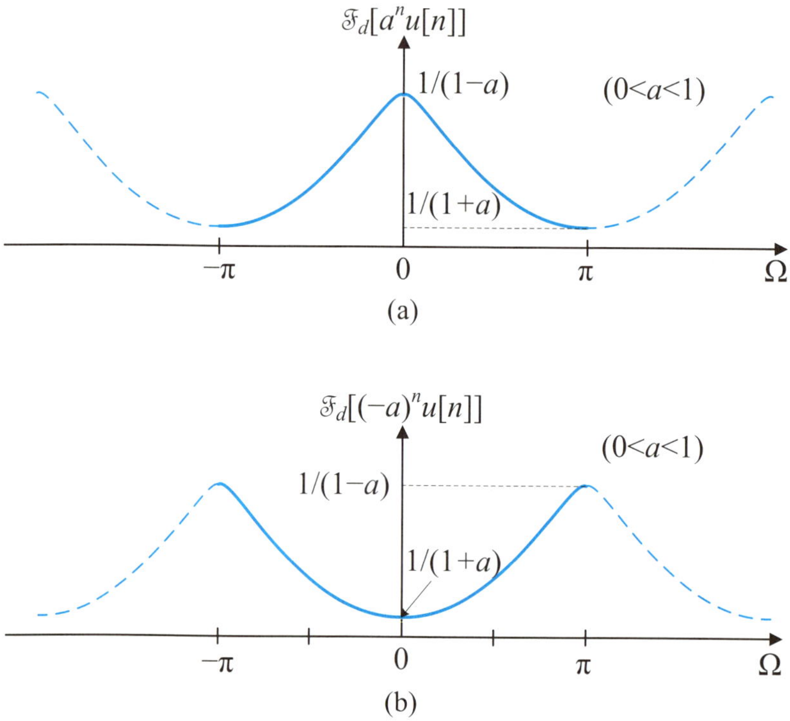

그림 6-12 예제 6-8의 그림

즉 (b)는 (a)의 결과를 π만큼 이동한 것이므로 그림 (b)와 같다. 그림 (a)는 저역통과 필터이며 그림 (b)는 고역통과 필터이다.

컨벌류션 DTFT의 컨벌류션 특성은 다음과 같다.

$$\text{(a) } x[n] * h[n] \overset{\mathfrak{F}_d}{\longleftrightarrow} \tilde{\mathbf{X}}(\Omega)\tilde{\mathbf{H}}(\Omega) \qquad \textbf{(6.3-14)}$$

$$\text{(b) } x[n]h[n] \overset{\mathfrak{F}_d}{\longleftrightarrow} \frac{1}{2\pi}\tilde{\mathbf{X}}(\Omega) \otimes \tilde{\mathbf{H}}(\Omega)$$

식 (6.3-14) 역시 증명은 앞의 경우와 대동소이하므로 생략한다. 여기서 (a)의 경우는 익히 알고 있는 컨벌류션, 정확히 말하자면 선형 컨벌류션이다. 하지만 (b)의 경우는 주기 함수끼리의 컨벌류션이므로 주기형 컨벌류션이라 하며 연산자는 '⊗'로 나타낸다. 같은 주기의 두 함수를 컨벌류션한 결과 역시 동일한 주기의 주기함수가 된다.

예제 6.10 다음 식의 DTFT를 $x[n]$의 DTFT로 표현하라.

$$\sum_{k=-\infty}^{n} x[k]$$

풀이 주어진 식은 $x[n]$의 누산이다.

(a) $\sum_{k=-\infty}^{n} x[k] = x[n] * u[n]$

이므로 컨벌류션 성질에 의해

$$\mathfrak{F}_d\left[\sum_{k=-\infty}^{n} x[k]\right] = \widetilde{\mathbf{X}}(\Omega)\mathbf{U}(\Omega)$$

여기서 식 (6.3-20)을 이용하면 위의 식 우변은

$$\widetilde{\mathbf{X}}(\Omega)\left[\frac{1}{1-e^{-j\Omega}} + \pi\delta(\Omega)\right] = \frac{\widetilde{\mathbf{X}}(\Omega)}{1-e^{-j\Omega}} + \pi\widetilde{\mathbf{X}}(\Omega)\delta(\Omega)$$

$$= \frac{\widetilde{\mathbf{X}}(\Omega)}{1-e^{-j\Omega}} + \pi\widetilde{\mathbf{X}}(0)\delta(\Omega)$$

$$\therefore \sum_{k=-\infty}^{n} x[k] \overset{\mathfrak{F}_d}{\longleftrightarrow} \frac{\widetilde{\mathbf{X}}(\Omega)}{1-e^{-j\Omega}} + \pi\widetilde{\mathbf{X}}(0)\delta(\Omega)$$

파스발

$$\sum_{n=-\infty}^{\infty} |x[n]|^2 = \frac{1}{2\pi}\int_{2\pi} \left|\widetilde{\mathbf{X}}(\Omega)\right|^2 d\Omega \tag{6.3-15}$$

식 (6.3-14)(b)로부터

$$\mathfrak{F}_d\left[x[n]h[n]\right] = \sum_{n=-\infty}^{\infty} x[n]h[n]e^{-j\Omega n} = \frac{1}{2\pi}\int_{2\pi} \widetilde{\mathbf{X}}(\theta)\widetilde{\mathbf{H}}(\Omega-\theta)d\theta \tag{6.3-16}$$

위 식에서 $h[n]=x[n]$으로 하고 $\Omega=0$으로 하면 우변 적분의 내용은

$$\widetilde{\mathbf{X}}(\theta)\widetilde{\mathbf{X}}(-\theta) = \widetilde{\mathbf{X}}(\theta)\widetilde{\mathbf{X}}^*(\theta) = \left|\widetilde{\mathbf{X}}(\theta)\right|^2 \tag{6.3-17}$$

따라서 식 (6.3-15)가 증명된다.

6.4 이산 푸리에 급수

그림 6-8(d)에서 $T_o/T_s=\omega_s/\omega_o=N$이라 하고 충격열을 단위충격열로 대체하면 그림 6-13과 같다. 시간축 ($t=nT_s$)는 $[n]$으로, 주파수축 ($\omega=k\omega_o$)는 $[k]$로 대체되며 모두 한 주기의 표본이 N 개인 주기 수열이 된다. 이것이 지금부터 설명할 이산 푸리에 급수(Discrete Fourier Series: DFS)에 대한 도시이다. DFS는 시간과 주파수상에서 데이터가 N개로 유한하므로 비로소 컴퓨터로 계산이 가능하게 된다.

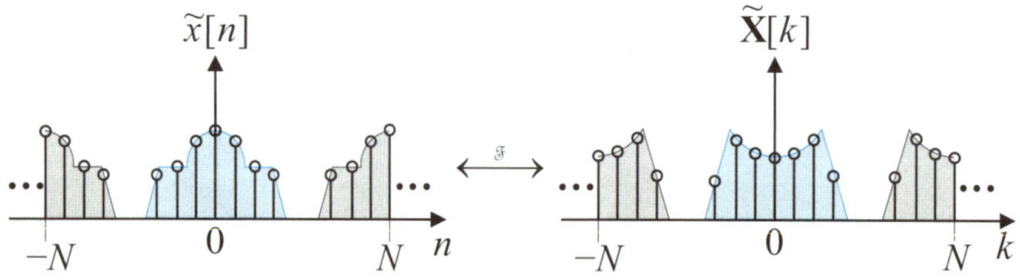

그림 6-13 주기적인 수열과 스펙트럼 형태

6.4.1 주기 수열의 푸리에 급수

주기가 N인 수열의 기본 주파수 Ω_o는

$$\Omega_o = \frac{2\pi}{N} \tag{6.4-1}$$

이다. 디지털 주파수의 특성상 $N\Omega_o=2\pi$이기 때문에 고조파는 $k=0\sim N-1$까지 N개 뿐이다. 모두 N 개뿐인 고조파를 표현하기 위해 복소수

$$\mathbf{W}_k = 1\angle k\Omega_o, \quad 0 \le k \le N-1 \tag{6.4-2}$$

을 정의하면 그림 6-14와 같으며(N=12) 이는 식 (6.3-5)의 $\mathbf{W}$를 단위원상에서 Ω_o 간격으로 표본화한 것과 같다. 복소수 $\mathbf{W}_k$를 지수로 한 수열은

$$\mathbf{W}_k^n = (1\angle k\Omega_o)^n = 1\angle(k\Omega_o n) = e^{jk\Omega_o n} \tag{6.4-3}$$

으로서 k번째 고조파를 나타내며 다음을 만족한다.

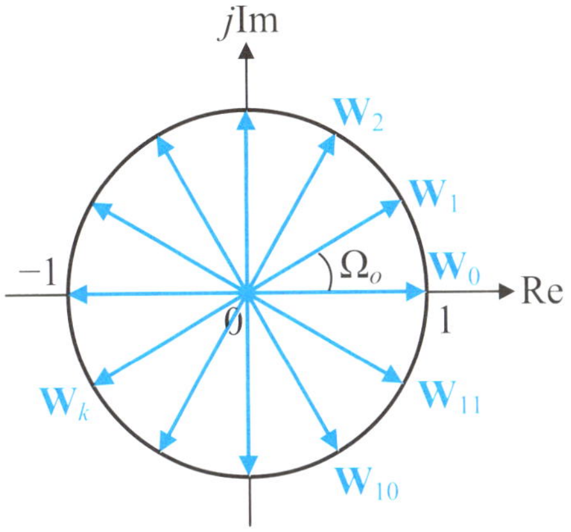

그림 6-14 디지털 주파수를 나타내는 복소수(N=12)

$$\mathbf{W}_k^n \mathbf{W}_m^n = \mathbf{W}_{k+m}^n, \quad \mathbf{W}_k^n \mathbf{W}_m^{-n} = \mathbf{W}_{k-m}^n \tag{6.4-4}$$

그리고 수열 $\mathbf{W}_k^n$은 다음과 같은 성질이 있다.

$$\sum_{n=0}^{N-1} \mathbf{W}_k^n = \begin{cases} N, & k=0 \\ 0, & k \neq 0 \end{cases} = N\delta[k] \tag{6.4-5}$$

주기 N의 수열을 N개 고조파 $\mathbf{W}_k^n$의 선형합인 이산 푸리에 급수로 전개하면

$$\tilde{x}[n] = \sum_{k=0}^{N-1} \mathbf{c}_k \mathbf{W}_k^n \tag{6.4-6}$$

양변에 $\mathbf{W}_m^{-n}$을 곱한 다음과 같이 n에 대한 합을 수행하면

$$\sum_{n=0}^{N-1} \tilde{x}[n] \mathbf{W}_m^{-n} = \sum_{n=0}^{N-1} \sum_{k=0}^{N-1} \mathbf{c}_k \mathbf{W}_k^n \mathbf{W}_m^{-n} = \sum_{k=0}^{N-1} \mathbf{c}_k \sum_{n=0}^{N-1} \mathbf{W}_{k-m}^n \tag{6.4-7}$$

여기서 식 (6.4-5)로부터

$$\sum_{n=0}^{N-1} \mathbf{W}_{k-m}^n = N\delta[k-m] \tag{6.4-8}$$

이므로 식 (6.4-7)은 다음과 같다.

$$\sum_{n=0}^{N-1} \tilde{x}[n] \mathbf{W}_m^{-n} = N\mathbf{c}_m \tag{6.4-9}$$

따라서 푸리에 계수 $\mathbf{c}_k$는

$$\mathbf{c}_k = \frac{1}{N}\sum_{n=0}^{N-1}\tilde{x}[n]\mathbf{W}_k^{-n} \tag{6.4-10}$$

이며 다음과 같이 주기적이다.

$$\mathbf{c}_{k+N} = \frac{1}{N}\sum_{n=0}^{N-1}x[n]\mathbf{W}_{k+N}^{-n} = \frac{1}{N}\sum_{n=0}^{N-1}x[n]\mathbf{W}_k^{-n} = \mathbf{c}_k \tag{6.4-11}$$

지금부터 주기적인 푸리에 계수 $\mathbf{c}_k$를 $\tilde{\mathbf{X}}[k]$로 대체하고 식 (6.4-11)의 $1/N$ 항을 이산 푸리에 급수 식 (6.4-6)으로 옮겨 다음과 같은 식으로 만든다.

$$\text{(a)}\ \tilde{x}[n] = \frac{1}{N}\sum_{k=0}^{N-1}\tilde{\mathbf{X}}[k]\mathbf{W}_k^{n}$$
$$\text{(b)}\ \tilde{\mathbf{X}}[k] = \sum_{n=0}^{N-1}\tilde{x}[n]\mathbf{W}_k^{-n} \tag{6.4-12}$$

식 (a)가 이산 푸리에 급수이고 (b)가 이산 푸리에 계수이며 쌍으로는

$$\tilde{x}[n] \xleftrightarrow{\text{DFS}} \tilde{\mathbf{X}}[k] \tag{6.4-13}$$

로 나타내기로 한다. 차후로는 이산 푸리에 급수는 간단히 DFS로 표현하기로 한다. 시간축 n과 주파수축 k 상에서 모두 주기 N인 수열이므로 그림 6-18과 같이 원주상에 표현하면 생각하기 쉽다. 즉 원주상에 한 주기의 수열 $x[n]$, $\mathbf{X}[k]$만 나열하면 원주를 일주할 때마다 한 주기가 지나가게 되는 것이다.

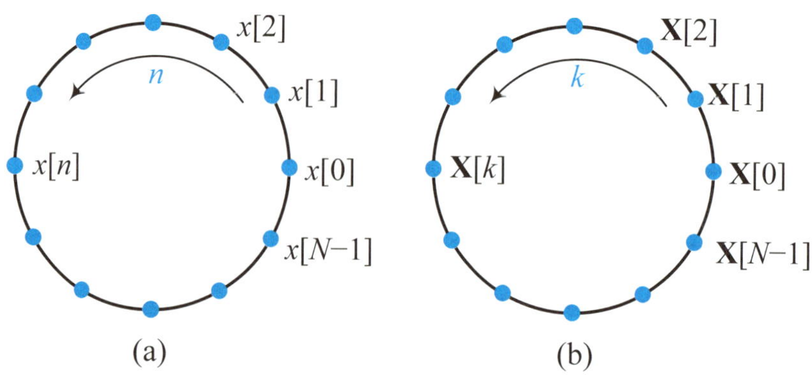

그림 6-15 원주상에 표현한 주기 수열

6.4.2 이산 푸리에 급수의 성질

이동 시간 및 주파수상의 이동정리는 다음과 같다.

$$\text{(a)}\ \tilde{x}[n-n_o] \overset{\text{DFS}}{\longleftrightarrow} \mathbf{W}_k^{-n_o}\tilde{\mathbf{X}}[k]$$
$$\text{(b)}\ \mathbf{W}_{k_o}^{n}\tilde{x}[n] \overset{\text{DFS}}{\longleftrightarrow} \tilde{\mathbf{X}}[k-k_o] \qquad (6.4\text{-}14)$$

이에 대한 증명은 간단하므로 독자에게 맡긴다.

주기형 컨벌류션 DFS의 특징은 주기형 컨벌류션이며 다음과 같다.

$$\text{(a)}\ \tilde{x}[n]\otimes\tilde{h}[n] \overset{\text{DFS}}{\longleftrightarrow} \tilde{\mathbf{X}}[k]\tilde{\mathbf{H}}[k]$$
$$\text{(b)}\ \tilde{x}[n]\tilde{h}[n] \overset{\text{DFS}}{\longleftrightarrow} \frac{1}{N}\tilde{\mathbf{X}}[k]\otimes\tilde{\mathbf{H}}[k] \qquad (6.4\text{-}15)$$

DFS는 시간 및 주파수 영역 모두 주기 수열을 취급하므로 컨벌류션 역시 모두 주기형 컨벌류션이다. 식 (a)의 주기형 컨벌류션은

$$\tilde{x}[n]\otimes\tilde{h}[n] = \sum_{p=0}^{N-1}\tilde{x}[p]\tilde{h}[n-p] \qquad (6.4\text{-}16)$$

그리고 식 (b)의 주기형 컨벌류션은

$$\tilde{\mathbf{X}}[k]\otimes\tilde{\mathbf{H}}[k] = \sum_{q=0}^{N-1}\tilde{\mathbf{X}}[q]\tilde{\mathbf{H}}[k-q] \qquad (6.4\text{-}17)$$

그림 6-16은 식 (6.4-16)의 주기형 컨벌류션을 알기 쉽게 그림으로 설명한 것이다. 물론 $x[n]$, $h[n]$은 한 주기에 해당하는 것이다. 원주상에서 대응되는 두 점의 값을 곱하여 모두 더하면 임의의 n에 대한 컨벌류션 값이 구해진다. 다음으로 바깥 쪽 원을 화살표 방향으로 한 단계 회전시켜 다시 같은 작업을 반복하면 그 다음인 $n+1$에 대한 컨벌류션 값이 구해지며($h[n-N+1]=h[n+1]$임을 유념할 것) 이 과정을 N번 반복하면 끝난다.

파스발 정리 주기 수열의 전력보존에 대한 파스발 정리는 다음과 같다.

$$\sum_{n=0}^{N-1}\left|\tilde{x}[n]\right|^2 = \frac{1}{N}\sum_{k=0}^{N-1}\left|\tilde{\mathbf{X}}[k]\right|^2 \qquad (6.4\text{-}18)$$

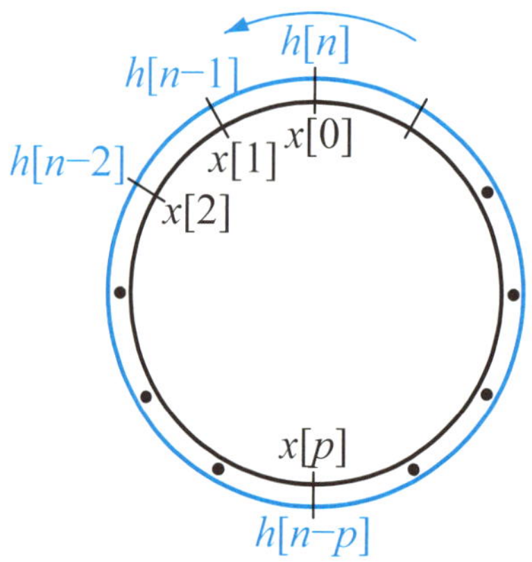

그림 6-16 주기형 컨벌류션 수행 원리

파스발 정리는 식 (6.4-15)의 컨벌류션 성질로부터 쉽게 증명된다. 즉

$$\sum_{n=0}^{N-1} \widetilde{x}[n]\widetilde{h}[n]\mathbf{W}_k^{-n} = \frac{1}{N}\widetilde{\mathbf{X}}[k] \otimes \widetilde{\mathbf{H}}[k] = \frac{1}{N}\sum_{q=0}^{N-1}\widetilde{\mathbf{X}}[q]\widetilde{\mathbf{H}}[k-q] \qquad \textbf{(6.4-19)}$$

위의 식에서 $x[n]=h[n]$으로 하고 $k=0$으로 하면 식 (6.4-18)이 증명된다.

예제 6.11 다음 주기 수열에 대한 DFS를 구하라(단 p는 임의의 정수).

(a) $\widetilde{x}[n]=1$ (b) $\widetilde{x}[n]=e^{jp\Omega_o n}$ $(\Omega_o = 2\pi/N)$

풀이

(a) 직류이므로 주기를 임의로 정할 수 있다. 주기를 임의의 N으로 하면

$$\sum_{n=0}^{N-1}\widetilde{x}[n]\mathbf{W}_k^{-n} = \sum_{n=0}^{N-1}\mathbf{W}_k^{-n} = N\delta[k]$$

위의 식을 주기 N의 주기함수로 확장하면 DFS는 다음과 같다.

$$\widetilde{\mathbf{X}}[k] = N\sum_{r=-\infty}^{\infty}\delta[k-rN] = N\widetilde{\delta}_N[k]$$

(b) $\widetilde{x}[n]=e^{jp\Omega_o n} = \mathbf{W}_p^n = \mathbf{W}_p^n \times 1$

따라서 (a)의 결과에 이동정리를 적용하면 다음과 같다.

$$\widetilde{\mathbf{X}}[k] = N\widetilde{\delta}_N[k-p]$$

표 6-1은 푸리에 변환과 DTFT 및 DFS를 비교 정리한 것이며 이를 알기 쉽게 그림으로 설명한 것이 그림 6-17이다.

$$\text{(i)}\begin{cases} x(t) = \dfrac{1}{2\pi}\displaystyle\int_{-\infty}^{\infty} \mathbf{X}(\omega)e^{i\omega t}d\omega \\ \mathbf{X}(\omega) = \displaystyle\int_{-\infty}^{\infty} x(t)e^{-i\omega t}dt \end{cases}$$

$$\text{(ii)}\begin{cases} x[n] = \dfrac{1}{2\pi}\displaystyle\int_{2\pi} \widetilde{\mathbf{X}}(\Omega)\mathbf{W}^{n}d\Omega \\ \widetilde{\mathbf{X}}(\Omega) = \displaystyle\sum_{n=-\infty}^{\infty} x[n]\mathbf{W}^{-n} \end{cases}$$

$$\text{(iii)}\begin{cases} \widetilde{x}[n] = \dfrac{1}{N}\displaystyle\sum_{k=0}^{N-1} \widetilde{\mathbf{X}}[k]\mathbf{W}_k^{n} \\ \widetilde{\mathbf{X}}[k] = \displaystyle\sum_{n=0}^{N-1} \widetilde{x}[n]\mathbf{W}_k^{-n} \end{cases}$$

표 6-1
푸리에 해석;
(i) 푸리에 변환
(ii) DTFT
(iii) DFS

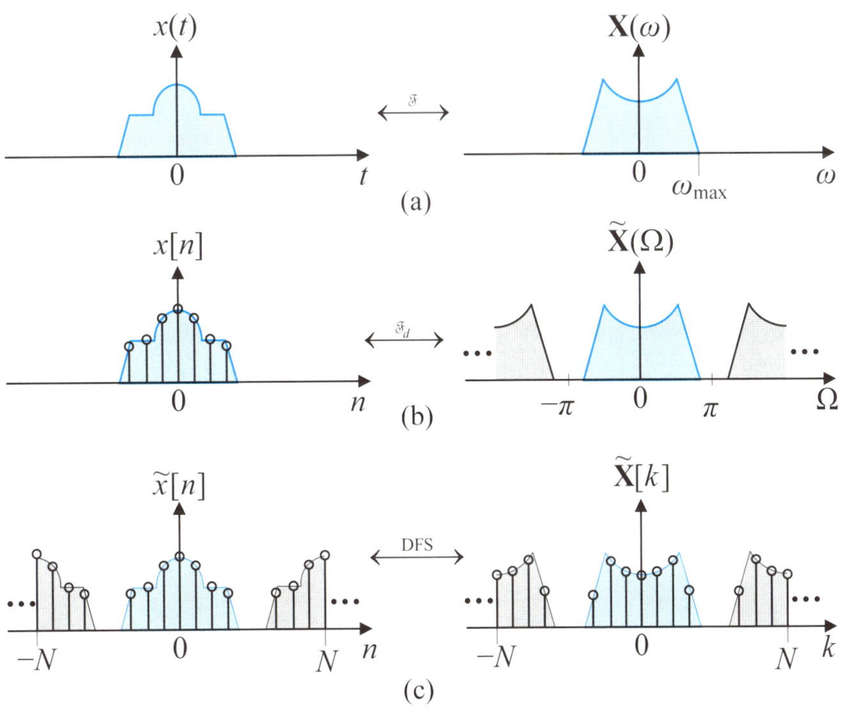

그림 6-17 (a) 푸리에 변환 (b) DTFT (c) DFS

6.4.3 창함수

수열 형태로 표본화된 신호를 컴퓨터와 같은 디지털 시스템으로 처리하고자 할 때 한꺼번에 무한한 길이의 수열을 처리할 수는 없는 것이다. 따라서 유한한 길이의 수열을 취하는 것은 무한한 길이의 수열의 일부를 취하는 것으로 보며 이 작업을 '창을 씌운다'로 표현하고 이 때 사용되는 함수를 창(window)이라 한다. 즉 길이가 N인 수열 $w[n]$이

$$w[n]=0 \quad (n<0,\ n\geq N) \tag{6.4-20}$$

일 때 이를 길이가 무한한 임의의 수열 $x[n]$에 곱하면

$$x_w[n]=x[n]w[n] \tag{6.4-21}$$

과 같이 길이가 유한한 수열을 얻을 수 있으며 이 때 $w[n]$을 창이라 하고 $x[n]$에 $w[n]$을 곱하는 것이 창을 씌우는 작업인 것이다. 가장 간단한 사각창의 경우는 다음과 같다(예제 6-8의 그림 6-11(a) 참조).

$$\begin{aligned} w[n] &= \begin{cases} 1, & 0\leq n\leq N-1 \\ 0, & n<0,\ n\geq N \end{cases} \\ &= u[n]-u[n-N] \end{aligned} \tag{6.4-22}$$

그 결과 창을 씌운 $x_w[n]$은

$$x_w[n]=\begin{cases} x[n], & 0\leq n\leq N-1 \\ 0, & \text{그외} \end{cases} \tag{6.4-23}$$

이며 그 DTFT는 다음과 같다.

$$\widetilde{\mathbf{X}}_w(\Omega)=\frac{1}{2\pi}\widetilde{\mathbf{X}}(\Omega)\otimes\mathbf{W}(\Omega) \tag{6.4-24}$$

단 $\mathbf{W}(\Omega)$는 창 $w[n]$의 시이산 푸리에 변환이다. 가장 알기 쉬운 예로 $x[n]$이 길이가 무한한 코사인 수열 $\cos\Omega_o n$일 경우 그 DTFT는

$$\widetilde{\mathbf{X}}(\Omega)=\pi\delta(\Omega-\Omega_o)+\pi\delta(\Omega+\Omega_o) \tag{6.4-25}$$

이며 그 스펙트럼은 그림 6-18(a)와 같이 하나의 주파수 성분만 들어있음을 명백히 나타내게 된다. 반면에 $x[n]w[n]$의 DTFT는

$$\widetilde{\mathbf{X}}_w(\Omega)=\frac{1}{2}\mathbf{W}(\Omega-\Omega_o)+\frac{1}{2}\mathbf{W}(\Omega+\Omega_o) \tag{6.4-26}$$

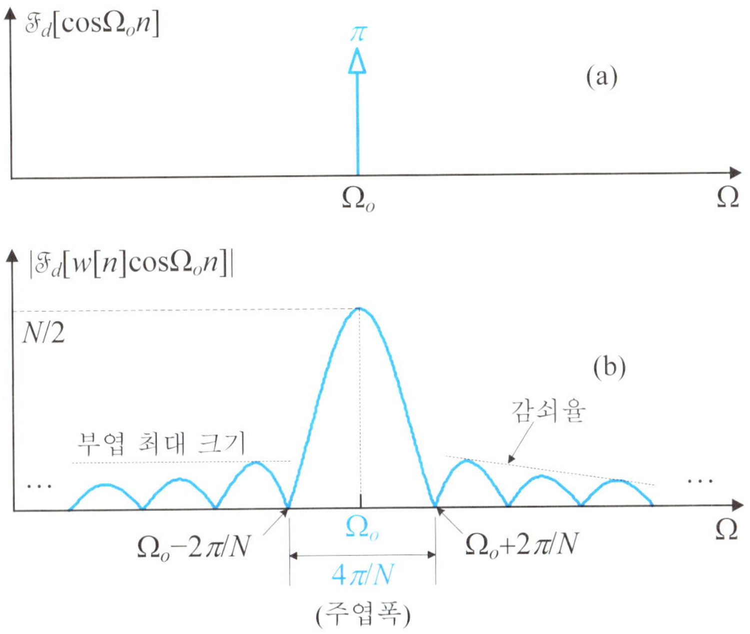

그림 6-18 사각창의 영향; (a) $\cos\Omega_o n$의 DTFT (b) $w[n]\cos\Omega_o n$의 DTFT

사각창 $w[n]$의 DTFT는 예제 6-8의 결과로부터

$$\mathbf{W}(\Omega) = e^{-j\Omega(N-1)/2} R(\Omega) \tag{6.4-27}$$

따라서 식 (6.4-26)과 (6.4-27)로부터 $x[n]w[n]$의 DTFT의 크기는 그림 6-18(b)과 같은 형태가 된다. 즉 마치 중심 주파수 Ω_o를 중심으로 하는 주엽폭의 정현파들이 존재하는 것처럼 보이게 된다. 뿐만 아니라 그림 6-19(a)처럼 주파수가 서로 근접한 두 정현파가 합해진 경우 두 주파수 성분을 가릴 수 있는 능력을 해상도(resolution)라 하며, 창을 씌우면 그림 6-19(b)처럼 주엽의 폭으로 인해 두 주파수가 어느 정도 가까워지면 구별이 어려워 해상도가 열악해진다. 주엽폭이 창의 길이에 반비례하므로 해상도를 높이기 위해서는 가능한 한 많은 데이터를 모아 스펙트럼 분석하는 것이 유리함을 알 수 있다.

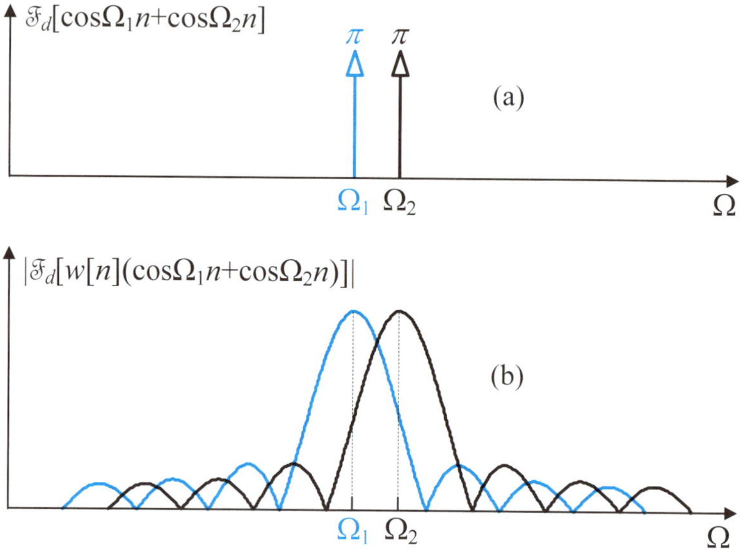

그림 6-19 주파수 해상도

6.5 이산 푸리에 변환

푸리에 해석 방법들 중에서 컴퓨터를 기반으로 한 수치해석이 가능한 유일한 형태가 이산 푸리에 급수(DFS)이다. 그러나 DFS는 태생적으로 주기 수열에 맞도록 되어있으며 특히 선형 컨벌류션이 아닌 주기형 컨벌류션 성질이 있다. 반면에 일반적으로 요구되는 것은 첫째, 유한한 길이의 비주기 수열이며 둘째, 선형 컨벌류션이다. 따라서 계산 가능한 이산 푸리에 급수를 일반적인 경우로 확대 이용하기 위해서는 사전에 조정해야 할 일이 있다.

6.5.1 이산 푸리에 변환

주기 수열에 적용되는 DFS를 유한한 길이의 수열에 적용되도록 한 것이 이산 푸리에 변환(discrete Fourier transform: DFT)이며 다음과 같다(DFT은 DTFT과 다른 것이다).

$$\begin{aligned}&\text{(a)}\ \ x[n]=\frac{1}{N}\sum_{k=0}^{N-1}\mathbf{X}[k]\mathbf{W}_k^n\\&\text{(b)}\ \ \mathbf{X}[k]=\sum_{n=0}^{N-1}x[n]\mathbf{W}_k^{-n}\end{aligned} \tag{6.5-1}$$

식 (b)가 이산 푸리에 변환이고 식 (a)는 이산 푸리에 역변환이며 그 쌍을

$$x[n]\xleftrightarrow{\text{DFT}}\mathbf{X}[k] \tag{6.5-2}$$

로 표현하기로 한다. 식 (6.5-1)에서 $x[n]$과 $\mathbf{X}[k]$는 각각 $\tilde{x}[n]$과 $\tilde{\mathbf{X}}[k]$의 기본 주기인 $0\le n, k\le N-1$의 부분만 취한 것이다. 즉

$$x[n]=\tilde{x}[n]w[n], \quad \mathbf{X}[k]=\tilde{\mathbf{X}}[k]w[k] \tag{6.5-3}$$

어차피 DFS에서도 실제 저장되고 사용되는 데이터는 한 주기 분량뿐이다. 유한한 길이의 비주기 수열은 주기 수열의 한 부분으로 간주할 수 있다. 그림 6-20처럼 길이 M의 비주기 수열 $x[n]$을 임의의 주기 $N(\ge M)$으로 무한히 반복하여 주기 수열 $\tilde{x}[n]$을 만든다고 생각할 때 $N-M$ 개의 영-채우기가 필요하다. 식 (6.5-1)에서 시간축 n상의 N과 주파수축 k상의 N는 의미가 다르다. 시간상에서는 N이 수열의 길이를 나타내지만, 주파수상에서는 $2\pi/N$의 해상도를 나타낸다. 즉 N이 증가할수록 스펙트럼의 해상도가 증가하는 것이다. 따라서 그림 6-23에서 영-채우기를 많이 하면 할수록 수열의 스펙트럼 해상도가 증가하게 된다. 물론 시간축 상의 수열에는 아무런 영향이 없으며 다만 계산량만 증가하는 것이다. 차후로 길이 N을 이산 푸리에 급수의 바탕 길이라 하겠다.

식 (6.5-1)은 형태상으로는 비주기 수열에 적합하도록 되어있지만 그 주기형 컨벌류션 속성은 벗어날 수 없다. 이제 남은 문제는 주기형 컨벌류션으로써 선형 컨벌류션 효과를 얻는 길이다. 지금 길이가 각각 N_1, N_2인 두 수열

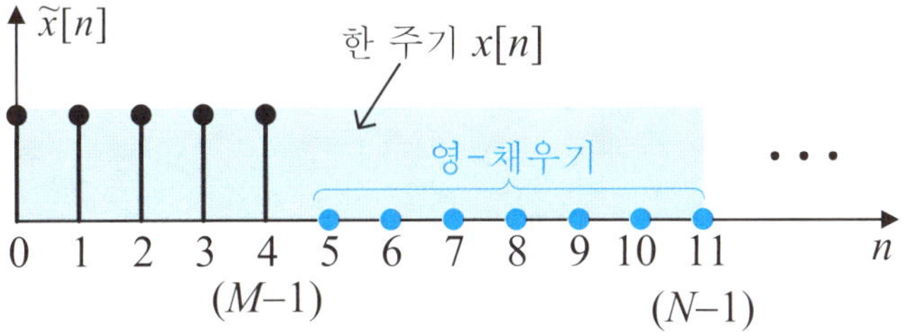

그림 6-20 길이가 유한한 수열의 주기화

$x[n]$과 $h[n]$을 생각해 보자. 우리가 원하는 것은 이 두 수열의 선형 컨벌류션이며 그 결과를 $y[n]$이라 하면

$$x[n]*h[n]=y[n],\quad 0\le n\le N_1+N_2-1 \tag{6.5-4}$$

와 같이 길이가 N_1+N_2-1인 수열이 된다. 이제 이산 푸리에 변환을 이용하여 컨벌류션을 수행하는데 대해 알아보자. 유한한 수열 $x[n]$과 $h[n]$에 영-채우기를 하여 모두 같은 길이 N으로 만든다. 그리고 바탕 길이 N의 DFT인 $\mathbf{X}[k]$와 $\mathbf{H}[k]$를 구하여 그 곱인 $\mathbf{X}[k]\mathbf{H}[k]$를 역변환하면

$$\frac{1}{N}\sum_{k=0}^{N-1}\mathbf{X}[k]\mathbf{H}[k]\mathbf{W}_k^n=\left[\tilde{x}[n]\otimes\tilde{g}[n]\right]w[n] \tag{6.5-5}$$

즉 주기형 컨벌류션 결과의 한 주기만 택한 것과 같다. 또한 선형 컨벌류션과 주기형 컨벌류션의 관계는 다음과 같다.

$$\begin{aligned}&\text{(a)}\ \ x[n]*h[n]=y[n]\\&\text{(b)}\ \ \tilde{x}[n]\otimes\tilde{h}[n]=\sum_{r=-\infty}^{\infty}y[n+rN]\end{aligned} \tag{6.5-6}$$

따라서 식 (6.5-5)의 우변은 다음과 같다.

$$\left[\tilde{x}[n]\otimes\tilde{g}[n]\right]w[n]=\left[\sum_{r=-\infty}^{\infty}y[n+rN]\right]w[n] \tag{6.5-7}$$

여기서 DFT의 바탕 길이 N이 수열 $y[n]$의 길이 N_1+N_2-1 이상일 때만 다음이 성립한다.

$$\left[\sum_{r=-\infty}^{\infty}y[n+rN]\right]w[n]=y[n],\quad N\ge N_1+N_2-1 \tag{6.5-8}$$

즉 $N\ge N_1+N_2-1$일 때만 DFT를 이용한 주기형 컨벌류션 결과가 선형 컨벌류션 결과와 일치한다. 따라서 유한한 두 수열의 컨벌류션을 DFT로 수행하고자 할 때는 두 수열의 선형 컨벌류션 결과의 길이를 미리 고려하여 바탕 길이를 정하여야 한다.

예제 6.12 다음 두 수열은 $n=0$에서 시작하는 수열이다. 두 수열의 선형 컨벌류션을 DFT를 이용하여 구하라.

$$x[n]=\{1,1,1\},\quad h[n]=\{1,1\}$$

풀이 수열 $x[n]$은 길이가 3이고 $h[n]$은 2이므로 바탕 길이는 3+2−1=4이다.

따라서 $x[n]$과 $h[n]$의 길이가 4가 되도록 영-채우기를 하면 다음과 같다.

$$x[n]=\{1,1,1,0\},\quad h[n]=\{1,1,0,0\}$$

이로부터 $\mathbf{X}[k]$와 $\mathbf{H}[k]$를 구하면 다음과 같다.

$$\mathbf{X}[k]=\sum_{n=0}^{3}x[n]\mathbf{W}_k^{-n}=\mathbf{W}_k^0+\mathbf{W}_k^{-1}+\mathbf{W}_k^{-2}$$

$$\mathbf{H}[k]=\sum_{n=0}^{3}h[n]\mathbf{W}_k^{-n}=\mathbf{W}_k^0+\mathbf{W}_k^{-1}$$

여기서

$$\mathbf{W}_k^{-n}=e^{-2\pi kn/4},\quad k=0\sim 3$$

$$\sum_{k=0}^{3}\mathbf{W}_k^{-n}=\begin{cases}4, & n=0\\ 0, & n\neq 0\end{cases}\cdots\cdots(\text{i})$$

$\mathbf{X}[k]$와 $\mathbf{H}[k]$를 곱하면

$$\begin{aligned}\mathbf{X}[k]\mathbf{H}[k]&=(\mathbf{W}_k^0+\mathbf{W}_k^{-1}+\mathbf{W}_k^{-2})(\mathbf{W}_k^0+\mathbf{W}_k^{-1})\\&=\mathbf{W}_k^0+2\mathbf{W}_k^{-1}+2\mathbf{W}_k^{-2}+\mathbf{W}_k^{-3}\end{aligned}$$

다음으로 $\mathbf{X}[k]\mathbf{H}[k]$의 역변환을 $y[n]$이라 하면 다음과 같이 구해진다.

$$\begin{aligned}y[n]&=\frac{1}{4}\sum_{k=0}^{3}\mathbf{X}[k]\mathbf{H}[k]\mathbf{W}_k^n\\&=\frac{1}{4}\sum_{k=0}^{3}(\mathbf{W}_k^0+2\mathbf{W}_k^{-1}+2\mathbf{W}_k^{-2}+\mathbf{W}_k^{-3})\mathbf{W}_k^n\\&=\frac{1}{4}\sum_{k=0}^{3}(\mathbf{W}_k^n+2\mathbf{W}_k^{n-1}+2\mathbf{W}_k^{n-2}+\mathbf{W}_k^{n-3})\end{aligned}$$

식 (i)의 성질을 이용하여 위의 식으로부터 $x[n]$, n=0~3을 다음과 같이 순차적으로 구할 수 있다.

$$x[0]=\frac{1}{4}\sum_{k=0}^{3}(\mathbf{W}_k^0+2\mathbf{W}_k^{-1}+2\mathbf{W}_k^{-2}+\mathbf{W}_k^{-3})=\frac{1}{4}\sum_{k=0}^{3}\mathbf{W}_k^0=1$$

$$x[1]=\frac{1}{4}\sum_{k=0}^{3}(\mathbf{W}_k^1+2\mathbf{W}_k^0+2\mathbf{W}_k^{-1}+\mathbf{W}_k^{-2})=\frac{1}{4}\sum_{k=0}^{3}2\mathbf{W}_k^0=2$$

$$x[2]=\frac{1}{4}\sum_{k=0}^{3}(\mathbf{W}_k^2+2\mathbf{W}_k^1+2\mathbf{W}_k^0+\mathbf{W}_k^{-1})=\frac{1}{4}\sum_{k=0}^{3}2\mathbf{W}_k^0=2$$

$$x[3]=\frac{1}{4}\sum_{k=0}^{3}(\mathbf{W}_k^3+2\mathbf{W}_k^2+2\mathbf{W}_k^1+\mathbf{W}_k^0)=\frac{1}{4}\sum_{k=0}^{3}\mathbf{W}_k^0=1$$

$\therefore y[n]=\{1,2,2,1\}$

만일 잘못하여 바탕길이가 3이 되도록

$$x[n]=\{1,1,1\},\quad h[n]=\{1,1,0\}$$

으로 하여 계산하면 $\{2,2,2\}$가 되며 이는 $\{1,2,2,1\}$을 주기 3으로 반복시킨 것에서 3개만 취한 것과 같다.

6.5.2 고속 푸리에 변환

DFT는 시간과 주파수 영역에서 모두 유한한 길이의 합으로 표현되므로 디지털 컴퓨터로 구현하기에 가장 적합하다. 그러나 식 (6.5-1)과 같이 직접적인 형태로 구현할 경우 모두 약 N^2번의 복소수 곱셈이 요구되며 이는 N이 작을 경우는 현실적으로 문제가 되지 않지만 N이 증가할수록 곱셈 수가 비현실적으로 늘어나게 된다. 예를 들어 $N=2^{10}=1024$인 경우 요구되는 복소수 곱셈 수가 약 $N^2=2^{20}\cong 10^6$에 이른다. DFT 계산을 좀 더 효율적으로 수행함으로써 계산량을 대폭 줄일 수 있도록 한 알고리즘이 고속 푸리에 변환(Fast Fourier transform: FFT) 알고리즘이다. 이 절에서는 FFT 알고리즘의 기본적인 원리 중 시간-데시메이션(decimation-in-time) 방법에 대해 소개한다. 그리고 표현을 간편하게 하는 차원에서 식 (6.4-2)에서의 $\mathbf{W}_1=e^{j2\pi/N}$을 간단히

$$W=e^{j2\pi/N} \tag{6.5-9}$$

으로 하기로 약속한다. 시간-데시메이션의 기본 원리는 DFT의 길이를 2의 멱수인 $N=2^r$(r은 정수)로 가정하고 길이 N의 수열 $x[n]$을 차례매김이 우수인 표본들과 기수인 표본들로 분리하여 각각 길이가 $N/2$인 두 수열을 만드는 것이다. 즉 식 (6.5-1)(b)에서 우변을 다음과 같이 우수 차례매김 부분과 기수 차례매김의 두 부분으로 분리하여 표현한다.

$$\begin{aligned}\mathbf{X}[k]&=\sum_{n=0}^{N-1}x[n]W^{kn}=\sum_{n\ \mathrm{even}}x[n]W^{kn}+\sum_{n\ \mathrm{odd}}x[n]W^{kn}\\&=\sum_{m=0}^{(N/2)-1}x[2m](W^2)^{km}+W^k\sum_{m=0}^{(N/2)-1}x[2m+1](W^2)^{km}\end{aligned} \tag{6.5-10}$$

식 (6.5-10)의 마지막 등식에서

$$W^2 = e^{-2j(2\pi/N)} = e^{-j2\pi(N/2)} \tag{6.5-11}$$

임을 이용하면 식 (6.5-10)의 마지막 등식의 각 합은 우수 차례매김 수열과 기수 차례매김 수열에 대한 길이 $N/2$의 DFT임을 알 수 있다. 따라서 우수 차례매김 수열인 $x[0], x[2], \ldots, x[N-2]$의 $N/2$-점 DFT를 $\mathbf{X}_e[k]$라 하고 기수 차례매김 수열인 $x[1], x[3], \ldots, x[N-1]$의 $N/2$-점 DFT를 $\mathbf{X}_o[k]$라 하면 식 (6.5-10)의 전체 DFT는 $\mathbf{X}_e[k]$와 $\mathbf{X}_o[k]$를 결합함으로써

$$\mathbf{X}[k] = \mathbf{X}_e[k] + W^k \mathbf{X}_o[k] \tag{6.5-12}$$

로 구할 수 있다. 이와 같은 발상을 반복 적용하게 되면 최종적으로는 2-점 DFT 때까지 이르게 된다. 즉 각 $N/2$-점 DFT는 다시 두 개의 $N/4$-점 DFT를 결합함으로써 구할 수 있고 $N/4$-점 DFT 역시 두 개의 $N/8$-점 DFT를 결합함으로써 구할 수 있으므로 최종적으로는 2-점 DFT에 도달하게 되는 것이다. 따라서 $N=2^r$인 경우 첫 번째 단계에서는 N-점 DFT가 되며 두 번째 단계에서는 $N/2$-점 DFT가 되며 마지막 r 번째 단계에서는 2-점 DFT 형태가 되는 것이다. 예를 들어 식 (6.5-12)의 다음 단계로 $\mathbf{X}_e[k]$와 $\mathbf{X}_e[k]$는 각각 다음과 같이 $N/4$-점 DFT의 결합으로 표현할 수 있다.

$$\begin{aligned}\mathbf{X}_e[k] &= \sum_{m=0}^{(N/2)-1} x[2m](W^2)^{km} \\ &= \sum_{p=0}^{(N/4)-1} x[4p](W^4)^{kp} + W^{2k} \sum_{p=0}^{(N/4)-1} x[4p+2](W^4)^{kp}\end{aligned} \tag{6.5-13}$$

$$\begin{aligned}\mathbf{X}_o[k] &= \sum_{m=0}^{(N/2)-1} x[2m+1](W^2)^{km} \\ &= \sum_{p=0}^{(N/4)-1} x[4p+1](W^4)^{kp} + W^{2k} \sum_{p=0}^{(N/4)-1} x[4p+3](W^4)^{kp}\end{aligned} \tag{6.5-14}$$

따라서 식 (6.5-12)의 각 $N/2$-점 DFT는 위의 두 식에 의해 두 $N/4$-점 DFT의 결합으로 낮아지게 되는 것이다. 이와 같은 과정을 $N=8$일 때를 예로 들어 도시한 것이 그림 6-21이다. 여기서 초기의 2-점 DFT는 계수가 ±1뿐이며 그 이유는 $W^0=1$, $W^{N/2}=-1$이기 때문이다. 그림 6-21에서 관찰할 수 있는 것은 각 단계의 연속적인 DFT들에서 사용되는 계수 W^k의 체계성이며 이들은 ROM에

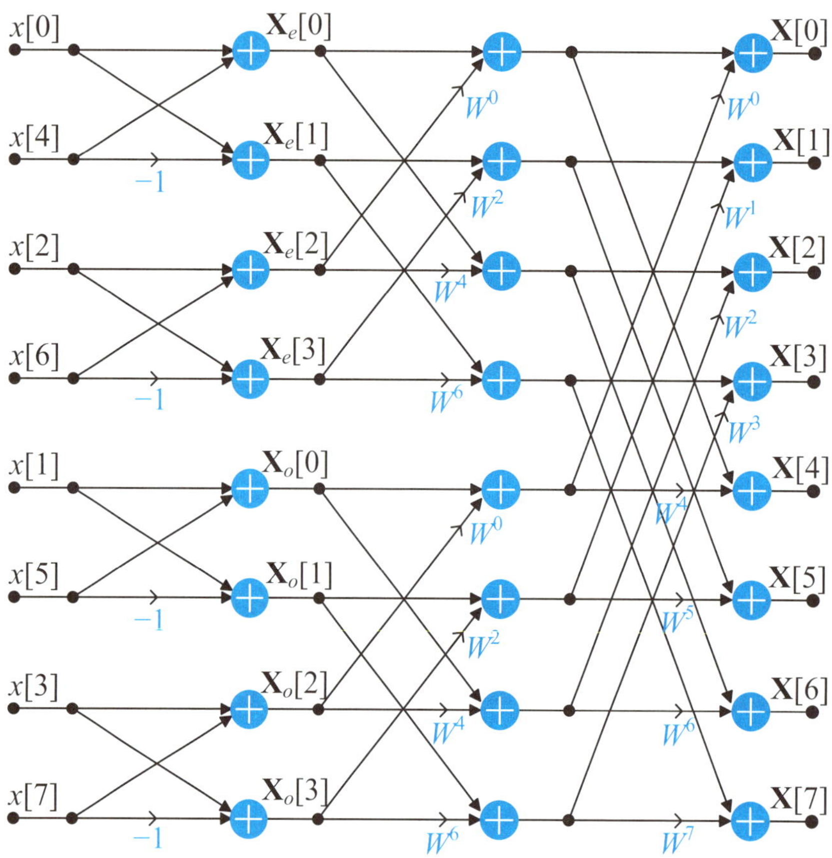

그림 6-21 시간-데시메이션 8-점 FFT 알고리즘

미리 저장시킨 다음 불러 사용하거나 다음의 순환식

$$W^{pk} = W^{p} W^{p(k-1)}, \quad k = 1, 2, \cdots \tag{6.5-15}$$

을 이용하여 계산상으로 얻을 수 있다. 그림 6-21에서 DFT 출력인 $\mathbf{X}[k]$는 자연 순서이지만 입력 $x[n]$의 차례는 그렇지 못하며 이러한 형태를 비트-역순(bit-reversed order)라 한다. 그 이유는 자연 순서인 0, 1, 2, ..., 6, 7은 2진수로 표현하면 (000, 001, ..., 110, 111)이며 각 2진수의 비트 순서를 반전시키면 (000, 100, ..., 011, 111)이 되어 이는 십진수로는 0, 4, ..., 3, 7로 되기 때문이다. 또한 FFT 알고리즘의 연산 형태는

$$\mathbf{X}_i[p] = \mathbf{X}_{i-1}[p] + W^m \mathbf{X}_{i-1}[q]$$
$$\mathbf{X}_i[q] = \mathbf{X}_{i-1}[p] + W^{m+N/2} \mathbf{X}_{i-1}[q] \quad \textbf{(6.5-16)}$$

와 같은 쌍을 이루는 것이 특징이며 그림 6-22(a)와 같다. 여기서 i=1, 2, ..., r으로서 $\mathbf{X}_0[p]$는 입력 수열 $x[p]$이며 $\mathbf{X}_r[p]$는 최종적인 DFT인 $\mathbf{X}[p]$가 된다. 이러한 계산 쌍 형태를 나비계산(radix-2 butterfly)이라 부르며 각 나비계산에서는 두 번의 복소수 곱셈이 요구된다. 그러나 $W^{N/2}=-1$이므로 각 나비계산마다 한번씩의 곱셈만 필요하며 그림 6-22(b)가 이를 보여준다. 각 FFT 단계마다 $N/2$개의 나비가 있으며 FFT 단수는 $r=\log_2 N$이므로 모두 $(N/2)\log_2 N$번의 복소수 곱셈이 필요하며 이는 직접 DFT를 계산할 경우의 N^2번의 곱셈에 과 비교된다. 즉 $N=2^{10}=1024$인 경우 DFT는 약 $N^2 \cong 10^6$번의 곱셈이 필요한 반면 FFT의 경우는 $(N/2)\log_2 N \cong 5000$번에 불과하므로 DFT에 비해 무려 200배 정도의 계산 절감을 기할 수 있다. 이 현상은 N이 증가할수록 더욱 두드러지므로 길이가 긴 수열의 푸리에 변환에서는 FFT가 탁월한 효력을 발휘한다. FFT 알고리즘에서는 주파수-데시메이션(decimation-in-frequency) 방법도 있으며 이는 $x[n]$ 대신에 $\mathbf{X}[k]$를 우수 및 기수 차례매김으로 분리하는 방법을 사용한다. 그리고 FFT의 길이가 2의 멱수가 아니더라도 여러 정수의 곱인 $N=N_1N_2\ldots N_P$의 형태도 가능하며 이를 혼합형(mixed-radix) 알고리즘이라 한다.

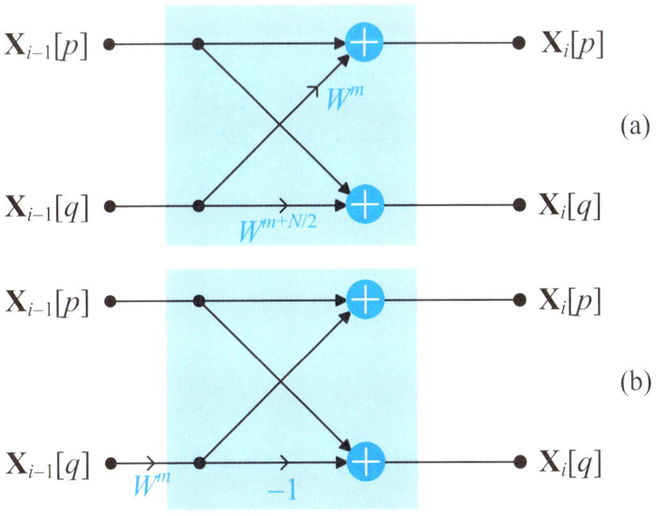

그림 6-22 시간-데시메이션 FFT 알고리즘에서의 나비계산

6.6 매트랩

sinc(t)

sinc(t)는 시간 t 동안의 sinc 함수 값을 생성한다.

```
>> t=linspace(-5, 5);   y=sinc(t);   plot(t, y)
```

freqs(b, a), freqz(b, a), freqresp(H)

freqs(b, a)는 연속 시스템 b, a의 주파수 응답이며 freqz(b, a)는 이산 시스템 b, a의 주파수 응답이다. 그리고 freqresp(H)는 전달함수 H의 주파수 응답이다. 주파수 범위는 freqs(b, a, w), freqz(b, a, w), freqresp(H, w)로 한다. 단 이산 시스템의 경우 w는 0~pi 사이로 하여야 한다.

$H(s)=(0.2s^2+0.3s+1)/(s^2+0.4s+1)$의 주파수 응답은

```
>> b=[0.2, 0.3, 1];   a=[1, 0.4, 1];   w=0:0.001:10;
>> h=freqs(b, a, w); mag=abs(h); phase=angle(h);
```

또는

```
>> H=tf(b, a);   h=freqresp(H, w)
```

$H(z)=10^{-2}(8.1+5.43z^{-1}+5.43z^{-2}+1.81z^{-3})/(1-1.76z^{-1}+1.1829z^{-2}-0.2781z^{-3})$의 주파수 응답

```
>> b=1e-2*[8.1, 5.43, 5.43, 1.81];   a=[1, -1.76, 1.1829, -0.2781];
>> w=(0:1000)*pi/1000;   h=freqz(b, a, w);
```

또는

```
>> h=freqz(b, a, 1000);
```

또는

```
>> h=freqres(b, a, w);
```

fft(x), ifft(X)

fft(x)는 벡터 x의 DFT이며 ifft(X)는 벡터 X의 역DFT이다. 수열 수를 지정할 때는 fft(x, N)으로 하면 영-채우기가 되던지 절단이 되던지 한다.

연습 문제

6.1 다음 각 주기 신호에 대한 기본 주기를 구하고 지수 푸리에 급수로 전개하라.

(a) $x(t) = \sin(2t + \pi/3)$ (b) $x(t) = \cos 3t + \sin 6t$

(c) $x(t) = (\sin 2t)(\cos 4t)$ (d) $x(t) = |\sin 3t|$

(e) $x(t) = \cos^3 t$ (f) $x(t) = \sum_{k=-\infty}^{\infty} e^{-a(t-k)}[u(t-k) - u(t-1-k)]$

6.2 다음 각 신호에 대한 푸리에 변환을 구하고 크기 스펙트럼을 도시하라.

(a) $x(t) = e^{at}u(-t), \quad a > 0$ (b) $x(t) = e^{-a|t|}, \quad a > 0$

(c) $x(t) = \delta(t+T) + \delta(t-T)$ (d) $x(t) = \delta(t+T) - \delta(t-T)$

(e) $x(t) = \sin \pi t[u(t+1) - u(t-1)]$ (f) $x(t) = \cos \pi t[u(t+1) - u(t-1)]$

6.3 어떤 신호 $x(t)$의 푸리에 변환이

$$\mathbf{X}(\omega) = \frac{\omega^2 + j4\omega + 2}{-\omega^2 + j4\omega + 3}$$

일 때 다음의 푸리에 변환을 구하라.

(a) $x(2t)$ (b) $x(1-2t)$ (c) $x(t)e^{-jt}$ (d) $x(t)\cos \pi t$

(e) $x(t) * \delta(t-2)$ (f) $x(t) * x(t)$ (g) $\dfrac{dx(t)}{dt}$ (h) $\int_{-\infty}^{t} x(\tau)\, d\tau$

6.4 어떤 신호 $x(t)$의 푸리에 변환이 다음과 같다.

$$\mathbf{X}(\omega) = \begin{cases} 1, & |\omega| \le 1 \\ 0, & |\omega| > 1 \end{cases}$$

푸리에 변환의 여러 성질들을 이용하여 다음 함수들에 대한 푸리에 변환을 구하라.

(a) $x(-t)$ (b) $tx(t)$ (c) $x(t+1)$ (d) $x(-2t+1)$

(e) $(t-1)x(t+1)$ (f) $\dfrac{dx(t)}{dt}$ (g) $t\dfrac{dx(t)}{dt}$ (h) $x(t)e^{-j2t}$

(i) $x(t)\cos 2t$ (j) $tx(t)e^{-j2t}$ (k) $x(t)\sin 2t$ (l) $x(t-1)\cos^2 t$

6.5 다음의 $x(t)$에 대한 푸리에 변환을 구하라.

(a) $\sin\omega_o t\, u(t)$ (b) $[\cos^2\omega_o t]u(t)$ (c) $\frac{d}{dt}[e^{-at}u(t)]$ (d) $e^{-\pi t}[\sin\omega_o t]u(t)$

6.6 다음의 $\mathbf{X}(\omega)$에 대한 푸리에 역변환을 구하라.

(a) $j\omega[u(\omega+1)-u(\omega-1)]$ (b) $j[u(-\omega)-u(\omega)]$ (c) $e^{-a|\omega|},\quad a>0$

6.7 다음 $x(t)$에 대해 파스발 정리를 증명하라.

(a) $x(t)=e^{-t}u(t)$ (b) $x(t)=u(t)-u(t-3)$ (d) $x(t)=e^{-t}\cos t\, u(t)$

6.8 다음의 $x[n]$에 대한 DTFT를 구하라.

(a) $(-0.9)^n u[n]$ (b) $0.9^{-n}u[-n-1]$

(c) $0.9^{|n|}$ (d) $2^n u[-n]$

(e) $a^n(\sin\Omega_o n)u[n],\quad |a|<1$ (f) $a^{|n|}\sin\Omega_o n,\quad |a|<1$

(g) $0.5^n(u[n+1]-u[n-1])$ (h) $n(u[n+N]-u[n-N-1])$

234

(i) $\cos(18\pi n/7)+\sin(3n)$ (j) $\sin^2\Omega_o n$

(k) $\sum_{k=0}^{\infty}0.25^n\delta[n-3k]$ (l) $n(0.5)^{|n|}$

(m) $\left[\frac{\sin(\pi n/2)}{\pi n}\right]\left[\frac{\sin(\pi n/4)}{\pi n}\right]$ (n) $\delta[3-2n]$

6.9 다음의 $\widetilde{\mathbf{X}}(\Omega)$에 대한 수열 $x[n]$을 구하라.

(a) $\delta(\Omega-\pi/3)+\delta(\Omega+\pi/3)$ (b) $u(\Omega+\pi/4)-u(\Omega-\pi/4)$

(c) $1-2e^{-j\Omega}+2e^{-2j\Omega}-2e^{-3j\Omega}$ (d) $\cos\Omega/2$

(e) $e^{-j\Omega/2}(\cos\Omega/2)$ (f) $-j\sin^3\Omega$

(g) $\cos\Omega/2+j\sin\Omega$ (h) $(1-2e^{-j\Omega})^{-1}$

(i) $(1-2e^{-j\Omega}+2e^{-2j\Omega})^{-1}$ (j) $\sum_{k=-\infty}^{\infty}(-1)^k\delta\left(\Omega-\frac{\pi k}{2}\right)$

(k) $\left|\widetilde{\mathbf{X}}(\Omega)\right|=\begin{cases}0, & 0\le|\Omega|\le\pi/3\\ 1, & \pi/3<|\Omega|\le 2\pi/3,\\ 0, & 2\pi/3<|\Omega|\le\pi\end{cases}\quad \angle\widetilde{\mathbf{X}}(\Omega)=2\Omega$

(l) $\dfrac{e^{-j\Omega}}{1+(1/6)e^{-j\Omega}-(1/6)e^{-2j\Omega}}$

6.10 다음 수열 $x[n]$에 대한 DTFT를 구하라.

(a) $(-1)^n u[n]$ (b) $(-1)^n u[-n-1]$

(c) $(\cos\Omega_o n)u[n],\quad |\Omega_o|<\pi$ (d) $(\cos\Omega_o n)u[-n-1],\quad |\Omega_o|<\pi$

(e) $na^n u[n],\quad |a|<1$ (g) $x[n]=0.5^n(\sin\pi n/3)u[n]$

6.11 다음 각 수열에 대한 N-점 DFT를 구하라.

(a) $x[n]=\delta[n]$ (b) $x[n]=\delta[n-n_o],\quad 0<n_o<N$

(c) $x[n]=\begin{cases}1, & n=n_o,\quad 0<n_o<N-1\\ 0, & \text{그외}\end{cases}$ (d) $x[n]=a^n(u[n]-u[n-N+1])$

(e) $x[n]=a^n(u[n]-u[n-N])$ (f) $x[n]=a^n(u[n]-u[n-N-1])$

(g) $x[n]=(-1)^n(u[n]-u[n-N])$

6.12 다음과 같은 수열 $h[n]$이 있다.

$$h[n]=4\delta[n-1]+3\delta[n-2]+2\delta[n-3]+\delta[n-4]$$

수열 $h[n]$과 다음 각 수열 $x[n]$과의 주기 컨벌류션을 구하라. 단 수열의 길이는 모두 8로 한다.

(a) $x[n]=\delta[n-1]+\delta[n-2]-\delta[n-6]-\delta[n-7]$

(b) $x[n]=\delta[n]+\delta[n-1]-\delta[n-6]-\delta[n-7]$

(c) $x[n]=\delta[n]+\delta[n-1]+\delta[n-2]-\delta[n-6]-\delta[n-7]$

(d) $x[n]=\delta[n]+\delta[n-1]+\delta[n-6]+\delta[n-7]$

6.13 두 수열 $x_1[n]=\delta[n-3],\quad x_2[n]=(\sin\pi n/4)(u[n]-u[n-8])$ 에 대한 8-점 DFT를 각각 $X_1[k], X_2[k]$라 할 때

(a) $|X_1[k]|$ 및 $|X_2[k]|$를 도시하라.

(b) $X_0[k]=X_1[k]X_2[k]$라 할 때 $X_0[k]$의 IDFT를 구하라.

(c) 수열 $x_1[n]$과 $x_2[n]$에 영-채우기를 하여 길이를 모두 16으로 하였을 때 (a) 및 (b)의 과정을 반복하라.

7

연속 신호처리

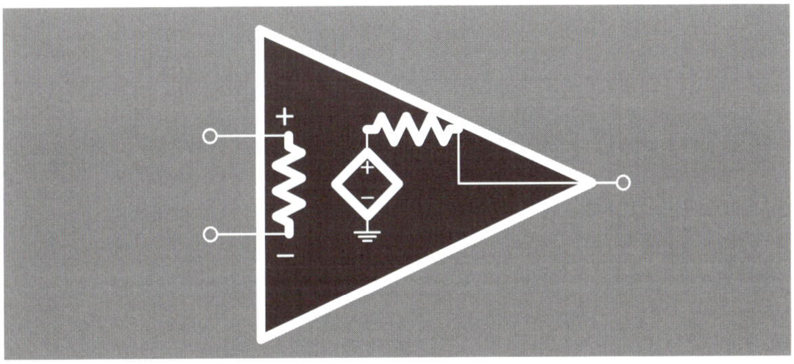

7.1 RLC 회로 해석

7.1.1 변환 임피던스

선형 RLC 회로의 전달함수와 시간 응답 등의 특성을 해석하는 데는 라플라스 변환이 매우 효율적이다. 먼저 전달함수 $H(s)$를 구하는 데는 초기조건을 0으로 한다. 따라서 모든 초기조건이 0인 상태에서 저항 R, 인덕터 L 및 커패시터 C의 전압-전류 관계를 라플라스 변환으로 표현해 본다. 저항의 경우는 $v_R(t)/i_R(t)=R$이므로 그 라플라스 변환 역시 $V_R(s)/I_R(s)=R$이다. 인덕터 경우는

$$v_L(t) = L\dot{i}_L(t) \overset{\mathcal{L}}{\longleftrightarrow} V_L(s) = sLI_L(s) - Li_L(0) \quad \textbf{(7.1-1)}$$

이므로 초기조건을 $i_L(0)=0$으로 하면 전압-전류 관계가 $V_L(s)/I_L(s)=sL$이다. 그리고 커패시터의 경우는

$$i_C(t) = C\dot{v}_C(t) \overset{\mathcal{L}}{\longleftrightarrow} I_C(s) = sCV_C(s) - Cv_C(0) \quad \textbf{(7.1-2)}$$

이므로 초기조건을 $v_C(0)=0$으로 하면 전압-전류 관계가 $V_C(s)/I_C(s)=1/(sL)$이다. 이상으로 라플라스 변환의 임피던스 $Z(s)=V(s)/I(s)$는 다음과 같다.

$$Z(s) = \begin{cases} R & (\text{저항}) \\ sL & (\text{인덕터}) \\ 1/(sC) & (\text{커페시터}) \end{cases} \quad \textbf{(7.1-3)}$$

식 (7.1-3)을 변환 임피던스, 간단히 임피던스(impedance)라 한다. 그리고 임피던스의 역인 $Y(s)=1/Z(s)$를 어드미턴스(admittance)라 한다.

1차 시스템 그림 7-1(a)의 1차 RC 회로는 그림 (b)처럼 변환되며 이로부터 전달함수 $H(s)=V_C(s)/V_s(s)$는

$$H(s) = \frac{1/(sC)}{R+1/(sC)} = \frac{1/\tau}{s+1/\tau} \quad , \tau = RC \quad \textbf{(7.1-4)}$$

이며 $\tau=RC$를 RC회로의 시정수라 한다. 그리고 그림 7-2(a)의 1차 RL 회로의 경우는 그림 (b)로부터 전달함수 $H(s)=V_L(s)/V_s(s)$가

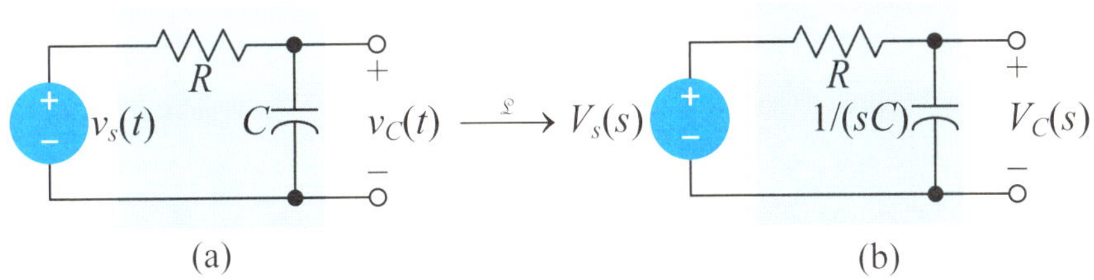

그림 7-1 (a) 1차 RC 회로 (b) 변환 회로

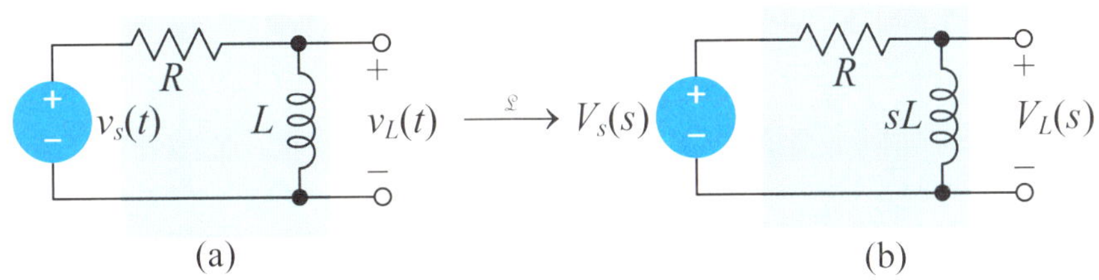

그림 7-2 (a) 1차 RL 회로 (b) 변환 회로

$$H(s) = \frac{sL}{R+sL} = \frac{s}{s+1/\tau} \quad ,\tau = \frac{L}{R} \tag{7.1-5}$$

이며 $\tau=L/R$를 RL회로의 시정수라 한다. 그림 7-1 RC 회로의 충격응답은 식 (7.1-4)로부터

$$h(t) = \mathcal{L}^{-1}\left[\frac{1/\tau}{s+1/\tau}\right] = \frac{1}{\tau}e^{-t/\tau}u(t) \tag{7.1-6}$$

이며 계단응답은

$$s(t) = \mathcal{L}^{-1}\left[\frac{1/\tau}{s(s+1/\tau)}\right] = \mathcal{L}^{-1}\left[\frac{1}{s} - \frac{1}{s+1/\tau}\right] = [1-e^{-t/\tau}]u(t) \tag{7.1-7}$$

그리고 그림 7-2 RL 회로의 계단응답은 그림 7-1 RC 회로의 충격응답인 식 (7.1-6)과 같음을 알 수 있다. 식 (7.1-7) 계단응답은 그림 7-3과 같으며 $t=\tau$에서 $s(t)$는 최종치의 63%에 이른다. 그리고 최종 치의 90%에 이르는 시간 T_r을 상승시간(rising time)이라 하며 최종치의 98%에 이르는 시간 T_s를 정착시간(settling time)이라 한다. 이와 같이 시정수는 1차 회로의 응답 속도를 나타

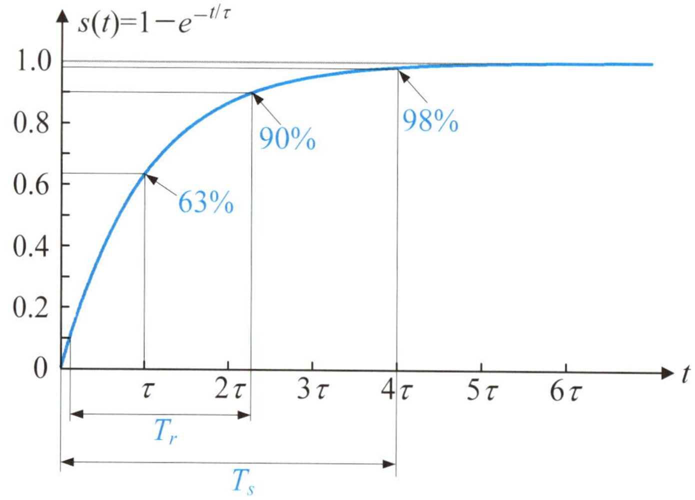

그림 7-3 계단응답

내는 지표가 되므로 '시정수'라는 이름이 붙게 되었다.

2차 시스템 2차 시스템의 전형적인 표준형태는 다음과 같다.

$$H(s) = \frac{\omega_n^2}{s^2 + 2\zeta\omega_n s + \omega_n^2} \tag{7.1-8}$$

변수 ζ는 감쇄비(damoinf ratio)로, ω_n은 고유 주파수(natural frequency) 또는 비감쇄 주파수(undamped frequency)로 부른다. 식 (7.1-8)의 극점은

$$s = -\zeta\omega_n \pm j\omega_n\sqrt{1-\zeta^2} = -1/\tau \pm j\omega_d \tag{7.1-9}$$

여기서 시정수 τ와 감쇄 주파수 ω_d는 다음과 같이 정의된다.

$$\tau = \frac{1}{\zeta\omega_n}, \quad \omega_d = \omega_n\sqrt{1-\zeta^2} \tag{7.1-10}$$

식 (7.1-8)의 계단응답은 $H(s)/s$의 역변환인 다음과 같다($\zeta<1$).

$$s(t) = \left[1 - \frac{1}{\sqrt{1-\zeta^2}} e^{-t/\tau} \sin(\omega_d t + \theta)\right] u(t), \quad \theta = \cos^{-1}\zeta \tag{7.1-11}$$

식 (7.1-8)의 $s(t)$는 ζ의 범위에 따라 세 유형으로 나눈다.

1. $0<\zeta<1$: 식 (7.1-10)과 같으며 이 경우는 부족제동이라 한다.
2. $\zeta>1$: 극점이 서로 다른 실근이므로(과제동)

$$s(t) = [1 + k_1 e^{-t/\tau_1} + k_2 e^{-t/\tau_2}]u(t) \qquad \textbf{(7.1-12)}$$

의 형태이며 시정수 τ_1과 τ_2 및 계수 k_1과 k_2는 각각 다음과 같다.

$$\tau_1 = \frac{1}{1/\tau - \omega_d}, \quad \tau_1 = \frac{1}{1/\tau + \omega_d}$$

$$k_1 = \frac{1}{2}\left(1 + \frac{\zeta}{\sqrt{\zeta^2 - 1}}\right), \quad k_2 = \frac{1}{2}\left(1 - \frac{\zeta}{\sqrt{\zeta^2 - 1}}\right)$$

3. $\zeta=1$: 극점이 $s=-\omega_n$에서 중근이므로(임계제동)

$$s(t) = [1 - e^{-t/\tau} + te^{-t/\tau}]u(t), \quad \tau = 1/\omega_n \qquad \textbf{(7.1-13)}$$

그림 7-4(a)는 $0<\zeta<1$일 때의 극점이며 그림 (b)는 세 가지 제동형태의 계단응답을 보여준다. 그림 7-5는 부족제동의 경우를 자세히 보여주고 있다. 최종치의 10%에서 90%에 이르는 데 걸리는 시간을 상승시간(T_r)으로 정하고 최종치의 ±2% 내에 정착하는 데 걸리는 시간을 정착시간(T_s)으로 정한다. 그리고 계단응답이 최대에 도달하는 데 걸리는 시간은 $T_p=\pi/\omega_d$이며 이 때 1을 초과하는 정도를 오버슛(overshoot)이라 한다. 계단응답이 최소에 도달하는 데 걸리는 시간은 $T_p=2\pi/\omega_d$이며 이 때 1에 못 미치는 정도를 언더슛(undershoot)이라 한다.

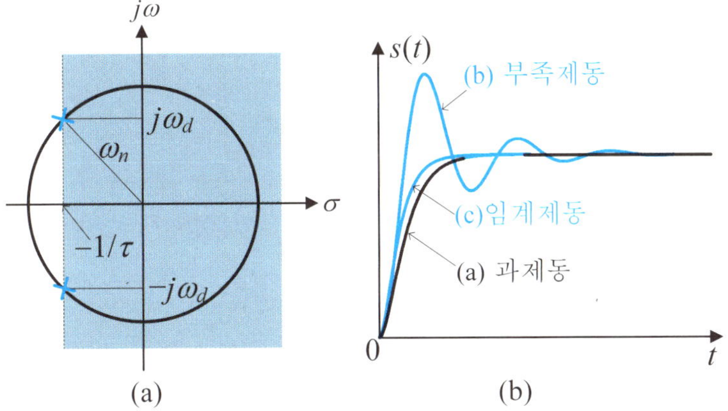

그림 7-4 2차 시스템의 (a) 극점도 (b) ζ 값에 따른 계단응답

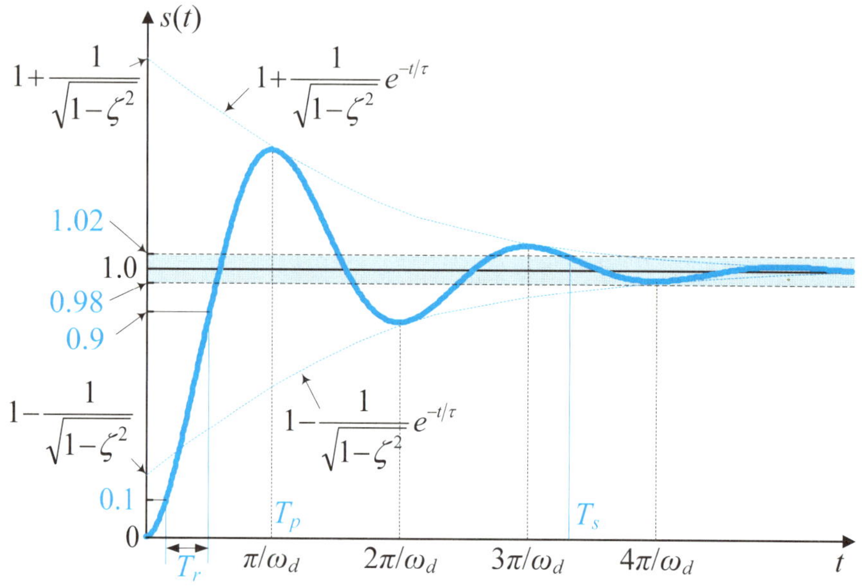

그림 7-5 부족제동의 계단응답

예제 7.1 그림 7-6에서 전달함수 $H(s)=V_o(s)/V_s(s)$를 구하고 이 시스템이 임계제동 특성이 되도록 저항 R을 결정하라.

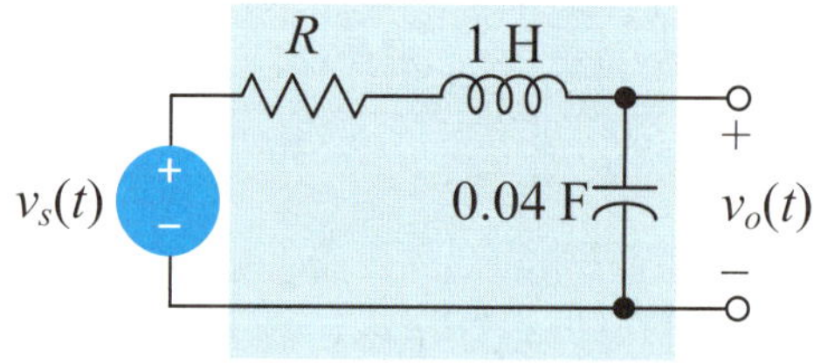

그림 7-6 예제 7-1의 그림

풀이 전달함수를 구하면

$$H(s)=\frac{V_o(s)}{V_s(s)}=\frac{25/s}{R+s+25/s}=\frac{25}{s^2+Rs+25}$$

이로부터 ω_n=5이므로 ζ=1이 되기 위해서는

$$R=2\zeta\omega_n=2\omega_n=10$$

$$\therefore R=10\,\Omega$$

7.1.2 초기원 모델

앞서 설명한 임피던스는 전달함수를 구할 수 있으나 초기조건을 이용한 완전 응답을 구하는 데는 한계가 있다. 일반적으로 RLC 회로에서 초기조건 $y(0)$는 주어지지만 도함수의 초기조건 $y'(0)$, $y''(0)$ ... 등은 회로상에서 직접 구해야 한다. 그러나 도함수의 차수가 올라갈수록 그 초기조건을 구하는 일은 더욱 험난해진다. 이를 해결하는 것이 초기조건 전원(initial condition generator)이다. 인덕터에서 초기조건 $i_L(0)$를 고려하여 변환 회로로 표현한 것이 그림 7-5(a)이다. 즉 인덕터 임피던스 sL에 흐르는 전류가 $I_L(s)-i_L(0)/s$이므로 양단 전압 $V_L(s)$는

$$V_L(s)=sL[I_L(s)-i_L(0)/s]=sLI_L(s)-Li_L(0) \tag{7.1-14}$$

로 식 (7.1-1)과 일치한다. 그리고 그림 7-5(b)는 커패시터에서 초기조건 $v_C(0)$를 고려하여 변환 회로로 표현한 것으로, 커패시턴스 $1/(sC)$ 양단 전압이 $V_C(s)-v_C(0)/s$이므로 전류 $I_C(s)$는

$$I_C(s)=sC[V_C(s)-v_C(0)/s]=sCV_C(s)-Cv_C(0) \tag{7.1-15}$$

로 식 (7.1-2)와 일치한다. 그림 7-7의 변환 회로의 특징은 L과 C는 모두 초기

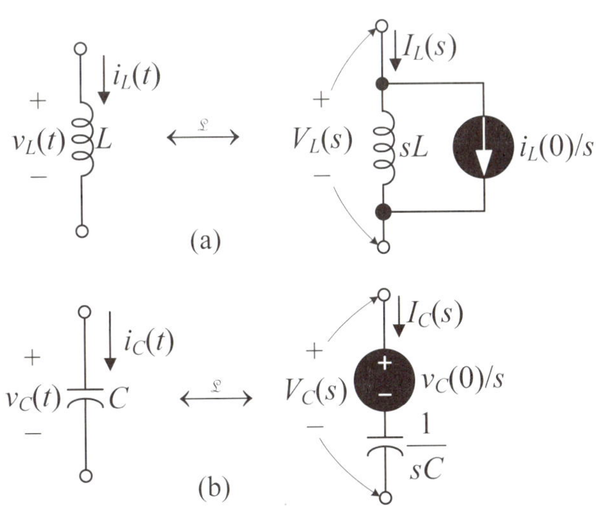

그림 7-7 초기조건 전원 모델; (a) 인덕터 (b) 커패시터

조건이 없어지므로 초기조건에 관련된 모든 문제가 사라진다는 점이다. 대신 초기조건을 대신하는 가상의 전원이 하나 늘게 되며 이를 초기원 전원, 간단히 초기원이라 한다. 그림 7-8(a)는 직렬 RLC 회로이며 초기조건은 주어진 바와 같다. 이제 이에 대한 완전응답을 그림 (b)의 변환 회로로부터 구할 수 있다. 그림 (b)에서 해석을 간단하게 하기 위해 전원변환(source conversion)이라는 매우 편리하고 간단한 기술을 사용하기로 한다(부록 E 참조). 즉 임피던스 sL과 전류원 I_0/s의 병렬결합을 그림 (c)와 같이 임피던스와 전압원의 직렬결합으로 변환할 수 있으며 이를 전원변환이라 한다. 이때의 전압원은 임피던스와 전류원을 곱한 것으로 $sL(I_0/s)=LI_0$로 주어진다. 이제 그림 (c)는 하나의 폐로(loop)만 있는 간단한 회로가 되며 KVL을 적용하면 다음과 같다.

$$\left(R+1/(sC)+sL\right)I(s)=V_s(s)-V_0/s+LI_0 \tag{7.1-16}$$

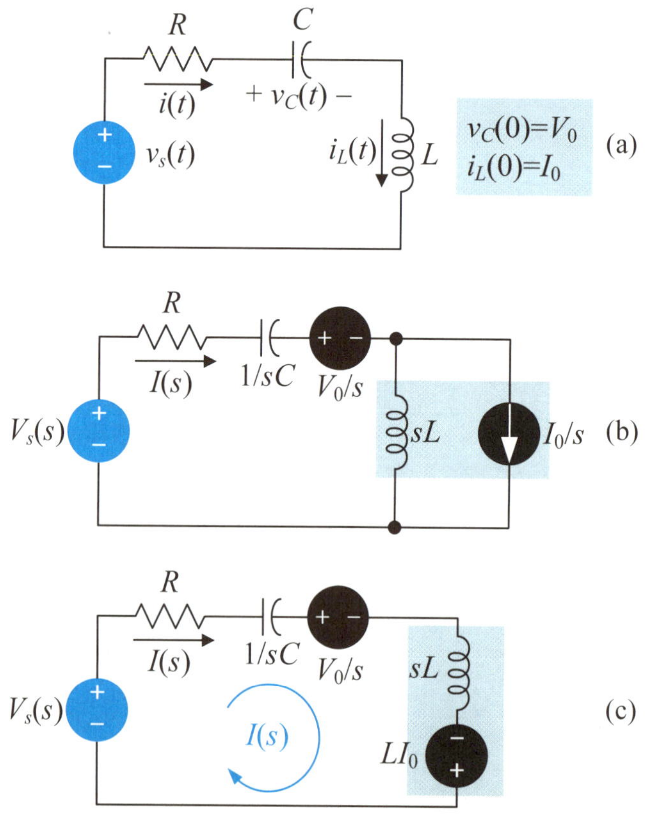

그림 7-8 (a) RLC 직렬 회로 (b) 변환 회로 (c) 전원변환을 거친 회로

$I(s)$에 대해 정리하면

$$I(s) = \underbrace{\frac{sC}{s^2LC + sRC + 1}V_s(s)}_{I_{zs}(s)} + \underbrace{\frac{sLCI_0 - CV_0}{s^2LC + sRC + 1}}_{I_{zi}(s)} \tag{7.1-17}$$

의 완전응답이 구해진다. 우변의 $I_{zi}(s)$는 초기조건 I_0, V_0에 의해 생기는 항이다. 그림 7-6(a)에서 $i(t)$의 초기조건은 $i(0)=i_L(0)=I_0$로 다행히 쉽게 구할 수 있으나 $i(t)$ 도함수의 초기조건 $i'(0)$는 간단히 구해지는 것이 아님을 알 수 있다. 따라서 초기원 모델을 이용하면 RLC 회로 해석에서의 모든 문제점들이 제거될 수 있으며 이것이 라플라스 변환의 위력이다.

예제 7.2 그림 7-9 회로에서 $v_s(t)=\delta(t)$일 때 $i(t)$의 완전응답을 구하라.

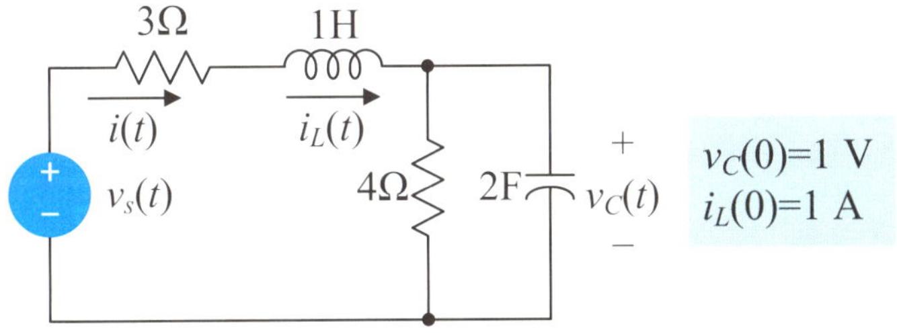

그림 7-9 예제 7-2의 그림

풀이 그림 7-9에 대한 변환 회로는 그림 7-10(a)와 같으며 임피던스 s와 전류원 $1/s$을 전원변환하면 그림 (b)와 같이 간소화할 수 있다. 여기서 폐로 1에 KVL을 적용시키면

$$(3+s)I_1(s) + 4\{I_1(s) - I_2(s)\} = V_s(s) + 1 = 2 \quad (\because V_s(s) = 1)$$

폐로 2에 KVL을 적용시키면

$$(0.5/s)I_2(s) + 4\{I_2(s) - I_1(s)\} = -1/s$$

위의 두 방정식을 행렬 방정식으로 표현하면

$$\begin{bmatrix} s+7 & -4 \\ -4 & 4+0.5/s \end{bmatrix}\begin{bmatrix} I_1(s) \\ I_2(s) \end{bmatrix} = \begin{bmatrix} 2 \\ -1/s \end{bmatrix}$$

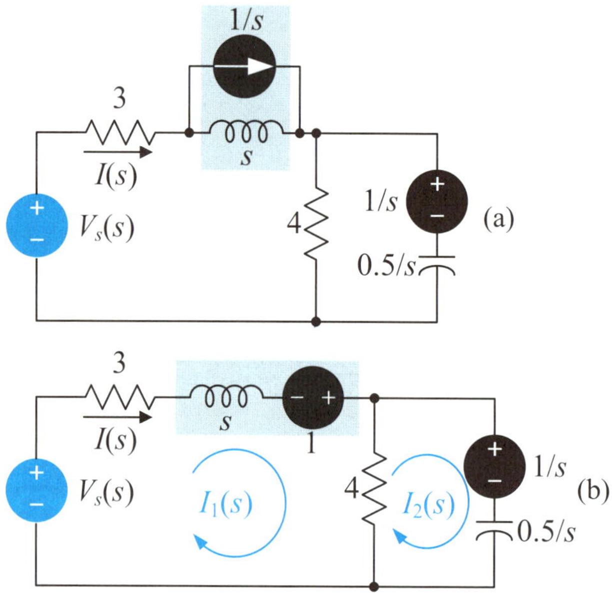

그림 7-10 (a) 그림 7-7의 변환 회로 (b) 전원변환을 거친 회로

$$I(s) = I_1(s) = \frac{\begin{vmatrix} 2 & -4 \\ -1/s & 4+0.5/s \end{vmatrix}}{\begin{vmatrix} s+7 & -4 \\ -4 & 4+0.5/s \end{vmatrix}}$$

$$= \frac{2s - 0.75}{s^2 + 3.125s + 0.875}$$

$$= \frac{2.548}{s+2.814} - \frac{0.548}{s+0.311}$$

$$\therefore i(t) = \mathcal{L}^{-1}\left[\frac{2.548}{s+2.814} - \frac{0.548}{s+0.311}\right]$$

$$= 2.548e^{-2.814t} - 0.548e^{-0.311t}$$

7.2 기계계 해석

전기계와 기계계의 결합인 메카트로닉스(mechatronics)는 매우 중요한 분야이며 기계계에는 직선운동을 담당하는 병진기계계와 회전운동을 담당하는 회전기계계가 있다. 그림 7-9(a)는 병진기계계의 세 가지 기본 요소인 마찰(B), 질량(M), 스프링 계수(K)의 힘 F [N]과 속도 ϖ [m/s] 관계를 나타낸다. 그림 (b)는 회전기계계의 세 가지 기본 요소인 마찰(D), 관성(J), 비틀림 스프링 계수(K)의 토크 T [N-m]와 각속도 ω[rad/s] 관계를 나타낸다.

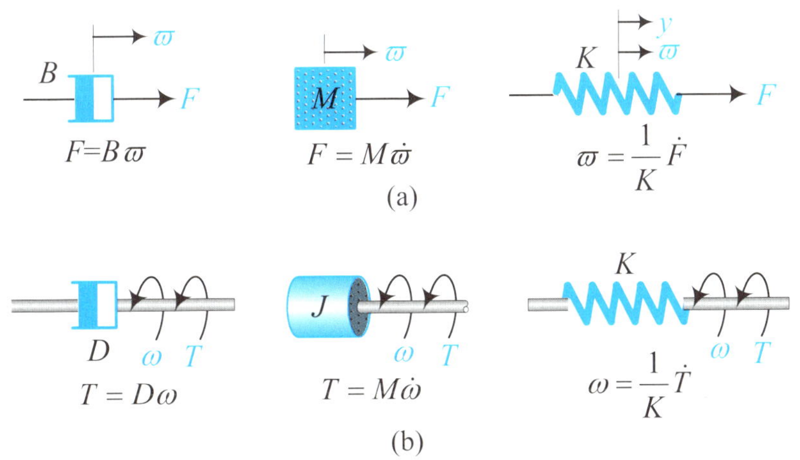

그림 7-11 기계계의 기본 요소; (a) 병진 기계계 (b) 회전기계계

7.2.1 상사회로

전기계의 R, L, C 소자를 그림 7-11의 기계계 요소들과 비교해 보면 상호간에 유사성을 발견할 수 있다. 즉 기계계의 힘 F와 토크 T를 전기계의 전압(또는 전압원) v에 비유하고, 속도 ϖ와 각속도 ω를 전류 i에 비유하면 기계계는 전기계와 같은 방식으로 표현할 수 있으며 그림 7-12가 이를 보여준다. 이와 같이 자연계의 시스템들은 비록 서로 유형이 다를지라도 수식상으로는 동일하게 표현될 수 있다는 것은 중요한 개념이다. 그 결과 그림 7-12와 같이 마찰

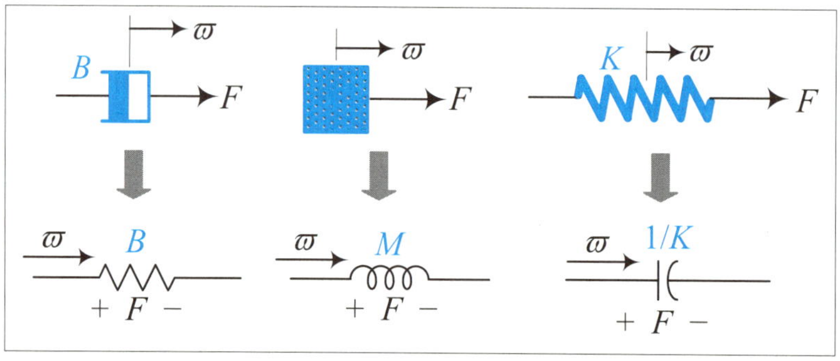

(a)

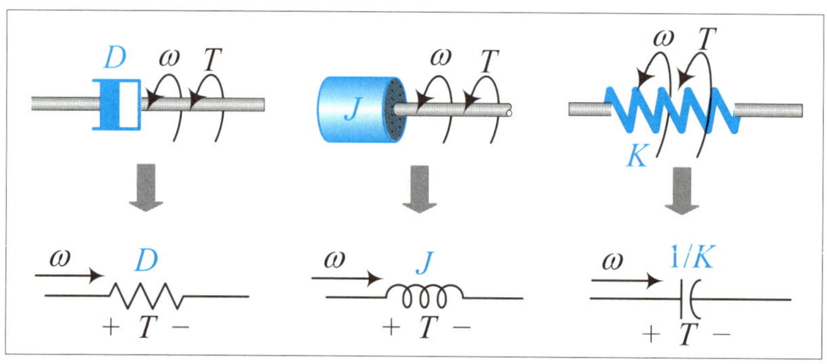

(b)

그림 7-12 전기계와 기계계의 상사 관계; (a) 병진기계계 (b) 회전기계계

은 저항으로, 질량(관성)은 인덕터로 용수철은 커페시터로 표현되며 이를 상사(相似, analogy)라 한다. 즉

$$R \leftrightarrow B(D), \quad L \leftrightarrow M(J), \quad C \leftrightarrow 1/K$$

기계계를 전기계로 환산한 것을 상사회로라 하며 이를 이용하면 전기계와 기계계의 결합이 전기계 일색이 되므로 다양한 회로해석 기술을 누릴 수 있다. 전기계에서 소자의 결합 방식은 직렬결합과 병렬결합이며, 직렬 결합은 전류가 동일하며 병렬 결합은 양단 전압이 동일하다. 이를 바탕으로 기계계의 상사회로를 구하는 법은 다음과 같이 간단하다:

> 기계계에서 가능한 속도(각속도)를 모두 표시한다. 속도(각속도)가 같은 요소들은 상사회로상에서는 직렬로 결합되며(속도는 전류에 비유되므로), 반대로 힘(토크)가 같도록 결합된 요소들은 병렬로 결합된다.

그림 7-13은 1차 기계계와 그 상사회로에 대한 몇 가지 예를 보여준다. 그림 (a)는 기계계의 B와 M이 한 가지 속도로 움직이므로 상사회로는 저항(B)와 인덕터(M)의 직렬결합으로 표현된다. 그리고 힘 F는 전압원, 속도 ϖ는 전류로 표현된다. 그림 (b)는 기계계의 B와 K의 속도가 같으므로 상사회로는 저항(B)와 커페시터($1/K$)의 직렬결합으로 표현된다. 그림 (c)의 기계계에서는 두 가지 속도가 있으므로 상사회로는 저항(B)와 커페시터($1/K$)의 병렬결합으로 표현된다.

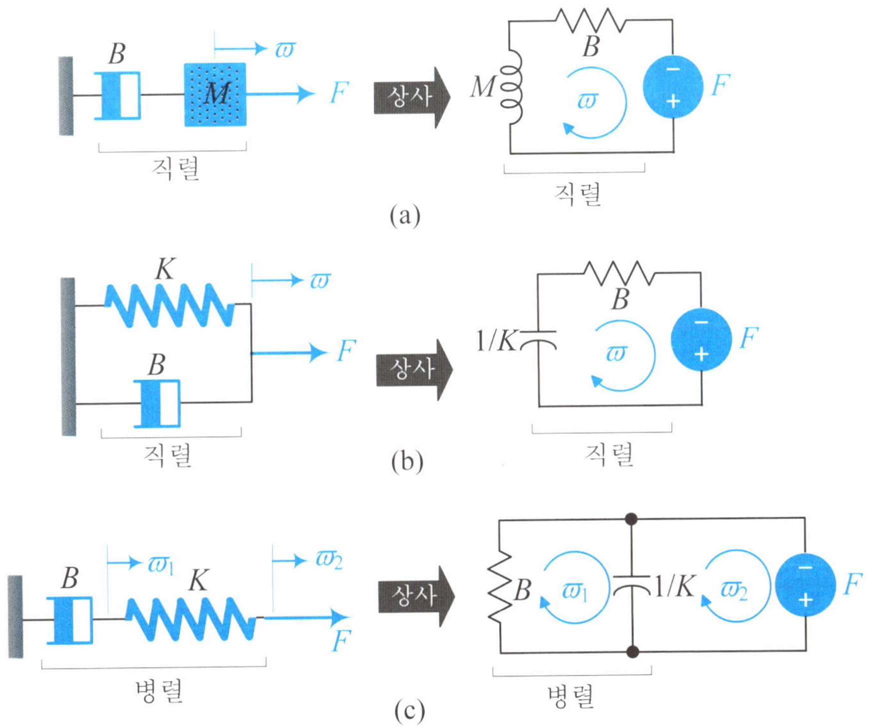

그림 7-13 1차 기계계와 상사회로의 예

그림 7-14는 2차 기계계와 그 상사회로를 예로 든 것으로 그림 (a)는 병진기계계이며 그림 (b)는 회전기계계이다. 그림 (b)에서 전체 임피던스 $Z(s)$는

$$Z(s) = sJ + D + K/s = \frac{s^2 + (D/J)s + (K/J)}{s/J} \tag{7.2-1}$$

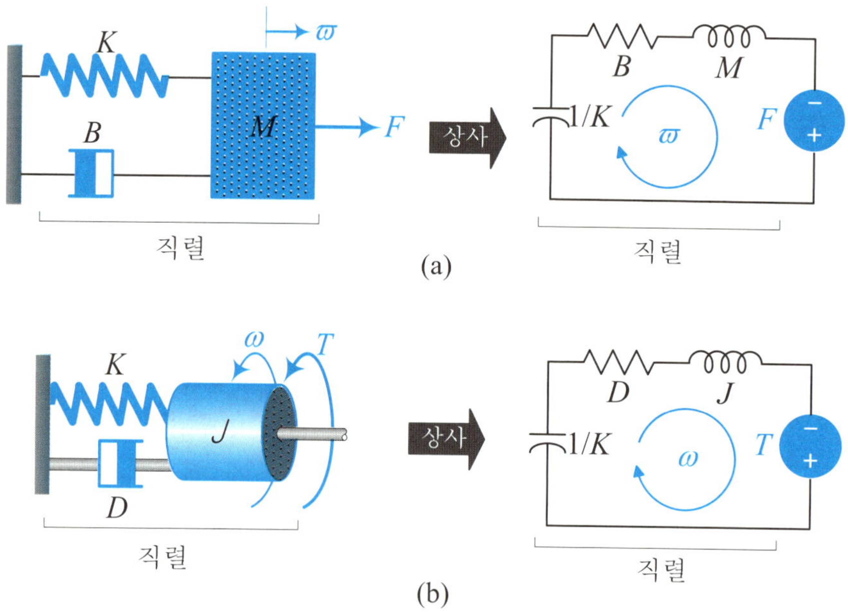

그림 7-14 2차 기계계와 상사회로의 예; (a) 병진기계계 (b) 회전기계계

따라서 토크 $T(t)$와 각속도 $\omega(t)$의 라플라스 변환을 각각 $T(s)$, $\Omega(s)$라 하면 $\Omega(s)$는

$$\Omega(s) = \frac{T(s)}{Z(s)} = \frac{s/J}{s^2 + (D/J)s + (K/J)} T(s) \tag{7.2-2}$$

와 같이 구할 수 있다.

예제 7.3 그림 7-15(a)의 기계계에 대한 상사회로를 구하라.

풀이 그림 7-15(a)에 가능한 속도를 모두 표시하면 ϖ_1, ϖ_2 두 가지이다. 스프링(K)과 질량(M)은 같은 속도 ϖ_1이므로 상사회로상에서는 직렬결합이다. 그리고 K와 M을 합쳐서 속도가 ϖ_1인 하나의 요소로 보면, 다른 속도 ϖ_2의 마찰 B와 상사회로에서는 병렬결합이 된다. 따라서 K와 M의 직렬결합은 다시 B와 병렬로 결합되므로 상사회로는 그림 7-15(b)와 같다.

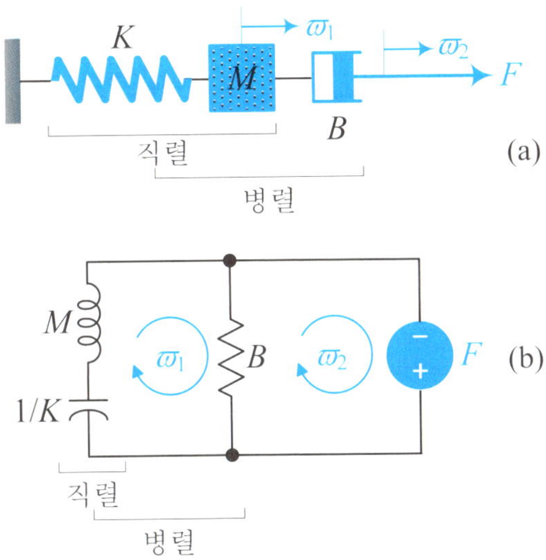

그림 7-15 (a) 예제 7-3의 그림 (b) (a)에 대한 상사회로

7.2.2 전기기계계

우리 일상 생활 곳곳에 숨어서 생활의 편리함을 주고 있는 것이 전동기이다. 전동기는 기계와 전기가 결합된 대표적인 전기기계계 중 하나이다. 그림 7-16(a)는 관성을 가진 부하를 구동하는 직류 전동기 모습이다. 전류 I_f는 전동기에 필요한 자계를 만드는 계자(界子; field)에 흐르는 전류이다. 그리고 R_a, L_a는 전기자(電氣子; armateur)의 등가회로이며 전압 v_a는 전기자에 가해지는 전압이고 i_a는 전기자 전류이다. 전동기의 토크 T_m은 전기자 전류 i_a에 비례하여 $T_m=K_a i_a$로 주어지며 K_a을 토크 상수라 한다. 또한 전압 v_b는 전기자 전류 i_a를 방해하는 역기전력이며 전동기 각속도 ω_m에 비례한다. 즉 $v_b=K_b\omega_m$으로 주어지며 K_b를 역기전력 상수라 한다. 전동기 회전축의 점성 마찰이 D_m이고 부하의 관성이 J_L일 때 그림 (a)에 대한 상사회로는 그림 (b)와 같다. 그림 (b)의 왼쪽 폐로에서 라플라스 변환을 이용하여 KVL을 적용하면

$$(L_a s+R_a)I_a(s)=V_a(s)-V_b(s)=V_a(s)-K_b\Omega_m(s) \qquad \textbf{(7.2-3)}$$

그리고 오른쪽 폐로에 KVL을 적용하면

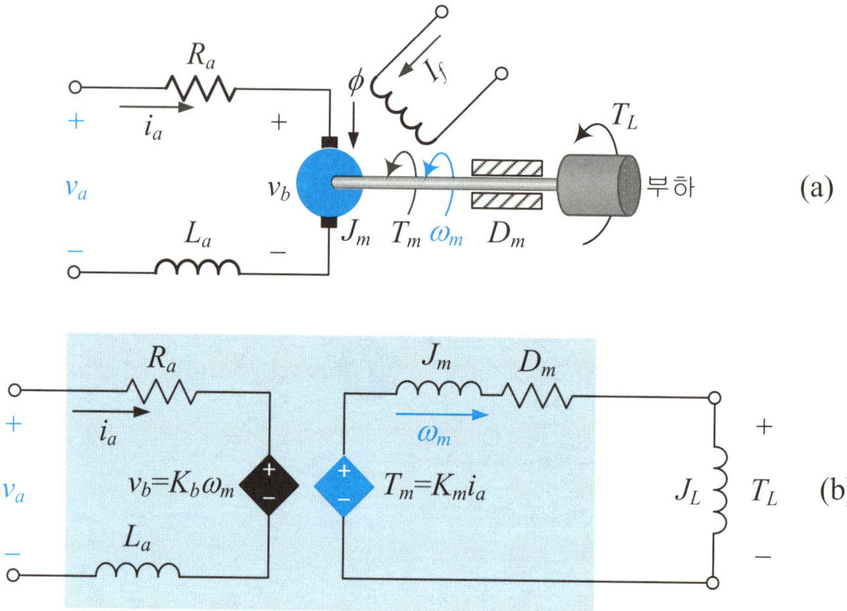

그림 7-16 직류 전동기의 (a) 도식적인 표현 (b) 상사회로

$$(J_m s + D_m + J_L s)\Omega_m(s) = T_m(s) = K_m I_a(s) \tag{7.2-4}$$

식 (7.2-3)과 (7.2-4)를 정리하여 행렬 방정식으로 표현하면

$$\begin{bmatrix} L_a s + R_a & K_b \\ -K_m & (J_m + J_L)s + D_m \end{bmatrix} \begin{bmatrix} I_a(s) \\ \Omega_m(s) \end{bmatrix} = \begin{bmatrix} V_a(s) \\ 0 \end{bmatrix} \tag{7.2-5}$$

위의 식에서 $\Omega_m(s)$에 대한 식을 구하면

$$\Omega_m(s) = \frac{\begin{vmatrix} L_a s + R_a & V_a(s) \\ -K_m & 0 \end{vmatrix}}{\begin{vmatrix} L_a s + R_a & K_b \\ -K_m & (J_m + J_L)s + D_m \end{vmatrix}} \tag{7.2-6}$$

따라서 $\Omega_m(s)/E_a(s)$는 다음과 같다(J_e=J_m+J_L).

$$\frac{\Omega_m(s)}{V_a(s)} = \frac{K_m}{(L_a s + R_a)(J_e s + D_m) + K_b K_m} \tag{7.2-7}$$

이 식은 직류 전동기를 해석할 때 등장하는 대표적인 전달함수이다.

7.3 필터

7.3.1 이상적인 필터

모든 신호는 무수한 주파수의 정현파의 합으로 구성되어 있다. 전체 주파수 성분 중에서 원하는 성분만 걸러내는 필터는 신호처리에서 가장 기본이 되는 요소이다. 필터는 주파수 선택 범위에 따라 저역통과(Lowpass; LP), 고역통과(Highpass; HP), 대역통과(Bandpass; BP) 및 대역차단(Bandstop; BS) 필터의 네 가지 유형이 있다. 각 필터의 이상적인 주파수 특성은 그림 7-17과 같아야 한다. 그러나 이상적인 필터는 실현 불가능하며 이를 이상적인 저역통과 필터(LPF) 경우를 두고 살펴보기로 한다. 이상적인 LPF의 주파수 응답은

$$\mathbf{H}_{LP}(\omega) = \begin{cases} 1, & |\omega| < \omega_c \\ 0, & |\omega| > \omega_c \end{cases} \tag{7.3-1}$$

이며 차단주파수 ω_c가 대역폭이 된다. 그림 7-18은 대역폭이 $\omega_c = W_p/2$인 이상적인 LPF의 주파수 응답 $\mathbf{H}_{LP}(\omega)$와 그의 충격응답 $h_{LP}(t)$를 보여준다(예제 6-5의 그림 6-5(b) 참조). 그 결과 충격응답 $h_{LP}(t)$는 t=0 이전에도 존재하므로 비인과적이며 실현 불가능하다.

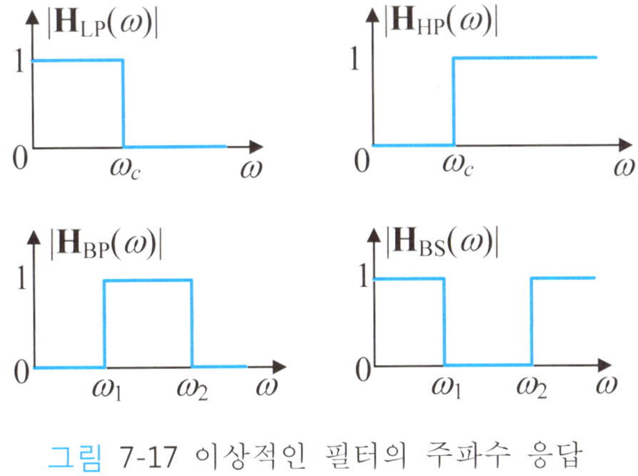

그림 7-17 이상적인 필터의 주파수 응답

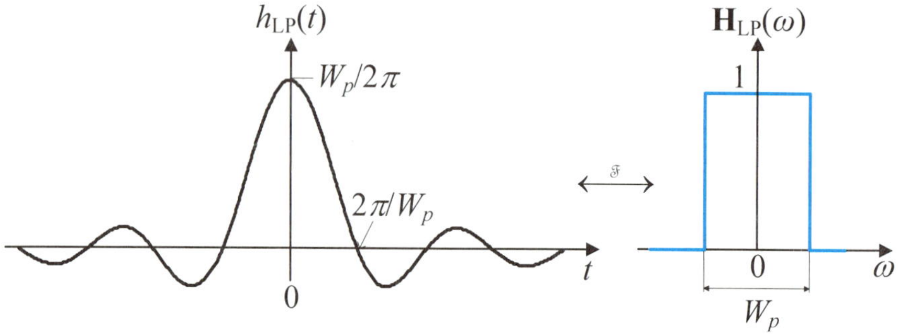

그림 7-18 이상적인 LPF; (a) 충격응답 (b) 주파수 응답

7.3.2 1차 필터

1차 LPF의 전달함수는

$$\mathbf{H}_{LP}(s) = \frac{1/\tau}{s + 1/\tau} \tag{7.3-2}$$

이며 τ는 1차 RC 또는 RL 회로의 시정수이다(식 (7.1-4), (7.1-5) 참조). 식 (7.3-2)의 크기 응답과 위상 응답은

$$|\mathbf{H}_{LP}(\omega)| = \left|\frac{1/\tau}{j\omega + 1/\tau}\right| = \frac{1/\tau}{\sqrt{\omega^2 + (1/\tau)^2}} \tag{7.3-3}$$

이며 위상 응답은

$$\angle\mathbf{H}_{LP}(\omega) = -\tan^{-1}\omega\tau \tag{7.3-4}$$

그림 7-19(a)는 크기 응답이고 (b)는 위상 응답이다. 여기서 특징적인 것은 필

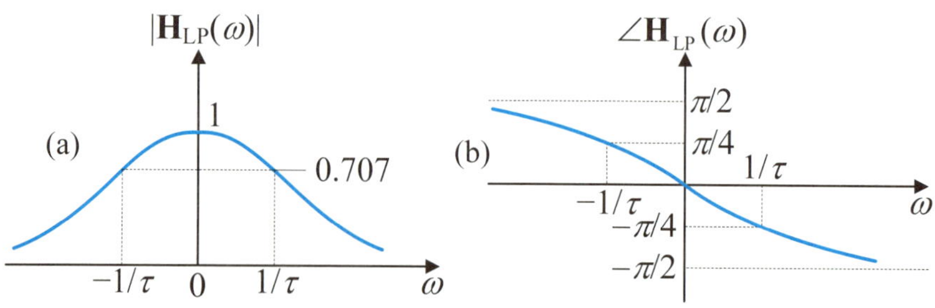

그림 7-19 1차 LPF의 주파수 응답; (a) 크기 응답 (b) 위상 응답

터의 차단주파수 $1/\tau$은 시정수에 반비례한다는 점이다. 계단함수는 불연속 점

인 t=0에 가장 많은 고주파가 포함되어 있다. 따라서 LPF의 대역폭이 증가할수록 보다 높은 고주파 성분이 통과되므로 필터의 계단응답 상승시간이 줄어들게 되는 것이다. 한편 1차 고역통과 필터(HPF)의 전달함수는 다음과 같다.

$$\mathbf{H}_{\mathrm{HP}}(s)=\frac{s}{s+1/\tau} \tag{7.3-5}$$

크기 응답을 구해보면

$$\left|\mathbf{H}_{\mathrm{HP}}(\omega)\right|=\left|\frac{j\omega}{j\omega+1/\tau}\right|=\frac{\omega}{\sqrt{\omega^2+(1/\tau)^2}} \tag{7.3-6}$$

이며 그림 7-20(a)와 같다. 이 역시 차단주파수는 시정수에 반비례한다.

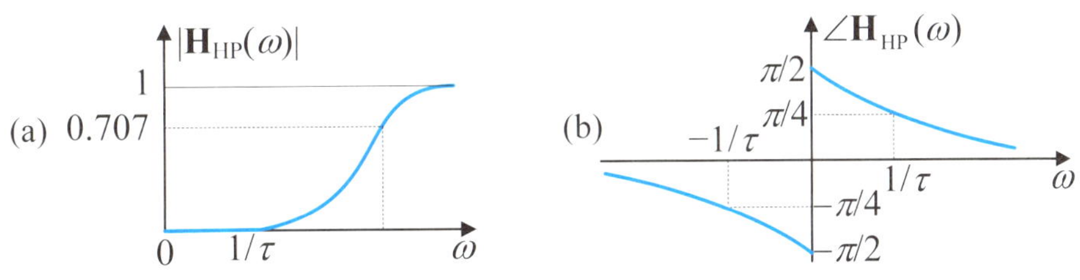

그림 7-20 1차 HPF의 주파수 응답

1차 필터의 특징은 크기 응답이 주파수 ω에 대해 단순감소 함수(LPF)이거나 단순증가 함수(HPF)라는 점이다. 따라서 1차 필터의 유형을 알기 위해서는 ω=0와 $\omega=\infty$에서의 크기만 알면 된다. 그리고 필터의 차단주파수는 시정수 τ만 알면 된다. 주파수 ω=0와 $\omega=\infty$에서는 C와 L의 등가회로는 그림 7-21과 같다. 그림 (a)는 커패시터의 임피던스 $1/(j\omega C)$는 ω=0에서는 무한대(개방

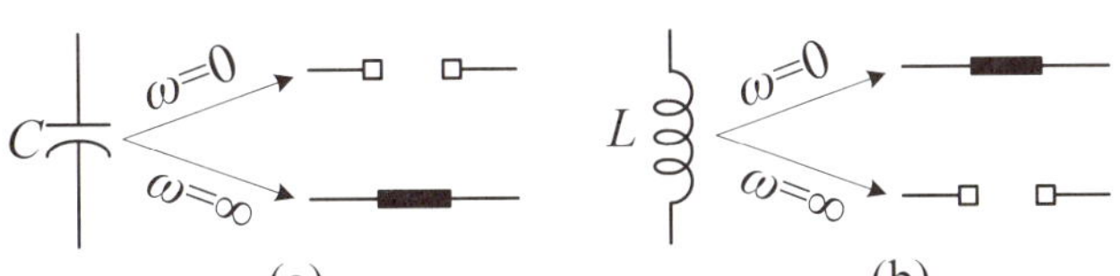

그림 7-21 주파수 ω=0와 $\omega=\infty$에서의 등가회로; (a) 커패시터 (b) 인덕터

회로)이며 $\omega=\infty$에서는 0(단락회로)임을 나타내는 등가회로이다. 이와 반대로

그림 (b)는 인덕터의 임피던스 $j\omega L$은 $\omega=0$에서는 0(단락회로)이며 $\omega=\infty$에서는 무한대(개방회로)임을 나타내는 등가회로이다. 그림 7-21의 간단한 등가회로를 이용하여 1차 필터의 주파수 특성을 쉽게 알아낼 수 있으며 그림 7-22가 이를 보여준다. 먼저 그림 (a)는 1차 RC 회로이며 $\mathbf{V}_s(\omega)$와 $\mathbf{V}_o(\omega)$는 입력과 출력의 푸리에 변환(또는 페이저)를 의미한다. 그림 (b)는 $\omega=0$에서의 등가회로이며 이로부터 $\mathbf{V}_o(0)=\mathbf{V}_s(0)$이다. 그림 (c)는 $\omega=\infty$에서의 등가회로이며 이로부터 $\mathbf{V}_o(\infty)=0$이다. 따라서 LPF임을 알 수 있다. 그리고 그림 (d)는 시정수를 구하는 등가회로이며 전압원을 끈 상태($\mathbf{V}_s=0$)에서 C가 바라본 저항 R이 등가저항이므로 시정수는 $\tau=RC$가 된다. 즉 그림 7-22(a)는 차단주파수가 $1/\tau$인 LPF인 것이다. 만일 출력을 R 양단에서 얻으면 HPF가 됨을 알 수 있다.

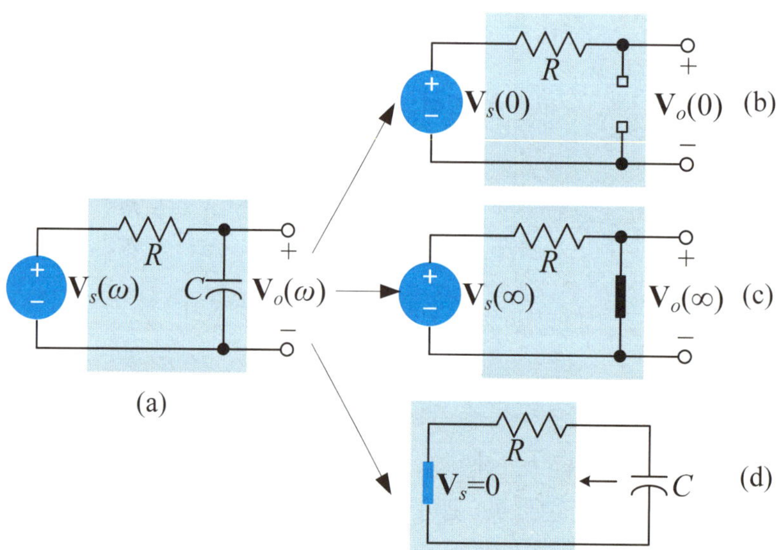

그림 7-22 1차 RC 회로의 등가회로; (a) $\omega=0$ (b) $\omega=\infty$ (c) τ

그림 7-23(a)는 1차 RL 회로이며 $\omega=0$의 등가회로인 (b)에서 $\mathbf{V}_o(0)=0$이다. 그림 (c)의 $\omega=\infty$의 등가회로에서 $\mathbf{V}_o(\infty)=\mathbf{V}_s(\infty)$이다. 따라서 HPF임을 알 수 있다. 그림 (d)는 시정수를 구하는 등가회로이며 전압원을 끈 상태($\mathbf{V}_s=0$)에서 L이 바라본 저항 R이 등가저항이므로 시정수는 $\tau=L/R$이 된다. 즉 그림 7-23(a)는 차단주파수가 $1/\tau$인 HPF인 것이다. 만일 R 양단이 출력이면 LPF이다.

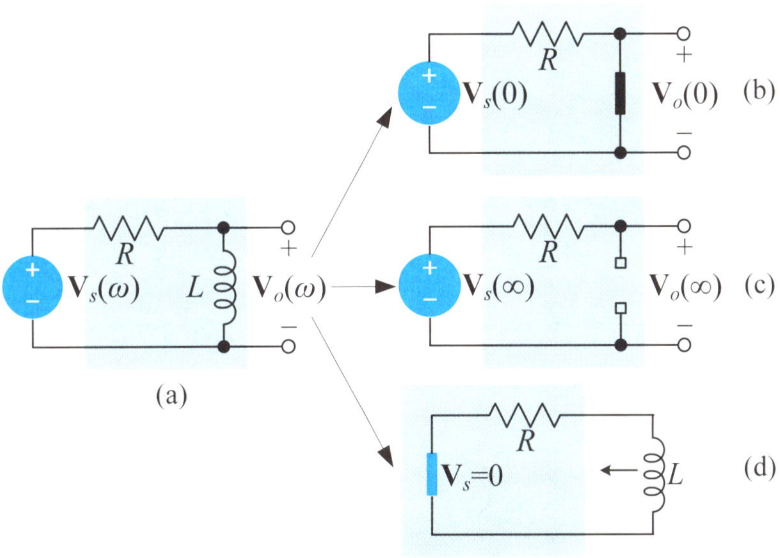

그림 7-23 1차 RL 회로의 등가회로; (a) ω=0 (b) ω=∞ (c) τ

예제 7.4 그림 7-24(a)의 회로에 대한 크기 응답을 구하라.

풀이 주파수 ω=0에서의 등가회로인 그림 (b)에서

$$\mathbf{H}(0) = \frac{\mathbf{V}_o}{\mathbf{V}_s} = \frac{R_L}{R_s + R + R_L}$$

이며 주파수 ω=∞에서의 등가회로인 그림 (c)에서는

$$\mathbf{H}(\infty) = \frac{\mathbf{V}_o}{\mathbf{V}_s} = 0$$

이므로 LPF이다. 그림 (d)와 같이 전압원을 끈 상태에서($\mathbf{V}_s$=0) 커패시터 C가 바라본 등가저항을 구하면

$$R_{\text{eq}} = (R_s + R) \| R_L = \frac{(R_s + R)R_L}{R_s + R + R_L}$$

따라서 차단주파수는

$$\frac{1}{\tau} = \frac{1}{R_{\text{eq}}C} = \frac{R_s + R + R_L}{(R_s + R)R_L C} \quad \text{(rad/sec)}$$

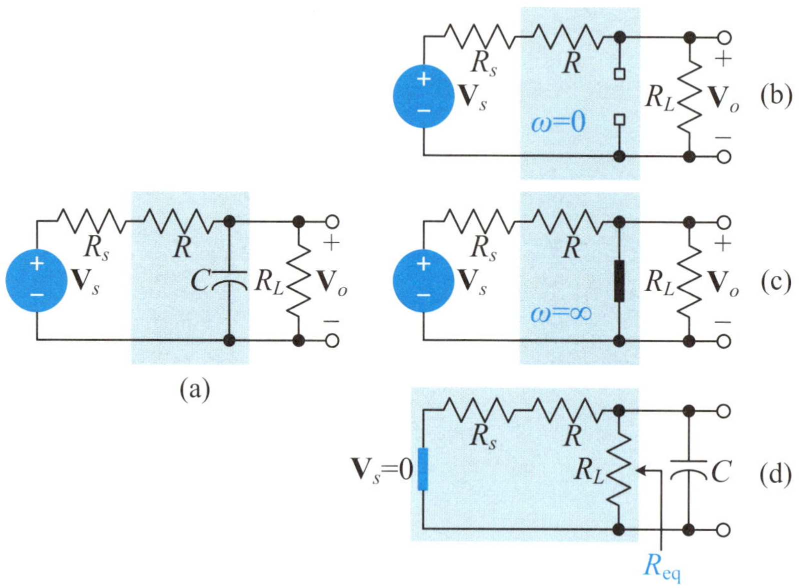

그림 7-24 (a) 예제 7-4의 회로 (b) ω=0 (c) ω=∞ (d) τ

7.3.3 2차 필터

그림 7-25(a)는 직렬 LC 공진회로이며 임피던스는

$$\mathbf{Z}(\omega) = j\omega L - j\frac{1}{\omega C} = j\omega L\left(1 - \frac{1}{\omega^2 LC}\right) \tag{7.3-7}$$

이며 $\mathbf{Z}(\omega)$=0이 되는 공진주파수 ω_o는 다음과 같다.

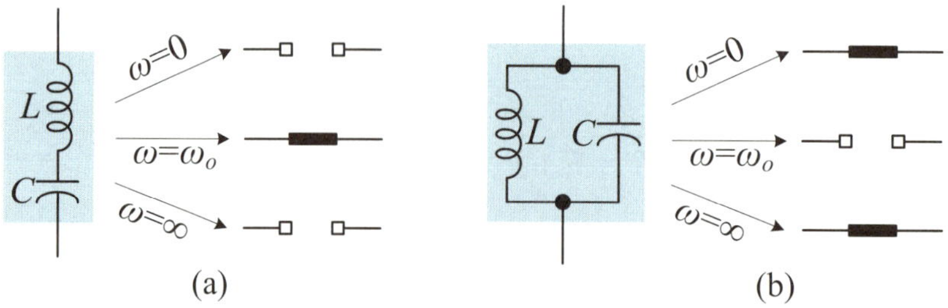

그림 7-25 등가회로; (a) 직렬 LC 공진회로 (b) 병렬 LC 공진회로

$$\omega_o = \frac{1}{\sqrt{LC}} \qquad \text{(7.3-8)}$$

그리고 ω=0, ∞에서는 $\mathbf{Z}(0)=\mathbf{Z}(\infty)=\infty$이다(개방회로). 따라서 ω=0, ω_o, ∞에서의 등가회로는 그림 7-25(a)에서 표시한 바와 같다. 그림 7-25(b)는 병렬 LC 회로이며 어드미턴스는

$$\mathbf{Y}(\omega) = j\omega C - j\frac{1}{\omega L} = j\omega C\left(1 - \frac{1}{\omega^2 LC}\right) \qquad \text{(7.3-9)}$$

이며 $\mathbf{Y}(\omega)$=0이 되는 공진주파수 ω_o는 역시 식 (7.3-8)과 같다. 그리고 ω=0, ∞에서는 $\mathbf{Y}(0)=\mathbf{Y}(\infty)=\infty$이다(단락회로). 따라서 ω=0, ω_o, ∞에서의 등가회로는 그림 7-25(b)에서 표시한 바와 같다. 그림 7-25의 등가회로는 2차 공진 필터의 주파수 응답을 구하는 데 유용하다.

그림 7-26(a)는 직렬 RLC 공진회로이다. 전체 어드미턴스 $\mathbf{Y}(\omega)$는

$$\mathbf{Y}(\omega) = \frac{1}{R + j\omega L\left(1 - \frac{1}{\omega^2 LC}\right)} \qquad \text{(7.3-10)}$$

이며 공진주파수에서는 $\mathbf{Y}(\omega_o)=1/R$이다(그림 (b)). 여기서 다음과 같은 변수를 정의한다.

$$Q_{직} = \frac{X_o}{R} \qquad \text{(7.3-11)}$$

$Q_{직}$은 직렬공진의 양호도라 하고 $X_o=\omega_o L=1/(\omega_o C)$로 공진시의 L과 C의 임피던스이다. 이제 어드미턴스의 크기가 $0.707/R$이 되는 두 주파수를 구하기 위해서는 식 (7.3-10)으로부터 다음 방정식을 풀면 된다.

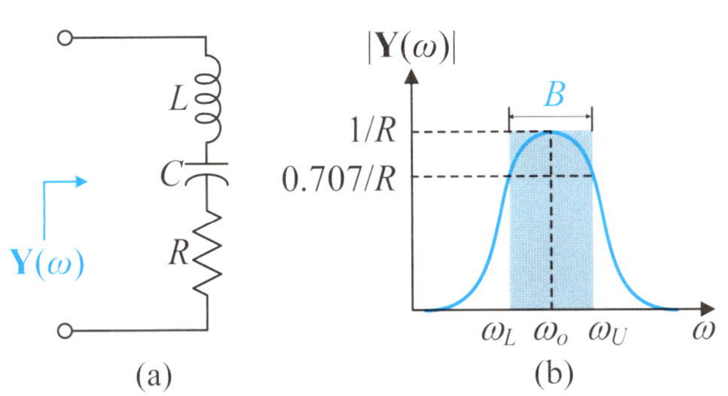

그림 7-26 (a) 직렬 RLC 공진회로 (b) 어드미턴스의 크기 특성

$$\omega L\left(1-\frac{1}{\omega^2 LC}\right)=\pm R \qquad \textbf{(7.3-12)}$$

위 식을 만족하는 두 주파수를 ω_L, ω_U라 하면 대역폭 $B=\omega_L-\omega_U$는 다음과 같이 주어진다(부록 E 참조).

$$B=\frac{\omega_o}{Q_{직}} \qquad \textbf{(7.3-13)}$$

이상으로 직렬 RLC 공진회로의 어드미턴스는 그림 7-25(b)와 같은 대역통과 특성을 갖는다.

그림 7-26(a)는 병렬 RLC 공진회로이며 그 임피던스 $\mathbf{Z}(\omega)$는

$$\mathbf{Z}(\omega)=\frac{1}{1/R+j\omega C\left(1-\dfrac{1}{\omega^2 LC}\right)} \qquad \textbf{(7.3-14)}$$

이며 공진주파수에서는 $\mathbf{Z}(\omega_o)=R$이다(그림 7-26(b)). 위의 식 $\mathbf{Z}(\omega)$는 식 (7.3-10)의 $\mathbf{Y}(\omega)$에서 $R\to 1/R$로 하고 L과 C를 맞바꾼 것과 같다. 따라서 식 (7.3-11)의 $Q_{직}$에서 $R\to 1/R$로 하고 L과 C를 맞바꾸면

$$Q_{직}=\frac{\omega_o L}{R}\longrightarrow\frac{\omega_o C}{1/R}=\frac{R}{1/(\omega_o C)}=\frac{R}{X_o}$$

이므로 병렬 RLC 공진회로의 양호도 $Q_{병}$은 다음과 같이 주어진다.

$$Q_{병}=\frac{R}{X_o} \qquad \textbf{(7.3-15)}$$

그리고 대역폭 B는 식 (7.3-13)과 같은 형태로 다음과 같다.

$$B=\frac{\omega_o}{Q_{병}} \qquad \textbf{(7.3-16)}$$

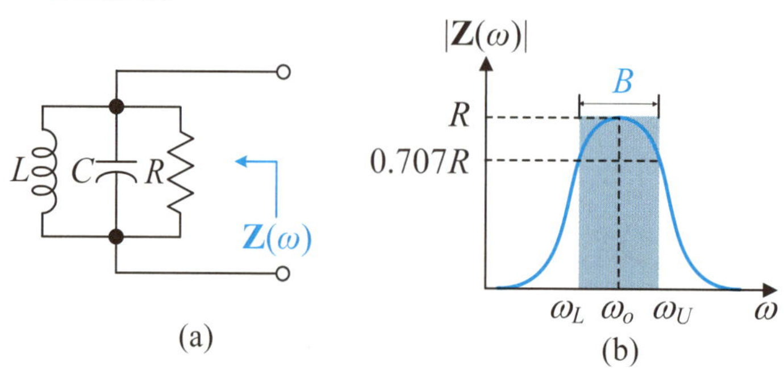

그림 7-27 (a) 병렬 RLC 공진회로 (b) 임피던스의 크기 특성

이제 그림 7-25의 등가회로와 $Q_{직}$과 $Q_{병}$에 대한 식 및 $B=\omega_o/Q$의 관계를 이용하면 다양한 2차 공진 필터의 특성을 손쉽게 구할 수 있다. 먼저 그림 7-28(a) 회로의 주파수 응답에 대해 알아보자. 주파수 $\omega=0, \infty$에서의 등가회로는 그림 (b)와 같으며 출력은 $\mathbf{V}_o=0$이다. 그리고 $\omega=\omega_o$에서의 등가회로인 그림 (c)에서는 $\mathbf{V}_o=\mathbf{V}_s$이다. 그리고 그림 (d)와 같이 전압원을 단락시켜 차단한 상태에서($\mathbf{V}_s=0$) 직렬 LC와 결합하는 등가저항을 구하면 R이다. 따라서 $Q_{직}=X_o/R$로부터 $B=\omega_o/Q_{직}$을 구할 수 있다. 이상으로 따라서 필터의 크기 응답은 그림 (e)와 같은 대역통과 필터(BPF)가 된다.

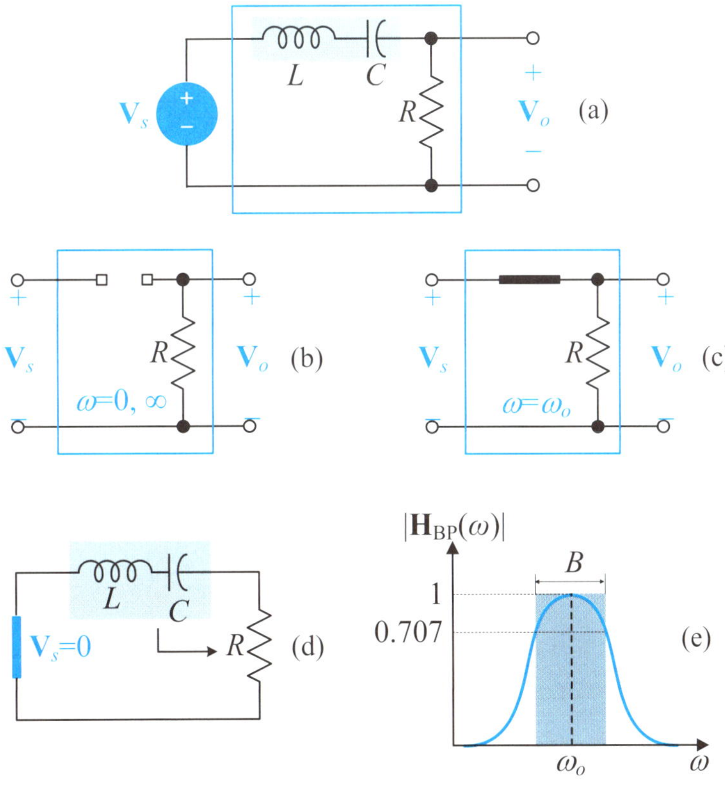

그림 7-28 (a) 직렬 RLC 회로 (b) $\omega=0, \infty$에서의 등가회로 (c) $\omega=\omega_o$에서의 등가회로 (d) 등가저항을 구하는 회로 (e) 크기 응답

그림 7-29(a) 회로의 주파수 응답에 대해 알아보자. 주파수 $\omega=0, \infty$에서의 등가회로는 그림 (b)와 같으며 출력은 $\mathbf{V}_o=\mathbf{V}_s$이다. 그리고 $\omega=\omega_o$에서의 등가

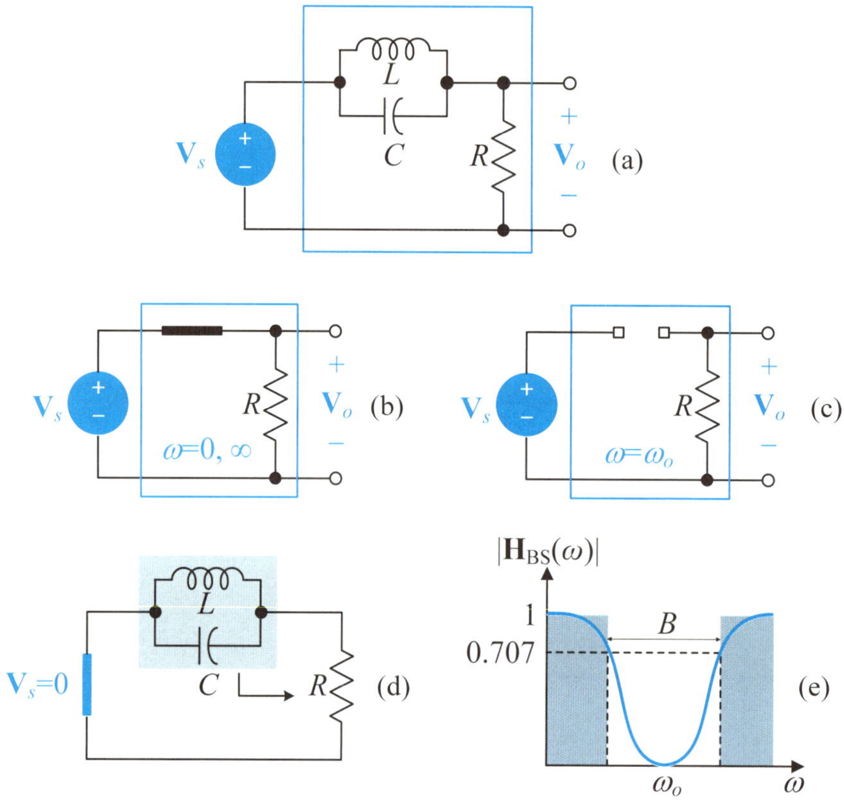

그림 7-29 (a) 병렬 RLC 회로 (b) ω=0, ∞에서의 등가회로 (c) $\omega=\omega_o$에서의 등가회로 (d) 등가저항을 구하는 회로 (e) 크기 응답

회로인 그림 (c)에서는 $\mathbf{V}_o$=0이다. 그리고 그림 (d)처럼 전압원을 단락시켜 차단한 상태($\mathbf{V}_s$=0)에서 병렬 LC와 결합하는 등가저항을 구하면 R이다. 따라서 $Q_{병}=R/X_o$로부터 $B=\omega_o/Q_{병}$을 구할 수 있다. 이상으로 따라서 필터의 크기 응답은 그림 (e)와 같은 대역차단 필터(BSF)가 된다.

예제 7.5 그림 7-30의 회로에 대한 크기 응답을 구하라. 단 L=1mH, C=10μF, R_s=2Ω, R=3Ω, R_L=100Ω.

풀이 그림 7-30에 대한 각 등가회로는 그림 7-31과 같다. 먼저 공진주파수를 구하면 다음과 같다.

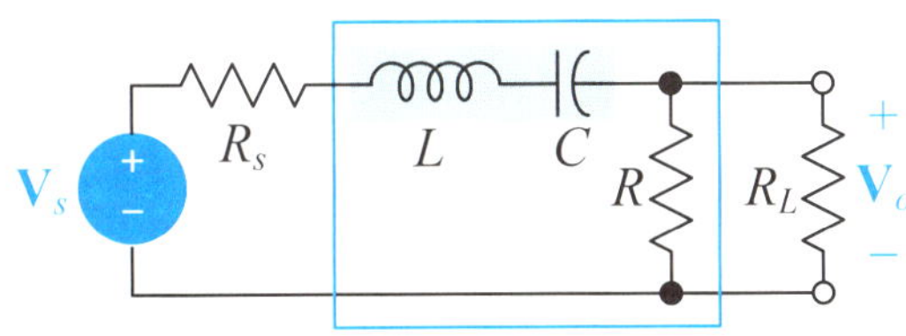

그림 7-30 예제 7-5의 그림

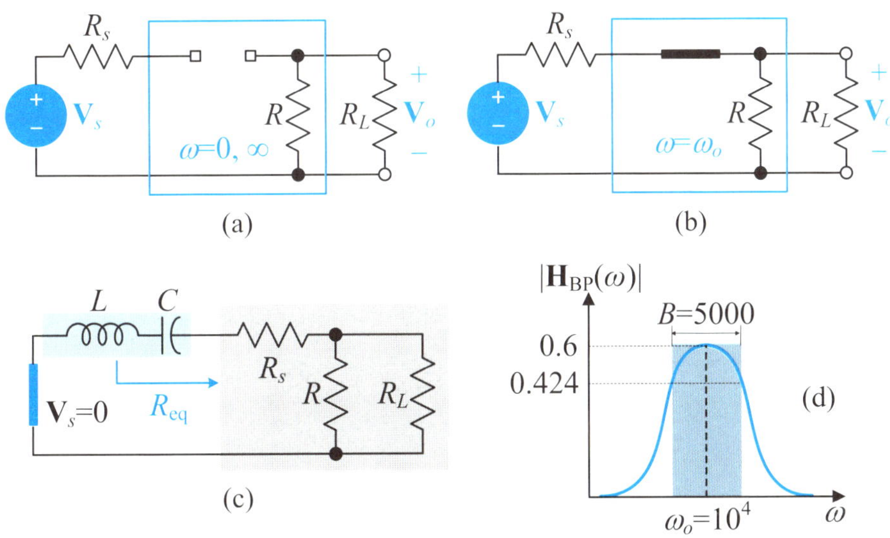

그림 7-31 그림 7-30의 (a) ω=0, ∞에서의 등가회로 (b) ω=ω_o에서의 등가회로 (c) 등가저항 (d) 크기 응답

$$\omega_o = \frac{1}{\sqrt{LC}} = \frac{1}{\sqrt{10^{-3} \times 10^{-5}}} = 10^4 \text{ rad/sec}$$

그림 (a); $\dfrac{\mathbf{V}_o}{\mathbf{V}_s} = 0$

그림 (b); $\dfrac{\mathbf{V}_o}{\mathbf{V}_s} = \dfrac{R \| R_L}{R_s + R \| R_L} = \dfrac{3 \| 100}{2 + 3 \| 100} \approx \dfrac{3}{2+3} = 0.6$

그림 (c); $R_{\text{eq}} = R_s + R \| R_L = 2 + 3 \| 100 \approx 5$

$$Q_{직} = \frac{X_o}{R_{eq}} = \frac{\omega_o L}{R_{eq}} = \frac{10^4 \times 10^{-3}}{5} = 2 \quad \therefore B = \omega_o / Q_{직} = 5000$$

이상으로 크기 응답은 그림 7-31(d)와 같은 BPF이다.

예제 7.6 그림 7-32(a)는 가속도계(accelerometer)이다. 변위 $x(t)$와 $y(t)$ 간의 전달함수인 $H(s)=Y(s)/X(s)$를 구하라.

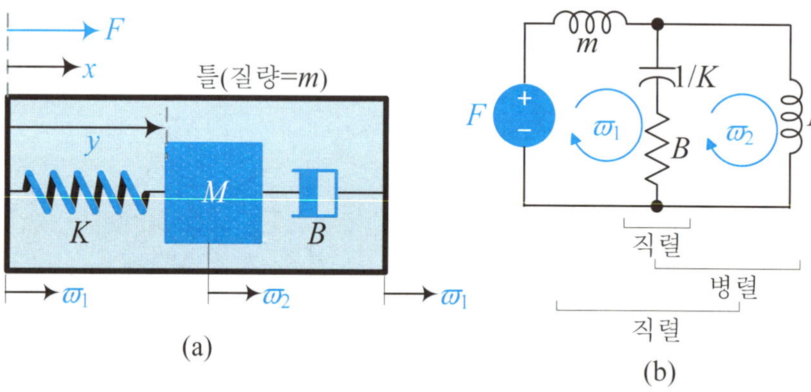

그림 7-32 (a) 가속도계 (b) 상사회로

풀이 그림 7-32(a)의 상사회로는 그림 (b)와 같다. 즉 스프링(K)과 마찰(B)는 속도가 $\varpi_1-\varpi_2$로 같으므로 직렬결합이 되며 이 결합은 속도가 ϖ_1인 질량 M과 다시 병렬결합이 된다. 그리고 스프링, 마찰, 질량(M)의 전체 결합은 질량 m과 같은 속도 ϖ_1이므로 m과 직렬결합이 되어 그림 (b)의 상사회로를 얻을 수 있다. 그림 (b)에서 $\varpi_1(t)$와 $\varpi_2(t)$의 라플라스 변환을 각각 $W_1(s)$, $W_2(s)$라 하고 힘 $F(t)$의 라플라스 변환을 $F(s)$라 하고 KVL을 적용하면

$$msW_1(s) + (B + K/s)(W_1(s) - W_2(s)) = F(s) \quad \text{(왼쪽 폐로)}$$

$$(B + K/s)(W_2(s) - W_1(s)) + MsW_2(s) = 0 \quad \text{(오른쪽 폐로)}$$

위의 두 식을 행렬로 표현하면

$$\begin{bmatrix} ms^2+Bs+K & -Bs-K \\ -Bs-K & Ms^2+Bs+K \end{bmatrix}\begin{bmatrix} W_1(s) \\ W_2(s) \end{bmatrix}=\begin{bmatrix} sF(s) \\ 0 \end{bmatrix}$$

이로부터 행렬식을 $D(s)$라 하면

$$\begin{cases} W_1(s)=\dfrac{s(Ms^2+Bs+K)F(s)}{D(s)}\cdots\text{(i)} \\ W_2(s)=\dfrac{s(Bs+K)F(s)}{D(s)}\cdots\cdots\cdots\text{(ii)} \end{cases}$$

구하고자 하는 $y(t)$와 $x(t)$는 각각

$$y(t)=\int_0^t(\varpi_2(\tau)-\varpi_1(\tau))d\tau,\quad x(t)=\int_0^t\varpi_1(\tau)d\tau$$

이므로 라플라스 변환 $Y(s)$와 $X(s)$는 식 (i), (ii)로부터

$$\begin{cases} Y(s)=\dfrac{W_2(s)-W_1(s)}{s}=-\dfrac{Ms^3}{D(s)}F(s) \\ X(s)=\dfrac{W_1(s)}{s}=\dfrac{Ms^3+Bs^2+Ks}{D(s)}F(s) \end{cases}$$

$$\therefore H(s)=\frac{Y(s)}{X(s)}=\frac{-s^2}{s^2+(B/M)s+K/M}$$

주파수 응답을 구해보면

$$\mathbf{H}(\omega)=\frac{\omega^2}{K/M-\omega^2+j(B/M)\omega}$$

여기서 $\omega<K/M$의 범위에서는

$$\mathbf{H}(\omega)=\frac{\omega^2}{K/M-\omega^2+j(B/M)\omega}\approx(M/K)\omega^2$$

와 같이 주파수의 자승에 비례한다. 즉 $y(t)$는 거리 $x(t)$를 두 번 미분 한 것인 가속도에 비례하므로 가속도계라 하는 것이다.

7.3.4 버터워스 필터

앞에서는 1차 및 2차 필터에 대해 알아보았다. 2차 이상의 고차 필터를 체계적으로 설계하는 방법들이 여러 가지 있지만 가장 간단하고 널리 사용되는 것이 버터워스(Butterworth) 필터이다. N차 버터워스 LPF의 크기 응답은

$$|\mathbf{H}(\omega)|^2 = \frac{1}{1+(\omega/\omega_c)^{2N}} \tag{7.3-17}$$

로 주어지며 ω_c는 차단주파수 또는 대역폭이다. 버터워스 필터의 전반적인 특징은 다음과 같음을 알 수 있다.

$$\begin{cases} \mathbf{H}(0)=1 \\ |\mathbf{H}(\omega_c)| = 1/\sqrt{2} = 0.707 \\ |\mathbf{H}(\omega)| \approx (\omega_c/\omega)^N, \quad \omega >> \omega_c \end{cases} \tag{7.3-18}$$

즉 직류 이득은 차수 N에 무관하게 1이며 차단주파수 역시 N과 무관하게 ω_c이다. 실제 필터의 충격응답 $h(t)$는 실함수이므로 $\mathbf{H}^*(\omega)=\mathbf{H}(-\omega)$를 만족한다. 이로부터 식 (7.3-17)은

$$|\mathbf{H}(\omega)|^2 = \mathbf{H}(\omega)\mathbf{H}^*(\omega) = \mathbf{H}(\omega)\mathbf{H}(-\omega) = \frac{1}{1+(\omega/\omega_c)^{2N}} \tag{7.3-19}$$

원하는 전달함수 $H(s)$를 구하기 위해 위의 식에서 $j\omega$ 대신 s를 대입하면

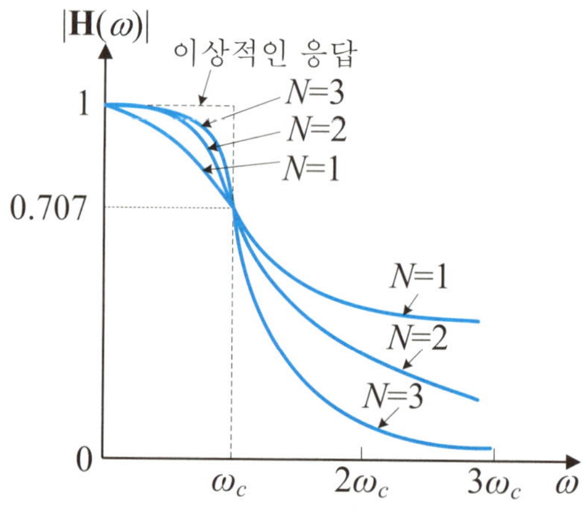

그림 7-33 정규화된 버터워스 LPF의 크기 응답

$$H(s)H(-s) = \frac{1}{1+(s/j\omega_c)^{2N}} \tag{7.3-20}$$

함수 $H(s)H(-s)$의 극점은 다음 방정식의 근이다.

$$(s/j\omega_c)^{2N} = -1 \quad \text{또는} \quad s = [j(-1)^{1/2N}]\omega_c \tag{7.3-21}$$

여기서 $j=e^{j2/\pi}$이며

$$(-1)^{1/2N} = \exp\left(j\frac{(2k-1)\pi}{2N}\right), \quad k = 1, 2, \cdots, 2N \tag{7.3-22}$$

이므로 k=1, 2, … ,2N에 대한 $H(s)H(-s)$의 극점 $s=s_k$는 다음과 같이 주어진다.

$$s_k = \omega_c \exp\left[j\left\{\frac{\pi}{2} + \frac{(2k-1)\pi}{2N}\right\}\right] \tag{7.3-23}$$

그림 7-34는 N=1, 2, 3, 4에 대한 극점을 도시한 것이다. 이 그림을 참조하면 다음을 알 수 있다:

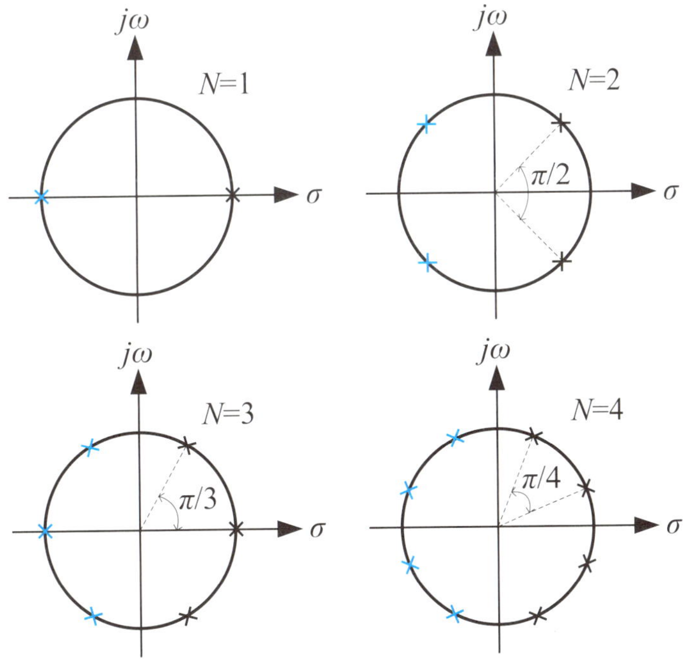

그림 7-34 버터워스 LPF에 대한 $H(s)H(-s)$의 극점 분포도

1. $H(s)H(-s)$의 $2N$ 개 극점은 반지름 ω_c의 원주상에서 각주파수 π/N 라디안 간격으로 자리잡고 있다.
2. 어떠한 극점도 허수축 $j\omega$상에서는 없다.
3. 복소근은 항상 공액으로 존재한다.

우리가 원하는 안정되고 인과적인 $H(s)$의 극점은 $H(s)H(-s)$의 극점들 중에서 LHP에 존재하는 것들이며, $H(-s)$의 극점은 모두 RHP에 존재하는 것들이다. 이상을 바탕으로 그림 7-34의 N=1, 2, 3에 대한 전달함수 $H(s)$를 구하면 다음과 같다(항상 $H(0)$=1이 되도록 분모 계수를 조정한다).

$$
\begin{aligned}
N=1 \quad & H(s)=\frac{\omega_c}{s+\omega_c} \\
N=2 \quad & H(s)=\frac{\omega_c^2}{(s+\omega_c e^{j\pi/4})(s+\omega_c e^{-j\pi/4})}=\frac{\omega_c^2}{s^2+\sqrt{2}\omega_c s+\omega_c^2} \\
N=3 \quad & H(s)=\frac{\omega_c^3}{(s+\omega_c)(s+\omega_c e^{j\pi/3})(s+\omega_c e^{-j\pi/3})} \\
& \quad =\frac{\omega_c^3}{(s+\omega_c)(s^2+\omega_c s+\omega_c^2)} \\
& \quad =\frac{\omega_c^3}{s^3+2\omega_c s^2+2\omega_c^2 s+\omega_c^3}
\end{aligned}
\tag{7.3-24}
$$

표 7-1은 차단주파수를 ω_c=1로 정규화시킨 버터워스 필터의 분모 다항식을 N=1부터 6까지 소개한 것이다.

표 7-1 버터워스 필터의 분모 다항식

$N=1$	$s+1$
$N=2$	$s^2+\sqrt{2}s+1$
$N=3$	s^3+2s^2+2s+1
$N=4$	$s^4+2.6131s^3+3.4142s^2+2.6131s+1$
$N=5$	$s^5+3.2361s^4+5.2361s^3+5.2361s^2+3.2361s+1$
$N=6$	$s^6+3.8637s^5+7.4641s^4+9.1416s^3+7.4641s^2+3.8637s+1$

버터워스 필터는 LPF이며 다른 HPF, BPF, BSF는 LPF를 적절히 변환시켜 얻을 수 있다. 차단주파수를 ω_c=1로 정규화시킨 1차 버터워스 LPF를 $H_{norm}(s)$라 하면

$$H_{\text{norm}}(s) = \frac{1}{s+1} \tag{7.3-25}$$

여기서 $s \to s/\omega_c$로 대체하면 $H(s)=\omega_c/(s+\omega_c)$로 차단주파수 ω_c의 1차 버터워스 LPF가 된다. 이와 반대로

$$s \to \omega_c/s \tag{7.3-26}$$

로 대체하면 $H_{norm}(s)$로부터

$$\frac{1}{s+1} \longrightarrow \frac{s}{s+\omega_c} \tag{7.3-27}$$

와 같이 1차 HPF를 얻을 수 있다. BPF의 경우 저주파 차단주파수와 고주파 차단주파수가 각각 ω_L, ω_U라면 이러한 BPF는 $H_{norm}(s)$에서

$$s \to \frac{s^2+\omega_L\omega_U}{(\omega_U-\omega_L)s} \tag{7.3-28}$$

로 대체하면 얻을 수 있다. 즉

$$\frac{1}{s+1} \longrightarrow \frac{1}{\dfrac{s^2+\omega_L\omega_U}{(\omega_U-\omega_L)s}+1} = \frac{(\omega_U-\omega_L)s}{s^2+(\omega_U-\omega_L)s+\omega_U\omega_L} \tag{7.3-29}$$

즉 $\mathbf{H}(\omega_L)=\mathbf{H}(\omega_U)=0.707$임을 알 수 있다. BPF의 경우를 응용하면 BSF 설계법은 다음과 같다.

$$s \to \frac{(\omega_U-\omega_L)s}{s^2+\omega_L\omega_U} \tag{7.3-30}$$

예제 7.7 저주파 및 고주파 차단주파수가 f_L=900 Hz, f_U=1100Hz인 BPF를 설계하라.

풀이 해당 각주파수가 $\omega_L=1800\pi$ rad/sec, $\omega_U=2200\pi$ rad/sec 이므로 식 (7.3-29)로부터

$$H_{\text{BP}}(s) = \frac{(\omega_U-\omega_L)s}{s^2+(\omega_U-\omega_L)s+\omega_U\omega_L} = \frac{400\pi s}{s^2+400\pi s+3.96\times10^6}$$

7.3.5 능동 RC 필터

수동소자인 RLC 중에서 인덕터는 무겁고 값이 비쌀 뿐 아니라 포화로 인해 선형성이 상실되는 이유로 필터 또는 각종 회로망을 설계하는 데 어려움이 많다. 따라서 인덕터를 사용하지 않는 필터 제작에 등장한 것이 능동소자이며 그 중에서도 값싸고 다양한 연산을 수행할 수 있는 연산증폭기(Operational amplifier)가 가장 많이 사용하게 되었다. 수동 RC 회로망과 연산증폭기로 구성된 필터를 능동 필터라 부른다. 연산증폭기가 없었다면 연속 신호(아날로그 신호) 처리에서 오늘날과 같은 발전을 이루지 못했을 것이다.

그림 7-35(a)는 연산증폭기의 등가 모델이며 반전 입력단(−)과 비반전 입력단(+) 두 가지가 있다. 출력전압 v_o는 이 두 단자의 전압차 v_i에 비례한다. 입력 저항 R_i는 수 MΩ에서 수십 MΩ 사이로 매우 크며 출력 저항 R_o는 수십 Ω 수준으로 매우 작고 이득 A_o는 10^5 수준으로 매우 높은 것이 특징이다. 예를 들어 $A_o=10^5$이고 출력 v_o의 포화전압이 ±10V라면 $v_i=\pm10/10^5=\pm100\mu\text{V}$만 초과해도 출력은 포화된다. 따라서 연산증폭기가 선형영역에서 동작하기 위한 v_i의 크기는 주위 전압의 수준에 비하면 거의 0V와 같으므로 두 입력단 사이는 단락회로 수준이다. 그리고 입력 저항 R_i=10 MΩ이라면 선형영역에서의 입력의 최대 전류는 $i_+=i_-=\pm100\mu\text{V}/10\text{M}\Omega=10^{-11}\text{A}=10\text{pA}$에 불과하다. 이는

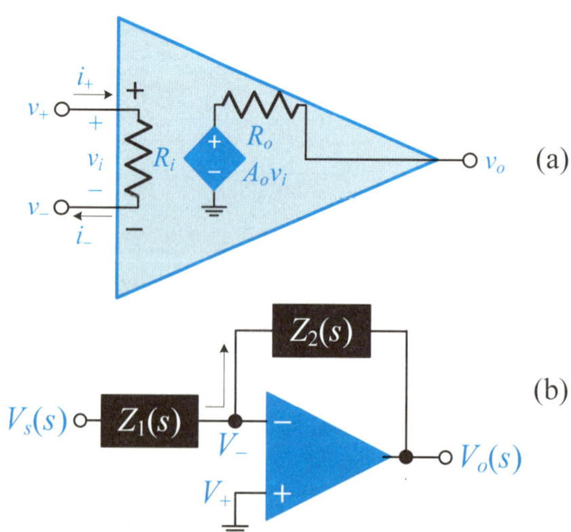

그림 7-35 연산증폭기: (a) 등가 모델 (b) 기본 증폭기

주위의 전류에 비하면 거의 0A와 같으므로 두 입력단은 개방회로 수준이다. 즉 연산증폭기의 두 입력단은 전압 입장에서는 단락회로이며 전류 입장에서는 개방회로이며 이러한 양면성을 가상단락이라 부른다. 그림 7-35(b)에서 비반전 입력단 전압이 $V_+=0$이므로 가상단락의 단락 성질에 의해 $V_-=V_+=0$이다. 그리고 반전입력단 전류는 가상단락의 개방 성질에 의해 0이다. 따라서 $Z_1(s)$에 흐르는 전류 $I(s)=V_s(s)/Z_1(s)$는 모두 $Z_2(s)$를 통해 흐르므로

$$V_o(s) = -I(s)Z_2(s) = -\frac{Z_2(s)}{Z_1(s)}V_s(s) \tag{7.3-31}$$

따라서 전달함수 $H(s)=V_o(s)/V_s(s)$는

$$H(s) = -\frac{Z_2(s)}{Z_1(s)} \tag{7.3-32}$$

그림 7-35(b)에서 RC 수동소자로써 임피던스 $Z_1(s)$와 $Z_2(s)$를 만들면 그림 7-36과 같이 다양한 전달함수 $H(s)$를 쉽게 구현할 수 있다. 먼저 그림 (a)의 경우는 $Z_1(s)=1/(sC)$, $Z_2(s)=R$이므로

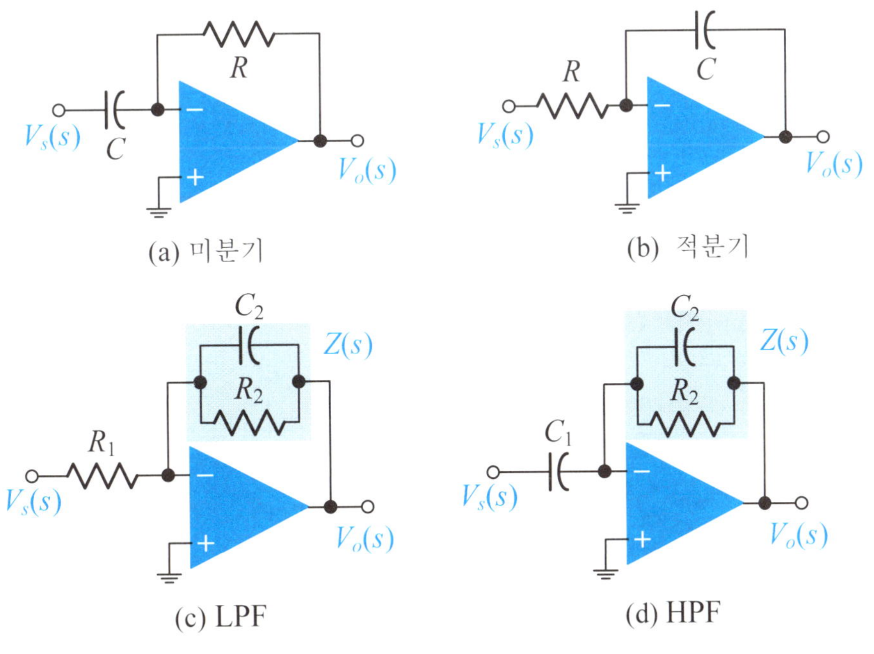

그림 7-36 연산증폭기를 이용한 일차 회로들의 예

$$H(s) = -\frac{R}{1/(sC)} = -\tau s \quad \text{(7.3-33)}$$

로 미분기이며($\tau=RC$) 이와 반대로 그림 7-36(b)는

$$H(s) = -\frac{1/(sC)}{R} = -\frac{1}{\tau s} \quad \text{(7.3-34)}$$

로 적분기이다. 그리고 그림 (c)에서는

$$Z(s) = \frac{1/C_2}{s+1/\tau} \quad (\tau = R_2C_2) \quad \text{(7.3-35)}$$

이므로 $H(s)=-Z(s)/R_1$은

$$H(s) = -\frac{R_2}{R_1}\left(\frac{1/\tau}{s+1/\tau}\right) \quad \text{(7.3-36)}$$

인 일차 LPF가 된다. 반대로 그림 (d)에서는 $H(s)=-sC_1Z(s)$는

$$H(s) = -\frac{C_1}{C_2}\left(\frac{s}{s+1/\tau}\right) \quad \text{(7.3-37)}$$

인 일차 HPF가 된다.

그림 7-37은 표 7-1의 버터워스 필터를 구현할 수 있는 능동 RC 필터의 일반적인 구조이다. 두 입력단 전압이 $V_+=V_-=0$임을 이용하여 마디 A와 반전 입력단 마디에 각각 KCL을 적용하면 다음의 두 방정식을 얻을 수 있다.

$$\begin{cases} (Y_1+Y_2+Y_3+Y_4)V_A(s) - Y_1V_s(s) - Y_2V_o(s) = 0 \\ Y_3V_A(s) + Y_5V_o(s) = 0 \end{cases} \quad \text{(7.3-38)}$$

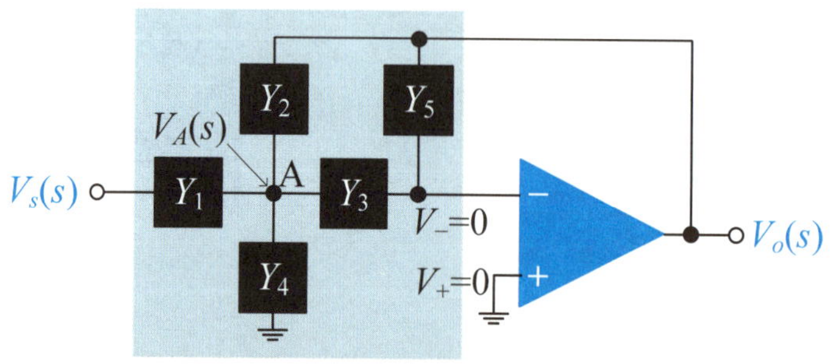

그림 7-37 버터워스 능동 RC 필터의 전형적인 구성

식 (7.3-38)로부터 전달함수 $H(s)=V_o(s)/V_i(s)$는

$$H(s)=\frac{-Y_1Y_3}{(Y_1+Y_2+Y_3+Y_4)Y_5+Y_2Y_3} \quad (7.3\text{-}39)$$

그림 7-37에서 Y_1, Y_2, Y_3는 저항으로 하고 Y_4, Y_5를 커패시터로 하여 그림 7-38(a)처럼 하면 식 (7.3-39)에서 $Y_1=Y_2=Y_3=1/R$ 및 $Y_4=sC_1$, $Y_5=sC_2$로 한 것이므로 전달함수는

$$H_{\mathrm{LP}}(s)=\frac{-\dfrac{1}{R^2C_1C_2}}{s^2+\dfrac{3}{RC_2}s+\dfrac{1}{R^2C_1C_2}} \quad (7.3\text{-}40)$$

인 LPF가 된다. 그림 7-38에서 저항과 커패시터를 맞바꾸어 $R\rightarrow C$, $C_1\rightarrow R_1$, $C_2\rightarrow R_2$로 하면 그림 7-38(b)가 되며 전달함수는 식 (7.3-40)을 변형하면

$$H_{\mathrm{HP}}(s)=\frac{-s^2}{s^2+\dfrac{3}{CR_2}s+\dfrac{1}{C^2R_1R_2}} \quad (7.3\text{-}41)$$

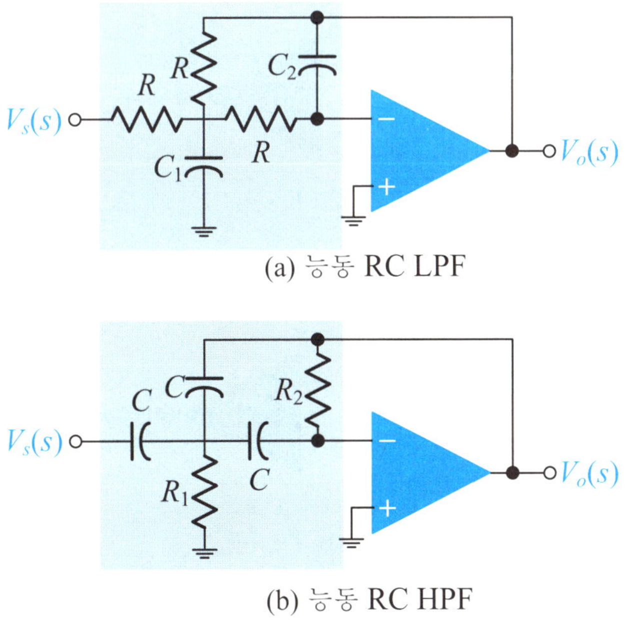

그림 7-38 (a) 능동 RC LPF (b) 능동 RC HPF

식 (7.3-41)은 HPF이다. 또한 식 (7.3-39)에서 $Y_1=1/R_1$, $Y_5=1/R_2$ 및 $Y_2=Y_3=sC$로 하고 $Y_4=0$으로 하여 그림 7-39(a)와 같이 구성하면 식 (7.3-39)로부터

$$H_{\mathrm{BP}}(s)=\frac{-\dfrac{1}{R_1C}s}{s^2+\dfrac{2}{R_2C}s+\dfrac{1}{C^2R_1R_2}} \quad \textbf{(7.3-42)}$$

인 BPF를 구현할 수 있다. 그리고 그림 7-39(b)에서 $V_+=\alpha V_1(s)$이며 α가

$$\alpha=\frac{R_2}{2R_1+R_2} \quad \textbf{(7.3-43)}$$

를 만족하면 전달함수는 다음의 BSF가 된다(연습문제).

$$H_{\mathrm{BS}}(s)=\frac{s^2+\dfrac{1}{C^2R_1R_2}}{s^2+\dfrac{2}{R_2C}s+\dfrac{1}{C^2R_1R_2}} \quad \textbf{(7.3-44)}$$

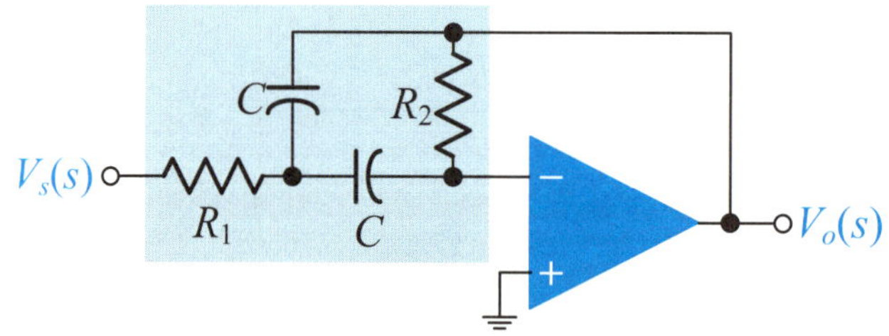

(a) 능동 RC BPF

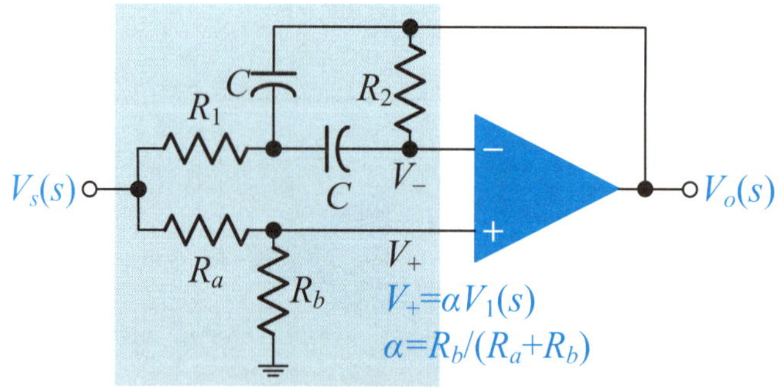

(b) 능동 RC BSF

그림 7-39 (a) 능동 RC BPF (b) 능동 RC BSF

7.4 변조

7.4.1 진폭 변조(AM)

통신에서 단일 채널(대표적으로 공중)을 통해 다수의 신호를 동시에 전송하는 다중화와, 무선통신의 경우 안테나를 현실적인 크기로 만들기 위해서는 변조(變調) 작업이 필수적이다. 변조는 한 마디로 신호의 스펙트럼을 고주파 영역으로 이동시키는 작업이다. 그림 7-40(a)에서 수신측에서 전송하고자 하는 신호 $x(t)$에 반송파(carrier) $\cos\omega_c t$로 곱하면

$$x_{\text{DSB}}(t) = x(t)\cos\omega_c t \tag{7.4-1}$$

와 같으며 이를 피변조 신호라 하고 $x(t)$를 변조 신호라 한다. 그림 7-40(b)의 수신측에서는 반송파와 동기된 국부발진기의 출력 $2\cos\omega_c t$를 피변조 신호 $x_{\text{DSB}}(t)$에 곱한 $x_C(t)$는 다음과 같다.

$$\begin{aligned} x_C(t) &= 2x_{\text{DSB}}(t)\cos\omega_c t = 2x(t)\cos^2\omega_c t \\ &= x(t) + x(t)\cos 2\omega_c t \end{aligned} \tag{7.4-2}$$

따라서 LPF를 통해 $x_C(t)$의 $x(t)\cos 2\omega_c t$ 성분을 제거하면 신호 $x(t)$를 복구할 수 있으며 이를 복조(復調)라 한다. 이상의 변복조 과정을 주파수 영역상에서 설명하고 있는 것이 그림 7-41이다. 먼저 오일러 공식에 의해

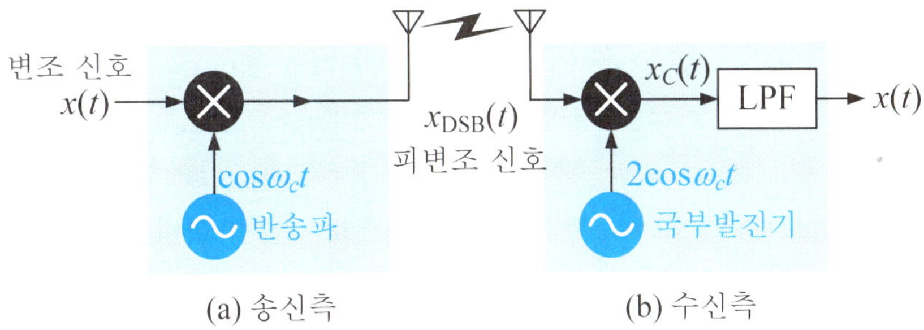

그림 7-40 (a) 송신측의 변조 (b) 수신측의 복조

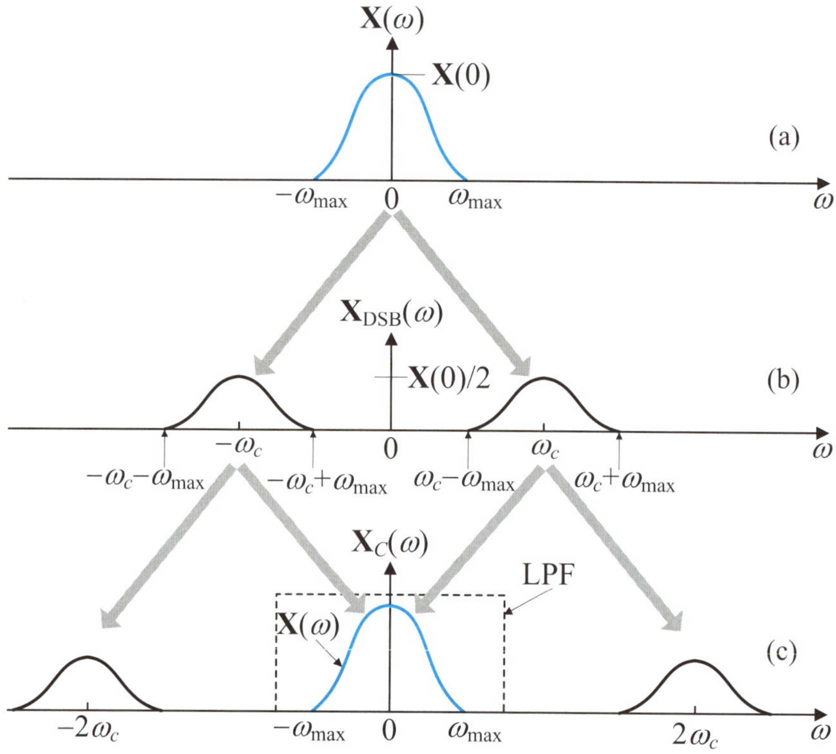

그림 7-41 그림 7-40의 주파수 영역 해석; (a) 기저대역 (b) 변조 (c) 복조

$$x_{\text{DSB}}(t) = \tfrac{1}{2}x(t)e^{j\omega_c t} + \tfrac{1}{2}x(t)e^{-j\omega_c t} \tag{7.4-3}$$

따라서 푸리에 변환 $\mathbf{X}_{\text{DSB}}(\omega)=\mathfrak{F}[x_{\text{DSB}}(t)]$는

$$\mathbf{X}_{\text{DSB}}(\omega) = \tfrac{1}{2}\mathbf{X}(\omega-\omega_c) + \tfrac{1}{2}\mathbf{X}(\omega+\omega_c) \tag{7.4-4}$$

즉 그림 7-41(b)처럼 $\mathbf{X}_{\text{DSB}}(\omega)$는 그림 (a)의 기저대역 $\mathbf{X}(\omega)$를 주파수축상에서 반송주파수 $\pm\omega_c$만큼 이동한 것이며 크기는 1/2로 줄어든다. 기저대역의 대역폭은 $\omega_{\max}$이지만 $\mathbf{X}_{\text{DSB}}(\omega)$의 대역폭인 전송대역은 $2\omega_{\max}$이므로 이 변조 방식을 DSB(Double Side Band; 양측파대) 방식이라 한다. 그리고 식 (7.4-2)의 $x_C(t)$의 푸리에 변환 $\mathbf{X}_C(\omega)$는

$$\mathbf{X}_C(\omega) = \mathbf{X}(\omega) + \tfrac{1}{2}\mathbf{X}(\omega+2\omega_c) + \tfrac{1}{2}\mathbf{X}(\omega-2\omega_c) \tag{7.4-5}$$

이므로 그림 (c)와 같다. 따라서 대역폭이 $\omega_{\max}$인 LPF를 거치면 변조 신호 $x(t)$를 얻을 수 있다. 단 수신측의 국부발진기를 송신측의 반송파와 정확히

동기시켜야 하며(이를 동기검파라 한다) 이 점이 어렵다는 것이다. 이를 해결하기 위해 $x_{\mathrm{DSB}}(t)$에 반송파 성분인 $A\cos\omega_c t$를 함께 전송하는 것이 그림 7-42(a)의 AM(Amplitude Modulation; 진폭변조) 방식이다. 즉

$$x_{\mathrm{AM}}(t) = x_{\mathrm{DSB}}(t) + A\cos\omega_c t = [x(t)+A]\cos\omega_c t \qquad (7.4\text{-}6)$$

푸리에 변환 $\mathbf{X}_{\mathrm{AM}}(\omega)=\mathfrak{F}[x_{\mathrm{AM}}(t)]$는

$$\begin{aligned}\mathbf{X}_{\mathrm{AM}}(\omega) &= \tfrac{1}{2}\mathbf{X}(\omega-\omega_c)+\tfrac{1}{2}\mathbf{X}(\omega+\omega_c)\\ &\quad +\pi A\delta(\omega-\omega_c)+\pi A\delta(\omega+\omega_c)\end{aligned} \qquad (7.4\text{-}7)$$

이며 그림 7-43과 같다. 특히 그림 7-42에서 항상 $x(t)+A>0$이 되도록 A를 정하면 $x_{\mathrm{AM}}(t)$의 포락선은 $x(t)+A$로 $x(t)$가 그대로 포함되어 있다. 따라서 그림 7-44의 포락선 검파기라는 매우 간단한 방식을 이용할 수 있다.

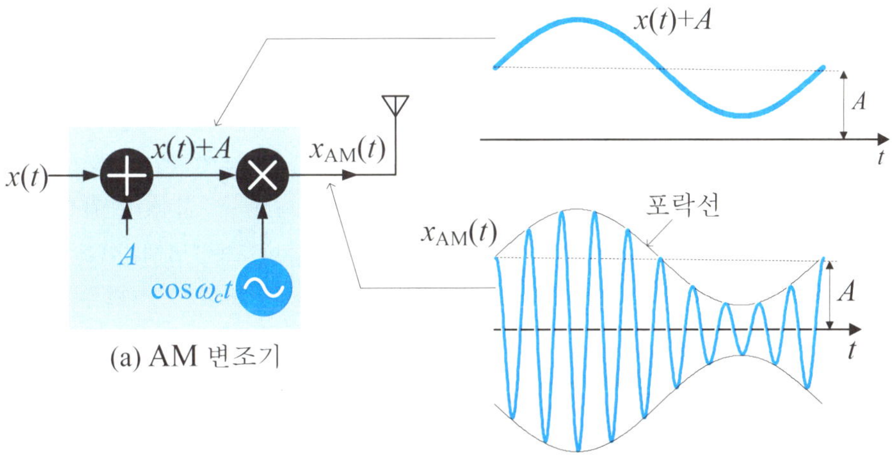

(a) AM 변조기

(b) 파형

그림 7-42 AM 방식과 파형

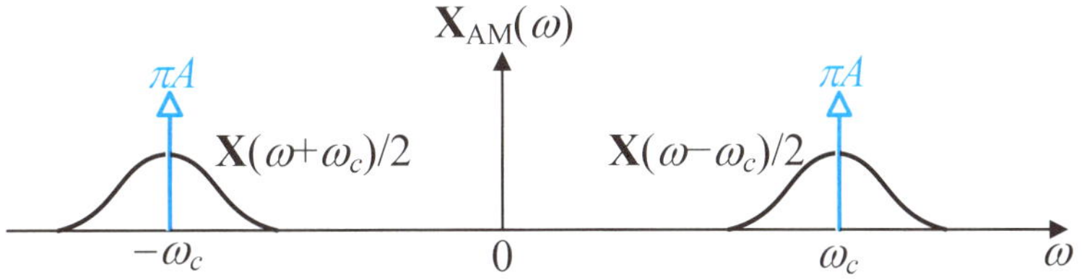

그림 7-43 AM 방식의 피변조 신호의 스펙트럼

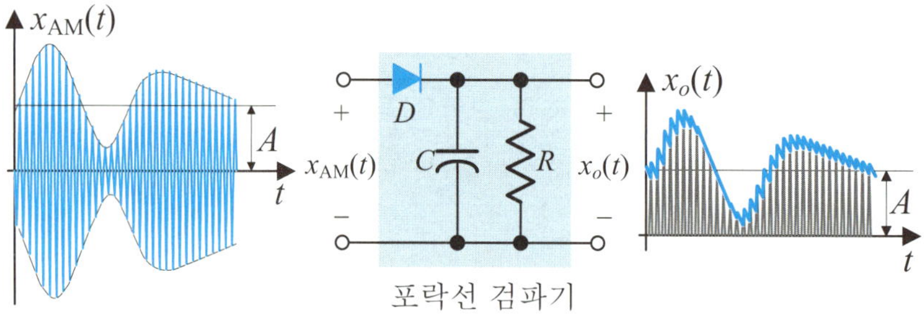

그림 7-44 AM 방식의 포락선 검파기와 파형

7.4.2 단측파대 변조(SSB)

DSB 방식이나 AM 방식 전송대역이 기저대역의 두 배가 되므로 대역폭의 낭비를 초래한다. 단측파대(Single Side Band; SSB) 방식은 전송대역폭을 기저대역폭과 같게 함으로써 제한된 대역을 더욱 효율적으로 활용할 수 있는 방식이다. SSB의 바탕이 되는 것이 힐버트 변환(Hilbert transform)이다. 힐버트 변환은 신호의 크기 스펙트럼은 그대로 유지한 채 양 주파수 성분의 위상을 모두 -90^o로 천이시키는 것이다. 그 결과 푸리에 변환의 대칭성에 의해 음 주파수 성분은 자연적으로 위상이 모두 $+90^o$로 천이된다. 힐버트 변환은

$$\mathcal{H}(\omega) = \begin{cases} -j, & \omega > 0 \\ j, & \omega < 0 \end{cases} = -j\,\mathrm{sgn}(\omega) \qquad \textbf{(7.4-8)}$$

으로 주어진다. 임의의 함수 $x(t)$의 힐버트 변환을 $\hat{x}(t)$라 하고 그 푸리에 변환을 $\hat{\mathbf{X}}(\omega)$라 하면

$$\hat{\mathbf{X}}(\omega) = \mathcal{H}(\omega)\mathbf{X}(\omega) = -j\,\mathrm{sgn}(\omega)\mathbf{X}(\omega) \qquad \textbf{(7.4-9)}$$

그림 7-45는 힐버트 변환을 이용한 SSB 변조의 원리를 단계적으로 나누어 보여주고 있다. 그림 (a)는 전송하고자 하는 원래 신호 $x(t)$의 스펙트럼이며 이를 힐버트 변환한 신호 $\hat{x}(t)$의 스펙트럼은 그림 (b)이다. 여기서 괄호 안의 표시는 원래 스펙트럼에 대한 상대적인 위상 천이를 의미한다. DSB 방식의 피변조 신호 $x(t)\cos\omega_c t$의 스펙트럼은 그림 (c)와 같다. 즉

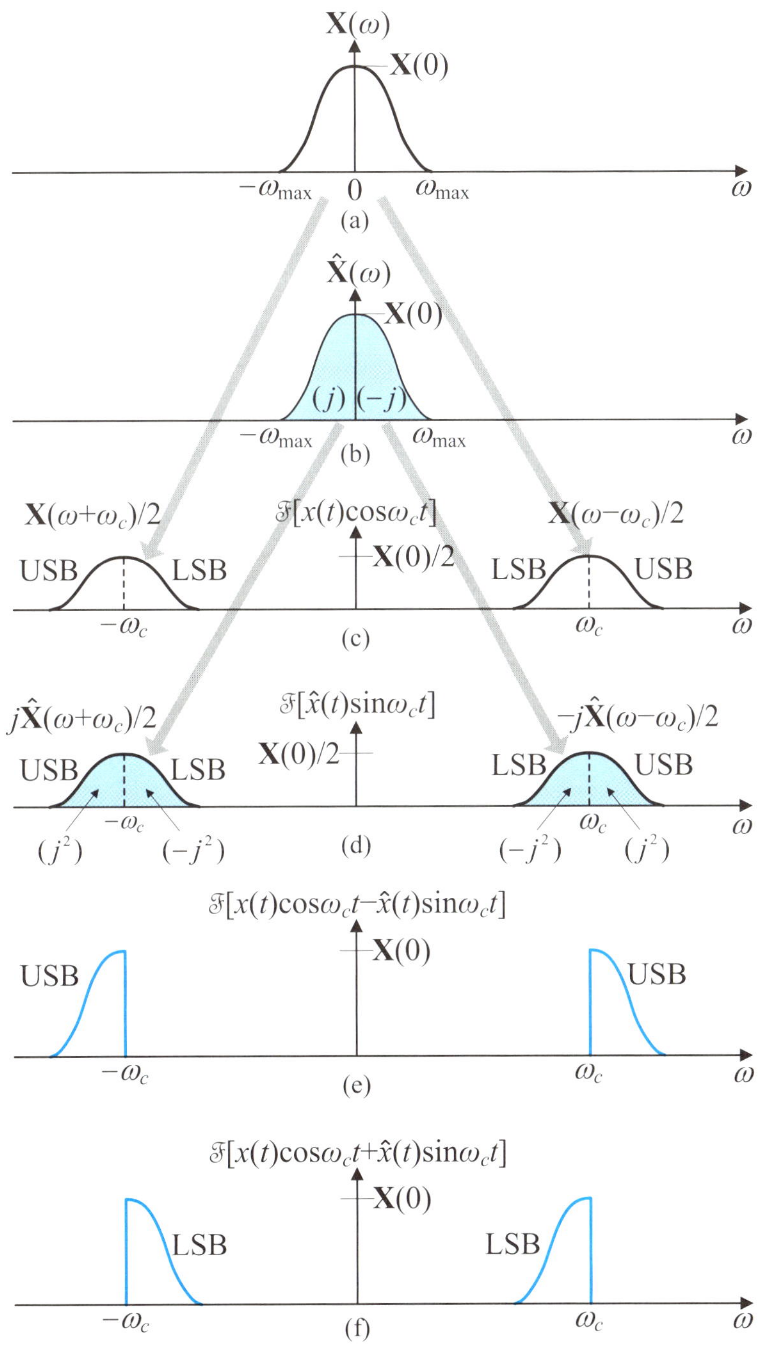

그림 7-45 SSB 방식의 스펙트럼 관계

$$\mathcal{F}[x(t)\cos\omega_c t] = \tfrac{1}{2}\mathbf{X}(\omega+\omega_c) + \tfrac{1}{2}\mathbf{X}(\omega-\omega_c) \quad \textbf{(7.4-10)}$$

그림 7-45(c)에서 $|\omega|>\omega_c$에 대한 스펙트럼을 상측파대(upper sideband; USB)라 하며 $|\omega|<\omega_c$에 대한 스펙트럼을 하측파대(lower sideband: LSB)라 한다. 그림 (d)는 $\hat{x}(t)\sin\omega_c t$의 스펙트럼에 관한 것인 데, $\hat{x}(t)$는 $x(t)$의 힐버트 변환이고 $\sin\omega_c t$는 $\cos\omega_c t$의 힐버트 변환이다. 즉

$$\mathcal{F}[\hat{x}(t)\sin\omega_c t] = \tfrac{1}{2}j\hat{\mathbf{X}}(\omega+\omega_c) - \tfrac{1}{2}j\hat{\mathbf{X}}(\omega-\omega_c) \quad \textbf{(7.4-11)}$$

여기서 중요한 것은 그림 (d)와 그림 (c)의 위상차이며 이는 식 (7.4-9)와 식 (7.4-11)의 관계로부터 이해할 수 있을 것이다. 즉 그림 (d)의 USB는 그림 (c)의 USB에 대해 $j^2=-1$이 곱해지므로 180°의 위상차가 나지만 LSB는 $-j^2=1$이 곱해지므로 위상이 변함없다. 따라서 그림 (c)와 그림 (d)의 두 스펙트럼을 빼면 그림 (e)와 같이 USB만 남게 되고 반면에 그림 (c)와 그림 (d)의 두 스펙트럼을 합하면 그림 (f)와 같이 LSB만 남게 된다. 이로부터 USB 신호 $x_{\text{USB}}(t)$와 LSB 신호 $x_{\text{LSB}}(t)$는 다음과 같이 만들어진다.

$$\begin{cases} x_{\text{USB}}(t) = x(t)\cos\omega_c t - \hat{x}(t)\sin\omega_c t \\ x_{\text{LSB}}(t) = x(t)\cos\omega_c t + \hat{x}(t)\sin\omega_c t \end{cases} \quad \textbf{(7.4-12)}$$

이상의 결과를 이용하면 힐버트 변환을 이용한 SSB 변조기의 구성도는 그림 7-46과 같다.

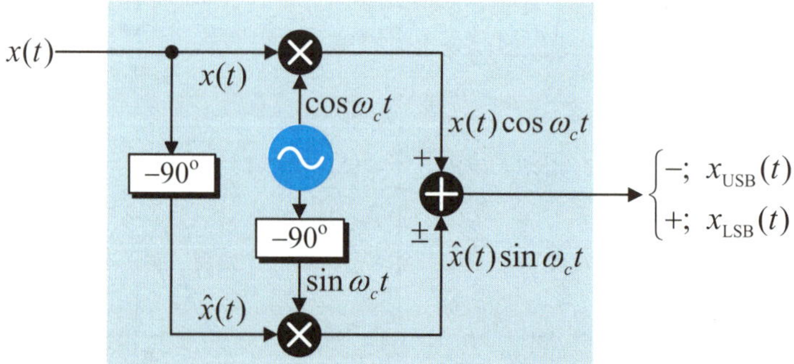

그림 7-46 힐버트 변환(−90° 위상 천이) 방법을 이용한 SSB 변조 방식

힐버트 변환의 문제점은 신호의 대역에 걸쳐 균일하게 -90°의 위상 천이를 이룰 수 있는 방법이 쉽지 않다는 점이다. 특히 광대역의 영상 신호 경우에는 더욱 힘들다. 그러나 대역폭이 상대적으로 좁은 음성 신호에서는 어느 정도 가능하다. 힐버트 변환을 이용한 SSB 변조의 대안으로 매우 날카로운 필터를 이용하는 필터 방법이 있다. 진폭변조는 반송주파수를 달리하면 스펙트럼이 겹치지 않는 범위에서 단일 채널을 통해 다수의 신호를 전송할 수 있으며 이를 주파수분할 다중화(frequency division multiplexing: FDM)이라 한다.

7.4.3 펄스진폭 변조(PAM)

신호를 표본화시켜 전송할 때 각 표본 사이의 빈 시간대에 다른 신호들의 표본을 삽입하여 함께 전송할 수 있으며 이를 시분할 다중화(time division multiplexing: TDM)이라 한다. 그림 7-47(a)의 변조신호 $x(t)$는 그림 (b) 구형펄스열 $p(t)$의 진폭을 변조시켜 그림(c)와 같은 파형 $x_{PAM}(t)$를 만들며 이러한 변조 방식을 펄스진폭 변조(Pulse Amplitude Modulation: PAM)이라 한다. 시스템 개념을 도입하면 PAM 신호 발생은 그림 7-48과 같은 모델로 등가화할 수 있다. 이 때 시스템의 충격 응답은 구형 펄스로서 크기는 1이며 폭은 $p(t)$에 사용된 구형 펄스의 폭과 같은 T_p가 되어야 함을 알 수 있다.

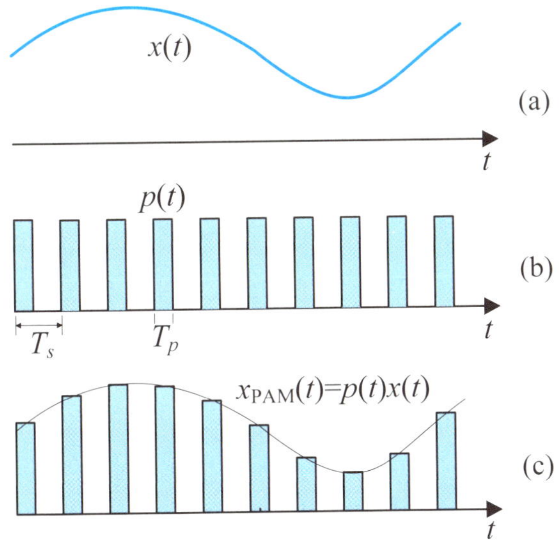

그림 7-47 PAM 변조 방식

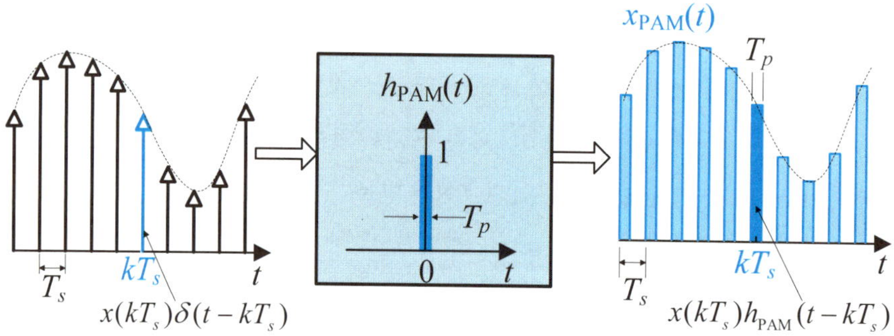

그림 7-48 PAM 변조의 등가 모델

그림 7-48에서 신호 $x_{\mathrm{PAM}}(t)$는

$$x_{\mathrm{PAM}}(t) = [x(t)\tilde{\delta}_{T_s}(t)] * h_{\mathrm{PAM}}(t) \tag{7.4-13}$$

이므로 푸리에 변환 $\mathbf{X}_{\mathrm{PAM}}(\omega)$는

$$\mathbf{X}_{\mathrm{PAM}}(\omega) = \mathfrak{F}[x(t)\tilde{\delta}_{T_s}(t)] \times \mathfrak{F}[h_{\mathrm{PAM}}(t)] \tag{7.4-14}$$

이다. 여기서 충격열의 푸리에 변환쌍은

$$\tilde{\delta}_{T_s}(t) \overset{\mathfrak{F}}{\longleftrightarrow} \omega_s \tilde{\delta}_{\omega_s}(\omega) \tag{7.4-15}$$

임을 이용하면(식 (6.2-46) 참조) 푸리에 변환의 컨벌류션 성질에 의해

$$\begin{aligned} \mathfrak{F}[x(t)\tilde{\delta}_{T_s}(t)] &= \frac{1}{2\pi}\omega_s \mathbf{X}(\omega) * \tilde{\delta}_{\omega_s}(\omega) = \frac{1}{T_s}\mathbf{X}(\omega) * \tilde{\delta}_{\omega_s}(\omega) \\ &= \frac{1}{T_s}\sum_{k=-\infty}^{\infty}\mathbf{X}(\omega - k\omega_s) \end{aligned} \tag{7.4-16}$$

그리고 구형펄스 형태인 $h_{\mathrm{PAM}}(t)$의 푸리에 변환쌍은(그림 6-4 참조)

$$h_{\mathrm{PAM}}(t) \overset{\mathfrak{F}}{\longleftrightarrow} T_p \mathrm{sinc}\frac{\omega T_p}{2\pi} \tag{7.4-17}$$

식 (7.4-16)과 (7.4-17)을 식 (7.4-14)에 대입하여 정리하면

$$\mathbf{X}_{\mathrm{PAM}}(\omega) = \frac{T_p}{T_s}\mathrm{sinc}\frac{\omega T_p}{2\pi}\sum_{k=-\infty}^{\infty}\mathbf{X}(\omega - k\omega_s) \tag{7.4-18}$$

그림 7-48에서 신호 $x(t)$와 $x_{\mathrm{PAM}}(t)$의 관계를 도시한 것이 그림 7-49이다.

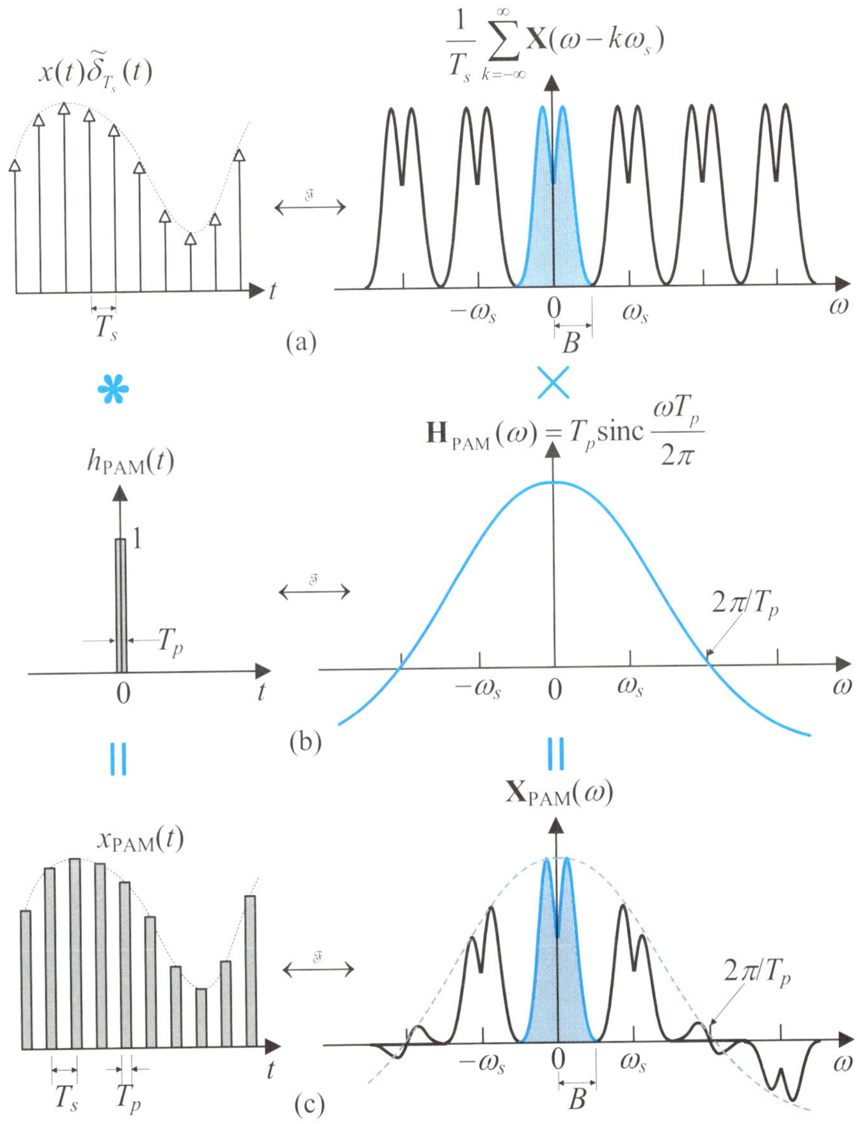

그림 7-49 그림 7-48의 시간 및 주파수상에서의 표현

그림 7-49(c)의 스펙트럼을 살펴보면 주파수 $|\omega|<B$내의 스펙트럼이 원래 신호 $x(t)$의 스펙트럼과 관련이 있으며 다만 식 (7.4-18)이 나타내는 바와 같이 스펙트럼의 크기를 왜곡시키는 주파수 응답은

$$\mathbf{H}_D(\omega)=\frac{T_p}{T_s}\mathrm{sinc}\frac{\omega T_p}{2\pi} \tag{7.4-19}$$

임을 알 수 있다. 따라서 $x_{\mathrm{PAM}}(t)$를 주파수 응답이

$$\mathbf{H}_C(\omega) = \begin{cases} \dfrac{T_s}{T_p \mathrm{sinc} \dfrac{\omega T_p}{2\pi}}, & \omega < |B| \\ 0, \quad \omega > |B| \end{cases} \tag{7.4-19}$$

인 시스템을 통과시키면 출력에서 $x(t)$를 얻을 수 있으므로 PAM 복조기는 그림 7-50과 같이 구성할 수 있다.

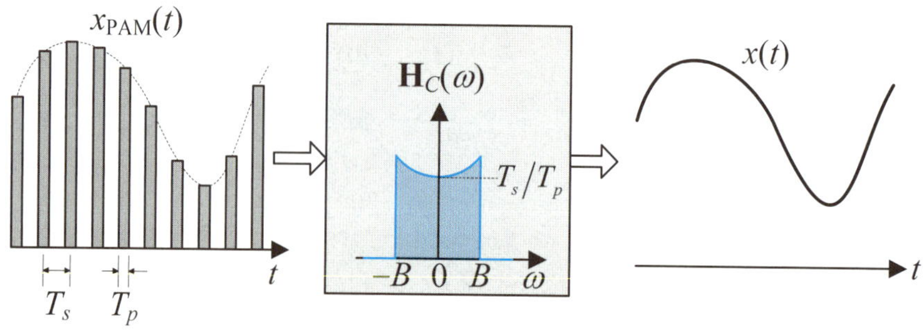

그림 7-50 PAM 복조기

7.5 궤환

7.5.1 부궤환

종속 및 병렬 결합 외에 세 번째로 중요한 결합이 그림 7-51(a)와 같은 궤환 결합이다. 그림 (a)에서 시스템 $A(s)$는 전체 시스템의 기본이 되므로 보통 기본 시스템이라 하며 출력을 입력으로 궤환시키는 역할을 하는 시스템 $\beta(s)$를 궤환 시스템이라 한다. 궤환 결합의 특징은, 복잡하고 중요한 기본 시스템은 그대로 둔 채 외부로부터 접속되는 매우 간단한 궤환 시스템만 조절함으로써 전체 시스템의 특성을 쉽게 조정할 수 있다는데 있다. 그림 7-51(a)에서는 궤환 시스템 $\beta(s)$를 통해 입력으로 궤환되는 성분이 입력과 서로 빼지는 형태

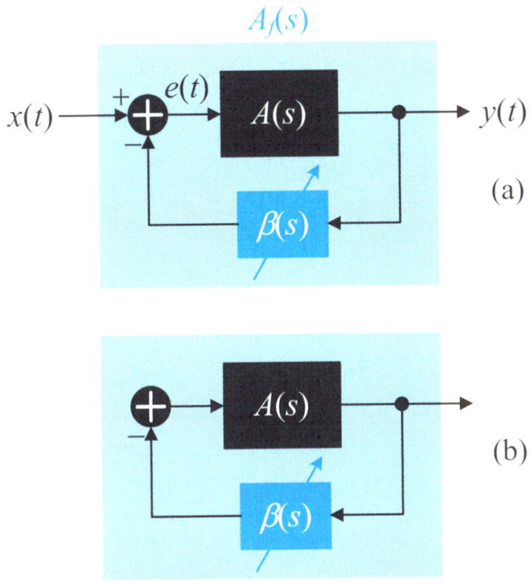

그림 7-51 (a) 부궤환 (b) 루프 이득

로 되어 있으며 이러한 궤환을 부궤환(negative feedback)이라 한다. 부궤환은 시스템의 안정성을 높이기 때문에 증폭기나 제어기 등에는 모두 부궤환을 채택한다. 이와 반대로 궤환 성분이 입력과 더해지는 형태를 정궤환이라 하며 이는 발진기 등의 특별한 경우에만 사용된다.

그림 7-51(a)에서 $A(s)$와 $\beta(s)$는 하나의 궤환 루프(feedback-loop)를 이루고 있다. 입력을 차단한 상태에서 출력을 루프를 한번 일주하였을 때의 이득을 루프 이득(loop gain)이라 하며 그림 7-51(b)가 이를 보여준다. 따라서 루프이득을 $T(s)$로 표현하면

$$T(s) = -A(s)\beta(s) \qquad \textbf{(7.5-1)}$$

이다. 이제 그림 7-51(a)에서 입력 신호 $x(t)$, 오차 신호 $e(t)$ 및 출력 신호 $y(t)$의 라플라스 변환을 각각 $X(s)$, $E(s)$, 및 $Y(s)$라 할 때 전체 전달 함수 $A_f(s)$를 구해보자. 출력은 $Y(s)=A(s)E(s)$이며 $E(s)=X(s)-\beta(s)Y(s)$이므로 $E(s)$를 매개 변수로 삼아 $A_f(s)=Y(s)/X(s)$를 구하면

$$A_f(s) = \frac{A(s)}{1 + A(s)\beta(s)} = \frac{A(s)}{1 - T(s)} \qquad \textbf{(7.5-2)}$$

라는 중요한 관계식을 구할 수 있다. 여기서 $A(s)$는 궤환 루프를 개방한 상태

(즉 궤환을 차단한 상태)에서의 이득이므로 개루프 이득(open-loop gain)이라 하며 $A_f(s)$는 폐루프 이득(closed-loop gain)이라 한다. 식 (7.5-2)에서 $A(s)$를 고정시킨 상태에서 $\beta(s)$만 변화시켜도 루프 이득 $T(s)$가 변하여 폐루프 이득을 간단히 조절할 수 있음을 알 수 있다.

그림 7-51(a)에서 기본 시스템 $A(s)$가 증폭기일 경우 $A_f(s)$를 궤환 증폭기라 한다. 증폭기를 지배하는 일반적인 법칙은 "증폭기의 이득과 대역폭을 곱한 값은 일정하다"라는 것이며 이를 이득-대역곱(gain-bandwidth product; GBW)라 한다. 예를 들어 그림 7-51(a)에서 증폭기 $A(s)$의 특성이 직류 이득이 A_o이고 차단주파수가 ω_c인 1차 LPF로 가정하면

$$A(s) = A_o \frac{\omega_c}{s+\omega_c} \tag{7.5-3}$$

그리고 궤환 시스템은 $\beta(s)=K$로 하면(K는 양의 상수) 루프 이득은

$$T(s) = -A(s)\beta(s) = -KA_o \frac{\omega_o}{s+\omega_o} \tag{7.5-4}$$

따라서 폐루프 이득은 다음과 같이 주어진다:

$$\begin{aligned} A_f(s) &= \frac{A(s)}{1-T(s)} = \frac{A_o\omega_o}{s+(KA_o+1)\omega_o} \\ &= \frac{A_o}{(KA_o+1)}\left[\frac{(KA_o+1)\omega_o}{s+(KA_o+1)\omega_o}\right] \end{aligned} \tag{7.5-5}$$

위의 식에서

$$\omega_{fc} = (KA_o+1)\omega_c, \quad A_{fo} = \frac{A_o}{(KA_o+1)} \tag{7.5-6}$$

로 정의하면 폐루프 이득은 다음과 같이 고쳐 쓸 수 있다.

$$A_f(s) = A_{of} \frac{\omega_{cf}}{s+\omega_{cf}} \tag{7.5-7}$$

식 (7.5-3)의 개루프 이득은 직류에서의 이득이 A_o이며 차단 주파수가 ω_c인 저역통과 증폭기인 반면에, 식 (7.5-7)의 폐루프 이득은 직류에서의 이득이 A_{of}이며 차단 주파수가 ω_{cf}인 저역통과 증폭기가 된다. 여기서 중요한 것은 두 경우 모두 직류 이득과 차단 주파수를 곱한 GBW는 서로 같다는 것이다. 즉

$$\text{GBW} = A_o\omega_o = A_{of}\omega_{cf} \tag{7.5-8}$$

이며 이를 그림으로 나타내면 그림 7-52와 같다. 따라서 궤환 시스템의 상수 K만 변화시켜도 주어진 GBW 내에서 증폭기의 특성을 쉽게 바꿀 수 있다.

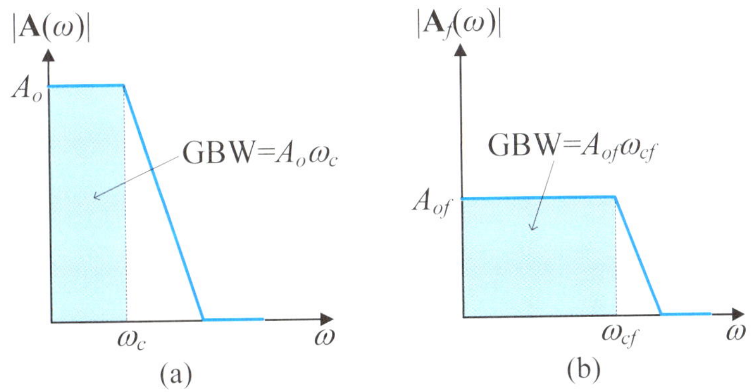

그림 7-52 (a) 기본 증폭기의 주파수 응답 (b) 궤환 증폭기의 주파수 응답

부궤환의 또 하나의 이점은 이득의 변동이 적다는 것이다. 즉 안정되지 못한 증폭기는 여러 가지 이유로 이득이 변동한다. 이득이 A인 증폭기의 이득 감도(sensitivity)는 dA/A로 정의되며 감도가 낮을수록 안정된 증폭기이다. 그림 7-51(a)에서 A, β, A_f가 모두 상수라 할 때, 기본 증폭기의 감도 dA/A에 대한 궤환 증폭기의 이득 A_f의 감도는

$$\frac{dA_f}{dA} = \frac{1}{dA}\left(\frac{A}{1+\beta A}\right) = \frac{1}{(1+\beta A)^2} \tag{7.5-9}$$

여기서 $A_f/A=1/(1+\beta A)$임을 이용하면

$$\frac{dA_f}{dA} = \left(\frac{1}{1+\beta A}\right)\frac{A_f}{A} \tag{7.5-10}$$

이로부터 궤환 증폭기의 이득 감도는

$$\frac{dA_f}{A_f} = \left(\frac{1}{1+\beta A}\right)\frac{dA}{A} \tag{7.5-11}$$

로 기본 증폭기에 비해 감도가 $1+\beta A$ 배로 줄어들어 그만큼 안정된다.

7.5.2 발진기

안정성을 추구하기 위해 부궤환을 위주로 사용하는 증폭기와는 정반대로 정궤환을 적극적으로 이용함으로써 입력이 없어도 출력에서는 특정 주파수의 전기적인 진동을 계속 유지할 수 있는 시스템이 발진기이다. 정궤환 결합은 그림 7-51(a)에서 궤환 신호를 빼주는 대신 입력과 더해주는 형식이므로 루프 이득은 부궤환의 경우와 부호만 반대가 된다. 따라서 식 (7.5-2)의 폐루프 이득은 정궤환의 경우

$$A_f(s) = \frac{A(s)}{1 - T(s)}, \quad \big(T(s) = A(s)\beta(s)\big) \tag{7.5-12}$$

로 된다. 만일 특정 주파수 ω_o에서 루프 이득이

$$\mathbf{T}(\omega_o) = 1\angle 0^{\circ} \tag{7.5-13}$$

을 만족하면 폐루프 이득은 $\mathbf{A}_f(\omega_o)=\infty$가 되며 주파수 특성은 그림 7-53과 같다. 이득이 무한대라는 것은 입력이 없어도 유한한 출력이 나온다는 뜻이다.

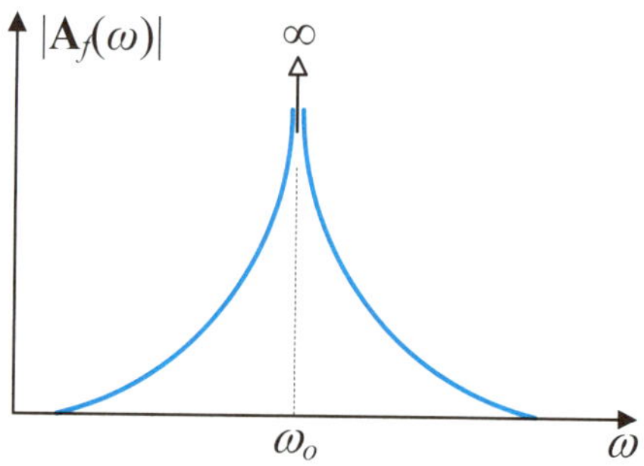

그림 7-53 발진기 폐루프의 주파수 응답

따라서 식 (7.5-13)을 만족하면 주파수 ω_o의 정현파 발진이 지속되며 이 조건을 바우크하우젠(Baukhausen) 판별이라 한다.

그림 7-54는 발진기의 한 종류인 빈-브리지(Wien-bridge) 발진기이다. 임피던스 $Z_3(s)$와 $Z_4(s)$는 각각

$$Z_3(s) = R \| 1/(sC) = \frac{R}{sRC + 1} \tag{7.5-14}$$

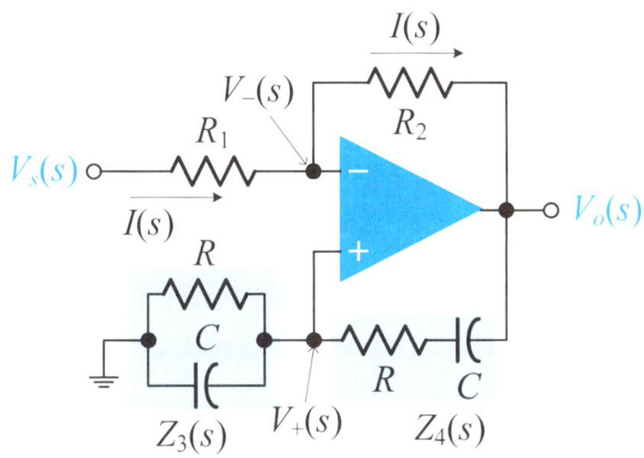

그림 7-54 빈-브리지 발진기

$$Z_4(s) = R + 1/(sC) = \frac{sRC+1}{sC} \quad \text{(7.5-15)}$$

가상단락의 개방성질에 의해 비반전 입력단 전류는 0이므로 $Z_3(s)$와 $Z_4(s)$에 흐르는 전류는 같다. 따라서 전압분배 법칙에 의해 전압 $V_+(s)$는

$$V_+(s) = \frac{Z_3(s)}{Z_3(s)+Z_4(s)} V_o(s) \quad \text{(7.5-16)}$$

그리고 반전 입력단 전류 역시 0이므로 R_2의 전류 $I(s)$는

$$I(s) = \frac{V_s(s)-V_o(s)}{R_1+R_2} \quad \text{(7.5-17)}$$

이므로 반전입력단 전압 $V_-(s)$는

$$\begin{aligned} V_-(s) &= V_s(s) - I(s)R_1 = V_s(s) - \frac{R_1}{R_1+R_2}(V_s(s)-V_o(s)) \\ &= \frac{R_1V_o(s)+R_2V_s(s)}{R_1+R_2} \end{aligned} \quad \text{(7.5-18)}$$

가상단락의 단락성질에 의해 $V_-(s)=V_+(s)$이므로 식 (7.5-16)과 (7.5-18)로부터

$$\frac{Z_3(s)}{Z_3(s)+Z_4(s)} V_o(s) = \frac{R_1V_o(s)+R_2V_s(s)}{R_1+R_2} \quad \text{(7.5-19)}$$

이를 정리하면

$$(R_2Z_3 - R_1Z_4)V_o(s) = (Z_3+Z_4)R_2V_s(s) \quad \text{(7.5-20)}$$

따라서 전달함수 $H(s)=V_o(s)/V_i(s)$는

$$H(s)=\frac{(Z_3+Z_4)R_2}{R_2Z_3-R_1Z_4} \tag{7.5-21}$$

이며 식 (7.5-14)와 (7.5-15)의 $Z_3(s)$와 $Z_4(s)$에 관한 식을 대입하면

$$H(s)=-\frac{(R_2R^2C^2)s^2+3R_2RCs+R_2}{(R_1R^2C^2)s^2+(2R_1-R_2)RCs+R_1} \tag{7.5-22}$$

발진이 일어나기 위해서는 임의의 주파수 ω_o에서 $\mathbf{H}(\omega_o)=\infty$가 되어야 하며 이는 $H(s)$의 분모에서 s항의 계수가 0일 때만 가능하다. 즉 발진조건은

$$2R_1=R_2 \tag{7.5-23}$$

이며 이 때의 발진주파수는

$$(R_1R^2C^2)(-\omega_o)^2+R_1=0 \tag{7.5-24}$$

로부터

$$\omega_o=\frac{1}{RC} \tag{7.5-25}$$

이다.

7.5.3 궤환 제어

그림 7-55(a)는 궤환이 없는 개루프 제어 시스템이다. $G(s)$는 제어할 대상인 플랜트의 전달함수이고 $H(s)$는 플랜트를 제어할 제어기의 전달함수이다. 그리고 $r(t)$는 입력이고 $c(t)$는 출력이며 $d(t)$는 외란(外亂; disturbance)을 나타낸다. 가장 이상적인 제어 시스템은 응답인 출력이 지시인 입력과 같은 $c(t)=r(t)$이다. 따라서 외란 $d(t)$를 고려하지 않는다면 가장 완전한 제어기는

$$H(s)=\frac{1}{G(s)} \tag{7.5-26}$$

로 $G(s)$의 역시스템이다. 그러나 역시스템은 구현이 어려울 경우가 많을 뿐 아니라 외란의 영향을 줄여야 하는 또 다른 목적도 만족하여야 한다. 따라서 그림 7-55(b)처럼 출력을 바로 입력으로 궤환시키는 단위-궤환(unity feedback)

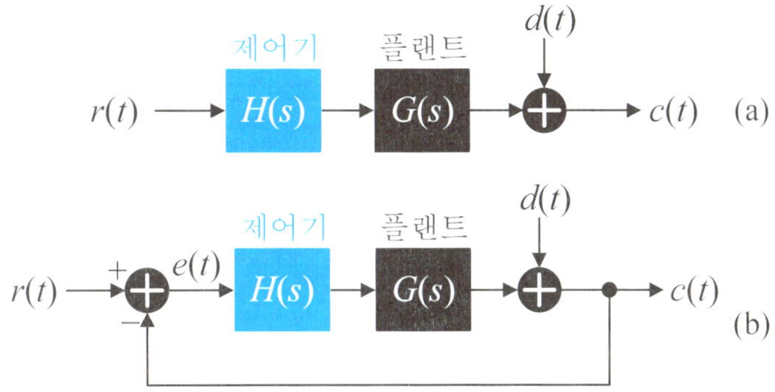

그림 7-55 (a) 개루프 제어 시스템 (b) 폐루프 제어 시스템(단위-궤환)

을 채택한다. 즉 궤환의 목적은 지시인 $r(t)$와 응답인 $c(t)$의 오차인

$$e(t) = r(t) - c(t) \tag{7.5-27}$$

을 최소로 함과 동시에 외란 $d(t)$의 영향도 줄이는 것이다. 출력 $C(s)$는

$$C(s) = H(s)G(s)E(s) + D(s) \tag{7.5-28}$$

이며 $E(s)=R(s)-C(s)$이므로

$$C(s) = H(s)G(s)R(s) + D(s) - H(s)G(s)C(s) \tag{7.5-29}$$

이로부터

$$C(s) = \frac{G(s)H(s)}{1+G(s)H(s)}R(s) + \frac{1}{1+G(s)H(s)}D(s) \tag{7.5-30}$$

따라서 $s=j\omega$의 모든 값에서 $G(s)H(s)$가 1보다 충분히 크도록 $H(s)$를 설계한다면 $C(s)\approx R(s)$이 되어 정확한 제어를 이룰 수 있게 되는 것이다. 그리고

$$F(s) = 1 + G(s)H(s)$$

라 하면 그림 7-55(b)의 단위-궤환 제어 시스템의 감도와 외란 $d(t)$의 영향은 모두 $F(s)$만큼 저하됨을 알 수 있다.

7.6 매트랩

s=tf('s'), minreal(H)

tf('s')는 s를 라플라스 변환의 s로 간주한다. minreal(H)는 같은 영점과 극점을 상쇄시켜 전달함수 항을 최소화한다.

예제 M.1 예제 7.1에서 R=5Ω일 때의 전달함수 $H(s)$를 구하고 계단 응답을 그려보자.

```
>> s=tf('s');
>> R=5; L=1; C=0.04;
>> H=(1/(s*C))/(R+s*L+1/(s*C));    mineral(H);    step(H)
```


예제 M.2 예제 7.2의 아래와 같은 행렬 방정식을 풀어보자.

$$\begin{bmatrix} s+7 & -4 \\ -4 & 4+0.5/s \end{bmatrix}\begin{bmatrix} I_1(s) \\ I_2(s) \end{bmatrix} = \begin{bmatrix} 2 \\ -1/s \end{bmatrix}$$

```
>> s=tf('s');
>> A=[s+7   -4; -4   4+0.5/s];    v=[2; -1/s];
>> I=inv(A)*v;    mineral(I)
```

[b, a]=butter(N, Wn, 's');

's'는 이날로그 필터를 뜻하며, 차단 주파수가 Wn (rad/sec)인 LPF의 분자와 분모 계수 b, a를 생성한다. Wn=[W1, W2]이면 통과대역이 W1과 W2 사이인 BPF를 만든다. 그리고 butter(N, Wn, 'high' 's')는 HPF를, butter(N, Wn, 'stop' 's')은 BSF를 만들며 BSF 경우는 차단대역이 Wn=[W1, W2]으로 주어져야 한다. 차단주파수가 1kHz인 5차 LPF와 주파수 응답을 구해보자.

```
>> [b, a]=butter(5, 1000*2*pi, 's');    freqs(b, a)
```

연습 문제

7.1 다음 그림 P7-1에서 전달함수 $H(s)=V_o(s)/V_s(s)$를 구하라.

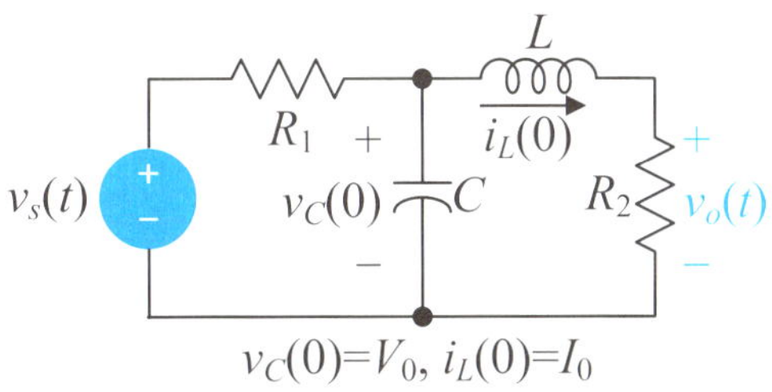

그림 P7-1

7.2 다음 그림 P7-2에서 $v_o(t)$의 완전 응답을 구하라

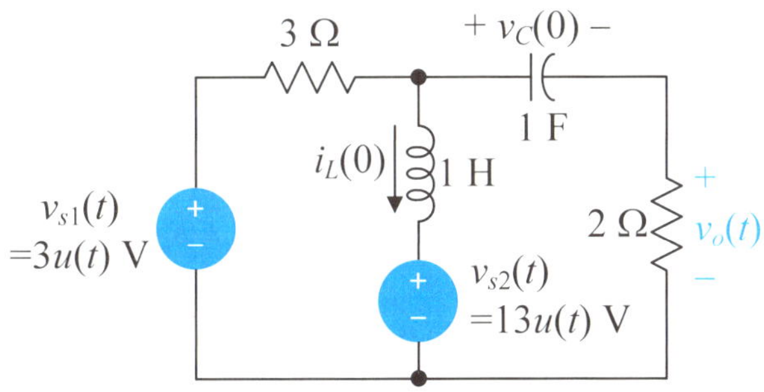

그림 P7-2

7.3 다음 그림 P7-3(a)의 회전기계계의 상사회로가 그림 (b)와 같음을 보여라.

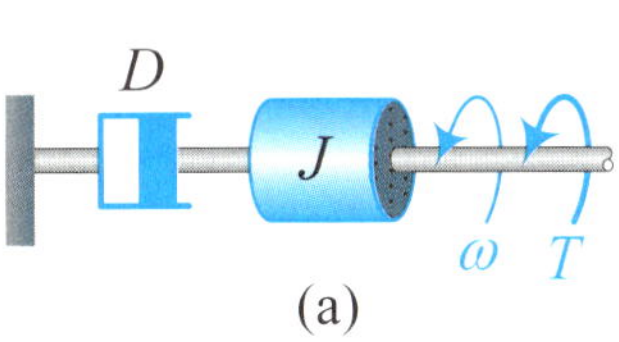

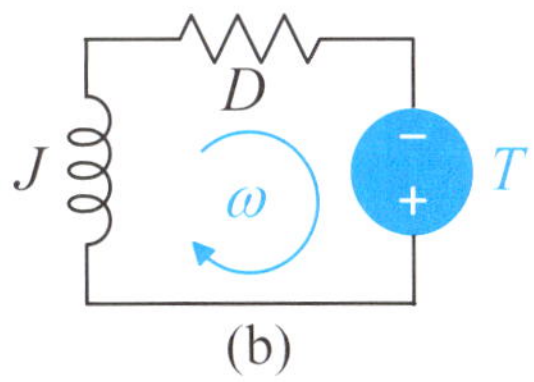

그림 P7-3

7.4 그림 P7-4에서 $\mathbf{V}_s$의 크기가 V일 때 공진 주파수에서 $\mathbf{I}$의 크기를 구하라.

7.5 그림 P7-5에서 공진 주파수에서 $v_o(t)$를 구하라.

7.6 식 (7.3-43)을 증명하라.

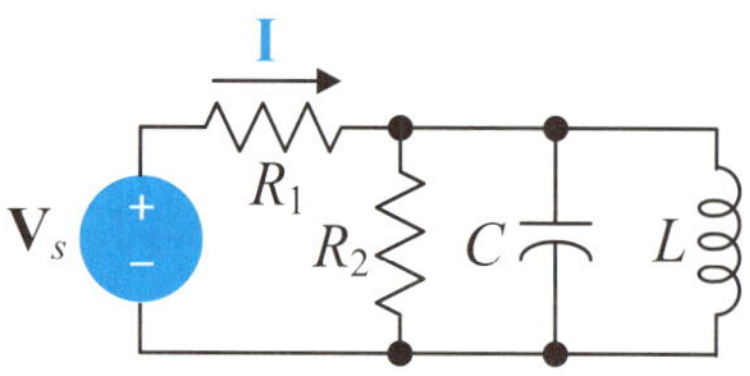

그림 P7-4

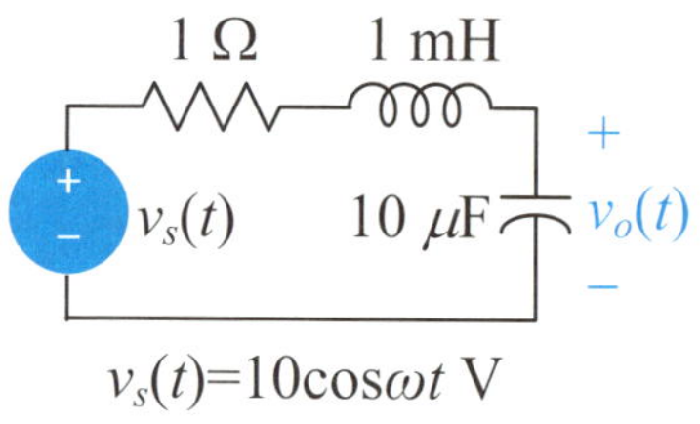

그림 P7-5

7.7 그림 P7-6에서 각 회로의 전달함수 $H(s)=V_o(s)/V_s(s)$를 구하라.

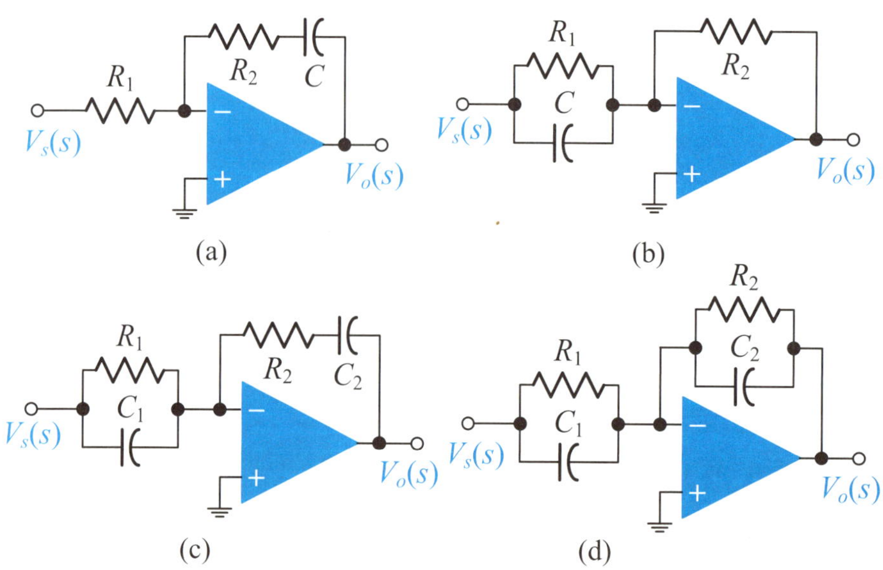

8

이산 신호처리

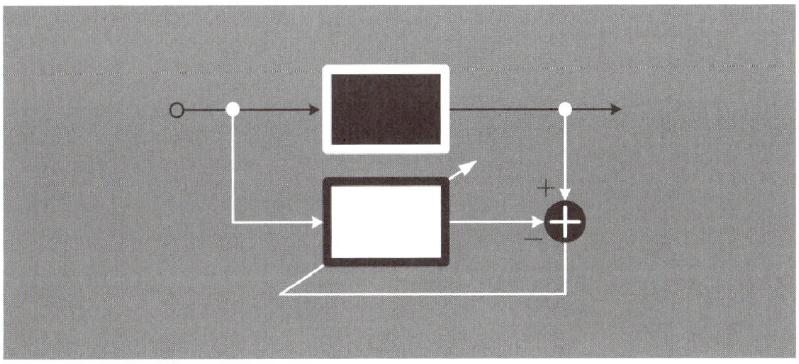

8.1 디지털 필터

8.1.1 FIR 필터

전달함수가 모두 영점만 있는

$$H(z) = \sum_{k=0}^{N-1} b_k z^{-k} \tag{8.1-1}$$

인 시스템을 전영(all-zero) 시스템이라 한다. 이는 충격응답이

$$h[n] = \sum_{k=0}^{N-1} b_k \delta[n-k] \tag{8.1-2}$$

로 길이가 N으로 유한하므로 FIR(finite impulse response) 필터라 한다. 이에 비해 전달함수에 하나 이상의 극점만 있어도 충격응답 길이가 무한하므로 IIR(infinite impulse response) 필터라 한다. FIR 필터는 그림 8-1과 같이 구현할 수 있으며 이런 구조를 횡단(transversal) 필터라 한다. FIR 필터는 극점이 없으므로 안정되다. 그러나 주파수 특성이 IIR 필터보다 정밀하지 못하므로 보다 정밀한 특성을 얻기 위해서는 필터 차수 N을 증가시켜야 한다. 반면에 IIR 필터는 일반적으로 위상 응답이 선형적이지 못하지만 FIR 필터는 선형적인 위상 응답을 이룰 수 있는 장점이 있다. 길이가 N인 FIR 필터가 위상 응답이 선형적이기 위해서는

$$h[n] = h[N-1-n] \tag{8.1-3}$$

의 조건을 만족하여야 하며 그림 8-2가 그 예를 보여준다. 먼저 N이 짝수인 경우 주파수 응답을 구해보면

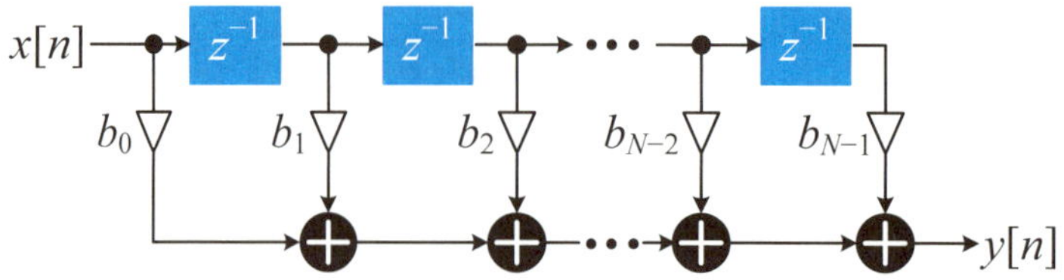

그림 8-1 횡단 필터

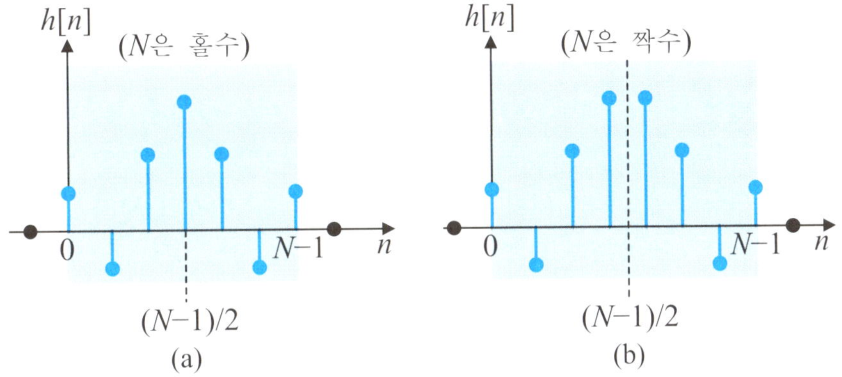

그림 8-2 (a) 선형 위상 FIR 필터의 충격응답의 우대칭성

$$\mathbf{H}(\Omega) = \sum_{n=0}^{N} h[n]\mathbf{W}^{-n} = \sum_{n=0}^{N/2-1} h[n]\mathbf{W}^{-n} + \sum_{n=N/2}^{N-1} h[n]\mathbf{W}^{-n} \tag{8.1-4}$$

여기서 두 번째 등식의 두 번째 항에서 n을 $N-1-n$으로 대체한 후 식 (8.1-3)의 관계를 이용하면($\mathbf{W}=e^{j\Omega}$)

$$\begin{aligned}\mathbf{H}(\Omega) &= \sum_{n=0}^{N/2-1} h[n]\mathbf{W}^{-n} + \sum_{n=0}^{N/2-1} h[n]\mathbf{W}^{-(N-1-n)} \\ &= \sum_{n=0}^{N/2-1} h[n]e^{-j\Omega n} + \sum_{n=0}^{N/2-1} h[n]e^{-j\Omega(N-1-n)}\end{aligned} \tag{8.1-5}$$

오일러 공식으로 식 (8.1-5)를 정리하면

$$\mathbf{H}(\Omega) = \left\{\sum_{n=0}^{N/2-1} 2h[n]\cos\left[\Omega\left(n - \frac{N-1}{2}\right)\right]\right\}e^{-j\Omega(N-1)/2} \tag{8.1-6}$$

마찬가지로 N이 홀수인 경우는 다음과 같음을 알 수 있다.

$$\mathbf{H}(\Omega) = \left\{h\left(\frac{N-1}{2}\right) + \sum_{n=0}^{(N-3)/2} 2h[n]\cos\left[\Omega\left(n - \frac{N-1}{2}\right)\right]\right\}e^{-j\Omega(N-1)/2} \tag{8.1-7}$$

위의 두 식에서 중괄호 안은 실수이므로 위상 특성은

$$\angle\mathbf{H}(\Omega) = -\Omega(N-1)/2 \tag{8.1-8}$$

와 같이 선형이며 이는 $(N-1)/2$ 개 표본의 지연에 해당한다. 선형 위상의 FIR 필터를 설계하는 과정은 다음과 같다.

1. 원하는 주파수 응답이 $\mathbf{H}_d(\Omega)$로부터 충격응답 $h_d[n]$을 구한다
2. 충격응답 $h_d[n]$이 $n=0$을 중심으로 대칭이면서 길이가 무한하다면 $n=0$을 중심으로 대칭이 되도록 절단한 후 길이 N의 $h_t[n]$을 구한다.
3. 절단된 $h_t[n]$을 $(N-1)/2$ 개의 표본만큼 이동시켜 인과적으로 만든 다음 길이 N의 적절한 창함수 $w[n]$을 곱하여

   $$h[n] = h_t[n-(N-1)/2]w[n]$$

   을 구하고자 하는 FIR 필터의 충격응답으로 삼는다.

FIR 필터 설계에 사용되는 창함수는 표 8-1과 같으며 형태는 그림 8-3과 같다($0 \le n \le N-1$).

표 8-1 길이 N의 창함수

사각	$w_R[n]=1$
Bartlett	$w_B[n]=\begin{cases} \dfrac{2n}{N-1}, & 0 \le n \le \dfrac{N-1}{2} \\ 2-\dfrac{2n}{N-1}, & \dfrac{N-1}{2} \le n \le N-1 \end{cases}$
Hanning	$w_{\text{Han}}[n]=\dfrac{1}{2}\left(1-\cos\dfrac{2\pi n}{N-1}\right)$
Hamming	$w_{\text{Ham}}[n]=0.54-0.46\cos\dfrac{2\pi n}{N-1}$
Blackman	$w_{\text{Bl}}[n]=0.42-0.5\cos\dfrac{2\pi n}{N-1}+0.08\dfrac{4\pi n}{N-1}$

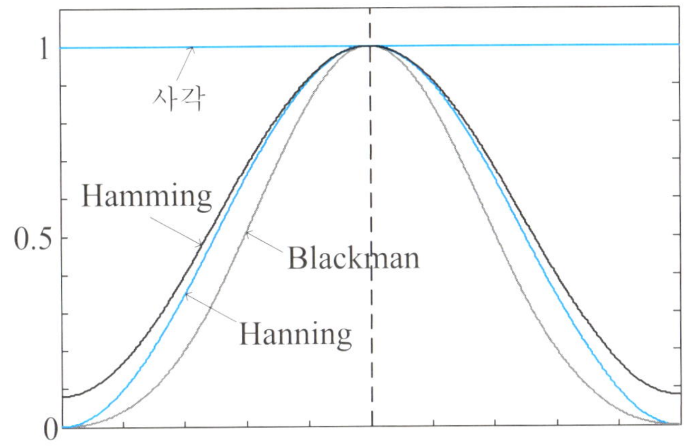

그림 8-3 창함수의 형태

예제 8.1 차단주파수가 $\Omega_c=0.2\pi$인 이상적인 디지털 LPF에 대한 길이 9의 선형위상 FIR 필터를 구하라.

풀이 이상적인 필터의 충격응답 $h_d[n]$을 구하면

$$h_d[n]=\frac{1}{2\pi}\int_{-0.2\pi}^{0.2\pi}(1)\mathbf{W}^n d\Omega=\frac{1}{2\pi}\int_{-0.2\pi}^{0.2\pi}e^{j\Omega n}d\Omega=\frac{\sin 0.2\pi n}{\pi n}$$

FIR 필터의 길이 9에 맞게 절단한 충격응답 $h_t[n]$은 $-4\le n\le 4$에 대해

$$h_t[n]=\left\{\frac{0.147}{\pi},\frac{0.317}{\pi},\frac{0.475}{\pi},\frac{0.588}{\pi},\underset{\underset{n=0}{\uparrow}}{0.2},\frac{0.588}{\pi},\frac{0.475}{\pi},\frac{0.317}{\pi},\frac{0.147}{\pi}\right\}$$

이며 그림 8-4(a)와 같다. 다음으로 $h_t[n]$을 $(N-1)/2=4$만큼 지연시키면

$$h_t[n-4]=\left\{\underset{\underset{n=0}{\uparrow}}{\frac{0.147}{\pi}},\frac{0.317}{\pi},\frac{0.475}{\pi},\frac{0.588}{\pi},0.2,\frac{0.588}{\pi},\frac{0.475}{\pi},\frac{0.317}{\pi},\underset{\underset{n=8}{\uparrow}}{\frac{0.147}{\pi}}\right\}$$

이며 그림 8-4(b)와 같다. 만일 해밍 창을 사용한다고 하면 $0\le n\le 8$에 대해

$$w_{\text{Ham}}[n]=\left\{\underset{\underset{n=0}{\uparrow}}{0.081},0.215,0.541,0.865,1,0.865,0.541,0.215,\underset{\underset{n=8}{\uparrow}}{0.081}\right\}$$

위의 두 수열을 같은 위치끼리 곱하면 원하는 충격응답 $h[n]$은

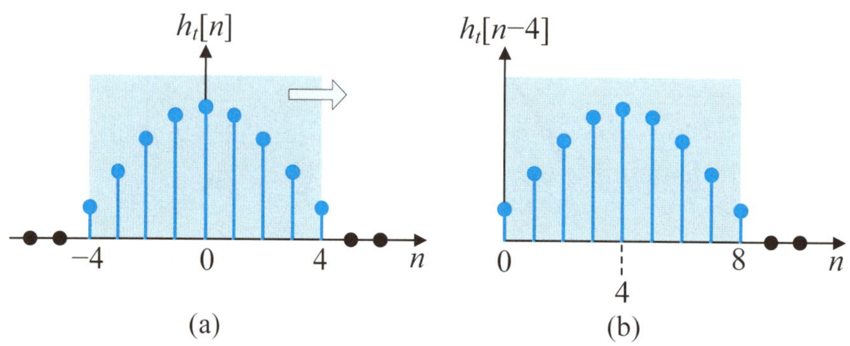

그림 8-4 예제 8-1의 그림

$$h[n] = \left\{ \underset{\substack{\uparrow \\ n=0}}{\frac{0.012}{\pi}}, \frac{0.068}{\pi}, \frac{0.257}{\pi}, \frac{0.508}{\pi}, 0.2, \frac{0.508}{\pi}, \frac{0.257}{\pi}, \frac{0.068}{\pi}, \underset{\substack{\uparrow \\ n=8}}{\frac{0.012}{\pi}} \right\}$$

따라서 FIR 필터의 전달함수 $H(z)$는 다음과 같다.

$$H(z) = \frac{0.012}{\pi}(1+z^{-8}) + \frac{0.068}{\pi}(z^{-1}+z^{-7}) + \frac{0.257}{\pi}(z^{-2}+z^{-6}) + \frac{0.508}{\pi}(z^{-3}+z^{-5}) + 0.2z^{-4}$$

$H(z)$의 주파수 응답은 그림 8-5와 같다.

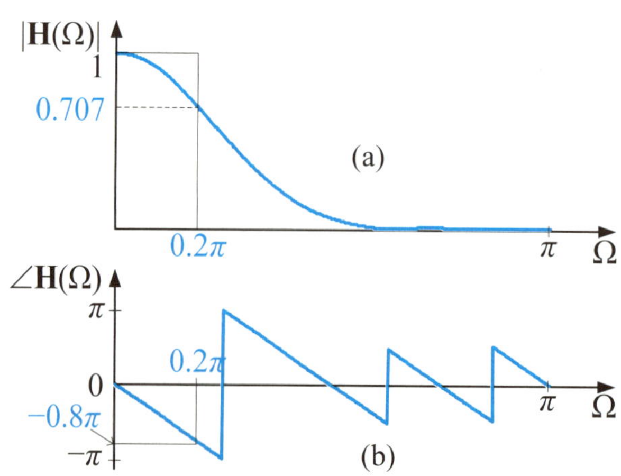

그림 8-5 예제 8.1의 주파수 응답; (a) 크기 응답 (b) 위상 응답

식 (8.1-3)과 그림 8-2는 $h[n]$이 $(N-1)/2$를 중심으로 우대칭인 경우지만 그림 8-6과 같이

$$h[n] = -h[N-1-n] \tag{8.1-9}$$

인 기대칭 경우도 선형 위상 특성을 갖는다.

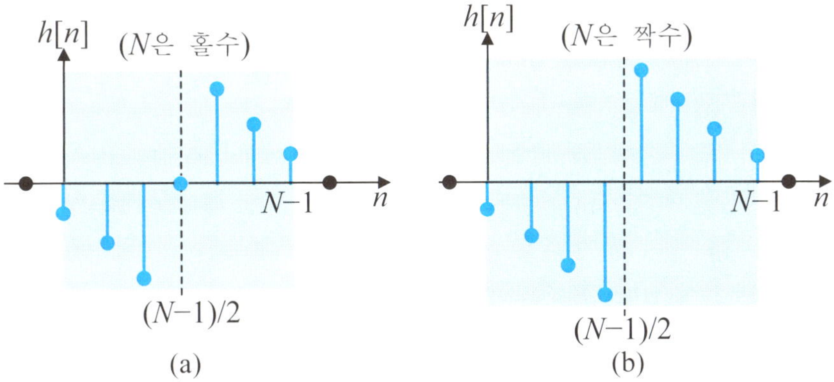

그림 8-6 (a) 선형 위상 FIR 필터의 충격응답의 기대칭성

예제 8.2 이상적인 미분기를 근사화하는 길이 11의 선형위상 FIR 필터를 구하라.

풀이 이상적인 연속 미분기의 주파수 응답은 $H(\omega)=j\omega$이므로 이에 대응하는 이상적인 이산 미분기의 주파수 응답은

$$\mathbf{H}(\Omega) = j\Omega, \quad |\Omega| \le \pi \tag{8.1-10}$$

와 같이 Ω에 비례하여야 한다. $\mathbf{H}(\Omega)$의 시이산 푸리에 역변환은

$$h[n] = \mathfrak{F}_d^{-1}[j\Omega] = \frac{1}{2\pi}\int_{-\pi}^{\pi} j\Omega e^{j\Omega n} d\Omega$$

여기서 $n=0$인 경우는 $h[n]=0$임을 알 수 있다. 다음으로 $n\neq0$인 경우는 부분적분을 적용하기 위해 $u=j\Omega$ 및 $dv=e^{j\Omega n}d\Omega$로 하면

$$h[n] = \frac{j\Omega e^{j\Omega n}}{2\pi jn}\bigg|_{-\pi}^{\pi} - \frac{1}{2\pi}\int_{-\pi}^{\pi}\frac{e^{j\Omega n}}{jn}j\, d\Omega$$

위의 식에서 우변 두 번째 항은 $n \neq 0$에 대해 적분 결과는 0이 된다. 그리고 나머지의 첫 번째 항에서 $e^{\pm j\pi} = -1$임을 이용하면

$$h[n] = \frac{(-1)^n}{n}, \quad n \neq 0$$

이상으로 이상적인 시이산 미분기의 충격 응답은 다음과 같다.

$$h[n] = \begin{cases} 0, & n = 0 \\ \dfrac{(-1)^n}{n}, & n \neq 0 \end{cases} \tag{8.1-11}$$

다음으로 $h[n]$을 길이가 11이 되도록 절단한 $h_t[n]$을 $(N-1)/2=5$만큼 지연시킨 $h_t[n-5]$가 그림 8-7(a)이며 여기에 길이가 11인 사각 창을 씌운 수열의 스펙트럼 크기는 그림 8-7(b)와 같다(물론 위상 특성은 선형적이다).

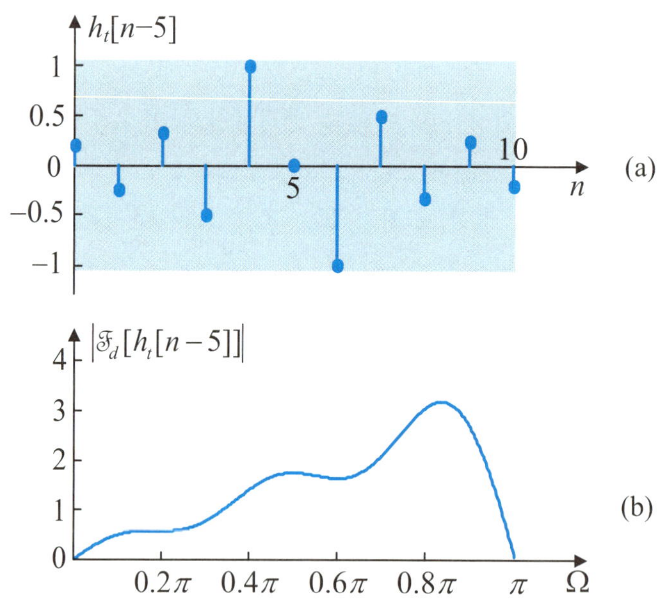

그림 8-7 예제 8.2의 그림

이상으로 선형 위상 특성의 FIR 필터에 대해 알아보았다. 그 중에서 가장 단순한 FIR LPF는

$$H_{\text{LP}}(z)=1+z^{-1} \tag{8.1-12}$$

이며 주파수 응답이

$$\begin{aligned}\mathbf{H}_{\text{LP}}(\Omega) &= 1+e^{-j\Omega}=e^{-j\Omega/2}(e^{j\Omega/2}+e^{-j\Omega/2})\\ &= 2e^{-j\Omega/2}\cos(\Omega/2)\end{aligned} \tag{8.1-13}$$

이므로 크기 응답과 위상 응답은 각각 다음과 같다.

$$|\mathbf{H}_{\text{LP}}(\Omega)|=2\cos(\Omega/2) \tag{8.1-14}$$

$$\angle\mathbf{H}_{\text{LP}}(\Omega)=-\Omega/2 \tag{8.1-15}$$

따라서 식 (8.1-12)의 크기 및 위상 응답은 그림 8-9와 같으며 $\Omega=\pi/2$에서 차단주파수가 형성되는 광대역 LPF이다. 이 필터는 그 자체보다는 다른 필터와 결합하여 좋은 효과를 얻는 데 사용된다.

식 (8.1-12)에서 z 대신에 $-z$를 대입하면

$$H_{\text{HP}}(z)=1-z^{-1} \tag{8.1-16}$$

이는 차단주파수가 $\Omega=\pi/2$인 HPF가 된다. 즉 주파수 응답이

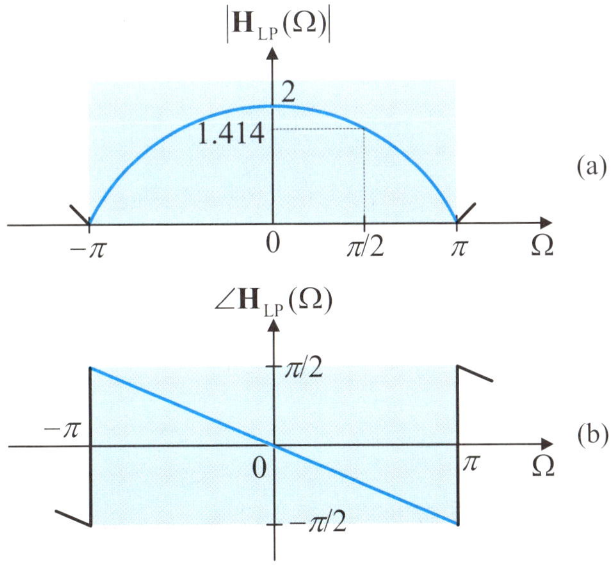

그림 8-9 전달함수 $H_{\text{LP}}(z)=1+z^{-1}$의 (a) 크기 응답 (b) 위상 응답

$$\mathbf{H}_{\mathrm{HP}}(\Omega) = 1 - e^{-j\Omega} = e^{-j\Omega/2}(e^{j\Omega/2} - e^{-j\Omega/2}) \\ = j2e^{-j\Omega/2}\sin(\Omega/2) \quad \textbf{(8.1-17)}$$

이므로 크기 응답이

$$|\mathbf{H}_{\mathrm{HP}}(\Omega)| = 2\sin(\Omega/2) \quad \textbf{(8.1-18)}$$

인 HPF가 된다. 여기서 일반적인 LPF에서 $z \to -z$로 대체하면 HPF가 되는 이유는 $z=e^{j\Omega}$가 $-z=e^{j\pi}e^{j\Omega}=e^{j(\Omega+\pi)}$로 바뀜으로써 $\Omega=0$와 $\Omega=\pi$의 역할이 바뀌기 때문이다. 즉 주파수상에서 π만큼 이동시킨 것과 같다.

8.1.2 고속 컨벌류션

FIR 필터의 기능은 결국 $y[n]=h[n]*x[n]$의 컨벌류션 기능이므로 소프트웨어적으로도 수행할 수 있다. 특히 입력 $x[n]$의 길이가 매우 길 경우에 FFT를 이용하면 빠르게 처리할 수 있으므로 고속 컨벌류션이라 한다. FFT는 순환 컨벌류션을 수행하므로 선형 컨벌류션 효과를 얻기 위해 먼저 길이 N_x의 $x[n]$과 길이 N_h의 $h[n]$을 다음과 같이 영-채우기를 한다($L=N_x+N_h-1$).

$$x_z[n] = \begin{cases} x[n], & 0 \le n \le N_x - 1 \\ 0, & N_x \le n \le L-1 \end{cases} \quad \textbf{(8.1-19)}$$

및

$$h_z[n] = \begin{cases} h[n], & 0 \le n \le N_h - 1 \\ 0, & N_h \le n \le L-1 \end{cases} \quad \textbf{(8.1-20)}$$

다음으로 $x_z[n]$과 $h_z[n]$의 순환 컨벌류션인

$$y[n] = h_z[n] \otimes x_z[n] \quad \textbf{(8.1-21)}$$

은 DFT에 의해

$$h_z[n] \otimes x_z[n] \xleftrightarrow{\mathrm{DFT}} \mathbf{H}_z[k] \cdot \mathbf{X}_z[k] \quad \textbf{(8.1-22)}$$

이므로 다음과 같이 FFT를 이용하여 구한다(IFFT는 역 FFT를 뜻한다).

$$y[n] = \mathrm{IFFT}\{\mathrm{FFT}(h_z[n]) \cdot \mathrm{FFT}(x_z[n])\} \quad \textbf{(8.1-23)}$$

이상의 고속 컨벌류션 과정을 그림으로 도시하면 8-10과 같다.

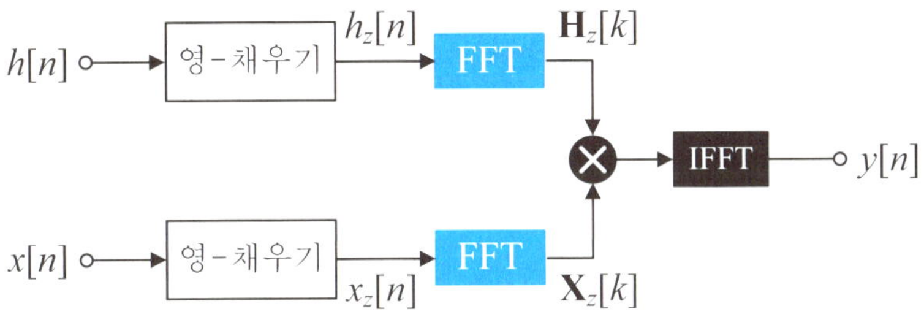

그림 8-10 고속 선형 컨벌류션

8.1.3 IIR 필터

IIR 필터는 전달함수가 $H(z)=N(z)/D(z)$의 형태로 극점을 갖는다. 전달함수가

$$H_{\mathrm{LP}}(z)=\frac{1}{1-az^{-1}} \tag{8.1-24}$$

인 1차 LPF의 충격응답은 잘 알려진 $h[n]=a^n u[n]$이며 주파수 응답은

$$\mathbf{H}_{\mathrm{LP}}(\Omega)=\frac{1}{1-ae^{-j\Omega}}=\frac{1}{(1-a\cos\Omega)+ja\sin\Omega} \tag{8.1-25}$$

이다. 따라서 크기 응답은

$$\begin{aligned}|\mathbf{H}_{\mathrm{LP}}(\Omega)|&=\frac{1}{\sqrt{(1-a\cos\Omega)^2+(a\sin\Omega)^2}}\\&=\frac{1}{\sqrt{1-2a\cos\Omega+a^2}}\end{aligned} \tag{8.1-26}$$

으로 우함수이며 위상 응답은

$$\angle\mathbf{H}_{\mathrm{LP}}(\Omega)=-\tan^{-1}\left(\frac{a\sin\Omega}{1-a\cos\Omega}\right) \tag{8.1-27}$$

으로 기함수가 된다. 이상의 크기 응답과 위상 응답은 그림 8-11과 같다. 식 (8.1-24)를 광대역 LPF인 식 (8.1-12)와 결합하면

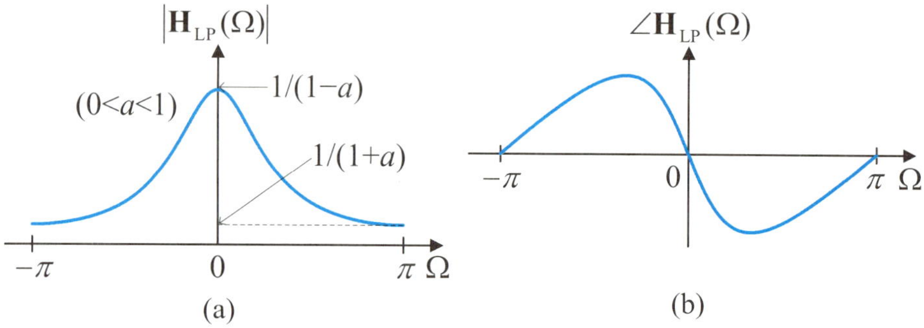

그림 8-11 전달함수 $H_{LP}(z)=1/(1-az^{-1})$의 (a) 크기 응답 (b) 위상 응답

$$H_{LP}(z)=\frac{1+z^{-1}}{1-az^{-1}} \tag{8.1-28}$$

LPF는 직류 이득이 1이 되게 하는 것이 통례이므로($H(1)=1$) 식 (8.1-28)은

$$H_{LP}(z)=\left(\frac{1-a}{2}\right)\frac{1+z^{-1}}{1-az^{-1}} \tag{8.1-29}$$

로 수정한다. 위 식의 주파수 응답은 식 (8.1-12)와 식 (8.1-24)의 주파수 응답을 곱한 형태이며 동시에 직류에서의 크기는 1이므로 $-1<a<1$에 대해 크기 응답은 그림 8-12(a)와 같다. 필터의 대역폭은 a가 감소할수록 증가하지만 $z=-1$에서의 영점에 의해 $\Omega=\pi$에서의 크기는 $H(e^{j\pi})=H(-1)=0$으로 a에 무관하게 항상 0으로 고정된다. 그리고 식 (8.1-29)에서 $z\to-z$로 대체하면 HPF인

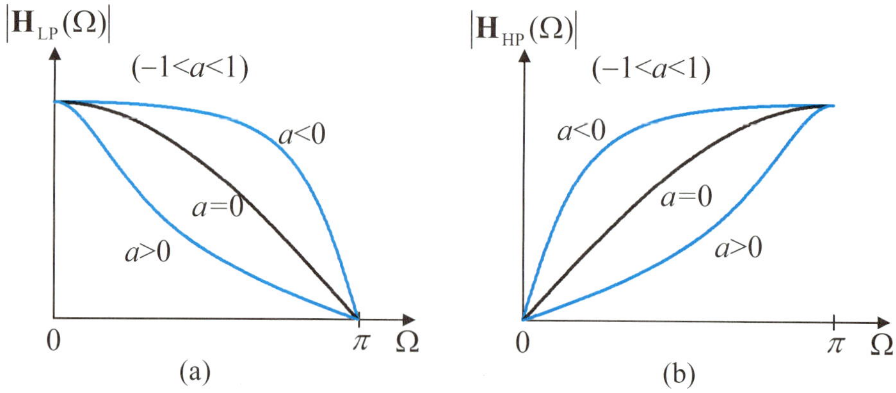

그림 8-12 (a) 식 (8.1-29)의 크기 응답 (b) 식 (8.1-30)의 크기 응답

$$H_{\text{HP}}(z) = \left(\frac{1-a}{2}\right)\frac{1-z^{-1}}{1+az^{-1}} \quad \textbf{(8.1-30)}$$

를 얻을 수 있으며 크기 응답은 그림 8-12(b)와 같다.

지금까지는 1차 IIR LPF 및 HPF에 대해 알아보았다. IIR 필터 중 2차 공진 시스템의 전달 함수는

$$H_{\text{BP}}(z) = \frac{1-z^{-2}}{1-2r\cos\Omega_o z^{-1} + r^2 z^{-2}} = \frac{(1-z^{-1})(1+z^{-1})}{(1-re^{j\Omega_o})(1+re^{j\Omega_o})} \quad \textbf{(8.1-31)}$$

이 전달함수의 ROC를 포함한 극-영점도를 그려보면 그림 8-13(a)와 같다. 영점이 z=1(Ω=0)와 z=−1(Ω=π)에 있으므로 Ω=0과 Ω=π에서는 크기가 항상 0이 된다. 그리고 $z=\pm re^{j\Omega_o}$ 에서 극점이 있으므로 Ω=Ω_o에서 분모의 크기가 최소가 되어 Ω=Ω_o에서 공진이 일어나며 대역폭은 극점의 크기인 r이 1에 가까울수록 더욱 좁아진다. 따라서 크기 응답은 대체로 그림 8-13(b)와 같은 대역통과 특성이 된다.

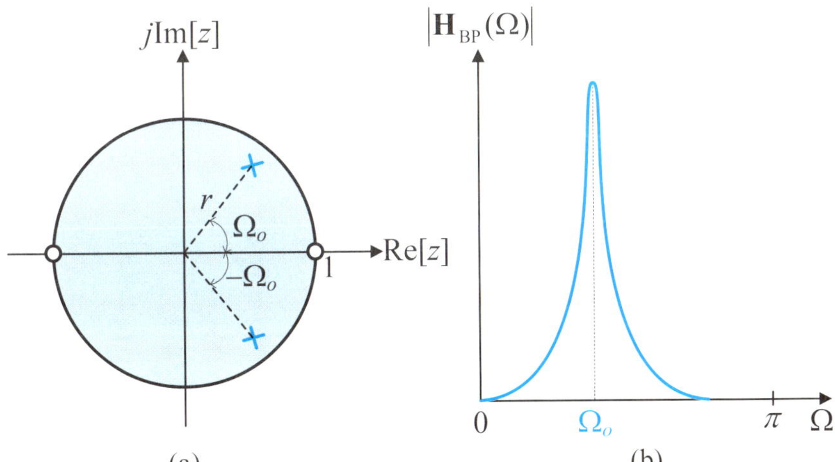

그림 8-13 식 (8.1-31)의 (a) 극-영점도 (b) 주파수 응답

공진 회로와 반대 특성을 보이는 전달함수는 다음과 같다.

$$H_{\text{BS}}(z) = \frac{1-2(\cos\Omega_o)z^{-1}+z^{-2}}{1-2r(\cos\Omega_o)z^{-1}+r^2z^{-2}} = \frac{(1-e^{j\Omega_o}z^{-1})(1-e^{-j\Omega_o}z^{-1})}{(1-re^{j\Omega_o}z^{-1})(1-re^{-j\Omega_o}z^{-1})} \quad \textbf{(8.1-32)}$$

식 (8.1-32)에 대한 극-영점도는 그림 8-14(a)와 같으며 $\Omega=\Omega_o$에서 분자가 0이 되어 크기 응답은 0이 된다. 만일 r이 1에 가까우면 Ω_o에서 멀어진 주파수에 대해서는 $re^{j\Omega_o} \cong e^{j\Omega_o}$이 되어 분모와 분자가 거의 같은 크기가 되므로 크기가 1에 가깝다. 따라서 식 (8.1-32)에 대한 대체적인 크기 응답은 그림 8-14(b)와 같은 형태가 된다. 이는 특정 주파수 성분 Ω_o만 제거하므로 놋치(notch) 필터라 부른다.

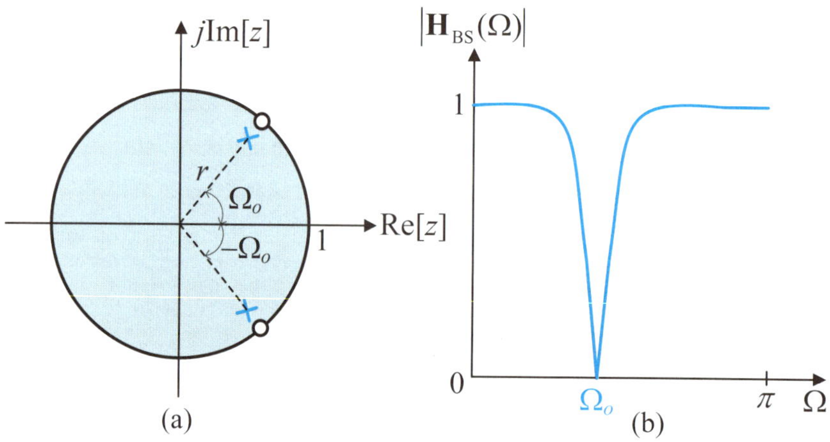

그림 8-14 식 (8.1-32)의 (a) 극-영점도 (b) 주파수 응답

8.2 음성 발생

8.2.1 유성음 발생 모델

우리가 가장 많이 접하는 신호가 음성 신호이므로 음성 신호의 발생 원리를 이해하고 이를 시스템적으로 해석하는 것은 매우 의미가 있다. 그림 8-15는 음성 발생 시스템의 개요를 보여준다. 폐의 공기가 성문(聲門)을 통과한 다음 소리가 지나가는 길인 성도(聲道)를 거쳐 입을 통해(비음인 경우 코를 포함) 발성된다. 성문을 통과한 공기 흐름이 성도를 여기시키는 형태에 따라 음성은 다음 3가지의 기본형으로 나눈다.

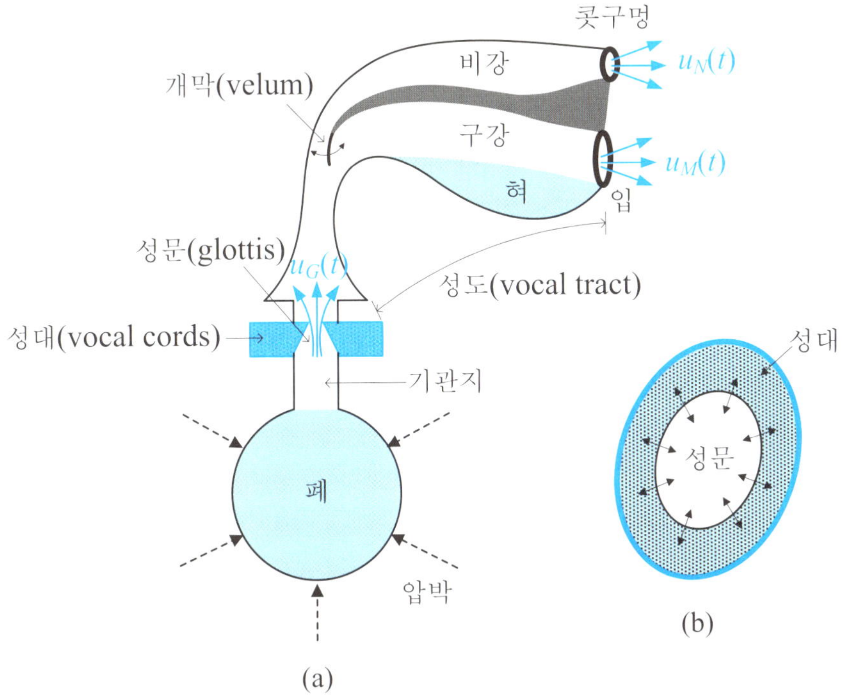

그림 8-15 (a) 음성의 발생 원리 (b) 성대 및 성문의 단면도

유성음(voiced sound): 성문의 개폐에 의한 공기 흐름이 준주기적인 펄스가 되어 성도를 여기시켜 생성된다.

마찰음(fricative sound): 성도를 수축한 상태에서 수축된 성도에 공기를 밀어 넣어 잡음 형태의 공기흐름으로 생성된다.

파열음(plosive sound) : 성도를 완전히 막은 상태에서 공기의 압력을 높인 다음 급격하게 압력을 내보냄으로써 생성된다.

유성음의 경우는 성문을 통해 흐르는 공기가 매우 탄력적인 근육으로 된 성대를 주기적으로 진동하게 함으로써(그림 8-15(b)) 준주기적인 펄스를 형성한다. 즉 성문이 닫힌 상태에서는 폐로부터 나오는 공기의 압력이 점차 증가하므로 어느 시점에서는 이 압력에 의해 성문이 열리게 된다. 열린 성문을 통해 흐르는 공기는 베르누이의 원리에 의해 성문 내부의 압력을 낮추게 되므로 다시 성문은 좁아지게 되며 어느 시점에서는 완전히 닫힌다. 그 결과 폐로부터의 공기 압력이 다시 증가함으로써 어느 시점에서는 성문은 다시 열리게 된다. 유성음에 대해서는 성문의 개폐 과정이 준주기적이므로 그림 8-

15(a)의 성문 펄스열(glottal pulse) $u_G(t)$는 대체적으로 그림 8-16의 형태가 되며 펄스열의 주기 T_p를 피치(pitch)라 한다. 피치는 개인마다 다르며 여성의 경우 10 ms 정도이며 저음의 남성의 경우는 약 30 ms까지 이른다. 성문 펄스 $g(t)$가 음성의 질에 미치는 영향을 연구한 결과 자연적인 성문 펄스는 다음과 같은 인위적인 펄스 형태로 근사화할 수 있음이 밝혀졌다.

$$g(t) = \begin{cases} \frac{1}{2}[1 - \cos(\pi t / T_1)], & 0 \le t \le T_1 \\ \cos\left(\dfrac{\pi(t - T_1)}{2T_2}\right), & T_1 \le t \le T_2 \end{cases} \tag{8.2-1}$$

식 (8.2-1) $g(t)$의 파형과 스펙트럼은 그림 8-17과 같다. 그림 8-17(b)로부터

그림 8-16 성문 펄스열의 대체적인 파형

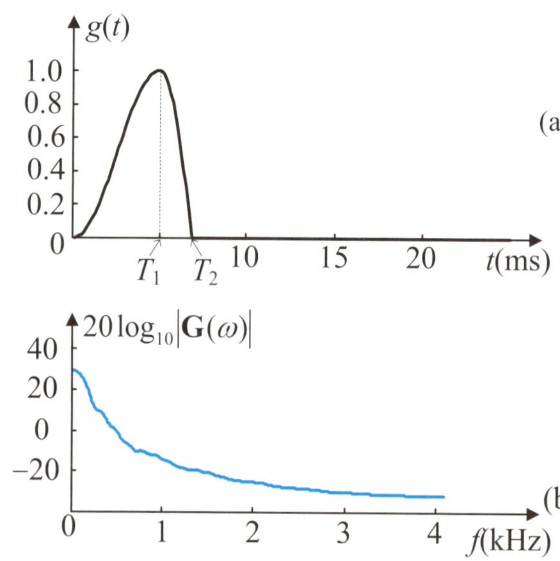

그림 8-17 성문 펄스열의 (a) 근사화된 파형과 (b) 스펙트럼

성문 펄스는 음성 신호를 저역통과 필터시킨 것과 같은 효과를 나타냄을 예

측할 수 있다. 이상으로 성문 펄스열 발생에 대한 이산 모델은 그림 8-18과 같다. 물론 $G(z)$는 $g[n]=g(nT)$의 z-변환이며 T는 표본화 주기이다.

다음으로 성문으로부터 입(비음인 경우 코를 포함)까지의 성도는 그림 8-19(a)와 같이 하나의 음강관(acoustic tube)로 도식화할 수 있으며 관의 형태

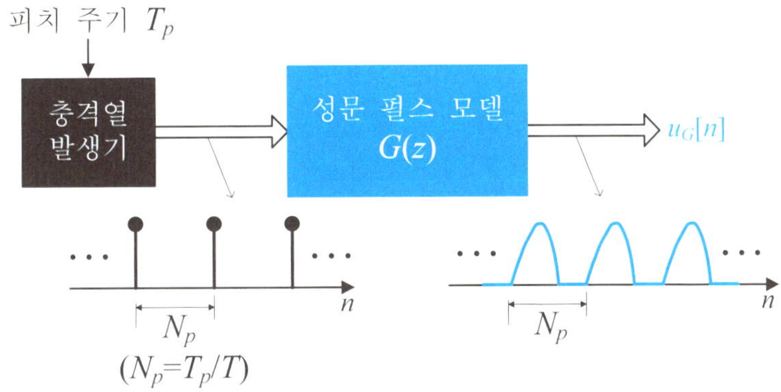

그림 8-18 성문 펄스열 발생의 이산 모델

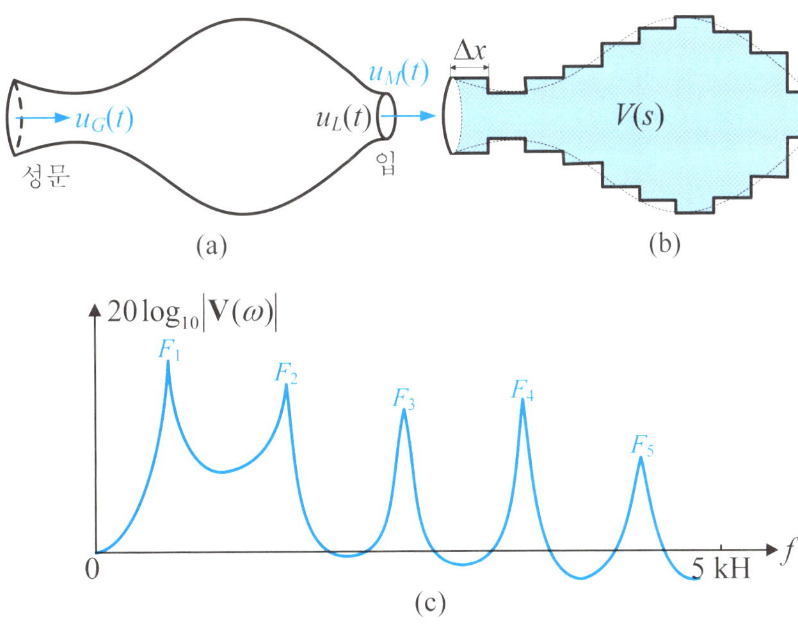

그림 8-19 (a) 음강관으로 도식화된 성도 (b) 구간별로 일정한 관의 결합으로 근사화한 것 (c) 음강관 공진 특성의 예

는 입 모양과 혀 모양 등에 따라 변화된다. 음강관을 그림 8-19(b)와 같이 구

간별로 일정한 관의 결합으로 근사화시킬 수 있으며 각 관이 결합되는 경계 부분에서는 경계 조건에 의해 반사파가 형성된다. 따라서 관은 그 형태에 따라 그림 8-19(c)와 같이 특정 주파수들에 대해서만 공진 현상을 보이게 되며 이 주파수들을 자연 주파수 혹은 포먼트(formant)라 한다. 자연 주파수는 유성음의 종류에 따라 달라지며 보통 5 개 정도만 중요한 포먼트로 취한다. 피치 주기와 자연 주파수들은 유성음을 특징짓는 중요한 파라미터가 된다.

성도 $V(s)$에 대한 이산 모델 $V(z)$는 그림 8-19(c)와 같이 다수의 주파수에 대해 공진 특성을 나타내야 하며 각 자연 주파수에 대해서는 하나씩의 2차 공진 시스템이 필요하다. 따라서 자연 주파수 F_k에 대한 2차 시스템을 $V_k(z)$라 하면 $V(z)=U_L(z)/U_G(z)$는 $V_k(z)$들을 종속으로 결합한 다음과 같은 형태로 모델링할 수 있다($\Omega_k=2\pi F_k T$).

$$V(z)=\prod_{k=1}^{M}V_k(z)=\frac{N(z)}{\prod_{k=1}^{M}\{1-2r_k(\cos\Omega_k)z^{-1}+r_k^2z^{-2}\}} \qquad (8.2\text{-}2)$$

식 (8.2-2)에서 $U_G(z)$ 및 $U_L(z)$는 각각 성문 펄스열 $u_G[n]$과 입술에서의 신호 $u_L[n]$의 z-변환이다. 입술에서의 신호 $u_L[n]$이 입 밖의 공기 중으로 방사될 때는 회절 효과 등에 의해 고역통과 필터를 거친 것과 같은 영향을 받는다. 이러한 방사 효과를 시스템 $R(z)$로 표현하면 근사적으로

$$R(z)=R_o(1-z^{-1}) \qquad (8.2\text{-}3)$$

와 같으며 R_o는 상수이다(식 (8.1-16) 참조). 따라서 $R(z)$의 고역통과 특성으로 인해 음성 신호는 직류 성분이 거의 없게 된다. 이상으로 성도를 포함한 방사 효과까지의 시스템은 그림 8-20과 같이 나타낼 수 있다.

이상으로 유성음에 대한 발생 모델 및 파형을 종합하면 그림 8-21과 같으며 전달 함수 $G(z)$의 충격 응답과 주파수 특성은 그림 8-17에, 성도의 전달함

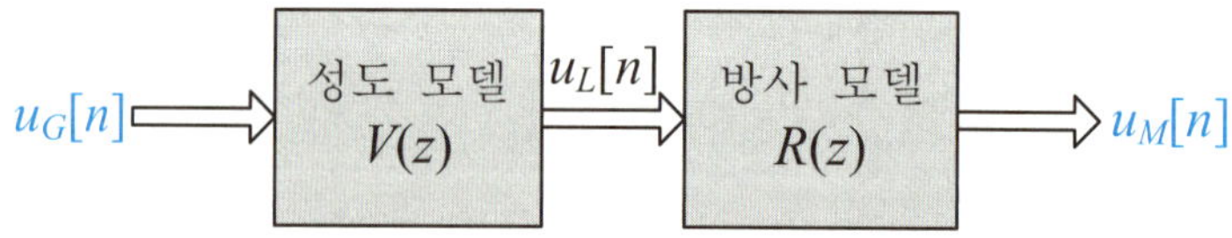

그림 8-20 성도와 방사 효과를 포함시킨 모델

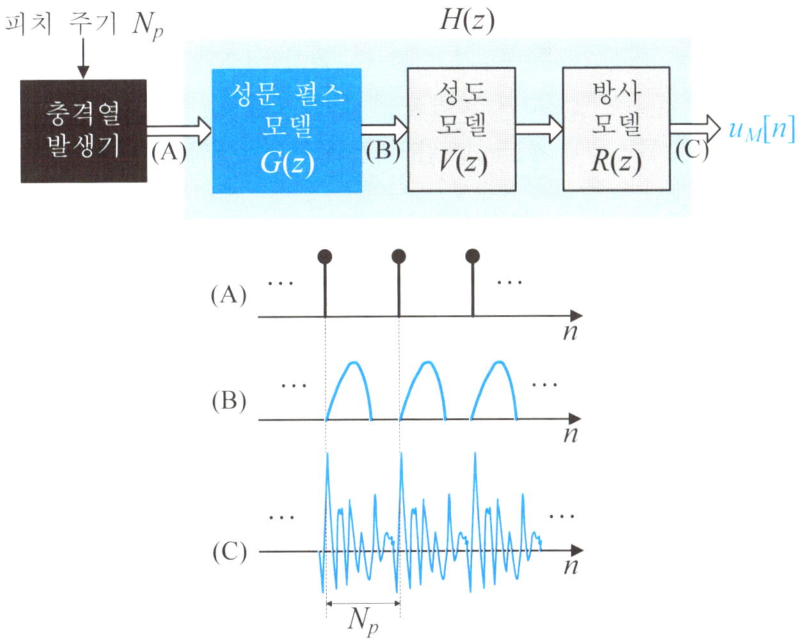

그림 8-21 유성음 발생의 전체 모델

수 $V(z)$는 식 (8.2-2)에, 방사 효과의 전달 함수 $R(z)$는 식 (8.2-3)에 표시된 바와 같다. 따라서 전체 전달 함수는 다음과 같다.

$$H(z) = G(z)V(z)R(z) \tag{8.2-4}$$

8.2.2 선형예측

식 (8.2-4)의 $H(z)$는 극점과 영점이 다 있으며 이러한 시스템을 극영(pole-zero) 시스템이라 한다. 그러나 실제 음성처리 분야에서는 $H(z)$는 전적으로 극점만 있는 전달함수인

$$H(z) = \frac{A}{1 - \sum_{k=1}^{P} a_k z^{-k}} \tag{8.2-5}$$

로 대신하며(A는 상수) 이런 유형을 전극(all-pole) 시스템이라 한다. 식 (8.2-5)에서 차수 P를 충분히 늘리면 식 (8.2-4)의 극영 시스템의 특성에 근사적으

로 가까워진다. 식 (8.2-5)와 같은 형태가 신호처리에서 유용한 것은 그 역시스템은 전적으로 영점만 존재하는 전영(all-zero) 시스템, 즉 FIR 필터가 되기 때문이다. 그림 8-21에서 (A)의 파형을 주기가 N_p인 단위-충격열로 보고 $H(z)$를 식 (8.2-5)로 하면 그림 8-22(a)처럼 표현된다. 즉 입력과 출력의 관계는

$$u_M[n] = \sum_{k=1}^{P} a_k u_M[n-k] + A\tilde{\delta}_{N_p}[n] \qquad \textbf{(8.2-6)}$$

이제 그림 (a)의 입력과 출력을 맞바꾸면 그림 (b)의 역시스템 $H^{-1}(z)$를 얻을 수 있다. 여기서 중요한 점은 크기가 A이고 주기가 N_p인 충격열은 음성 신호 $u_M[n]$에 비해 전력을 거의 무시할 수 있다는 것이다. 따라서 식 (8.2-6)에서 충격열을 0으로 무시하면 다음과 같은 식으로 근사화할 수 있다.

$$u_M[n] - \sum_{k=1}^{P} \hat{a}_k u_M[n-k] = 0 \qquad \textbf{(8.2-7)}$$

식 (8.2-8)의 $\hat{a}_k$ 는 식 (8.2-7)의 a_k에 대한 추정 계수이다. 만일 a_k에 충분히 가깝게 $\hat{a}_k$ 를 구할 수 있다면 추정오차 $e[n]$은

$$e[n] \approx A\tilde{\delta}_{N_p}[n] \qquad \textbf{(8.2-8)}$$

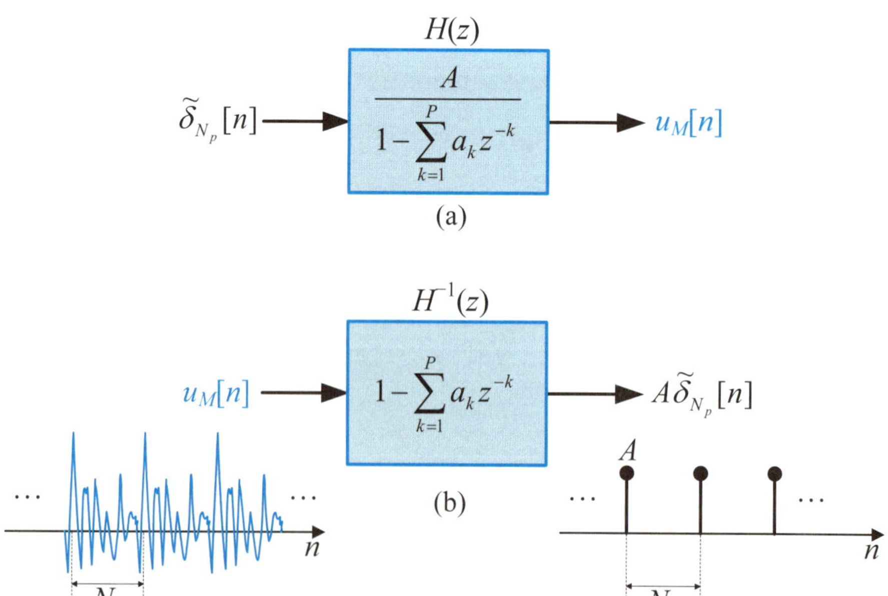

그림 8-22 유성음의 (a) 전극 시스템 (b) 역시스템(전영 시스템)

이므로 추정오차로 미지의 피치도 추정할 수 있다. 식 (8.2-7)을 고쳐 쓰면

$$u_M[n] = \sum_{k=1}^{P} \hat{a}_k u_M[n-k] \tag{8.2-9}$$

의 형태가 된다. 이 형태를 선형예측(linear prediction)이라 하고 추정 계수들은 LPC(linear predictive coding)라 한다. 유성음마다 고유한 P 개의 추정계수를 부여할 수 있으므로 LPC는 음성신호 처리의 근간을 이루는 매우 중요한 개념이다.

8.3 디지털 필터의 설계

일반적으로 연속신호의 필터를 아날로그 필터로, 이산신호의 필터는 디지털 필터로 부르는 게 보통이다. 아날로그 필터는 그 설계법들이 이미 이론적으로 충분히 정립되어 왔기 때문에 후에 나타난 디지털 필터는 직접적인 설계 방법을 택하는 대신에, 원하는 특성을 가진 아날로그 필터를 먼저 설계한 다음 이를 디지털 필터로 변환시키는 간접적인 방법을 택하게 되었다. 이 절에서는 아날로그 필터를 디지털 필터로 변환시키는 몇 가지 방법들에 대해 설명한다.

8.3.1 충격-불변(impulse-invariant) 방법

이 방법은 가장 기본적인 설계 방법으로서 그 개념은 그림 8-23과 같다. 즉 아날로그 필터의 충격 응답 $h_a(t)$의 표본 $h_a(nT)$를 바로 디지털 필터의 충격 응답 $h[n]$으로 삼아

$$h[n] = h_a(nT) \tag{8.3-1}$$

로 하면 아날로그 필터와 디지털 필터의 주파수 응답이 서로 닮을 것이라는 생각에 기초를 둔 것이다. 이 방법이 효과를 거두기 위해서는 아날로그 필터의 주파수 응답은 표본화 주파수 ω_s의 1/2인 $|\omega|<\omega_s/2$로 대역이 제한되어야 한다는 나이퀴스트 조건(식 (6.2-54) 참조)를 만족해야 한다. 그러나 이 조건은

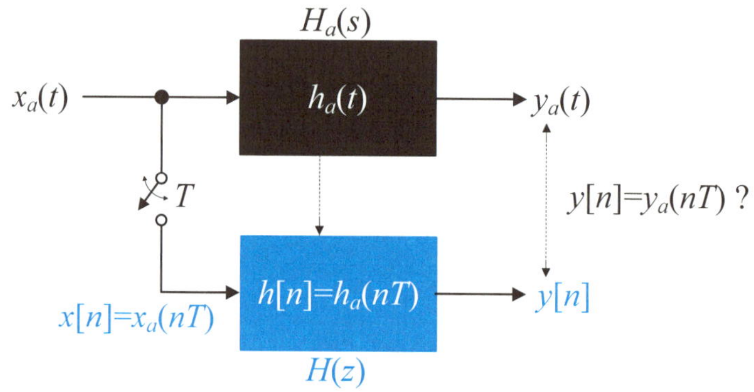

그림 8-23 충격-불변 방법의 개념도

LPF나 BPF에서는 가능한 일이지만 HPF나 BSF에서는 통과대역이 $\omega_s/2$를 초과하기 때문에 이 조건이 가능하지 않다. 따라서 충격-불변 방법은 HPF나 BSF 설계에는 직접 사용될 수 없다. 또한 그림 8-20에서 디지털 필터의 입력과 충격 응답이 각각 $x[n]=x_a(nT)$ 및 $h[n]=h_a(nT)$로서 아날로그 필터의 경우와 같은 형태일지라도 디지털 필터의 출력은 반드시 $y[n]=y_a(nT)$인 것은 아니며 이에 대해서는 나중에 예제를 통해 입증할 수 있다.

충격-불변 방법은 식 (8.3-1)의 관계로 인해 아날로그 필터의 주어진 전달 함수 $H_a(s)$로부터 충격 응답 $h_a(t)$를 역부로 구한 다음 이를 표본화한 $h[n]$으로부터 z-변환을 구하는 절차를 거칠 필요는 없다. 즉 전달 함수 $H_a(s)$를 부분 분수 형태인

$$H_a(s) = \sum_{k=1}^{N} \frac{r_k}{s + s_k} \tag{8.3-2}$$

로 전개하면(다중 극점은 없는 것으로 가정한다) 충격 응답이

$$h_a(t) = \sum_{k=1}^{N} r_k e^{-s_k t} u(t) \tag{8.3-3}$$

로 주어지므로 이를 표본화한 디지털 필터의 충격 응답은

$$h[n] = \sum_{k=1}^{N} r_k e^{-s_k nT} u[n] \tag{8.3-4}$$

가 되며 이로부터 디지털 필터의 전달 함수는 다음과 같다.

$$H(z) = \sum_{k=1}^{N} \frac{r_k}{1 - e^{-s_k T} z^{-1}} \tag{8.3-5}$$

로 구해진다. 따라서 식 (8.3-2)와 (8.3-5)로부터

$$\frac{r_k}{s+s_k} \rightarrow \frac{r_k}{1-e^{-s_kT}z^{-1}} \qquad \textbf{(8.3-6)}$$

의 관계를 바로 이용하면 충격 응답을 구하는 절차를 생략할 수 있다. 그리고 식 (8.3-6)에 의해 $H_a(s)$의 극점인 $s=s_k$는 $H(z)$의 극점 $z=e^{-s_kT}$로 사상되므로 s-영역에서 LHP에 있는 극점은 z-영역에서는 항상 단위원 안으로 사상된다. 따라서 충격-불변 방법에 의해 안정되고 인과적인 아날로그 필터는 항상 안정되고 인과적인 디지털 필터로 변환된다. 여기서 유의할 점은 변수 치환 $z=e^{sT}$에 의해 단순히 $H_a(s)$가 $H(z)$로 변환되는 것은 아니며, 그 이유는 $H_a(s)$의 영점은 식 (8.3-6)과 같은 방법으로 사상되지 않기 때문이다.

예제 8.3 이차 아날로그 필터인

$$H_a(s) = \frac{s+a}{(s+a)^2+\omega_o^2}$$

에 대한 디지털 필터를 충격-불변 방법으로 구하라.

풀이 먼저 $H_a(s)$를 부분 분수로 전개하면

$$H_a(s) = \frac{1/2}{s+a+j\omega_o} + \frac{1/2}{s+a-j\omega_o}$$

여기에 식 (8.3-6)의 관계를 적용하면

$$\begin{aligned} H(z) &= \frac{1/2}{1-e^{-(a+j\omega_o)T}z^{-1}} + \frac{1/2}{1-e^{-(a-j\omega_o)T}z^{-1}} \\ &= \frac{1-e^{-aT}(\cos\omega_o T)z^{-1}}{1-2e^{-aT}(\cos\omega_o T)z^{-1}+e^{-2aT}z^{-2}}. \end{aligned}$$

$H_a(s)$의 충격 응답 $h_a(t)$와 $H(z)$의 충격 응답 $h[n]$을 구해보면

$$h_a(t) = e^{-at}(\cos\omega_o t)u(t)$$
$$h[n] = e^{-aTn}(\cos\omega_o Tn)u[n]$$

따라서 $h[n]=h_a(nT)$임이 입증된다.

예제 8.4 일차 아날로그 LPF인

$$H_a(s) = \frac{a}{s+a}$$

로부터 충격응답-불변 방법으로써 디지털 필터를 설계하고 입력이 단위 계단 신호일 때 디지털 필터의 출력 $y[n]$과 아날로그 필터의 출력 $y_a(nT)$간의 관계에 대해 살펴보라.

풀이 $H_a(s)$에 식 (8.3-6)을 적용하면

$$H(z) = \frac{a}{1-e^{-aT}z^{-1}}$$

이므로 $H_a(s)$의 충격 응답 $h_a(t)$와 $H(z)$의 충격 응답 $h[n]$은

$$h_a(t) = ae^{-at}u(t)$$
$$h[n] = ae^{-aTn}u[n] = h_a(nT)$$

으로서 충격 응답 형태는 불변이다. 이제 단위 계단 입력에 대한 출력을 구해보면 아날로그 필터의 경우

$$Y_a(s) = \frac{H_a(s)}{s} = \frac{a}{s(s+a)} = \frac{1}{s} - \frac{1}{s+a}$$

$$\therefore y_a(t) = (1-e^{-at})u(t)$$

디지털 필터의 경우는

$$Y(z) = H(z)\frac{1}{1-z_{-1}}$$
$$= \frac{a}{(1-e^{-aT}z^{-1})(1-z^{-1})}$$
$$= \frac{a}{1-e^{-aT}}\left(\frac{1}{1-z_{-1}} - \frac{e^{-aT}}{1-e^{-aT}z^{-1}}\right)$$

$$\therefore y[n] = \frac{a}{1-e^{-aT}}(1-e^{-aT(n+1)})u[n]$$

이상으로 $y[n] \neq y_a(nT)$임을 알 수 있다.

8.3.2 쌍선형(bilinear) 변환 방법

앞서 설명한 충격-불변 방법은 아날로그 필터의 주파수 응답이 대역제한되어 있지 않으면 알리아싱에 의한 왜곡이 생긴다는 단점이 있다. 이를 방지하기 위해 새로운 변수 Ω를 정의한 다음, ω 축상에서 무한대인 주파수가 Ω축상에서는 유한한 값이 되도록 변환시키면 표본화에 의한 알리아싱 현상이 제거될 수 있으며 그림 8-24가 이러한 개념을 보여주고 있다. 물론 이 때 비선형성에 의한 또 다른 왜곡은 감수하여야 한다.

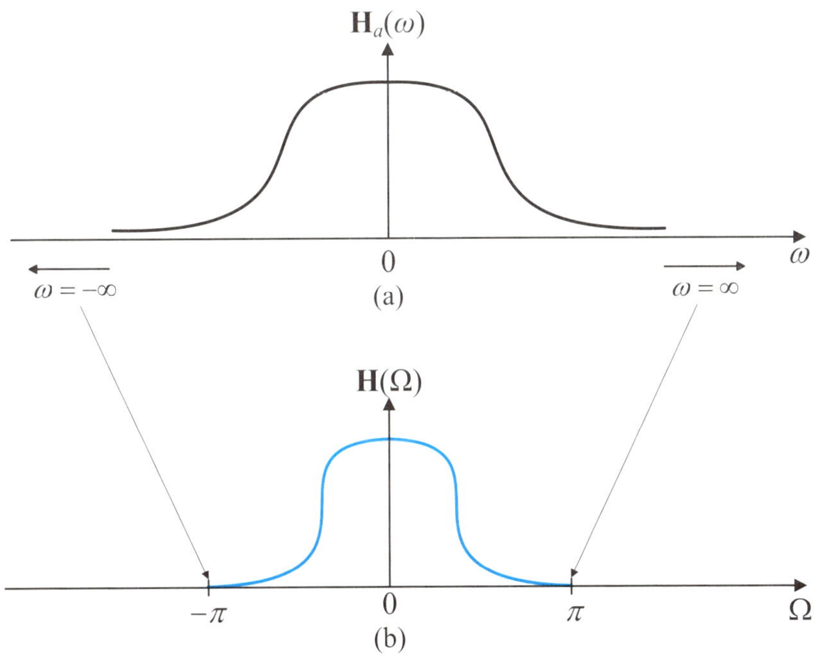

그림 8-24 쌍선형 변환의 개념도: (a) 대역제한되지 않은 주파수 응답 (b) 비선형 변환에 의해 대역제한된 주파수 응답

그림 8-24의 비선형 변환에 대한 한 형태가 그림 8-25로 제시하고 있으며 이를 수식으로 표현하면

$$\Omega = 2\tan^{-1}\left(\frac{\omega T}{2}\right) \tag{8.3-7}$$

또는

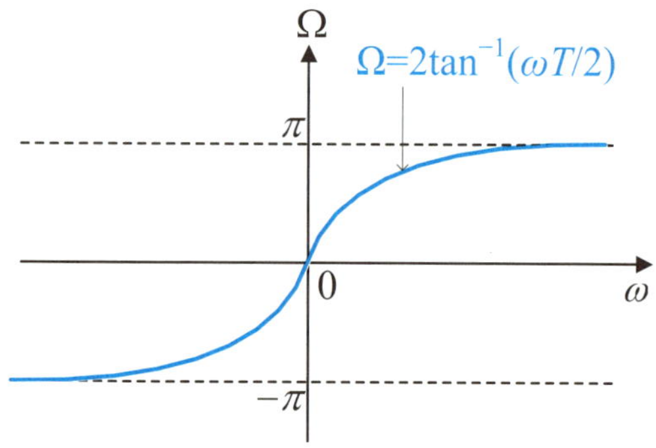

그림 8-25 비선형 변환인 식 (8.3-7)의 압축 특성

$$\omega = \frac{2}{T}\tan\frac{\Omega}{2} \tag{8.3-8}$$

이다. 식 (8.3-8)을 전개하면

$$j\omega = \frac{2}{T}\left[\frac{e^{j\Omega/2} - e^{-j\Omega/2}}{e^{j\Omega/2} + e^{-j\Omega/2}}\right] \tag{8.3-9}$$

이므로 $s=j\omega$ 및 $z=e^{j\Omega}$를 대입하면 위의 식으로부터

$$s = \frac{2}{T}\left[\frac{z^{1/2} - z^{-1/2}}{z^{1/2} + z^{-1/2}}\right] = \frac{2}{T}\left[\frac{1 - z^{-1}}{1 + z^{-1}}\right] \tag{8.3-10}$$

의 변환 관계를 유도할 수 있으며 이를 쌍선형 변환이라 한다. 이상으로 쌍선형 변환에 의한 디지털 필터의 설계법은 다음과 같다.

$$H(z) = H_a(s)\Big|_{s=\frac{2}{T}\left[\frac{1-z^{-1}}{1+z^{-1}}\right]} \tag{8.3-11}$$

쌍선형 변환에서 그림 8-25와 같이 ω와 Ω 사이에 일어나는 비선형 관계를 주파수-휨(frequency-warping)이라 한다. 그림 8.-22는 낮은 ω에 대해서는 $\Omega \cong \omega T$로 거의 선형적이지만 높은 주파수로 올라갈수록 압축되는 정도가 강해지며 그 결과 $\omega=\pm\infty$는 $\Omega=\pm\pi$로 압축 사상된다.

쌍선형 변환에서는 주파수 축이 비선형적으로 휘어진다. 따라서 쌍선형 변환을 적용하는 전 단계에서 아날로그 필터의 주파수 특성을 미리 휘어지게 함으로써 좋은 효과를 얻을 수 있다는 것을 예견할 수 있으며 이러한 작업을 사전-휨(prewarping)이라 한다. 예를 들어 저역통과나 고역통과 디지털 필터의 주파수 응답 $\mathbf{H}(\Omega)$의 차단 주파수가 원하는 값 Ω_B로 주어져있을 때 아날로그 필터 $\mathbf{H}(\omega)$의 차단 주파수 $\omega_B=\Omega_B/T$를 사전-휨에 의해

$$\omega_B' = \frac{2}{T}\tan\frac{\Omega_B}{2} \tag{8.3-12}$$

로 하는 것이다. 물론 BPF와 BSF의 경우도 사전-휨을 이용할 수 있다.

예제 8.5 차단 주파수가 Ω_B이고 표본화 주기가 T인 1차 디지털 필터를 쌍선형 변환 방법으로 구함에 있어서 사전-휨을 적용하라.

풀이 먼저 Ω_B에 식 (8.3-12)의 사전-휨을 적용하면

$$H_a(s) = \frac{\omega_B'}{s+\omega_B'}$$

이므로 식 (8.3-11)을 적용하면 디지털 필터는 다음과 같이 구해진다.

$$\begin{aligned} H(z) &= \frac{\omega_B'}{(2/T)(1-z^{-1})(1+z^{-1})+\omega_B'} \\ &= \frac{(2/T)(1+z^{-1})\omega_B'}{(1-z^{-1})+(2/T)(1+z^{-1})\omega_B'} \\ &= \frac{(2/T)(1+z^{-1})\omega_B'}{[1+(2/T)\omega_B']-[1-(2/T)\omega_B']z^{-1}} \end{aligned}$$

8.4 격자 필터

8.4.1 FIR 격자필터

그림 8-26(a)와 같은 필터 구조를 격자필터(lattice filter)라 한다. 격자필터는 음성 압축 알고리즘인 LPC 등에서 성도를 모델링하는 데에도 유용하다. 격자필터는 FIR 및 IIR 필터 모두 구현할 수 있으며, 사용되는 반사계수 k_m들이 1 미만이므로 특히 양자화 잡음에 강하다. 그림 8-26(b)는 그림 (a)에서 임의의

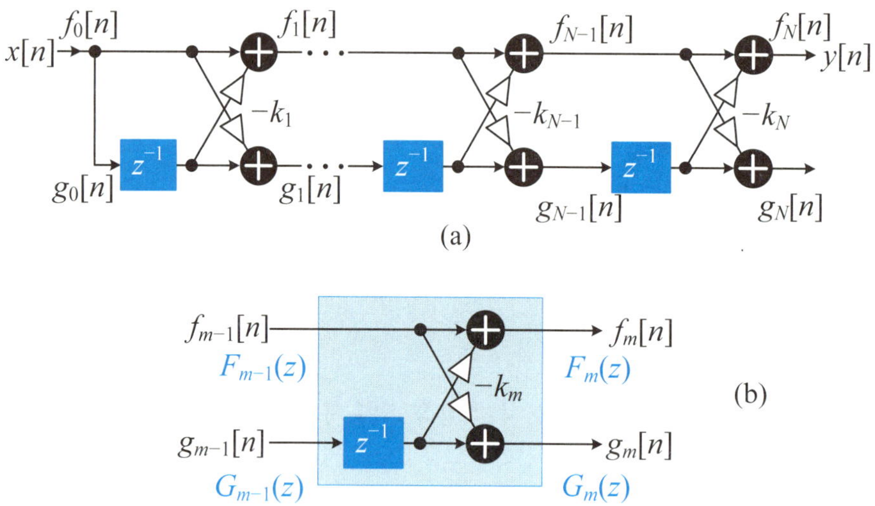

그림 8-26 FIR 격자필터 구조

m번 격자만 보여주며 그 입력과 출력의 관계는 다음과 같다.

$$\begin{bmatrix} f_m[n] \\ g_m[n] \end{bmatrix} = \begin{bmatrix} 1 & -k_m \\ -k_m & 1 \end{bmatrix} \begin{bmatrix} f_{m-1}[n] \\ g_{m-1}[n-1] \end{bmatrix} \tag{8.4-1}$$

위의 식을 z-변환으로 나타내면

$$\begin{bmatrix} F_m(z) \\ G_m(z) \end{bmatrix} = \begin{bmatrix} 1 & -k_m \\ -k_m & 1 \end{bmatrix} \begin{bmatrix} F_{m-1}(z) \\ z^{-1}G_{m-1}(z) \end{bmatrix} \tag{8.4-2}$$

이다. 여기서 중요한 점은 $F_m(z)$와 $G_m(z)$ 모두 차수가 m이며 $G_m(z)$는 다항식 $F_m(z)$의 계수를 거꾸로 사용하여 만든 다항식이란 점이다. 즉

$$\begin{cases} F_m(z) = 1 + b_{1,m}z^{-1} + b_{2,m}z^{-2} + \cdots + b_{m,m}z^{-m} \\ G_m(z) = b_{m,m} + b_{m-1,m}z^{-1} + \cdots + b_{1,m}z^{-2} + z^{-m} \end{cases} \tag{8.4-3}$$

그림 8-27은 그림 8-26(a)의 마지막 격자를 보여준다. 그리고 그림 8-26(a)의 격자필터로 구현하고자 할 전달함수 $H(z)=Y(z)/X(z)$가 다음과 같다고 하자.

$$H(z) = 1 + b_1 z^{-1} + b_2 z^{-2} + \cdots + b_N z^{-N} \tag{8.4-4}$$

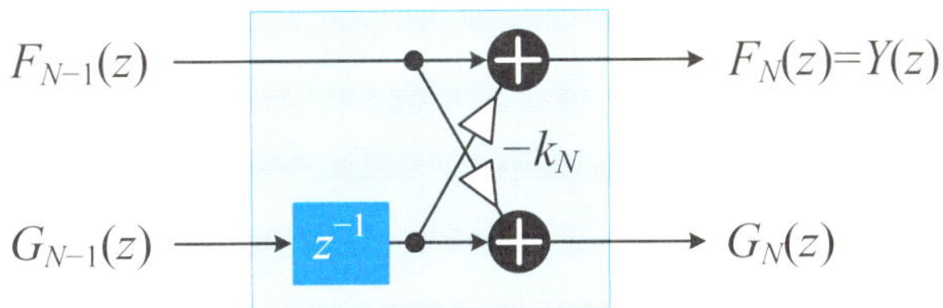

그림 8-27 격자필터의 마지막 N번째 격자 구조

전달함수를 구하기 위해 $X(z)=1(x[n]=\delta[n])$로 하면 8-27에서 $Y(z)=F_N(z)=H(z)$이므로 최종적으로

$$F_N(z)=1+b_1z^{-1}+b_2z^{-2}+\cdots+b_Nz^{-N} \tag{8.4-5}$$

을 만족하여야 한다. 마지막 격자에서는 식 (8.4-3)의 성질에 의해

$$\begin{cases} F_N(z)=1+b_{1,N}z^{-1}+b_{2,N}z^{-2}+\cdots+b_{N,N}z^{-N} \\ G_N(z)=b_{N,N}+b_{N-1,N}z^{-1}+\cdots+b_{1,N}z^{-(N-1)}+z^{-N} \end{cases} \tag{8.4-6}$$

이며 이로부터 $m=1\sim N$에 대해 $b_m=b_{m,N}$임을 알 수 있다. 마지막 격자는 또한 식 (8.4-2)로부터는 다음을 만족하여야 한다.

$$\begin{bmatrix} F_N(z) \\ G_N(z) \end{bmatrix}=\begin{bmatrix} 1 & -k_N \\ -k_N & 1 \end{bmatrix}\begin{bmatrix} F_{N-1}(z) \\ z^{-1}G_{N-1}(z) \end{bmatrix} \tag{8.4-7}$$

이상으로 식 (8.4-7)에 식 (8.4-6)을 대입하면

$$\begin{aligned} &1+b_{1,N}z^{-1}+b_{2,N}z^{-2}+\cdots+b_{N,N}z^{-N} \\ &=1+b_{1,N-1}z^{-1}+b_{2,N-1}z^{-2}+\cdots+b_{N-1,N-1}z^{-(N-1)} \\ &\quad -k_Nz^{-1}\{b_{N-1,N-1}+b_{N-2,N-1}z^{-1}+\cdots+b_{1,N-1}z^{-(N-2)}+z^{-(N-1)}\} \end{aligned} \tag{8.4-8}$$

위의 식을 정리하면

$$\begin{aligned} &1+b_{1,N}z^{-1}+b_{2,N}z^{-2}+\cdots+b_{N,N}z^{-N} \\ &=1+(b_{1,N-1}-k_Nb_{N-1,N-1})z^{-1}+(b_{2,N-1}-k_Nb_{N-2,N-1})z^{-2}+\cdots \\ &\quad +(b_{N-1,N-1}-k_Nb_{1,N-1})z^{-(N-1)}-k_Nz^{-N} \end{aligned} \tag{8.4-9}$$

먼저 위의 식에서 계수 비교를 통해 반사계수 $-k_N$을

$$-k_N = b_{N,N} \tag{8.4-10}$$

으로 구할 수 있다. 즉 FIR 격자필터의 마지막 반사계수 $-k_N$은 구현하고자 하는 전달함수의 마지막 계수와 같음을 알 수 있다. 다음으로 식 (8.4-9)로 부터 N번째 격자의 계수들인 $\{b_{m,N}\}$과 $(N-1)$번째 격자의 계수들인 $\{b_{m,N-1}\}$의 관계를 다음과 같이 구할 수 있다.

$$\begin{cases} b_{1,N} = b_{1,N-1} - k_N b_{N-1,N-1} \\ b_{2,N} = b_{2,N-1} - k_N b_{N-2,N-1} \\ \vdots \\ b_{N-1,N} = b_{N-1,N-1} - k_N b_{1,N-1} \end{cases} \tag{8.4-11}$$

위의 $(N-1)$원 1차 연립방정식을 풀면 $(N-1)$번째 격자의 계수들인 $\{b_{m,N-1}\}$을 구할 수 있다. 이와 같은 방법을 $(N-1)$번째 격자에 적용하면 다시 $-k_{N-1}$과 차수가 다시 1차 더 감소된 다항식인 $F_{N-2}(z)$과 $G_{N-2}(z)$의 계수 $\{b_{m,N-2}\}$를 구할 수 있다. 이런 방법으로 차수가 계속 감소되어 마지막 격자에서는 1이 남게 되어($X(z)=1$) 격자 구조의 구현이 끝난다.

예제 8.6 다음 전달함수를 FIR 격자필터로 구현하라.

$$H(z) = 1 + 0.2z^{-1} - 0.23z^{-2} + 0.2z^{-3}$$

풀이 그림 8-26과 8-27에서 $N=3$이다.

(1) 세 번째 격자에서

$$\begin{cases} F_3(z) = 1 + 0.2z^{-1} - 0.23z^{-2} + 0.2z^{-3} \\ G_3(z) = 0.2 - 0.23z^{-1} + 0.2z^{-2} + z^{-3} \end{cases} \quad \begin{cases} F_2(z) = 1 + b_{1,2}z^{-1} + b_{2,2}z^{-2} \\ G_2(z) = b_{2,2} + b_{1,2}z^{-1} + z^{-2} \end{cases}$$

다항식들 관계가

$$\begin{bmatrix} F_3(z) \\ G_3(z) \end{bmatrix} = \begin{bmatrix} 1 & -k_3 \\ -k_3 & 1 \end{bmatrix} \begin{bmatrix} F_2(z) \\ z^{-1}G_2(z) \end{bmatrix}$$

따라서

$$F_3(z) = 1 + 0.2z^{-1} - 0.23z^{-2} + 0.2z^{-3}$$
$$= 1 + (b_{1,2} - k_3 b_{2,2})z^{-1} + (b_{2,2} - k_3 b_{1,2})z^{-2} - k_3 z^{-3}$$

계수비교에 의해

$$\begin{cases} -k_3 = 0.2 \\ b_{1,2} - k_3 b_{2,2} = 0.2 \\ b_{2,2} - k_3 b_{1,2} = -0.23 \end{cases} \qquad \therefore \underline{-k_3 = 0.2}, \quad b_{1,2} = 0.2563, \quad b_{2,2} = -0.2813$$

이로부터

$$\begin{cases} F_2(z) = 1 + 0.2563z^{-1} - 0.2813z^{-2} \\ G_2(z) = -0.2813 + 0.2563z^{-1} + z^{-2} \end{cases}$$

(2) 두 번째 격자에서는

$$\begin{cases} F_2(z) = 1 + 0.2563z^{-1} - 0.2813z^{-2} \\ G_2(z) = -0.2813 + 0.2563z^{-1} + z^{-2} \end{cases} \qquad \begin{cases} F_1(z) = 1 + b_{1,1}z^{-1} \\ G_1(z) = b_{1,1} + z^{-1} \end{cases}$$

다항식들의 관계가

$$\begin{bmatrix} F_2(z) \\ G_2(z) \end{bmatrix} = \begin{bmatrix} 1 & -k_2 \\ -k_2 & 1 \end{bmatrix} \begin{bmatrix} F_1(z) \\ z^{-1}G_1(z) \end{bmatrix}$$

이므로

$$F_2(z) = 1 + 0.2563z^{-1} - 0.2813z^{-2} = 1 + (b_{1,1} - k_2 b_{1,1})z^{-1} - k_2 z^{-2}$$

계수비교에 의해

$$\begin{cases} -k_2 = -0.2813 \\ b_{1,1} - k_2 b_{1,1} = 0.2563 \end{cases} \qquad \therefore \underline{-k_2 = -0.2813}, \quad b_{1,1} = 0.357$$

이로부터

$$\begin{cases} F_1(z) = 1 + 0.357z^{-1} \\ G_1(z) = 0.357 + z^{-2} \end{cases}$$

(3) 첫 번째 격자에서는

$$\begin{cases} F_1(z) = 1 + 0.357z^{-1} \\ G_1(z) = 0.357 + z^{-2} \end{cases} \quad \begin{cases} F_0(z) = 1 \\ G_0(z) = 1 \end{cases}$$

다항식들의 관계가

$$\begin{bmatrix} F_1(z) \\ G_1(z) \end{bmatrix} = \begin{bmatrix} 1 & -k_1 \\ -k_1 & 1 \end{bmatrix} \begin{bmatrix} F_0(z) \\ z^{-1}G_0(z) \end{bmatrix}$$

이므로

$$F_1(z) = 1 + 0.357z^{-1} = 1 - k_1 z^{-1} \quad \therefore \underline{-k_1 = 0.357}$$

이상으로 격자필터는 그림 8-28과 같다.

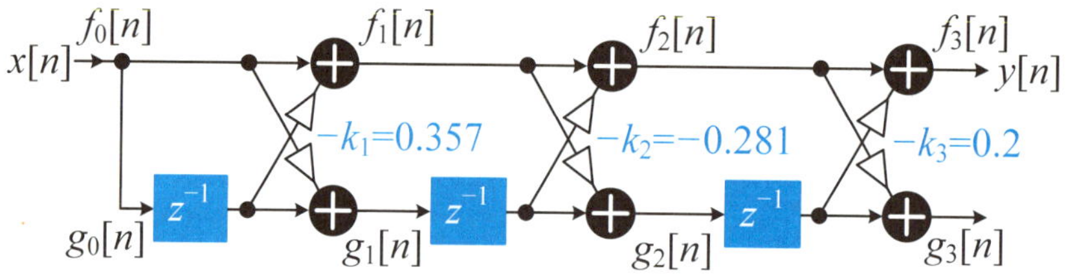

그림 8-28 예제 8.6의 그림

8.4.2 전극-IIR 격자필터

전달함수의 분모 다항식이 1인 전극-IIR 필터의 경우는

$$H(z) = \frac{1}{D(z)} = \frac{1}{1 + a_1 z^{-1} + a_2 z^{-2} + \cdots + a_N z^{-N}} \tag{8.4-12}$$

이다. 전극 IIR 필터의 입력 $x[n]$과 출력 $y[n]$을 맞바꾸면

$$\frac{X(z)}{Y(z)} = D(z) = 1 + a_1 z^{-1} + a_2 z^{-2} + \cdots + a_N z^{-N} \tag{8.4-13}$$

와 같이 FIR 필터가 된다. 따라서 전달 함수가 $D(z)$인 FIR 격자필터의 입력과 출력을 맞바꾸면 전달 함수가 $1/D(z)$인 전극-IIR 격자필터가 되며 그림 8-

28(a)가 이를 보여준다. 그림 (a)에서 입력 $x[n]$이 왼쪽에 출력 $y[n]$이 오른쪽에 오도록 하기 위해 좌우를 반전시키면 그림 (b)가 된다. 그 결과 격자 위쪽의 신호 흐름이 출력 $y[n]$에서 입력 $x[n]$으로 향하는 꼴이므로 신호의 방향을 반대로 할 필요가 있다. 즉 그림 8-28(b)의 첫 번째 격자에서

$$f_N[n] = f_{N-1}[n] - k_N g_{N-1}[n-1] \tag{8.4-14}$$

이므로 이항시키면

$$f_{N-1}[n] = f_N[n] + k_N g_{N-1}[n-1] \tag{8.4-15}$$

이 되며 이것이 그림 8-28(c)임을 알 수 있다. 그 결과 신호 방향이 입력 $x[n]$에서 출력 $y[n]$으로 향하게 되며 그 대신에 한쪽 반사계수의 부호가 바뀌게 된다. 이상으로 그림 (c)가 전극-IIR 격자필터 구조이다.

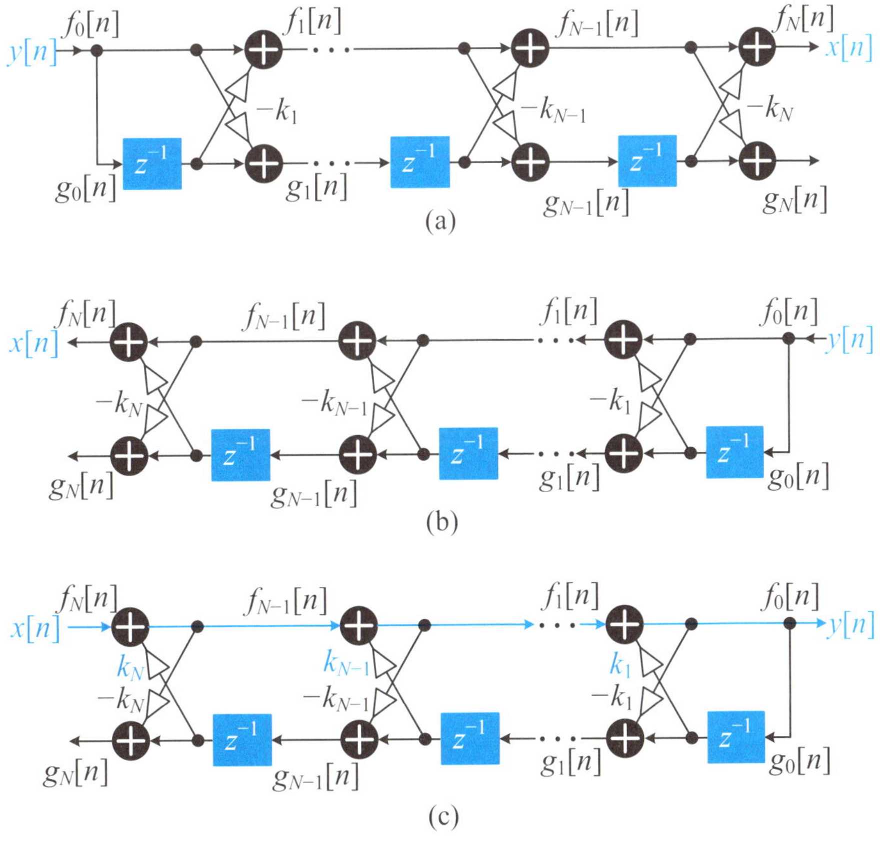

그림 8-28 전극-IIR 격자필터의 구현

예제 8.7 다음 전극-IIR 필터를 격자필터로 구현하라.

$$H(z)=\frac{1}{1+0.2z^{-1}-0.23z^{-2}+0.2z^{-3}}$$

풀이 전달함수의 분모가 예제 8.6의 FIR 전달함수와 같다. 따라서 예제 8.6의 결과로부터

$$-k_3=0.2,\quad -k_2=-0.2813,\quad -k_1=0.357$$

이므로 전극-IIR 격자필터 구조는 그림 8-29와 같다.

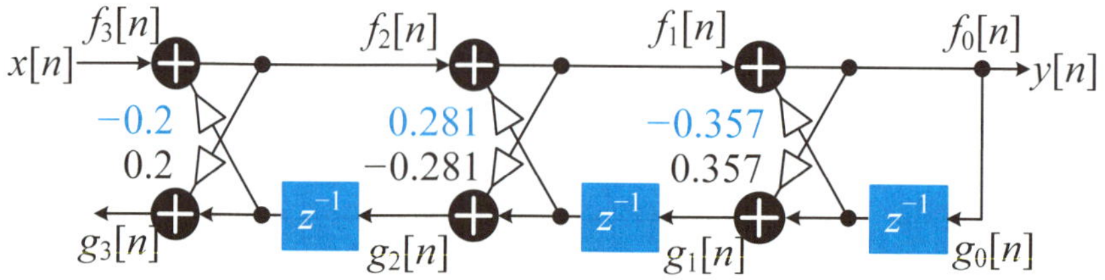

그림 8-29 예제 8.7의 그림

8.4.3 일반 IIR 격자필터

극점과 영점을 모두 갖고 있는 일반적인 IIR 필터의 전달함수인

$$H(z)=\frac{N(z)}{D(z)}=\frac{b_0+b_1z^{-1}+b_2z^{-2}+\cdots+b_Nz^{-N}}{1+a_1z^{-1}+a_2z^{-2}+\cdots+a_Nz^{-N}} \tag{8.4-16}$$

을 격자 구조로 구현하는 방법에 대해 알아본다. 위의 전달함수는 $1/D(z)$와 $N(z)$의 종속결합으로 간주할 수 있다. 따라서 먼저 $1/D(z)$를 격자구조로 구현하고 다음으로 $N(z)$를 격자구조로 구현하면 되며 그림 8-30이 이를 보여준다. 먼저 전극-IIR 필터인 $1/D(z)$의 구현은 앞 절에서 설명한 바와 같다. 그리고 분자 다항식인 $N(z)$는 $G_m(z)$의 선형합인

$$N(z)=c_0G_0(z)+c_1G_1(z)+\cdots+c_NG_N(z) \tag{8.4-17}$$

로 구현함으로써 계수 c_m을 구한다.

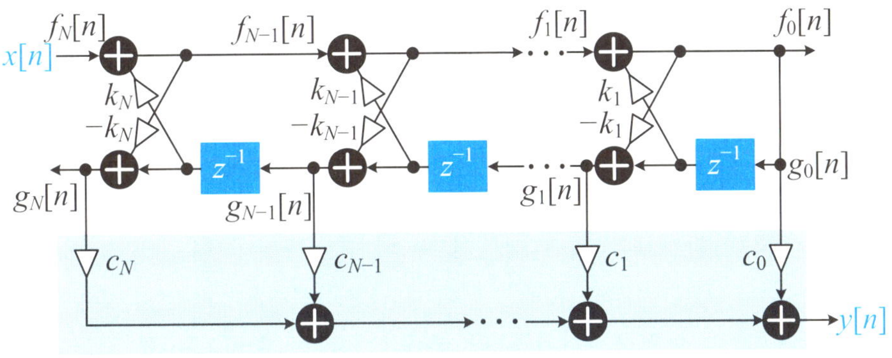

그림 8-30 일반 IIR 격자필터의 구조

예제 8.8 다음 전달함수를 IIR 격자필터로 구현하라.

$$H(z) = \frac{N(z)}{D(z)} = \frac{1-2z^{-1}+2z^{-2}-z^{-3}}{1+0.2z^{-1}-0.23z^{-2}+0.2z^{-3}}$$

풀이 $1/D(z)$의 구현은 예제 8.7과 같다. 그리고 $N(z)$는 예제 8.6의 결과인

$$G_3(z) = 0.2 - 0.23z^{-1} + 0.2z^{-2} + z^{-3}$$
$$G_2(z) = -0.2813 + 0.2563z^{-1} + z^{-2}$$
$$G_1(z) = 0.357 + z^{-1}$$
$$G_0(z) = 1$$

로부터 다음과 같이 나타낼 수 있다.

$$\begin{aligned} N(z) = 1-2z^{-1}+2z^{-2}-z^{-3} &= c_0G_0(z)+c_1G_1(z)+c_3G_3(z) \\ &= (c_0+0.357c_1-0.2813c_2+0.2c_3) \\ &+ (c_1+0.2653c_2-0.23c_3)z^{-1} \\ &+ (c_2+0.2c_3)z^{-2} \\ &+ c_3z^{-3} \end{aligned}$$

위의 식으로부터 계수비교법을 통해 계수들을 다음과 같이 구할 수 있다.

$$c_0 = 2.823, \quad c_1 = -2.814, \quad c_2 = 2.2, \quad c_3 = -1$$

8.5 적응 필터

8.5.1 적응 FIR 필터

아날로그 필터에 없는 디지털 필터만의 또 하나의 특징이 적응 필터(adaptive filter)이다. 그림 8-31은 적응 FIR 필터이며 근본적인 구조는 그림 8-1의 횡단 필터와 같다. 그러나 적응필터의 출력 $y[n]$이 원하는 출력 $d[n]$에 접근하도록 필터의 계수 $\{b_k\}$이 매 이산 시간 n마다 끊임없이 갱신된다는 점이다. 즉 계수는 $\{b_k[n]\}$와 같이 n의 함수이다. 계수들은 오차 신호인 $e[n]=d[n]-y[n]$의 자승이 최소화되는 방향으로 조정된다. 즉

$$\min e^2[n] = \min\{d[n]-y[n]\}^2 \qquad \textbf{(8.5-1)}$$

위의 식을 만족하는 방향으로 필터 계수를 갱신해나가는 적응 알고리즘이 적응 필터의 핵심이다. 이제 그 적응 알고리즘에 대해 알아본다. 그림 8-31에서 적응 필터의 출력 $y[n]$은

$$y[n] = \sum_{k=0}^{N} b_k[n]x[n-k] = \mathbf{w}^T[n]\mathbf{x}[n] \qquad \textbf{(8.5-2)}$$

이며 계수벡터 $\mathbf{w}[n]$과 입력벡터 $\mathbf{x}[n]$은 다음과 같이 정의된다.

$$\mathbf{w}^T[n] = [b_0[n], b_1[n], \cdots, b_N[n]] \qquad \textbf{(8.5-3)}$$

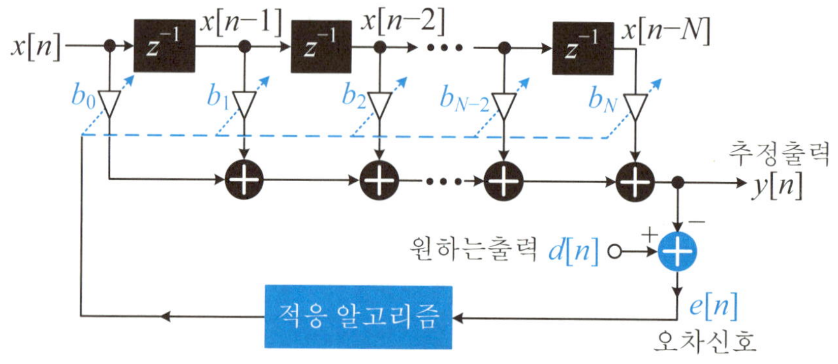

그림 8-31 적응 FIR 필터의 구조

$$\mathbf{x}[n] = [x[n], x[n-1], \cdots, x[n-N]]^T \quad \textbf{(8.5-4)}$$

이로부터 오차 신호 $e[n]$은

$$e[n] = d[n] - y[n] = d[n] - \mathbf{w}^T[n]\mathbf{x}[n] \quad \textbf{(8.5-5)}$$

로 표현되며 $\{b_k[n]\}$의 다변수 함수이다. 다함수 $e^2[n]$이 가장 빨리 증가하는 방향인 구배(勾配)는 다음과 같다.

$$\nabla[n] = \left[\frac{\partial e^2[n]}{\partial b_0[n]}, \frac{\partial e^2[n]}{\partial b_1[n]}, \cdots, \frac{\partial e^2[n]}{\partial b_k[n]}, \cdots \frac{\partial e^2[n]}{\partial b_N[n]}\right]^T \quad \textbf{(8.5-6)}$$

그리고 식 (8.5-5)로부터

$$\frac{\partial e^2[n]}{\partial b_k[n]} = -2e[n]\frac{\partial e[n]}{\partial b_k[n]} = -2e[n]x[n-k] \quad \textbf{(8.5-7)}$$

이다. 따라서 위의 두 식으로부터

$$\begin{aligned}\nabla[n] &= -2e[n][x[n], x[n-1], \cdots, x[n-k], \cdots x[n-N]]^T \\ &= -2e[n]\mathbf{x}[n]\end{aligned} \quad \textbf{(8.5-8)}$$

그림 8-32는 계수가 두 개인 $\mathbf{w}[n]=[b_0[n], b_1[n]]^T$ 경우에 대한 함수 $e^2[n]$의 전형적인 형태이다. 함수 $e^2[n]$은 단 하나의 최소점을 가지며 그 계수벡터를 $\mathbf{w}^*$

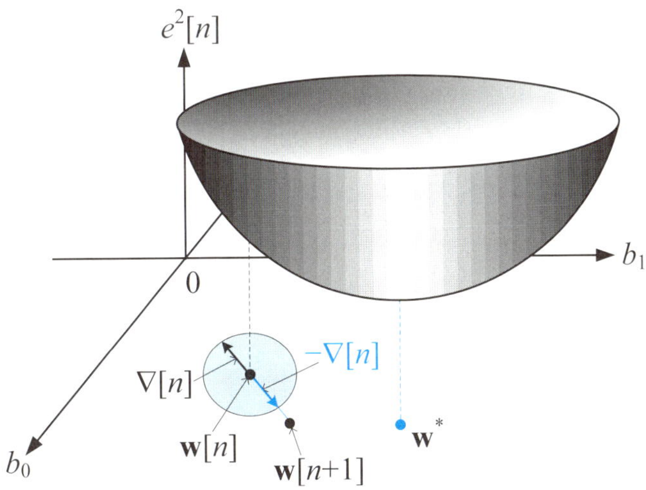

그림 8-32 함수 $e^2[n]$과 구배

로 나타내고 있으며 이를 최적 계수벡터라 한다. 그러나 최적해 $\mathbf{w}^*$를 바로 구하기 위해서는 역행렬 계산이 요구되며 이는 신호처리에서 가장 기피되는 대상이다. 그 이유는 역행렬 계산은 필터 차수가 늘어날수록 계산량이 급증할 뿐 아니라 행렬식이 0에 가까워지면 오버플로우(overflow)가 발생하며 잡음 등에도 매우 취약하다. 따라서 한번의 계산으로 최적해 $\mathbf{w}^*$를 구하는 대신 축차법에 의해 접근해나간다. 축차법에 의하면 시간은 소요되지만 신호의 전반적인 특성이 고루 반영되는 장점이 있다.

그림 8-32에서 임의의 시간 n에서의 계수벡터 $\mathbf{w}[n]$을 중심으로 원을 그리고 사방으로 일정한 보폭으로 이동한다고 할 때 $e^2[n]$이 가장 빨리 증가하는 방향이 구배 $\nabla[n]=-e[n]\mathbf{x}[n]$이다. 따라서 $e^2[n]$이 가장 빨리 감소하는 방향은 다름아닌 구배의 반대 방향인 $-\nabla[n]=e[n]\mathbf{x}[n]$이다. 따라서 다음 시간 $n+1$에서의 계수벡터를

$$\mathbf{w}[n+1]=\mathbf{w}[n]+\mu(-\nabla[n])=\mathbf{w}[n]+2\mu e[n]\mathbf{x}[n] \tag{8.5-9}$$

으로 갱신하는 것이 올바른 전략이며 μ는 적응이득 또는 보폭(step size)이라 한다. 위의 식에서 $2\mu\rightarrow\mu$로 하면 적응 알고리즘은

$$\mathbf{w}[n+1]=\mathbf{w}[n]+\mu e[n]\mathbf{x}[n] \tag{8.5-10}$$

와 같으며 이는 LMS(Least Mean Square) 알고리즘으로 널리 알려져 있다. LMS 알고리즘의 안정성과 수렴속도는 모두 적응이득 μ에 달렸다. 계수벡터 $\mathbf{w}[n]$이 최적치 $\mathbf{w}^*$에 수렴하는 것을 보장하는 것을 안정성이라 한다. 안정성을 위해서는 적응이득이 어떤 상한선을 넘어서는 안되며 또한 이 상한선은 입력 $x[n]$의 전력에 반비례하여야 한다. 적응이득이 클수록 $\mathbf{w}[n]$이 최적치 $\mathbf{w}^*$에 수렴하는 속도는 빨라지지만 안정성은 저하된다. 반대로 적응이득이 작을수록 안정성은 증가하지만 $\mathbf{w}^*$에 수렴하는 속도는 늦어진다.

8.5.2 시스템 식별

적응 필터는 LPF, HPF, BPF 등과 같이 우리가 알고 있는 필터 개념과는 전혀 다르다. 엄밀히 말하자면 적응 시스템이 보다 올바른 용어겠지만 적응 필터로 통용되고 있을 뿐이다. 적응 필터의 가장 근본적인 기능은 시스템 식별(system identification)이며 그림 8-33이 그 개념을 보여준다. 그림 (a)에서

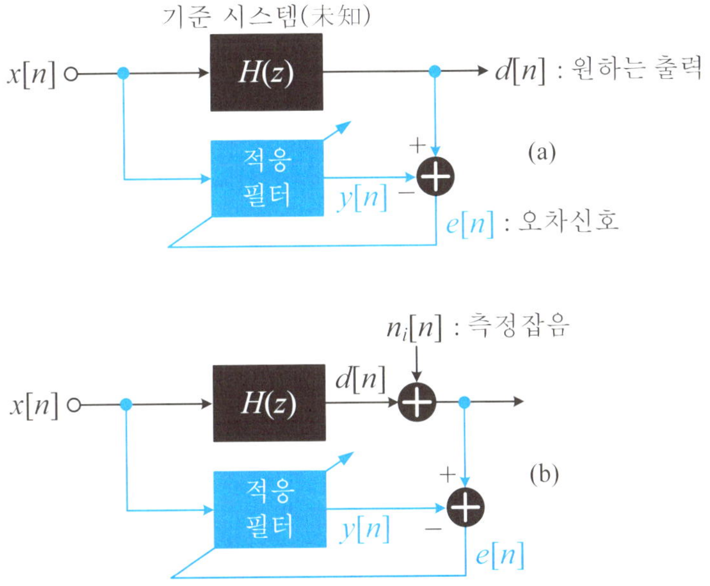

그림 8-33 적응 필터의 시스템 식별 기능

$H(z)$는 미지의 기준 시스템(reference system)이며 다만 입력 $x[n]$과 출력 $d[n]$만 측정할 수 있다고 가정한다. 먼저 기준 시스템의 입력 $x[n]$을 그대로 적응 필터 입력으로 삼아 출력 $y[n]$을 생성한다. 그리고 기준 시스템 출력 $d[n]$과 $y[n]$의 차인 오차 신호 $e[n]$의 자승을 최소화하는 방향으로 매 시간 n 마다 적응 필터의 계수를 갱신해 나간다. 만일 오차 자승이 0에 가깝게 수렴한다면 $y[n] \to d[n]$으로 수렴하며 이는 적응 필터가 기준 시스템 $H(z)$에 수렴했음을 의미한다. 즉 적응 필터는 $H(z)$의 복사본이 되며 이로부터 미지의 기준 시스템을 식별해낼 수 있는 것이다. 미지의 시스템을 기준 시스템으로 부르는 이유는 적응 필터의 기준이 되기 때문이다. 기준 시스템이 FIR 시스템일 경우는 적응 필터 차수는 기준 시스템의 차수보다 높게만 하면 된다. 그러나 기준 시스템이 IIR 시스템인 경우는 FIR 적응 필터가 이를 감당하기 위해서는 필터의 차수를 충분히 늘려야 한다.

그림 8-33(b)는 시스템 식별 과정에서 개입되는 측정 잡음 $n_i[n]$을 고려한 모델이다. 측정 잡음은 문자 그대로 데이터를 수집하는 과정에서 생긴 잡음이지만 주위 환경에서 발생하는 간섭신호나 디지털 시스템의 양자화 잡음 등도 포함될 수 있다. 측정잡음은 당연히 시스템 식별에 오차를 일으킨다.

예제 8.9 다음의 IIR 기준 시스템을 LMS 알고리즘으로 식별해 보자.

$$H(z)=\frac{4-2z^{-1}-2z^{-2}+0.5z^{-4}+1.5z^{-5}-z^{-6}}{1-1.95z^{-1}+2.24z^{-2}-1.873z^{-3}+1.1z^{-4}-0.4z^{-5}+0.048z^{-6}}$$

풀이 $H(z)$의 크기 응답은 그림 8-34(a)와 같다. 적응 필터의 차수를 N=50으로 하고 적응이득을 μ=0.01로 하여 다음의 LMS 알고리즘을 수행하면 결과는 그림 8-34(b)와 같다.

```
% [LMS 알고리즘]
% 기준 시스템 H(z)
L=1000;  % 신호의 길이
b=[4, −2, −2, 0, 0.5, 1.5, −1];  % 분자 다항식 계수
a=[1, −1.95, 2.24, −1.873, 1.1, −0.4, 0.048];  % 분모 다항식 계수
x=randn(L, 1);  % 입력은 평균이 0이고 편차가 1인 백색 잡음
d=filter(b, a, x);  % 원하는 출력

% 적응 필터
N=50;  % 적응필터의 차수
mu=0.01;  % 적응이득

% 초기화
w=zeros(N, 1);  % 계수 벡터
y=zeros(L, 1);  % 출력 신호 벡터
e=zeros(L, 1);  % 오차 신호 벡터

% 적응 알고리즘
for n=N: length(x)
    y(n)=w′*x(n: −1: n−(N−1));  % 적응필터 출력
    e(n)=d(n)−y(n);  % 오차 신호
    w=w+mu*e(n).*x(n: −1: n−(N−1));  % 적응필터 계수 갱신
end
```

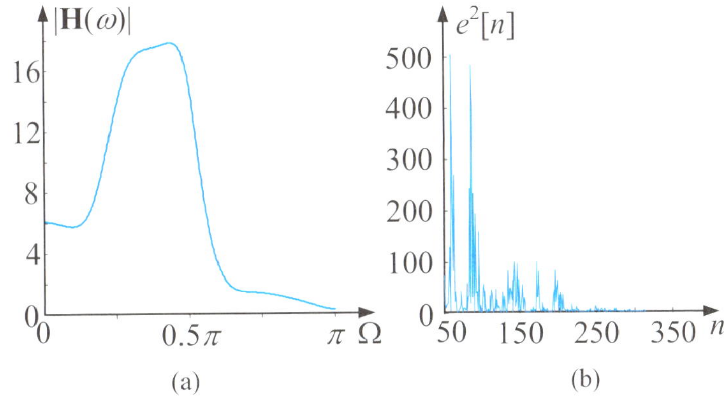

그림 8-34 예제 8.9의 그림

8.5.3 적응 잡음제거

신호가 잡음이나 간섭신호로 손상되었을 때 필터를 이용해 신호만 추출하는 것이 보통이다. 그러나 잡음이나 간섭신호가 신호의 스펙트럼과 같은 대역을 점유하고 있을 때는 통상적인 필터로는 신호 분리가 불가능하다. 이에 대한 해결책이 적응 필터를 이용한 적응 잡음제거(adaptive noise cancelling: ANC)이며 그림 8-35가 ANC의 구성이다. 여기서 원하는 바는 신호 $s[n]$에 부가된 잡음 $n_1[n]$을 제거하는 것이며 물론 $n_1[n]$은 $s[n]$의 스펙트럼과 겹치므로 일반 필터로는 분리하기 어렵다고 가정한다. 잡음 $n_1[n]$을 $s[n]$으로부터 분리하기

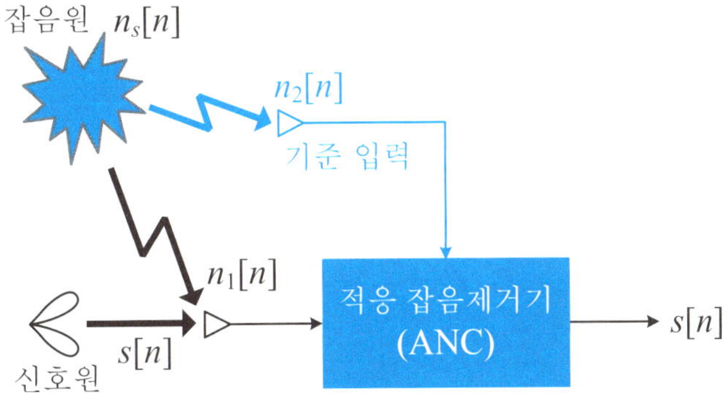

그림 8-35 적응 잡음제거(ANC)의 원리

위해 그림과 같이 또 하나의 잡음 $n_2[n]$을 따로 수집하여 이를 기준 입력으로 삼는다. 단 기준입력 $n_2[n]$을 수집하는 센서에는 신호 $s[n]$의 성분은 들어가지 않아야 한다. 두 잡음 $n_1[n]$과 $n_2[n]$은 모두 동일한 잡음원 $n_s[n]$으로부터 발생하는 것이다. 그리고 잡음원 $n_s[n]$에서 $n_1[n]$에 이르는 경로의 전달함수가 있을 것이며 이 미지의 전달함수를 $H_1(z)$라 한다. 마찬가지로 $n_s[n]$에서 $n_2[n]$에 이르는 미지의 전달함수를 $H_2(z)$라 하면 그림 8-35의 ANC는 그림 8-36(a)와 같은 모델로 나타낼 수 있다. 한 걸음 더 나아가 그림 (a)를 기준 입력 $n_2[n]$을 기준으로 재구성하면 그림 (b)와 같으며 $H(z)=H_1(z)/H_2(z)$는 미지의 기준 시스템이 된다. 그림 (b)의 기준 시스템 $H(z)$을 식별할 수 있으면 잡음을 제거할 수 있는 길이 열리게 되며 그림 8-37이 그 해답이다.

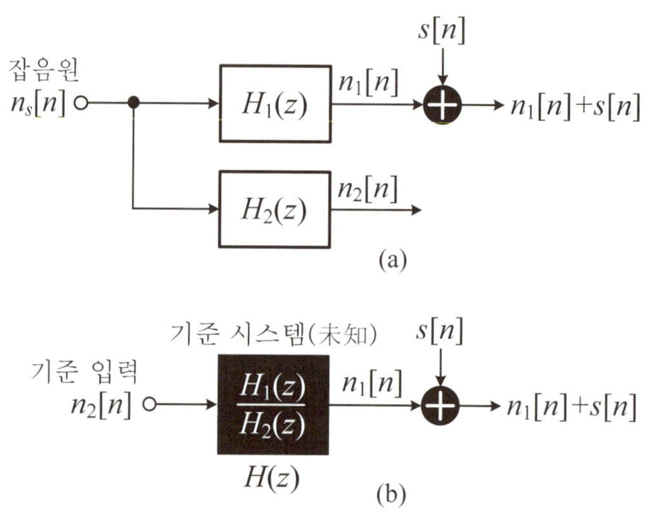

그림 8-36 그림 8-35 ANC의 등가적인 표현: (a) 잡음원 $n_s[n]$을 기준으로 한 그림 (b) 잡음 $n_2[n]$을 기준으로 한 그림

그림 8-37은 그림 8-36(b)에 시스템 식별을 위한 적응필터를 부착한 것으로 그림 8-33(b)와 동일한 모델임을 알 수 있다. 적응 필터가 알맞은 차수 등의 여건하에서 기준 시스템 $H(z)$에 충분히 가깝게 수렴한다면 필터 출력은 $y[n] \to n_1[n]$로 수렴하고 그 결과

$$e[n] = n_1[n] + s[n] - y[n] \;\to\; s[n]$$

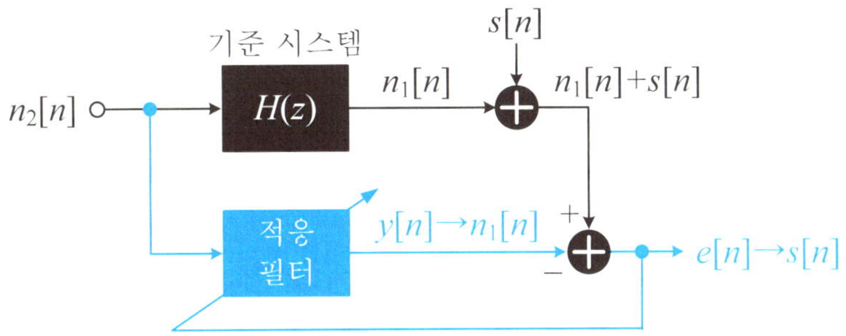

그림 8-37 적응 필터를 이용한 ANC의 블록선도

즉 오차 신호 $e[n]$이 바로 잡음 $n_1[n]$이 제거된 신호 $s[n]$에 가까워지는 것이다. 이상으로 ANC의 바탕은 바로 시스템 식별 기능임을 알 수 있다. 적응 필터의 시스템 식별 기능은 모바일 환경과 같이 채널의 특성이 불규칙하게 변하는 시변 시스템에 적용될 수 있으며 채널 등화(channel equalization) 등이 그 좋은 예이다.

예제 8.10 그림 8-37의 $H(z)$를 예제 8.9의 $H(z)$로 하고 신호 $s[n]$은 진폭이 5이고 주기가 20인 톱니파로 하여 ANC를 수행해보자. 단 프로그램상에서는 $n_2[n]$은 $x[n]$으로, $n_1[n]$은 $d[n]$으로 한다. 그리고 $x[n]$과 적응 필터 차수 및 적응 이득은 예제 8.9의 경우와 같게 한다.

풀이 예제 8.9의 LMS 알고리즘으로 ANC를 구현하면 다음과 같다.

```
% [ANC]
% 기준 시스템 H(z)
L=1000;  % 신호의 길이
b=[4, -2, -2, 0, 0.5, 1.5, -1];  % 분자 다항식 계수
a=[1, -1.95, 2.24, -1.873, 1.1, -0.4, 0.048];  % 분모 다항식 계수
x=randn(L, 1);  % 잡음 n2[n]
d=filter(b, a, x);  % 잡음 n1[n]
```

```
% 신호 s[n]
Wo=2*pi/20;  % 주기 20의 기본 주파수
s=5*sawtooth(Wo*[0:L−1]+1);  % 진폭 5와 주기 20의 톱니파
d=d+s;  % n1[n]+s[n]

% 적응 필터
N=50;  % 적응필터의 차수
mu=0.01;  % 적응이득

% 초기화
w=zeros(N, 1);  % 계수 벡터
y=zeros(L, 1);  % 출력 신호 벡터
e=zeros(L, 1);  % 오차 신호 벡터

% 적응 알고리즘
for n=N: length(x)
    y(n)=w′*x(n: −1: n−(N−1));  % 적응필터 출력
    e(n)=d(n)−y(n);  % 오차 신호
    w=w+mu*e(n).*x(n: −1: n−(N−1));  % 적응필터 계수 갱신
end

% 파형 그리기
subplot(2,1,1) plot(d(50:end))  % n1[n]+s[n]의 파형
subplot(2,1,2) plot(e(50:end))  % e[n]의 파형
```

실행 결과는 그림 8-38과 같으며 그림 (a)는 잡음이 부가된 $n_1[n]+s[n]$의 파형이고 그림 (b)는 오차 신호 $e[n]$의 파형이다. 파형 $e[n]$은 약 300번 적응부터 신호 $s[n]$인 톱니파에 가깝게 수렴하고 있으며 이는 적응필터의 시스템 식별이 비교적 잘 이루어지고 있음을 반영한다. 적응 필터 차수를 더 늘리고 적응 이득을 줄이면 보다 정확한 ANC가 이루어질 것이다.

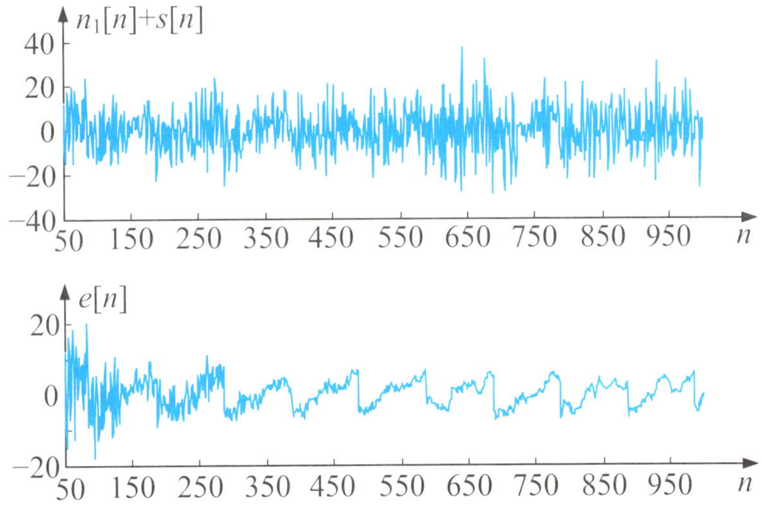

그림 8-38 예제8.10의 그림

8.6 매트랩

b=fir1(N, Wn),　w=window(@name, N)

b=fir1(N, Wn)은 차단주파수가 Wn이고 차수가 N인 LPF의 계수 b를 생성한다. 차단주파수는 0<Wn<1이며 1은 디지털 주파수 π에 해당한다. HPF인 경우는 b=fir1(N, Wn, 'high')로 한다. BPF나 BSF는 b=fir1(N, Wn, 'bandpass'), b=fir1(N, Wn, 'stop')로 하며 Wn=[W1, W2] 및 W2>W1으로 한다.

w=window(@name, N)은 창함수의 이름인 name에 따라 N개의 표본을 생성한다. Hamming 창의 경우를 예로 들면 w=window(@hamming, 100)이다. fir1 함수에 window w를 사용하려면 fir1(N, Wn, w)로 한다.

y=filter(b, a, x)

y=filter(b, a, x)는 b와 a를 각각 전달함수의 분자와 분모 다항식으로 하는 필터의 입력 x에 대한 출력 y를 생성한다(예제 8.9의 LMS 알고리즘 참조).

[b, a]=impinvar(B, A, Fs), [b, a]=bilinear(B, A, Fs)

충격-불변 방식 [b, a]=impinvar(B, A, Fs)와 쌍선형-변환방식 [b, a]=bilinear(B, A, Fs)는 B와 A를 분자와 분모 다항식으로 하는 아날로그 필터를 b와 a를 분자와 분모 다항식으로 하는 디지털 필터로 변환시켜주며 Fs=1/T이다.

K=tf2latc(b), b=latc2tf(K)

K=tf2latc(b)는 b를 계수로 하는 FIR 필터를 반사계수가 K인 격자필터로 변환시켜준다. 이와 반대로 b=latc2tf(K)는 반사계수가 K인 격자필터를 계수가 b인 FIR 필터로 변환시켜준다. 예를 들어 예제 8.6의 H(z)를 격자필터로 옮기려면 다음과 같이 실행한다.

```
>> K=tf2latc([1, 0.2, −0.23, 0.2])
```

연습 문제

8.1 예제 8.1을 매트랩으로 실행하라(6장에서 소개한 sinc를 이용할 것).

8.2 예제 8.2에서 FIR 필터의 길이를 23으로 바꾸어 매트랩으로 실행하라.

8.3 다음의 두 수열의 컨벌류션을 1024 포인트 FFT를 이용하여 수행하고 결과를 그림으로 그려라. 단 두 수열의 길이는 모두 512로 제한한다.

$$h[n]=0.98^n\cos(\pi n/20)u[n],\quad x[n]=0.99^n n^2\cos(\pi n/40)u[n]$$

8.4 다음 아날로그 필터에 대한 디지털 필터를 충격-불변 방식과 쌍선형 변환 방식으로 설계하라(T=1ms). 매트랩으로 다시 수행하여 결과를 검토하라.

$$H(s)=\frac{0.176}{s^2+0.593s+0.176}$$

8.5 다음 FIR 필터에 대한 격자필터를 구현하고 매트랩으로 확인하라.

$$H(z)=1-3z^{-1}+2z^{-2}$$

8.6 다음 IIR 필터에 대한 격자필터를 구현하고 매트랩으로 확인하라

$$H(z)=\frac{1-z^{-1}+z^{-2}}{1+0.6z^{-1}+0.25z^{-2}}$$

부록 A 부분분수 전개(다중 극점)

유리 함수

$$H(s) = \frac{N(s)}{D(s)} \qquad \textbf{(A-1)}$$

에서 분모 다항식 $D(s)$의 차수가 N이며 $-a$에서 다중도 r의 다중 근을 가질 경우 $H(s)$는

$$H(s) = \frac{N(s)}{D(s)} = \frac{N(s)}{Q(s)(s+a)^r} = \frac{F(s)}{(s+a)^r} \qquad \textbf{(A-2)}$$

로 표현할 수 있으며 여기서

$$F(s) = \frac{N(s)}{Q(s)}, \quad \text{차수}\{Q(s)\} = n - r \qquad \textbf{(A-3)}$$

로서 $F(s)$는 모두 단순 극점만 가진다. 이 때 $H(s)$에 대한 부분 분수는 다음과 같이 전개할 수 있다.

$$H(s) = \frac{k_r}{(s+a)^r} + \frac{k_{r-1}}{(s+a)^{r-1}} + \cdots + \frac{k_{r-i}}{(s+a)^{r-i}} + \cdots + \frac{k_1}{s+a} + R(s) \qquad \textbf{(A-4)}$$

여기서 $R(s)$는 $H(s)$의 부분 분수 성분들 중에서 분모가 $-a$에서 근을 갖지 않는 모든 부분 분수를 포함하며 각 계수는 다음과 같이 결정된다.

$$k_{r-i} = \frac{1}{i!}\frac{d^i}{ds^i}[(s+a)^r H(s)]\bigg|_{s=-a}, \quad i = 0, 1, \cdots, r-1 \qquad \textbf{(A-5)}$$

증명 식 (A-2)를 고쳐 써면

$$H(s) = \frac{F(s)}{(s+a)^r} = \frac{1}{(s+a)^{r-1}}\left[\frac{F(s)}{s+a}\right] = \frac{1}{(s+a)^{r-1}}\left[\frac{k_r}{s+a} + F_1(s)\right] \qquad \textbf{(A-6)}$$

와 같으며 여기서 k_r은 상수이며 $F_1(s)$는 $F(s)/(s+a)$의 부분 분수들 중에서 $k_r/(s+a)$ 성분만 제외한 모든 부분 분수를 포함한다. 이제 식 (A-6)에서 대괄호 밖의 성분을 대괄호 안으로 옮기면

$$H(s) = \frac{k_r}{(s+a)^r} + \frac{F_1(s)}{(s+a)^{r-1}} \qquad \textbf{(A-7)}$$

가 되며, 그 결과 우변 두 번째 항은 분모가 $-a$에서 다중도 $r-1$의 근을 가지게 되어 다중도는 r에서 $r-1$로 하나 줄게 된다. 이와 같이 다중도가 하나 더 감소하는 것이 중요한 이유는, 식 (A-6)와 (A-7)의 과정을 반복함으로써 $-a$에서의 다중도가 0에 이를 수 있기 때문이다. 즉 만일 $r>2$인 경우라면 식 (A-7)의 두 번째 항 역시 식 (A-6)과 (A-7)의 과정을 밟아 다음과 같이 표현할 수 있다.

$$\begin{aligned}\frac{F_1(s)}{(s+a)^{r-1}} &= \frac{1}{(s+a)^{r-2}}\left[\frac{F_1(s)}{s+a}\right] = \frac{1}{(s+a)^{r-2}}\left[\frac{k_{r-1}}{s+a} + F_2(s)\right] \\ &= \frac{k_{r-1}}{(s+a)^{r-1}} + \frac{F_2(s)}{(s+a)^{r-2}}\end{aligned} \tag{A-8}$$

따라서 식 (A-8)을 식 (A-7)에 대입하면

$$H(s) = \frac{k_r}{(s+a)^r} + \frac{k_{r-1}}{(s+a)^{r-1}} + \frac{F_2(s)}{(s+a)^{r-2}} \tag{A-9}$$

로 다중도가 다시 하나 더 감소하게 된다. 따라서 이와 같은 과정을 반복하게 되면 결국 식 (A-4)와 같은 형태로 전개할 수 있는 것이다. 이제 남은 문제는 식 (A-4)에서 계수 k_i를 구하는 일이다. 이를 위해 식 (A-4)의 양변에 $(s+a)^r$을 곱하면

$$\begin{aligned}(s+a)^r H(s) &= k_r + k_{r-1}(s+a) + \cdots + k_{r-i}(s+a)^i \\ &\quad + \cdots + k_1(s+a)^{r-1} + R(s)(s+a)^r\end{aligned} \tag{A-10}$$

가 되므로 $s=-a$를 대입하면 우변에서 k_r 항을 제외한 모든 항이 0이 된다. 따라서 계수 k_r은

$$k_r = [(s+a)^r H(s)]\Big|_{s=-a} \tag{A-11}$$

로 구할 수 있다. 다음으로 식 (A-10)의 양변을 s로 미분하면 우변에서 상수 k_r은 없어지면서 k_{r-1}을 포함한 항을 제외한 모든 항이 $(s+a)$의 함수로 표시되므로 $s=-a$를 대입하면 k_{r-1}만 남게 된다. 따라서

$$k_{r-1} = \frac{d}{ds}[(s+a)^r H(s)]\Big|_{s=-a} \tag{A-12}$$

로 구해진다. 이상으로 미분의 차수를 증가시켜 가면서 이와 같은 과정을 반복하게 되면 식 (A-5)에 이르게 된다.

부록 B 라플라스 변환

식 (3.3-6) 증명

함수 $x_1(t)$와 $x_2(t)$는 라플라스 변환의 정의상 $[0, \infty]$에서만 정의되므로

$$x_1(t) * x_2(t) = \int_0^\infty x_1(\tau)x_2(t-\tau)d\tau \tag{B-1}$$

이며 우변에 라플라스 변환을 취하면 다음과 같다.

$$\int_0^\infty \left[\int_0^\infty x_1(\tau)x_2(t-\tau)d\tau \right] e^{-st}dt = \int_0^\infty x_1(\tau)\left[\int_0^\infty x_2(t-\tau)e^{-st}dt \right] d\tau \tag{B-2}$$

위의 식 우변은 적분 순서를 바꾼 결과이다. 여기서 $\lambda = t - \tau$로 변수 치환하면

$$\begin{aligned} \int_0^\infty x_1(\tau)e^{-s\tau}\left[\int_0^\infty x_2(\lambda)e^{-s\lambda}d\lambda \right] d\tau &= \int_0^\infty x_1(\tau)e^{-s\tau}X_2(s)d\tau \\ &= X_2(s)\int_0^\infty x_1(\tau)e^{-s\tau}d\tau \\ &= X_2(s)X_1(s) \end{aligned} \tag{B-3}$$

식 (3.3-10) 증명

식 (a)는 다음과 같이 간단히 증명된다.

$$\int_0^\infty [e^{\pm at}x(t)]e^{-st}dt = \int_0^\infty x(t)e^{-(s \mp a)t}dt = X(s \mp a) \tag{B-4}$$

식 (b)의 증명은 다음과 같다.

$$\begin{aligned} \mathfrak{L}[x(t-a)u(t-a)] &= \int_0^\infty x(t-a)u(t-a)e^{-st}dt \\ &= \int_{-a}^\infty x(\tau)u(\tau)e^{-s(\tau+a)}d\tau \\ &= e^{-as}\int_0^\infty x(\tau)e^{-s\tau}d\tau \\ &= e^{-as}X(s) \end{aligned} \tag{B-5}$$

식 (3.3-12) 증명

귀납법적으로 (a)를 증명한다. 먼저 1차 도함수의 라플라스 변환인

$$\mathfrak{L}[x'(t)] = \int_0^\infty x'(t)e^{-st}dt \tag{B-6}$$

에서 $u=e^{-st}$, $v'=x'$로 하여 부분 적분하면

$$\int_0^\infty x'(t)e^{-st}dt = e^{-st}x(t)\Big|_0^\infty + s\underbrace{\int_0^\infty x(t)e^{-st}dt}_{X(s)} = sX(s) - x(0) \qquad \textbf{(B-7)}$$

따라서

$$\mathcal{L}[x'(t)] = sX(s) - x(0) \qquad \textbf{(B-8)}$$

다음으로 2차 도함수의 라플라스 변환에서 $u=e^{-st}$, $v''=x''$로 하여 부분 적분하면 다음과 같다.

$$\begin{aligned}\mathcal{L}[x(t)] &= \int_0^\infty x(t)e^{-st}dt = e^{-st}x'(t)\Big|_0^\infty + s\underbrace{\int_0^\infty x'(t)e^{-st}dt}_{\mathcal{L}[x'(t)]} \\ &= s\mathcal{L}[x'(t)] - x'(0)\end{aligned} \qquad \textbf{(B-9)}$$

따라서

$$\mathcal{L}[x(t)] = s[sX(s) - x(0)] - x'(0) = s^2X(s) - sx(0) - x'(0) \qquad \textbf{(B-10)}$$

이러한 방법을 n차 도함수까지 확장해 가면 증명할 수 있다. 다음으로 (b)의 증명은 다음과 같다.

$$\begin{aligned}\frac{d^n}{ds^n}X(s) &= \frac{d^n}{ds^n}\left[\int_0^\infty x(t)e^{-st}dt\right] = \int_0^\infty x(t)\frac{d^n}{ds^n}[e^{-st}]dt \\ &= \int_0^\infty [(-1)^n t^n x(t)]e^{-st}dt = \mathcal{L}[(-1)^n t^n x(t)]\end{aligned} \qquad \textbf{(B-11)}$$

식 (3.3-19) 증명

식 (a)의 증명은 정의에 의해

$$\mathcal{L}\left[\int_0^t x(\tau)d\tau\right] = \int_0^\infty \left[\int_0^t x(\tau)d\tau\right]e^{-st}dt \qquad \textbf{(B-12)}$$

이며 $u=\int x(\tau)d\tau$, $v'=e^{-st}$로 하여 부분적분하면

$$\begin{aligned}\int_0^\infty \left[\int_0^t x(\tau)d\tau\right]e^{-st}dt &= -\frac{1}{s}e^{-st}\int_0^t x(\tau)d\tau\Big|_0^\infty + \frac{1}{s}\underbrace{\int_0^\infty x(t)e^{-st}dt}_{\mathcal{L}[x(t)]} \\ &= \frac{1}{s}X(s)\end{aligned} \qquad \textbf{(B-13)}$$

다음으로 식 (b)는 다음과 같이 증명된다.

$$\begin{aligned}\int_s^\infty X(\lambda)d\lambda &= \int_s^\infty \left[\int_0^\infty x(t)e^{-\lambda t}dt\right]d\lambda = \int_0^\infty x(t)\left[\int_s^\infty e^{-\lambda t}d\lambda\right]dt \\ &= \int_0^\infty x(t)\left[\frac{e^{-\lambda t}}{-t}\Bigg|_s^\infty\right]dt = \int_0^\infty \frac{x(t)}{t}e^{-st}dt\end{aligned} \tag{B-14}$$

부록 C z-변환

식 (4.3-37) 증명

식 (4.3-35)로부터 다음 관계를 이용한다.

$$\frac{1}{(1-az^{-1})^2} = \frac{1}{a}z\left[\frac{az^{-1}}{(1-az^{-1})^2}\right] \tag{C-1}$$

따라서 식 (4.3-22)의 이동정리를 적용하면

$$\frac{1}{a}(n+1)a^{n+1}u[n+1] \overset{\mathcal{Z}}{\longleftrightarrow} \frac{1}{(1-az^{-1})^2} \tag{C-2}$$

$$\frac{1}{a}(n+1)a^{n+1}u[n+1] = (n+1)a^n u[n+1] = (n+1)a^n u[n] \tag{C-3}$$

이며 마지막 등식이 성립하는 이유는 $n=-1$에서는 0이 되기 때문이다. 이상으로 다음의 관계를 얻을 수 있다.

$$(n+1)a^n u[n] \overset{\mathcal{Z}}{\longleftrightarrow} \frac{1}{(1-az^{-1})^2} \tag{C-4}$$

다음으로 위의 z-변환을 미분하여 $-z$를 곱하면

$$-z\frac{d}{dz}\left[\frac{1}{(1-az^{-1})^2}\right] = \frac{2az^{-1}}{(1-az^{-1})^3} \tag{C-5}$$

위의 두 식으로부터

$$n(n+1)a^n u[n] \overset{\mathcal{Z}}{\longleftrightarrow} \frac{2az^{-1}}{(1-az^{-1})^3} \tag{C-6}$$

$$\frac{1}{(1-az^{-1})^3} = \frac{1}{2a} z \left[\frac{2az^{-1}}{(1-az^{-1})^2} \right] \tag{C-7}$$

이므로 식 (C-6), (C-7) 두 식으로부터

$$\frac{1}{2a}(n+1)(n+2)a^{n+1}u[n+1] \stackrel{\mathcal{Z}}{\longleftrightarrow} \frac{1}{(1-az^{-1})^3} \tag{C-8}$$

$$\begin{aligned} \frac{1}{2a}(n+1)(n+2)a^{n+1}u[n+1] &= \frac{1}{2}(n+1)(n+2)a^{n}u[n+1] \\ &= \frac{1}{2}(n+1)(n+2)a^{n}u[n] \end{aligned} \tag{C-9}$$

따라서 위의 두 식으로부터 다음의 관계를 얻을 수 있다.

$$\frac{1}{2}(n+1)(n+2)a^{n}u[n] \stackrel{\mathcal{Z}}{\longleftrightarrow} \frac{1}{(1-az^{-1})^3} \tag{C-10}$$

이상과 같은 과정을 한번 더 반복하면

$$\frac{1}{3!}(n+1)(n+2)(n+3)a^{n}u[n] \stackrel{\mathcal{Z}}{\longleftrightarrow} \frac{1}{(1-az^{-1})^4} \tag{C-11}$$

이로써 식 (4.3-37)의 일반식을 유추할 수 있다.

부록 D 행렬

행렬 지수함수의 성질

행렬 지수함수 $e^{\mathbf{A}t}$는 다음과 같은 멱급수로 정의된다.

$$e^{\mathbf{A}t} = \mathbf{I} + \mathbf{A}t + \mathbf{A}^2\frac{t^2}{2!} + \mathbf{A}^3\frac{t^3}{3!} + \cdots + \mathbf{A}^k\frac{t^k}{k!} + \cdots = \sum_{k=0}^{\infty}\mathbf{A}^k\frac{t^k}{k!} \tag{D-1}$$

함수 $e^{\mathbf{A}t}$의 성질은 다음과 같이 지수함수 e^{at}와 닮았다.

$$\begin{aligned} &\text{(a) } e^{\mathbf{A}(t_1+t_2)} = e^{\mathbf{A}t_1}e^{\mathbf{A}t_2} \\ &\text{(b) } (e^{\mathbf{A}t})^{-1} = e^{-\mathbf{A}t} \\ &\text{(c) } (e^{\mathbf{A}t})' = e^{\mathbf{A}t}\mathbf{A} = \mathbf{A}e^{\mathbf{A}t} \end{aligned} \tag{D-2}$$

식 (a)의 증명은 다음과 같다.

$$e^{\mathbf{A}t_1}e^{\mathbf{A}t_2} = \left[\mathbf{I} + \mathbf{A}t_1 + \mathbf{A}^2\frac{t_1^2}{2!} + \mathbf{A}^3\frac{t_1^3}{3!} + \cdots + \mathbf{A}^k\frac{t_1^k}{k!} + \cdots\right]\times$$
$$\left[\mathbf{I} + \mathbf{A}t_2 + \mathbf{A}^2\frac{t_2^2}{2!} + \mathbf{A}^3\frac{t_2^3}{3!} + \cdots + \mathbf{A}^k\frac{t_2^k}{k!} + \cdots\right] \tag{D-3}$$
$$= e^{\mathbf{A}(t_1+t_2)}$$

위의 식에서 $t_2=-t_1=t$로 하면

$$e^{-\mathbf{A}t}e^{\mathbf{A}t} = \mathbf{I} \tag{D-4}$$

이므로 식 (b)의 성질인

$$e^{-\mathbf{A}t} = (e^{\mathbf{A}t})^{-1} \tag{D-5}$$

를 증명할 수 있다. 그리고 식 (c)는 다음과 같이 증명할 수 있다.

$$\frac{d}{dt}(e^{\mathbf{A}t}) = \sum_{k=1}^{\infty}\frac{kt^{k-1}}{k!}\mathbf{A}^k = \mathbf{A}\sum_{n=0}^{\infty}\frac{t^n}{n!}\mathbf{A}^n = \mathbf{A}e^{\mathbf{A}t} \tag{D-6}$$

식 (5.1-20) 증명

행렬 $(\mathbf{A}-\lambda\mathbf{I})$의 수반행렬은 λ의 다항식이므로

$$adj(\mathbf{A}-\lambda\mathbf{I}) = \mathbf{Q}(\lambda) \tag{D-7}$$

라 하면 $(\mathbf{A}-\lambda\mathbf{I})$의 역행렬은

$$(\mathbf{A}-\lambda\mathbf{I})^{-1} = \frac{adj(\mathbf{A}-\lambda\mathbf{I})}{\det(\mathbf{A}-\lambda\mathbf{I})} = \frac{\mathbf{Q}(\lambda)}{P(\lambda)} \tag{D-8}$$

이며 양변에 $(\mathbf{A}-\lambda\mathbf{I})$를 곱하면

$$(\mathbf{A}-\lambda\mathbf{I})^{-1}(\mathbf{A}-\lambda\mathbf{I}) = \frac{\mathbf{Q}(\lambda)}{P(\lambda)}(\mathbf{A}-\lambda\mathbf{I}) \tag{D-9}$$

위 식의 좌변은 단위행렬이 되므로 양변에 $P(\lambda)$를 곱하면

$$P(\lambda)\mathbf{I} = \mathbf{Q}(\lambda)(\mathbf{A}-\lambda\mathbf{I}) \tag{D-10}$$

이제 위의 식에 λ대신에 행렬 $\mathbf{A}$를 대입하면

$$P(\mathbf{A})\mathbf{I} = \mathbf{Q}(\mathbf{A})(\mathbf{A}-\mathbf{A}\mathbf{I}) \tag{D-11}$$

여기서 $P(\mathbf{A})\mathbf{I}=P(\mathbf{A})$ 및 $\mathbf{AI}=\mathbf{A}$이므로 다음과 같은 결론을 얻을 수 있다.

$$P(\mathbf{A}) = \mathbf{Q}(\mathbf{A})(\mathbf{A}-\mathbf{A}) = \mathbf{0} \tag{D-12}$$

즉 다항식 $P(\lambda)$가

$$P(\lambda) = \lambda^n + a_{n-1}\lambda^{n-1} + \cdots + a_1\lambda + a_0 \tag{D-13}$$

이면 행렬 $\mathbf{A}$는 다음과 같이 자신의 특성방정식을 만족한다.

$$P(\mathbf{A}) = \mathbf{A}^n + a_{n-1}\mathbf{A}^{n-1} + \cdots + a_1\mathbf{A} + a_0\mathbf{I} = \mathbf{0} \tag{D-14}$$

식 (5.3-1) 증명

고유값과 고유벡터 사이의 관계가

$$\mathbf{A}\mathbf{v}_i = \lambda_i \mathbf{v}_i, \quad i = 1, \cdots, n \tag{D-15}$$

이므로 다음 관계를 얻을 수 있다.

$$\begin{aligned}
\mathbf{AP} &= \mathbf{A}[\mathbf{v}_1 \quad \mathbf{v}_2 \quad \cdots \quad \mathbf{v}_n] \\
&= [\mathbf{A}\mathbf{v}_1 \quad \mathbf{A}\mathbf{v}_2 \quad \cdots \quad \mathbf{A}\mathbf{v}_n] \\
&= [\lambda_1\mathbf{v}_1 \quad \lambda_2\mathbf{v}_2 \quad \cdots \quad \lambda_n\mathbf{v}_n] \\
&= [\mathbf{v}_1 \quad \mathbf{v}_2 \quad \cdots \quad \mathbf{v}_n]\begin{bmatrix} \lambda_1 & 0 & \cdots & 0 \\ 0 & \lambda_2 & \cdots & 0 \\ 0 & 0 & \ddots & 0 \\ 0 & 0 & \cdots & \lambda_n \end{bmatrix} \\
&= \mathbf{P\Lambda}
\end{aligned} \tag{D-16}$$

이제 위의 식 양변 왼쪽에 역행렬 $\mathbf{P}^{-1}$을 곱하면

$$\mathbf{P}^{-1}\mathbf{AP} = \mathbf{P}^{-1}\mathbf{P\Lambda} = \mathbf{\Lambda} \tag{D-17}$$

와 같이 대각화된다. 역으로는

$$\mathbf{A} = \mathbf{P\Lambda P}^{-1} \tag{D-18}$$

임을 알 수 있다.

부록 E 전원변환과 공진

전원변환

다음 그림 E-1에서 전압원 $V_s(s)$와 전류원 $I_s(s)$의 관계가

$$V_s(s) = Z_s(s)I_s(s) \tag{E-1}$$

를 만족하면 두 회로 (a), (b)는 단자 a, b에 대해 서로 등가이다. 먼저 그림 (a)에서 임의의 부하 $Z_L(s)$ 양단의 전압 $V_L(s)$를 구하면

$$V_L(s) = \frac{Z_L(s)}{Z_s(s)+Z_L(s)}V_s(s) \tag{E-2}$$

그리고 그림 (b)에서의 부하 전압 $V_L(s)$를 구하면

$$V_L(s) = \frac{Z_s(s)Z_L(s)}{Z_s(s)+Z_L(s)}I_s(s) \tag{E-3}$$

이므로 식 (E-1)의 관계에 의해

$$V_L(s) = \frac{Z_s(s)Z_L(s)}{Z_s(s)+Z_L(s)}\left(\frac{V_s(s)}{Z_s(s)}\right) = \frac{Z_L(s)}{Z_s(s)+Z_L(s)}V_s(s) \tag{E-4}$$

로 식 (E-2)와 같다. 따라서 그림 (a)와 (b)는 단자 a, b에 대해 서로 등가이다.

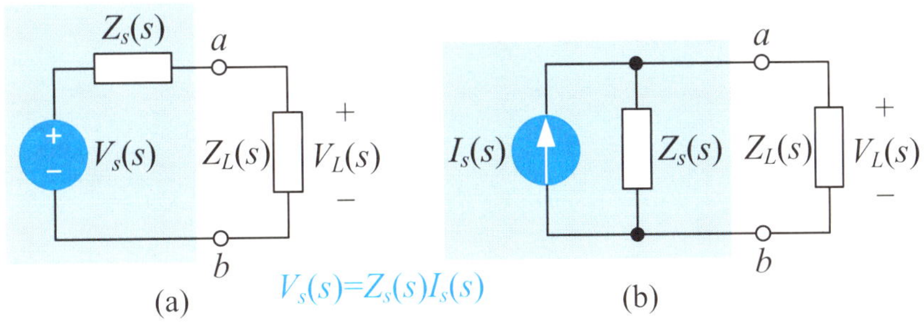

그림 E-1 전원변환

식 (7.1-13) 증명

$$\omega L - \frac{1}{\omega C} = \pm R \tag{E-5}$$

에서 좌변을 ω_o와 X_o를 이용하여 표현하면

$$\omega L - \frac{1}{\omega C} = \left(\frac{\omega}{\omega_o}\right)\omega_o L - \left(\frac{\omega_o}{\omega}\right)\frac{1}{\omega_o C} = X_o\left(\frac{\omega}{\omega_o} - \frac{\omega_o}{\omega}\right) \tag{E-6}$$

위의 두 식을 결합하면 두 주파수 ω_L과 ω_U를 구하는 식은 다음과 같다.

$$\frac{X_o}{R}\left(\frac{\omega}{\omega_o} - \frac{\omega_o}{\omega}\right) = Q_{직}\left(\frac{\omega}{\omega_o} - \frac{\omega_o}{\omega}\right) = \pm 1 \tag{E-7}$$

위의 식을 풀면 두 주파수 ω_L과 ω_U은

$$\omega_L = \omega_o\left[\sqrt{1+\left(\frac{1}{2Q_{직}}\right)^2} - \frac{1}{2Q_{직}}\right], \quad \omega_U = \omega_o\left[\sqrt{1+\left(\frac{1}{2Q_{직}}\right)^2} + \frac{1}{2Q_{직}}\right] \tag{E-8}$$

따라서 대역폭 $B=\omega_U-\omega_L$은

$$B = \omega_U - \omega_L = \frac{\omega_o}{Q_{직}} \tag{E-9}$$

찾아보기

ㅇ

ㅈ

ㅎ

저자약력

신윤기

- 서울대학교 공과대학 전자공학과 졸업
- 서울대학교 공과대학 전자공학과 석사
- 서울대학교 공과대학 전자공학과 박사
- 前)부산대학교 전자공학과 교수
- 現)대진대학교 전자공학과 교수

매트랩과 함께하는

신호 그리고 시스템

2015년 1월 30일 초판 인쇄

2015년 2월 01일 인쇄 발행

저 자 신윤기

발 행 인 송기수

발 행 처 **도서출판 GS인터비전**

편 집 처 **도서출판 GS인터비전**

인 쇄 **토탈프로세스**

등록번호 제 313-2011-120 호

I S B N 979-11-5576-060-4(93560)

주 소 서울 마포구 토정로 222 한국출판협동조합 B동 207호

전 화 02-976-7898, 02-3272-7898

팩 스 02-6468-7898

홈페이지 gsintervision.co.kr

E-Mail gsinter7@gmail.com

정가 24,000원